U0155591

进化中的宇宙

陶同 / 著

THE UNIVERSE IS EVOLVING

经济日报 出版社

图书在版编目（CIP）数据

进化中的宇宙／陶同著. -- 2 版. -- 北京：经济
日报出版社，2021. 12
ISBN 978 - 7 - 5196 - 0803 - 3

Ⅰ. ①进… Ⅱ. ①陶… Ⅲ. ①宇宙 - 普及读物 Ⅳ.
①P159 - 49

中国版本图书馆 CIP 数据核字（2021）第 166223 号

进化中的宇宙

作　　者	陶　同
责任编辑	黄芳芳
助理编辑	王浩宇
责任校对	朱　微
出版发行	经济日报出版社
地　　址	北京市西城区白纸坊东街 2 号 A 座综合楼 710（邮政编码：100054）
电　　话	010 - 63567684（总编室）
	010 - 63584556（财经编辑部）
	010 - 63567687（企业与企业家史编辑部）
	010 - 63567683（经济与管理学术编辑部）
	010 - 63538621　63567692（发行部）
网　　址	www. edpbook. com. cn
E － mail	edpbook@ 126. com
经　　销	全国新华书店
印　　刷	北京荣泰印刷有限公司
开　　本	787mm × 1092mm　1/16
印　　张	24. 75
字　　数	400 千字
版　　次	2022 年 1 月第 2 版
印　　次	2022 年 1 月第 6 次印刷
书　　号	ISBN 978 - 7 - 5196 - 0803 - 3
定　　价	68. 00 元

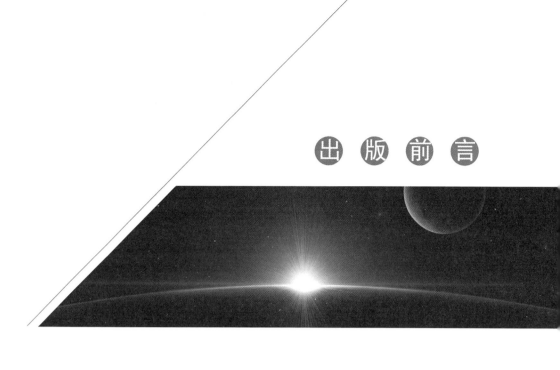

出 版 前 言

近年来，宇宙热方兴未艾，越来越热。人们为什么对宇宙这么感兴趣呢？一方面是由于宇宙包罗万象、奥妙莫测、令人神往；更进一层的缘故是人们总是想了解自己生活在其中的宇宙究竟是什么样的，它从何而来，将来又会向何处去，人在宇宙中的作用是什么等，这些都是与自己生存和子孙万代命运有关的重大命题。这也是为什么古往今来研究宇宙是科学最高的使命，重于一切的课题。当代新宇宙学在这方面不断取得一个又一个令人惊喜的成果，这也是引起宇宙热的另一个原因。

我们之所以出版这部著作，并非出于赶浪潮，而是由于它不仅从当代自然科学前沿的高度对宇宙的演化提出了新的一家之言，而且把宇宙、原子、星系、生物、人类以及遥远的未来按其本来的面貌联系为一个动态的整体，将自然科学与哲学社会科学按其属性和需要融合交叉，打破了当代还原论等的壁垒，突破了被认为是毋庸置疑的种种流行的认识，提出了新的宇宙系统和框架。今天流行的认识是，宇宙从一开始就在走向无序和退化，而本书却揭示今天的宇宙是其全部子孙包括质子、原子等进化的结果；流行的看法是，生物的进化是由于物竞天择、优胜劣汰，而本书却揭示宇宙的子孙包括生物的进化是多维协同、天促物进的结果；流行的看法是，进化是性状的改变，而本书揭示进化是进化的进化，即进化的对象、对象性、进化的方式、进化的功能和机制、进化的效果等发生了进化；流行的看法是，人也是生物，而本书却揭示人是宇宙的第四代，是通过自知的创造与创造对象结合为新系统而进化的，从人类起宇宙翻开了自知创造的史页；流行的看法是，信息时代之后是知识时代，本书则认为是创造时代，创造才是力量；流行的认识是，潜意识只能在梦中出现，而本书却揭示，潜意识是脑中贮存的所有的暂未显现的意识，它们时时都在与显意识配合而起作用……科学著作即使是一些科普读物，常常也是难懂而乏味的，而这部著作，与同类著作相比，却较通俗而饶有趣味。在这部著作出版前，作者在其他论著中已谈及一些宇宙进化的内容，便引起了广泛的瞩目和反响，《光明日报》《博览群书》《新华文摘》《文摘报》等十几家报刊都作了评介和摘载。

我们希望这部著作能打开一个新的视野，使生活在这个宇宙中的人能进一步认识宇宙，了解人在宇宙中的地位，更好地实现人生价值。

当然，作为一家之言，加之又是探讨自然科学之种种前沿问题，本论著或许也会存有疏漏、不足乃至失误之处，但科学的发展、真理的发现不也正是在这样一种探索的过程中得以实现的吗？

编者

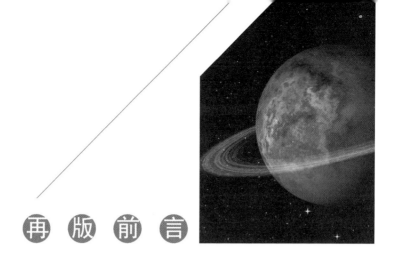

再版前言

　　人类对宇宙的求知总是充满着无限的渴望，古老的神话、神秘的宗教、梦般的科幻都表达着人类试图对宇宙做出的某种解释，可是没有谁能够告诉我们宇宙的全部。于是，便有了牛顿、达尔文、爱因斯坦、霍金等这些人类的智者，他们试图为人类找到一点认识宇宙的思路和方法。他们做到了，正是因为他们，我们人类才能在今天更多更好地了解宇宙。

　　《时间简史》的作者霍金阐释了宇宙是怎样诞生的，但还没见到一本像《进化中的宇宙》这样激动人心地全方位描述宇宙往何处去的著作。也正因为这样，这本书才能在我们没有任何宣传的情况下发行得令人满意。

　　近些年来，中国人对宇宙的探知欲从来没有像今天这样强烈，只要刊登着宇航知识，只要发表着太空探索，只要描述着宇宙奥秘，无论是报纸还是杂志，无论是画刊还是图书，都会深深吸引着人们的目光。为了能让更多的读者看到这本《进化中的宇宙》，我们将从一个出版者变成一个推荐者，告诉您：这是一本好书，一本读后便觉得眼界大开、心界豁朗的"天"书。

　　这次再版有两点变化：一是作者增补了一些新内容，二是版本、封面、装帧彻底变化。宇宙都在进化，还有什么不在进化？自然，《进化中的宇宙》比前一版"进化"了很多。

经济日报出版社

"超越"这个词曾一度流行，例如，超越古人、超越他人。细细品之，似属狭隘的竞争观，且是面对既有。而"超前"这个词则不然，走在前沿，是从整个人类出发的，从时代出发的。人说的每句话、做的每件事都是为了以后、明天，人类所做的一切，也是为了未来。"超前"，正是为了这个目标。笔者不想去"超越"，而总是努力去"超前"，在著作中不去重复既有的。

人类正面临科技突飞猛进的时代，不仅创造了目不暇接、日新月异的种种工具，而且将像"上帝"一样（运用纳米技术）创造新的物质材料，（用生物工程）创造新物种、新人类。几乎所有的学科和理论都在发生大变革。本书便是在这样的背景下写出的。传统认为宇宙在不断走向熵增、退化，本书论证了在宇宙未失控膨胀或坍塌前的数以千百亿年计的岁月里，一直在走向递序和进化；传统认为进化的法则是物竞天择、优胜劣汰，本书论证了宇宙包括生物的进化的法则是多维协同、天促物进；传统认为进化是偶然的、随机的，本书论证了进化是自组织系统具有进化的对象性，在"天"创造的进化大环境中主动活动的结果……

本书一共只有40多万字，却是从最初草拟140多万字，几易其稿，反复增删、修改、提炼出来的。每回写完一本书总觉得言犹未了，这次为了弥补这一遗憾，从筛下去的大量的草稿和备忘资料里，也略选一二附在各节的后面，它们之间可能不连贯，仅供了解和参考，如有出入，以正文为准。

对进化论，因受益于此而叛离耶稣会的神父、哲学家、古生物学家德日进讲过一段有切身感受的话："进化是理论、体系或假设吗？全都是。它更是基本原则，一切理论，一切假设，一切体系今后都该向它屈服，满足于它然后才是真实而可理解的。进化是一道光，照明一切事实；是一个轨道，一切思想都该依循。这便是进化。"

达尔文进化论是人类认识进程的一个里程碑，他提出了人类是由单细胞生物进化而来的，物种千万并非上帝创造，从而打击了神创论，宣扬了科学精神，在人类史上功不可没。但因受 150 年前时代的限制，他连宇宙是动态的和遗传基因等都不知道，许多问题是凭直观推想的。进化论也需要进化。人类的起源不是单细胞生物，而应推前到 140 亿年前宇宙诞生的那一刹那，即大爆炸。先有宇宙的诞生，然后才有质子、原子、星球、星系、生物、人类，这是一个时空质连续统进化的过程。生物是宇宙的第三代，它的诞生和进化，只不过是宇宙进化了 100 多亿年后的事了。

本书分八章，绪论对全书的内容做了概述，有利于读者了解和把握全书的内容。另有六章是论述何谓进化？为什么说宇宙是进化的？宇宙的进化已经历了几代？宇宙为什么会进化？动力何在？规律是什么？人是宇宙的第几代？在宇宙中的地位和作用是什么？宇宙的进化有尽头吗？它向何处去？以及宇宙进化引起的宇宙观、哲学观、人观、真善美观、终极关怀观等的大变革。有句话叫"不破不立"，但，大凡科学，都是"不立不破"，不立新哪能真正破旧。[①] 本书在建立新理论的基础上，用了一章的篇幅对达尔文的天定论、还原论、竞争论、偶然论、不可知论等八个方面，做了必要的剖析。人类到任何时候的认识都是对象性的、有限的，本书也不例外，只是笔者在

---

① 危房改造，要"先破后立"，但这并不是什么创造。大凡创造，都是进化所需，世上尚无，如，创造蒸汽机、电脑，并不先要"破"，特别是理论创造，更须立新才能真正破旧。

科学前沿成果的激励和支持下，在宇宙认识变革方面的对象性的求索，是已有的和可能有的诸种认识中的一种，是人类认识长河中一个力争前沿的浪花。

一本书如果 90% 都是过去大家已知的，当然好懂，但如果 90% 是新的内容，就会感到难懂。宇宙进化论①虽然广泛地涉及宇宙学、物理学、生物学、人类学、思维科学、未来学、横断科学、数学、哲学等多种学科，但由于都是围绕同一主题协同运作，也就不那么专业化了，而具有普遍性。如能静心读之，不只是不难懂，还可能有一种新鲜的感觉。宇宙学家卡尔·萨根说得好："理解宇宙是一种享乐。我每每看到人们，一些普通的人们，当懂得了一些他们从前一无所知的自然知识，他们是多么地兴奋。"正因为不知道才要去知道。求知欲和好奇心，不仅使科学家总是去探索尚不知道和难于知道的命题，也使广大的群众兴致盎然地去了解尚不知道和难于知道的自然奥秘。了解和探索宇宙不仅乐趣无穷，也是进化之必然。

撰写前几本书，我用了十多年的时间，而这一本书竟花了五年多的时间。其实还不止于此，我在撰写 1996 年出版的拙著《对象学——大爆炸与哲学的振兴》时就开始酝酿，书中已谈到宇宙进化已历四代，以及进化的历程和各代的特点。《光明日报》《新华文摘》和《文摘报》等报刊分别作了评介和摘载。那书一脱稿我便打开电脑敲打此书，本以为两三年就能完成，但实际中碰到的艰辛和难题是无以计数的，时间一延再延。

在研究和写作中，笔者得到许多朋友真挚的帮助，在此要特别感谢中国科学院宋家树院士、吴新智院士，北京师范大学刘辽教授，中国科学院刘武研究员。

谢谢一切关心我的朋友，包括一些最普通最真挚的鼓励："你可要把它写出来啊！我等着读呢。"

多谢了！

陶同

----

① 本书又名《宇宙进化论》。

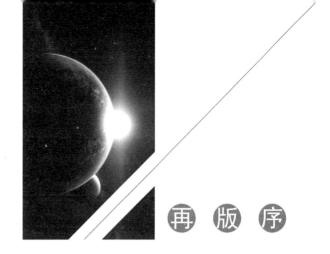

再 版 序

书将再版，借此对书做了些修订，并增加了一节："热力学第二定律不宜用于宇宙——宇宙热寂说剖析"。许多内容在上版里也谈到，增加这节，是想集中来谈。

书去年出版后看到一些评介，接到许多读者、朋友的来信、电话和 E-mail, 给予好评和称赞，在此一并表示感谢。

《Newton——科学世界》评介说：书的一些观点"具有思辨性"。对思辨性我想说几句，科学要依靠实验和实证，这是自培根提出以来普遍重视的。但不能因此认为分析和综合没有意义和必要。没有分析和综合，科学的实验和实证只是零散的、孤立的，只有通过分析和综合，才能揭示分散的、孤立的实验和实证的内部联系，发现新的规律和定理，扬弃旧的。

有的读者来电话说："此书非常超前，若干年后也不过时。"旧理论肯定会被新理论突破，科学是个过程。随着科学的加速发展，超越不仅不可避免，而且会越来越快。

有的朋友说："写这样创新的书，要担风险。"马克思曾经说过："学术研究之门就是地狱的入口。"分析起来确实如此，但我真实的感受是，心身都进入这个入口时，也就忘了它是地狱，反倒像是在追寻天堂。

陶同

目录
CONTENTS

第一章

绪论：宇宙的进化及其意蕴

宇宙也能进化吗？它是怎样进化的？

怎样理解宇宙熵增和进化这两个相反的概念？

为什么说人能进行超进化？

宇宙的进化有何哲学和人文意蕴？

绪论：宇宙的进化及其意蕴

晴朗的夜晚，凝望星空，人们不禁会产生一种无限博大、崇高、优美的神奇感。

600 万年来①，随着历史的进步，人类逐步跨出了本土、国度、大洋，直到走上月球，并且正在向着更遥远的星际出发。

人们的思维也随之不断地延展，特别是近些年来人们的兴趣开始指向深邃莫测、奥妙无穷的宇宙太空，提出种种疑问，希求打开未知的大门。

宇宙、星球、生物、人是什么？他们是怎样形成和发展的？他们的未来会怎样？……诸如此类广泛地涉及科学和哲学的重要命题，已越来越成为人们关心的热点。如果把地球比喻为一艘航行的船，那么生活在其上的人当然想知道，自己乘的是艘什么船？动力是什么？在什么上面航行？往何处去？是否还有其他船只？它们都是怎样来的？人在船上的地位和作用是什么？等等。以此类比的诸种有关宇宙、地球、生命、人等问题，古往今来的科学家和哲学家为寻找其答案，呕心沥血，付出了无数的辛勤劳动。

对宇宙的探讨经历了一个漫长过程，20 世纪以前，人们对宇宙的探讨只是凭猜想和思辨，被称为旧宇宙学。那时人们认为宇宙是静止的，虽然不断发现和证实宇宙的星辰在不停地变化，但认为这种变化只不过是发生在一个不变的静态宇宙背景上。20

---

① 2000 年底，法国国家自然历史博物馆的 Pickford 和 Senut 宣布，当年 10 月他们在肯尼亚图根山区发现 600 万年前人类的部分化石。他们对三件股骨的分析表明，这些化石的成员已能直立行走，从而被认为是将原来认为人类诞生的时间向前推移了 150 万年。"原始人图根种"的发现是在 2000 年底，有关论文发表于 2001 年初，故亦称"千禧人"。

世纪初，以爱因斯坦广义相对论为分界，人类开始以科学的理论为指导，以观测和试验为依据来探讨宇宙，揭示了宇宙是动态的，是在一次大爆炸中诞生的，并在不断地膨胀。于是开始了一个崭新的探索历程，被称作新宇宙学。如今大爆炸说得到进一步发展，获得越来越多的科学实证以及实验和数学推算的依据，被列为 20 世纪十大科技成果之一，成为家喻户晓的科学知识。

新宇宙学似乎是很难懂的学问，它涉及深奥的现代物理学、数学等。但人类的探索自来就是从简到繁、从低到高不断发展的。中世纪时，四则运算非常深奥，西欧有的国家的学子要到外国去留学才能学会，而今天已成为小学生的作业。深奥的新宇宙学同样已逐渐走向群众，据《新华文摘》一篇文章介绍，在一次科学知识普及状况的调查中，问及"你相信宇宙是在大爆炸中产生的吗"？我国农民的调查问卷中有 51% 回答是"相信"。宇宙学家卡尔·萨根说得好："理解宇宙是一种享乐。我每每看到人们，一些普通的人们，当懂得了一些他们从前一无所知的自然知识，他们是多么地兴奋，这兴奋一是由于知识本身的乐趣，二是由于这给予他们某种才智上的鼓励。"求知欲和好奇心，不仅使科学家总是去探索尚不知道和难于知道的学问，也使广大的群众兴趣盎然地去了解尚不知道和难于知道的自然奥秘。了解和探索宇宙的奥秘不仅乐趣无穷，也是进化之必然。

虽然新宇宙学还有许多课题有待进一步解决和完善，例如宇宙大爆炸前是什么样子、未来的结局会怎样尚无定论，但宇宙大爆炸的揭示，却使人类对宇宙的认识发生了飞跃。

宇宙是进化的，这一命题的提出，是建立在当代新宇宙学、物理学、化学、生物学、人类学、生态学、未来学、横断科学、哲学等多种学科最新成果上的。达尔文的生物进化论首开进化论之先河，已广为世人所知，它把原始单细胞生物看成是人类的起源。但实际上人类的起源应推前到 140 亿年[①]前宇宙创生的那一刹那。先有宇宙的诞生，然后才有质子、原子、星球、星系、生物、人类，这是一个时空质连续统的进化过程。生物的进化，是宇宙进化了 100 多亿年后的事了。

---

① 2000 年 8 月，英国剑桥大学天文学家通过比较美国和以色列科学家 5 种不同方法所获得的数据，确定宇宙已有 140 亿年的历史，前后差异不超过 2 亿年。

何谓进化？为什么说宇宙是进化的？宇宙的进化已经历了几代？宇宙为什么会进化？动力何在？人是宇宙的第几代？在宇宙中的地位和作用是什么？宇宙的进化有尽头吗？它向何处去？凡此种种有关的命题正是本书所要探讨的。再进一步询问探讨这些问题有什么意义和价值，有何哲学和人文意蕴等，也是本书又一命题和希冀达到的目标。

一、宇宙从诞生起一直在进化，而非熵增、退化

新宇宙学揭示宇宙诞生后一直在膨胀，这样便引出了一个不可回避的命题，宇宙在向何处去？是在退化还是在进化？这个问题对人类和万物来说是至关重要的。它关系到我们生存于其上的宇宙究竟是什么样的，人类未来的命运如何，生存有何意义和价值等等一系列不能不考虑的大事情。

对此，流行有一种熵增说，认为宇宙是在不断地走向退化、无序、毁灭，最后熵值（无序的量度）增到最大的限度，那将是可怕的末日，一切都将归于死一般的寂静。简而言之，宇宙是在不断地增长无序，箭头是指向退化、熵增。这一论断的依据是：热力学第二定律揭示，一个封闭系统热量总是从高处向低处流动，最后必然达到什么活动也没有的热平衡状态的熵寂。他们认为宇宙也是一个封闭系统，同样也会遵循这一规律。

这种认识由于与我们接触到的实际相去甚远，引起了一些不同的看法。1977年，因提出与热力学第二定律不相同的非平衡态学说而获得诺贝尔奖的普里戈金就是其中的一个代表，他认为宇宙存在双向箭头，一种是封闭系统，受热力学第二定律的支配，在不断地熵增；另一种则相反，是开放的非平衡态系统，在不断地增长负熵。例如，

生命就是这样。孤立地看，宇宙里的确有许多系统是在走向热平衡。例如恒星的后期，生命的后期。但实际上，能量从高处向低处流动，正是为能量由低处向高处聚集创造了条件和可能。太阳扩散热，却为地球上生命的诞生和进化创造了条件和可能；生命后期走向熵增，正为下一代的生存和进化提供了条件和可能。没有能量的扩散和消耗，就不会有更高的能量的聚集和系统的进化。越来越进化、有序和美丽是宇宙演化的方向和史实，而不是像热力学第二定律（后简称第二定律）所描述的那样冷酷、可怕，在不停地走向混乱和死寂。

科学史上常常出现一种奇怪的现象，人们不是提倡发现和揭示事物真相和规律的新理论，而是为既有的理论所束缚、控制、指挥。例如统治人类思维的地心说、牛顿三大定律、宇宙不变说等等，虽然一次次产生类似的禁锢而又被突破，但人们并未因此吸取教训。如今热力学第二定律的统治，仍旧遮蔽了人的视线，使人看不到真实。实际上，140亿年来，整个宇宙正是一个由平衡向不平衡、由无结构向有结构、由混沌向递序、由低级向高级、由简单向复杂发展的过程，用两个字来概括，那就是：进化。

首先，宇宙的开始是平衡态而不是非平衡态。大爆炸后的宇宙，甚至30万年左右都处于极热状态，是温度均匀的火球。熵等于被传递的热能除以温度[1]。所以，这时宇宙才正是热力学第二定律所说的处于熵值最大的极度无序的热平衡状态。它的熵值已达到无以复加的地步。而后来，随着宇宙的膨胀，宇宙的平衡态打破了，与熵增相反，宇宙越来越走向有序、进化，不断地创造出越来越有序、越高级、越复杂的事物，质子、原子、分子、星云、星球、星系，越来越新奇、美丽、灿烂；而不是相反，受热力学第二定律支配，从非平衡走向平衡，从有序走向无序，惨淡、丑恶、可怕。

宇宙虽然是个自足系统，但并不能完全套用热力学第二定律来解释。这不仅因为宇宙的开始是一个极热的平衡态火球，而不是非平衡态系统，而且还在于不能把热能与其他能产生和聚集能量的因素割裂。正如普里戈金所说，应在爱因斯坦统一性方向上"再迈进一步，因为我们的宇宙不仅仅是一个完整的系统，在此我们发展了某种统一性，弱力、强力等等各种力之间的联系；而且，我们作为一个整体的水平上、在人

---

[1] ［澳］保尔·戴维斯：《宇宙的最后三分钟》，第8页、第19页，博承启等译，上海科学技术出版社，1995年。

类的水平上，我们的宇宙是一个进化着的系统……它是一个进化的结果。"[①] 宇宙中能聚集和产生能量的因素是多样的，如引力、核力、电磁力等，它们构成了一个不可割裂和孤立对待的时空质连续统。宇宙的时空质是一个动态的整体，能量的变化是与时空质的发展密不可分的。

热力学第二定律，是针对热量逐渐趋于平衡而谈的，不能照搬热力学定律来推论宇宙的发展。排除其他因素，孤立的热量的确只能由高向低流动，但是，宇宙中除热能外还有许多因素，种种因素的系统调控却使热量能由低处向高处流动，宇宙的子孙能一代比一代积聚更多能量，更善于获取负熵。

毕达哥拉斯说："万物皆数。"今天人类已进入数字时代。然而 140 亿年前，宇宙从一开始就是以系统工程数据来进行调控的，而不是以某单一数据如热量数据来调控的。

宇宙万象无一能离开数，其中有一些数如温度、密度等，是在不停地变化；但另一些数如引力、弱力、强力、电磁力等的强度，基本粒子的质量，真空中光的速度等等，却是恒定不变的，称作自然常数。宇宙正是以这些恒定不变的常数来进行调控，保持协同、和谐、有序的发展，生成井井有序的结构和不断进化的自组织系统，而不是不断走向无序、熵寂。之所以说这些常数构成的是一个准确的系统工程，不仅是因为它们是协同作用的，不能缺少其中的任何一个，而且还在于常数中任何一个如果有一点改动和偏离，宇宙就不会演化成今天这个样子。

正如宇宙学家 D·巴罗所说：

> 自然界的引力强度如果有一点差异，或者电磁力的强度稍稍遭到扰动，那么稳定的恒星就不复存在，原子核、原子、分子的种种精确地平衡着、并能形成生命的性质亦将毁于一旦。[②]

这是为什么呢？且列举其中一种常数——反引力，来说明一下。宇宙大爆炸所产生的反引力和宇宙质量所产生的引力两者互为方向相反的力，由于两者相互作用达到

---

① 《国外自然科学哲学问题》，第 17 页，北京，中国社会科学出版社，1991 年。

② [英] D·巴罗：《宇宙的起源》，第 108 页，卡毓麟译，上海科学技术出版社，1995 年。

一种系统的平衡[1]：宇宙处于有序和谐的发展状态，既不是爆炸膨胀得非常之快，以致什么物质也无法互相结合，也不是早早就坍塌收缩，又回到无体积的奇点。宇宙学密度[2]也从另一角度印证了宇宙是在有序膨胀中。宇宙学密度大于1，宇宙将无限膨胀下去；小于1则会坍塌。通过观察和研究，已有许多证据支持宇宙学密度几乎等于1，宇宙是处于平衡有序膨胀之中。

不仅大到宇宙因引力和斥力相互作用而形成的膨胀速率，小到质子之间的弱相互作用力的量，不分巨细都具有一定的值；而且所有的数值协同配合，形成了一个恰到好处的常数系统工程，宇宙才能从大爆炸起井井有序地自控自调，在相当长的一段时期内，引力与斥力接近系统工程的平衡的状态未打破之前，宇宙处于"有序膨胀期"，不会像熵增说所讲的那样从有序向无序发展，而是从无序向有序发展。

万物之母的宇宙，由于是用精确的系统工程常数来进行调控，所以在大爆炸后，随着不断膨胀，温度逐渐降低。热量的扩散，一方面为其子孙们——一代代的自组织系统不断创造进化的大环境，提供新的负熵源；另一方面，宇宙子孙们与进化的大环境之间的差落，促成其一代代子孙们具有了进化的对象性，总是去寻找、识别、结合进化的对象，形成集聚的能量越来越大、有序度越来越高、结构越来越复杂的自组织系统。由质子等相互结合进化为核子，由核子、电子等相互结合进化为原子，由原子相互结合进化为分子，由原子、分子等相互结合进化为星球、星系，有了井井有序的星系，某些适当的星球上，分子相互结合进化为生物，生物不断地进化，诞生了人类。

宇宙140亿年的历史无可置疑地说明，与热力学第二定律相反，宇宙一直是在进化，而不是熵增。

就像人的机体在20岁以前生长、发育，20岁后才开始逐渐衰退、老化一样，任何自然自组织系统的发展演化都可分为兴、衰两个阶段，前一段是发展负熵、递序，后一段是熵增和衰退。万物之母的宇宙不断膨胀，提供给其子孙们进化所需之

---

① 大爆炸初始虽然斥力大于引力，但后来两者逐渐接近临界值，最后或是引力逐渐大于斥力而坍塌，或是斥力逐渐大于引力而加速膨胀下去。整个过程像是设计好的一个系统工程，不大不小，不快不慢，恰到好处，使宇宙在兴盛期得以不断地、有序地膨胀和进化。"斥力和引力达到系统工程平衡"后面简称"斥力与引力达到平衡"。

② 指宇宙物质的平均密度与临界密度之比值接近于1。

负熵，遥远的未来它会因此而耗尽自己的精力，开始坍塌或失控地膨胀而走向熵增和无序。这种为后代而牺牲自己的方式，一直是其子孙们珍贵的进化"基因"。超新星大爆炸，毁灭了自己，却为产生恒星创造了条件；太阳扩散热，为地球上生命的诞生和进化而耗尽自己的能源，直至变为白矮星；鲑鱼洄游千万里去特定的河流为子孙的繁衍而死去；人类更是有意识地为了后代的幸福和安全献出自己的一切。一幕幕可歌可泣而又绚丽非凡，悲伤、壮烈而又充满希望、新奇的场面，道出了进化是膨胀和聚集协同，是由无序向递序、递美和谐发展的必然。但宇宙进入第二阶段是很遥远的事。宇宙学家保尔·戴维斯估算，如果宇宙中的暗物质和物质加起来的重量超过临界重量的 1%，"那么大约在 10000 亿年后宇宙将再次收缩；如果超过 10%，收缩会提早到 1000 亿年后发生"。[①] 相反，斥力若大于临界重量，同样会按超过的比例而出现失控膨胀。不论未来是失控膨胀还是坍塌，只有到了那时，宇宙才会开始从非平衡走向熵寂。人类才度过 600 万年的历史，已进化到今天这样的地步，而且进化的速率越来越加快，不难想象，再过几万年、几百万年、几千万年、几亿年、几十亿年，人类的后代将进化到何等地步！那将是个无比辉煌的未来。

补　遗

　　宇宙作为自组织系统之母，它是一个自足系统，没有外对象，不能够也不需要从外界获取物、能信息，通过自调控便能不断地发展演进。那么，它通过自控自调进化的动力是从哪来的呢？难道真的像牛顿说的那样，是由于有上帝的第一推动力？

　　不！宇宙进化的动力来自它自己。

　　宇宙的进化中要以众多的铺垫来完成，它是金字塔式的，是一个系统工程，是一个时空质连续统。就像生物，是以大量的生物发生变异和退化为代价才最后进化为万

---

① 《宇宙的最后三分钟》，第 60 页、第 69 页。

物之灵的人类，不能因有大量的未进化物种同存，或有大量物种的衰亡，就不认为生物是在进化。另外，大量退化和大量未进化的代和层次同存，是保证一部分甚至是一小部分不断向递高进化之必需。没有太阳的形成与演化，就不可能有地球上的进化；没有宇宙中1250亿个星系的存在，就不可能有太阳系的存在和地球上的进化。任何系统在形成之初即刚进化为新层次时，它的负熵是增长的；而当它到一定的时候，就会开始退化，增长熵，并逐步走向熵寂。但它的熵增正是另一系统对象性地获取负熵，进化到更高层次或代的需要：它扩散了能量，另一系统才能获取能量，从而使宇宙能不断进化而不是相反。

进化是创造的过程，创造就是增长负熵。作为万物之母的宇宙，创造了一代比一代更进化的子孙。

二、宇宙的进化已历四代，
并正在产生第五代

140亿年来宇宙一直在进化，今天仍然在进化，这一史实和现实为什么一直被广泛忽视呢？过去是因为把宇宙看成是静止的，当然谈不上什么进化了。但当20世纪初揭示了宇宙是动态的之后，宇宙的进化为什么仍然被忽视呢？除了前面提到的套用热力学第二定律来推论宇宙这一原因外，还有两个原因。

一个是为传统的进化认识所束缚。

某种东西产生出某样东西，这似乎是天经地义、可以理解的，就像猴生猴、虎生虎一样是很自然的。但某种东西生产出与自己完全不同的，特别是比自己更高级的东西，这就不太好理解。它突破了一种循环的怪圈，实现了超循环。它的动力是什么，又从哪里来？宇宙作为第一代是怎样突破怪圈生产了第二代，宇宙第二代又是怎样突破怪圈实现了超循环进化为第三代生物，第三代又是怎样突破怪圈进化为第四代如地

球上的人类呢？这些都被普遍认为是"老大难"问题。

自达尔文进化论问世以后，人们认识到生物的确能由旧物种突破怪圈进化为新的更高级的物种。但另一方面，人们对进化这一概念的理解，都是局限于生物范畴，认为只有生物才能进化。因为生物具有遗传信息，子代脱胎于亲代，而此前的质子、原子、分子、星云、星球、星系等不具有生命的特征，没有遗传信息，它们不是脱胎于"亲代"，怎有进化可谈呢？用生物进化的框框来观察和判断，不仅会否认第二代的进化，并且还会认为生物的诞生是个不解之谜——无生命的分子怎么可能进化为生物！

另一个是还原论的认识方法。

谜之所以是谜，不仅因为它超出了人们既有的认识范围，而且还在于超出了传统的认识方式。在过去的几千年中，人类局限于自己的认识水平，难于把握活生生的整体的事物，只好将它分割、还原为一个个局部。而局部一旦被分割出来就不可能再拼合为活的整体。在日常生活中，谁也不会把人的头当作人，那会引人发笑，会被看成是精神失常。但有人把原子、分子当作一个生物来对待，提出诸如"生物是由原子和分子构成的，原子和分子没有信息功能，为什么生物就有了信息功能"之类的问题，却没有人认为是可笑的事，相反，还认为提得蛮有道理。其症结在于不理解生物是由非生物进化而来。这种还原论的认识方法，还会走入另一极端——质问"生物是有生命的，才可能进化，构成它的原子、分子是无生命的，怎么能有进化可谈呢？"就像提出"水是液体性状，构成它的两个元素氧和氢怎么可能是气体性状呢"一样，还原论的两种极端的认识模式，长期以来控制着人类认识的对象性，阻碍着人们理解宇宙的进化。

上述两种对进化认识的障碍都涉及一个关键性的问题，即何谓进化。

进化不在于子代是否脱胎于亲代，也不是表面上的性状的改变。新一代或层次的自组织系统虽然是原来低一代或层次的自组织系统组成演化而来的，但如前所述，它已发生了进化的进化，即在进化的对象性、对象、方式、功能、结果等方面发生了进化。层次进化的进化是量变，代的进化的进化是飞跃的质变，均不能再以之前系统的进化方式来认定新系统是否是进化了。

140亿年来，宇宙只度过其进化史的一小段，就已诞生了四代自组织系统，每代还经历了若干进化的层次。几代自组织系统发生进化的进化的具体历程和表现，将在本书第二章、第三章、第四章和第六章详细展开探讨，下文仅略作描述。

万物之母的宇宙是自组织系统的第一代，被称为自足自组织系统，因为它没有外对象，只有内对象，那就是它自己，以及先后诞生的它的子孙。它是通过精确的常数系统自控自调其内对象而发展进化的。它的自控自调在进化上起到两大主要作用：一是不断有序地膨胀，为其子孙——各代、各层次自组织系统创造进化的大环境，提供新的负熵源；二是促成其子孙在进化的大环境中具有和发挥物进的内动力——进化的对象性。从而能适时地对象性寻找、识别、结合进化的对象，进化为新的层次或代，成为聚集更多能量、有序度更高、结构更复杂、功能更强大的新自组织系统。

宇宙是其先后诞生的子孙系统的全部组合，宇宙以精确的数据系统工程调控的进化也正是其内对象全部子孙的进化，其全部子孙进化的进化的历程和表现也正是宇宙的进化，它们是一致的、同一的。

宇宙的第二代是物能系统，它们又分为质子、核子、原子、分子、星云、星球、星系等进化层次。

与第一代相比，它们的进化发生了代的进化。首先具有了第一代所不具有的外对象，随着宇宙不断地膨胀、降低温度，创造进化的大环境，提供新的负熵源，第二代自组织系统总是发挥其进化的对象性去寻找、识别、结合其进化的对象而进化为新的层次。

在大爆炸最初时期，充满辐射的极热的条件下，粒子的能量如此之大，运动非常之快，它们不停地冲来冲去，不可能与任何对象结合。宇宙体积膨胀一倍，温度就下降一半，大爆炸后 100 秒钟，质子与中子运动速度减慢，开始因强核力的吸引而相互对象性地寻找、结合，进化为核子。核子从而发生了进化的进化，它的进化对象不再是中子或质子，而是电子，它们的进化对象性的发挥不再是依靠强核力。在大爆炸后 100 万年左右，温度降低到几千度，两者便开始因电磁吸引力而对象性地寻找、识别，相互结合进化为更高一层次的原子。原子又发生了进化的进化，其寻找的进化对象不再是电子、核子，而是原子，它们相互对象性地寻找、识别、结合，进化为物能系统中更高层次的种种分子。

宇宙在继续膨胀的过程中，有的区域由于原子、分子等的平均密度略微大一点，便会因引力的作用而逐渐收缩、坍塌。外区域的引力使其在收缩中逐渐旋转起来，收缩得越小聚集的物质越多，旋转得就越快，从而进化为星球和碟状的旋转的星系。

从质子到星系，虽然一个层次比一个层次的进化对象、进化对象性、进化的方式、进化结果等发生了进化的进化，但却具有共同代的进化特点，即发挥进化的对象性寻找、识别、结合对象而进化。作为宇宙第一子代，物能系统进化的这一特征便开进化之先河，成为宇宙之后一代代进化的"基因"。

宇宙的第二代物能自组织系统经过一百多亿年的多个层次的进化，使宇宙逐步形成一个具有 1250 亿个星系①的井井有序的母系统，从而为第二代物能系统中的某类分子相互识别、结合，进化为宇宙的第三代生物，创造了必要的大环境和条件。在 1250 亿个星系中，某些大小适宜的行星上，具有一定的光照、温度、液态水、二氧化碳、氧、甲烷、甲醛、碱基、氨等和必需的物理和化学作用等一系列因素协同组合的动态系统，便为生命的诞生创造了可能。

宇宙的第三代是非知自组织系统生物。第三代生物与第二代物能系统的代差，不是表现在以下一类界定上：能进行新陈代谢、子代是由亲代产出……而是在进化的对象性、进化的对象、进化的方式、进化的结果等方面发生了跨宇宙代的进化。它的进化对象性不再是依靠力的作用，而是以信息为前导，以本能需要为指向来控制自己与外界进行对象性的全息的物、能、信息的交流，获取负熵而生存和演进。它的进化方式不是像第二代那样直接地与进化对象结合，而是通过主动活动进行信息反馈，吸纳新信息，改变基因，由渐变而突变，进化为更高层次的生物系统。

最初，由于外空射来高能粒子，地球上又缺氧，所以原核细胞都只能生活在深海中，是厌氧的。过了十几亿年，即 28 亿年前，当深水中的食物被吞食得匮乏时，地球和生物自身的调控恰好为生物的进化创造了新的环境和负熵源：一是形成了强磁场，挡住了空中危害的辐射；二是大气中的氧增多，为原核细胞进化为需要耗费更多氧的

---

① 美国天文学会 1999 年 1 月 7 日宣布，根据哈勃太空望远镜观测发现：宇宙大约含有 1250 亿个星系，比该镜 1995 年探测的 800 亿个星系多出 450 亿个。

真核细胞生物提供了条件。原核细胞生物从而主动转移到浅水中寻找对象性的负熵，吸收阳光和氧等。长期的、同一的主动活动，通过信息的反馈，使其DNA由渐变而突变，由厌氧生物进化为亲氧生物——能进行光合作用的蓝绿藻一类的原核细胞生物以及亲氧的线粒体等，并迅速地繁殖，使地表也加速氧化。

在同一生境中同一种群以本能为指向、信息为前导的长期的主动活动，通过反馈，促成DNA吸纳、组合新信息，由渐变而突变，便成为生物进化的样式。进化的结果也与第二代不同，而是不断地脱胎于前一层次，产生新的物种。由真核单细胞生物到多细胞生物、腔肠类、鱼类、两栖类、爬行类、鸟类、哺乳类、灵长类，无不如此（第四章将对此展开详述）。不过，这一过程生物自身却是非知的，而是由先天积累和遗传下来的生存和进化的本能所支配。所以，它是非知自组织系统。

由非知自组织系统生物中最高层次类人猿进化而来的是宇宙的第四代自知自组织系统——人类。正如生物是从第二代物能系统进化而来的而不再是第二代一样，人也不再是第三代非知自组织系统，在进化的对象、进化的对象性、进化的方式、进化的结果等方面都发生了代的进化。人进化的对象不是自然界现成的，而是自己创造出来的，其进化的对象性总是指向新的自知创造。人的进化告别了第三代生物那种通过DNA漫长的反馈来改变自身的自然的方式，而是超进化，与自己创造的对象结合而不停地随时随地地进化。

非知自组织系统生物与人类，虽然都具有信息功能，但前者却不能自知地将自己作为自己认识和创造的内对象，因而也就不可能指令自己去把外界作为自己认识和调控的对象。它的生命活动是非知的，是以直觉为前导的本能活动。它不能够自知，也不需要自知，仅此就足以使它生存和进化。例如，牛的胃是在吃草的漫长岁月中发展形成的，给它肉，它是不会吃的，吃肉会生病，甚至死亡。这种对象性选择是本能的调控，是自然而然进行的，是经过漫长岁月先天积累和遗传下来的。正如马克思指出的：

> 动物是和它的生命活动直接同一的，它没有自己和自己生命活动之间的区别。它就是这种生命活动。[①]

---

① ［德］马克思：《1844年经济学哲学手稿》，第50页，刘丕坤译，人民出版社，1988年。

达尔文曾将猿与人进行比较，认为人与动物之间只在心理能力的程度上有所差别，但在性质上却是相同的，人类的诞生只不过是动物又一次的进化。他不曾考虑人与动物存在宇宙代的差别。

非知自组织系统中最进化的具有较发达的脑和四肢的类人猿，仍不能改变其非知的代性，不能自知地把自己作为自己控制的对象，指令自己确立创造目标、实现创造目标，只是在先天本能的驱使下，直观地利用一下现成的自然物。

"差之毫厘，失之千里"。由猿渐进、突变而来的人类先祖与猿的基因虽然只有些许的差异，但正像水到摄氏 100 度就沸腾一样，发生了代的飞跃，使其具有了猿所不具有的能向自知迈进的先天条件，能把自己作为自己认识、控制、创造的内对象，因而能按照自知的需要指令内对象去认识、控制、创造外对象。亦如马克思指出：

> 人则把自己的全部活动本身变成自己的意志和意识的对象。[①]

当人类第一次地说"我"的时候，就已实际地能做到控制的"我"指令被控制的我去自知地确立创造目标，进行创造的思维和创造的外化。

140 亿年里，前三代也进行创造，大爆炸创造了宇宙，第二代创造了核子、原子、分子、星球星系，第三代不断地创造新的物种。但它们的创造是非知的，自己并不知道有何创造目标、创造方案、创造结果。只有到了人类，才开始翻开划时代的自知创造的史页。人类与自知创造的语言、石器、弓箭等结合，从而进化为比一切凶禽猛兽还厉害的万物之灵；人创造了宇航器，从而成为能向星际进发的太空人；今天，人类的自知创造以几何级数速度多维度迅猛发展，即将像"上帝"一样通过纳米技术创造新物质、通过生物工程创造新物种、能无线联网的有机计算机将植入人脑……种种创造不仅使人类将进化为大智慧的新人类，而且将有力地促使世界不可逆地走向制度、思想、经济、物质、环境、道德、法律等全面一体化。在指日可待的未来，人类便会创造一个宇宙的第五代——人类地球系统。

由第四代进化为第五代的本身便发生了进化的进化，不再是直接脱胎于前一代，而是第四代自知创造的产物。

[①] [德] 马克思：《1844 年经济学哲学手稿》，第 50 页，刘丕坤译，人民出版社，1988 年。

第五代的进化的对象性将告别自发、自知，进化为自觉①。进化的对象从人球扩展到星际，通过自觉自控、自调，充分调动人球的系统力量向太空进发，走向太阳系的其他星球。通过对象性改造适当的星球的生境系统与改造人类 DNA 相结合的方法，将人类的后代送到太阳系的其他星球上去，向着创造更大、更佳的递自由自组织系统宇宙的第六代——太阳星际系统的目标前进。

也许有人会问，宇宙中极少星球上的极少物能系统才能进化为生物、人类，怎么能说这是整个宇宙的进化呢？正如只有精子和卵子在生物亲代子宫中才能孕育出下一代，而不能要求自然界的亲代每个部分每个细胞都能孕育成子代一样，适合的星球就像万物之母宇宙的子宫，某类第二代就像是精子和卵子。生物的子代虽然只在子宫中怀孕，但却是整个母体系统调控的结果；宇宙作为母系统，在其怀抱里的极少星球上的某类第二代进化为第三代，也正是整个宇宙运用精确数据的系统工程调控的结果。换句话说，在众多星系中极少的星球上诞生了生物，绝不是宇宙某些局部的事情，而是整个宇宙井井有序进化的结果。

由非知创造到自知创造、自觉创造、自由创造，宇宙进化的频率越来越快，第二代进化为第三代花了 100 亿年，第三代进化为第四代只花了 38 亿年，而从第四代进化为第五代只用了几百万年。宇宙自觉的第五代、递自由的第六代的进化速度更将呈几何级数增长。星火可以燎原，人类的后代会迅速向其他星际进发。2000 年，俄国圣彼得堡帕科夫天文台的相对论专家塞吉·卡斯尼科夫宣布发现了一种与过去所知的不同的"蠕虫洞"，无论是从体积的大小还是持续时间的长短都足以被人类所利用，可成为突破时空距离的通道。几千年后，人类的后代完全可运用时间隧道或者其他高度发展的科技，越过空间的障碍，到达更远的星系。那时，人类将创造出第七代——星际系统。我们完全可以作出这样的预测：5 万或 10 万年后，宇宙中所有适当的星球上都将布满人类不断进化的子孙，直至创造出一个无比繁荣的递自由的宇宙的第八代或第十

---

① 自知是一个向自觉、自由进化的过程。自觉是前馈，自知是后馈：对前者来说，进化是普遍的、自觉的目标，不断自觉地创立新的目标，实现进化；后者只自知地去创造，但并不明确知道这是为了进化。自由比自觉更进了一步，但自组织系统的对象性是有限的，自由只是相对而言的，只是递自由地去进行对象性创造。

代——全宇系统。怎能还说今天极少星球上出现生物、类似人类的第四代，不是整个宇宙的进化呢？

补 遗

当人类刚从树上下来直立行走时，他的臂力虽然比今天的人强，但仍然不是凶禽猛兽的对手，遭遇时只能逃避。但人类在自己的五官、四肢、躯体未发生进化前，却能通过对象性创造，使自己与弓箭结合，进化为人－工具系统，从而比凶禽猛兽更厉害，将它们变成自己食物的来源。后来人类又陆续地对象性地创造和开发了种种延长、扩展、加强自己五官、四肢、躯体、脑的工具、机器和能源，实现了一次又一次的超进化。人是宇宙进化的前沿，是宇宙进化的表现和印证。

三、宇宙为何会进化

宇宙为什么会一直在进化？它有何进化的动力呢？

当代科学说明，宇宙没有"第一推动力"。那么，其进化的动力来自何处呢？正是恰到好处的大爆炸确定了宇宙必然要从小到大、由混沌向递序、由无结构向递复杂结构、由低级向高级进化。是大爆炸带来宇宙精确的常数，或者说宇宙之所以进化，正在于大爆炸使它恰恰具有一系列犹如精确设计的系统工程的数据。运用这一常数工程自调自控，宇宙必然会和谐有序地膨胀、进化，依次产生原子、分子，然后是星云、星球，再后是生物，接着是宇宙的第四代如地球上的人类，以及人类及其后代创造的第五代如人球系统等一代比一代进化的自组织系统。虽然系统工程的数据调控并不能管到宇宙进化的每个细节，例如，第三代自组织系统在某时某处发生，是有其偶然性的，但从根本上来说，在膨胀阶段，进化的必然性已因宇宙以精确的系统工程常数调控所确定。

系统工程数据的调控形成了自组织系统两大进化的动力。一是天促，即宇宙不断有序地膨胀，为其子孙——各代、各层次自组织系统创造进化的大环境，提供新的负熵源，促进其子孙的进化。二是物进，即赋予其子孙自组织系统具有进化对象和进化的对象性，从而通过自控自调，一方面保持系统的结构和功能稳定，另一方面则向宇宙所创造的进化环境和负熵源开放，适时地对象性地寻找、识别、结合（吸纳）进化的对象，进化为高一层次（或代）的结构更复杂、能量更大、具有新对象性和新对象的自组织系统。天促，只是一代代自组织系统进化的外动力，仅此宇宙和各代各层自组织系统仍是不能进化的；物进，是自组织系统进化的内动力，两者的协同，才构成了一个不可逆的宇宙进化的动力系统。

自组织系统为何具有进化的对象性，而不是具有其他诸如退化的对象性？它是如何发挥其进化的对象性而逐级进化的？为什么说这些都是宇宙以系统工程数据调控的结果？这些问题将在后面各相应章节中展开论述，这里只做从略表述。

如上节所述，宇宙不断地膨胀，降低温度，拉开温差，创造新的进化环境，提供新的进化对象，其子孙们系统的稳定性与大环境的负熵增长便形成了不平衡，从而促使其子孙发挥其进化的对象性去寻找、识别、结合进化的对象而进化，如质子与中子对象性地寻找、识别、结合为核子，核子与电子对象性地寻找、识别、结合进化为原子……进化的对象性成了自组织系统种种对象性中的主流对象性。试想，如果是相反的情况，宇宙是在大坍塌，天创造的是退化的环境，提供的是熵源，那么这种差落关系哪里还会使其子孙产生什么进化的对象性？它只会具有退化的对象性罢了。

约 100 亿年后，在宇宙创造的井井有序的 1250 亿个星系中的一些适当的星球上，某些分子发挥其进化的对象性，相互寻找、识别、结合而进化为碱基和氨基酸，碱基相互对象性寻找、识别、结合而进化为三联体，三联体对象性地寻找、识别氨基酸，相互结合而进化为前生物。

一般认为，只有具有信息功能的生物才具有识别对象的对象性，例如，细胞能识别何种物质是它需要的，何种物质是它要躲避的。但实际上，宇宙最早的子代第二代物能系统就具有寻找、识别的功能。不同之处在于，第二代是以力为前导，而第三代生物则发生了进化的进化，是以本能为指向，以信息为前导去相互寻找、识别、结合的。前生物相互寻找、识别、结合而逐层进化为原核细胞生物，原核细胞生物与线粒体相互寻找、识别、结合而进化为真核细胞生物，真核细胞相互识别、组合、衍演、进化为多细胞生物……生物的进化已不是像第二代那样简单地与对象结合而进化，而是在个体宏观系统主动对象性寻找、识别，摄取物、能、信息的过程中，与微观系统DNA协同运作，通过长期反馈，吸纳新信息，由渐变到突变，进化为新物种（详见第四章第三节）。

在天促之下，宇宙第四代人类其进化的对象性和对象则又发生了代的进化，总是寻找创造的需要和创造的对象，自知地确立创造目标、方案、方法等，寻找、识别、加工和物化信息，创造进化所需、世上尚无的对象，与之结合而不断地进化。与自知创造的船结合，则能穿江越海；与自知创造的宇宙飞船结合，则能飞上太空。

为了更好地揭示和阐明宇宙进化的动力系统，有必要与传统主流进化论对动力的认识作一对比。

广泛流传的达尔文进化论认为，在生物的进化中，生物自身并不起作用，只是天择的结果。现代达尔文主义秉承了这一思想，认为生物基因的进化并非生物主动活动的结果，而是偶然的随机的复制错误，只是由于天在大量的错误中择优汰劣，才一代代地进化。

达尔文进化论诞生的时代，人们普遍认为天是静止的，当代达尔文思想的后继者也从未提及宇宙是进化的，那么，一个静止的天怎么能通过对生物偶然的复制错误进行选择而促成生物进化呢？静态的天所构成的环境，只是大同小异，它对生物偶然变异"选择"的结果只能是适应不同环境的多样化生物。新宇宙学已将静止的天观否定了。实际是，不断膨胀的宇宙运用精确系统工程数据调控，不断为其子孙创造进化的大环境，提供新的负熵源，所起的作用不是择而是促，这便确定了宇宙的一代代子孙进化的方向性和必然性，这是一；二是，宇宙的子孙在天促之下，都具有进化的对象性和进化的对象，它们的进化并不是偶然的随机的。以信息为前导、本能为指向的生物，具有比第二代物能系统更进化的进化动力，在天促下，同一物种长期的满足相同新需要的对象性寻找、识别、结合，摄取物、能、信息的主动活动，是生物必然进化的内"因"。

世界上没有无因之果，也没有无果之因。

当代科学的发展揭示了为数不多的适用于一切现象的基本原理，对称律就是其中的一个。对称律说明宇宙中不失不得的因果关系，许多科学家的重大贡献都与他们创造性地发挥对称律和因果原理分不开。

进化也离不开因果关系。

生物进化能如许，为有源头活水来。正如从质子逐步进化为原子、分子、星云、星球、星系一样，是天促物进的结果，38亿年来生物从低级到高级、简单到复杂的进化，同样不是凭空而来，离不开因果律，其DNA的不断演化——这一特征量的"果"，是由于某一长期起作用的对应的量——"因"所引起的。

现代达尔文主义将生物还原为基因，认为只要把基因研究透了，就解答了生物的一切命题。但，生物的活动是以个体为单位，进化是以种群为单位，基因绝不等于生物，更不等于种群。孤立地去研究基因，阻碍了揭示生物进化的真正原因。

把生物还原为孤立的基因，将"基因的变异"说成是偶然的随机的，与生物整体的活动无关，不仅无异于将原子说成是生物，或将高级生物的细胞说成是高级生物一样是谬误的，而且也无异于把DNA看成是封闭系统。这一观点集中地表现在传统生物学中流行的"中心法则"上，认为生物细胞中的DNA是遗传中心，只是单向地由中心向外传递和控制生物遗传和生长的信息，而不可能从外向中心传递改变DNA的信息。但实际上，RNA、DNA和蛋白质从其前身三联体配对开始就是开放系统，所以才能对象性地相互寻找、识别、结合，逐层进化，由渐变而突变，进化为原核细胞。高级多细胞生物细胞中的DNA，同样是开放系统，它的进化不是无因之果，而是接受生物个体宏观系统传递的反馈信息，由渐变而突变的结果。越来越多的科研成果说明，中心法则的认识是站不住的，连其创始者Drick都作了声明：他从未否认过信息有回流的可能，恰恰相反，在他于1958年构思中心法则所画的草图中，DNA、RNA、蛋白质等3种生物大分子之间的信息流向都是双向的。今天的生物学已充分说明：DNA既控制和传递遗传信息，又接受反馈信息而进化；无正常缘故的偶然的随机的变异都是病变。认为DNA

是封闭的，认为生物的活动对 DNA 的进化毫无作用的"中心法则"，应按生物进化的实际改为双向法则。

有关研究在当代已取得举世瞩目的进展。例如，为了适应生存和进化的需要，蛋白质不仅已形成与数百种外来信息分子的组合方式，而且形成了能非常有序有效传递信息、催化和参与基因变化的细致而复杂的信号系统。DNA 也形成了许多相应的元件和进化机制。其中有一些是直接与进化有关的，如可以改变位置、能使基因组产生多样性的变化的可移动遗传元件，可促使生物基因组反馈进化的转座子，对产生新基因和新蛋白质起到重要作用的断裂基因，自我复制的基因漂变等。

150 年前，达尔文在建立其学说时尚不知道遗传信息和遗传基因，由于未能揭示生物进化的真正原因，他便把"变异"说成是无缘无故的偶然。这一论断就连他自己也深感不妥。他曾以一个科学家应有的求真胸怀，坦诚地表示："如果作出结论说，每一事物都是无理性的盲目力量的结果，这无论如何也不能使我满意……"[1] 他陷入无法自拔的苦恼，曾发出这样的感慨："我深切地感到，就人类的智力来说，这个问题太深奥了。"[2]

今天，科学的发展揭示了宇宙一切后代的进化都不是偶然的，而是天促物进的结果。第二代的进化是这样，生物的进化亦不例外。

天促物进是自组织系统的外因和内因，两者缺一不可，但自组织系统进化的动力系统，还远不止于此，完整的描述应是：系统调控、多维协同、对象组合、天促物进。试想如果没有宇宙以精确的数据进行系统工程的调控，哪有宇宙的进化？没有广袤空间的协同，哪有今天太空中 1250 亿个星系？没有井井有序的 1250 亿个星系协同运作，哪有银河系？没有银河系围绕中心黑洞井井有序的星系的协同运作，哪有太阳系？没有地球生态系统的协同，哪有生物和人类的进化和繁荣？同样，没有对象组合，质子怎会与中子协同进化为原子，又怎会有一层次又一层次、一代又一代自组织系统的诞生？没有人与人创造的工具的对象组合，哪有人类的不断进化（详见第七章）？达尔文的进化论在历史上确有不可泯灭的贡献：它宣扬了科学精神，打击了神创论，开创

---

① [英]达尔文：《物种起源》，第 12 页，商务印书馆，1997 年。

② 《物种起源》，第 12 页。

了进化这一崭新的领域。但他提出的进化的法则，如物竞天择，优胜劣汰，适者生存以及生物的变异只是偶然的、渐进的，原因是不可知的等，却是失误的。只有探索和揭示进化的真正动力和法则，人类才能正确地发挥自己在宇宙中的价值和作用，更好地去促进进化。

补　遗

进化对象性是自组织系统进化的内动力，它的进化是其最根本的进化。

协同是进化的动力系统的具体组因之一，如质子与核子的协同，原子与原子的协同，分子与分子的协同，三联体的协同，线粒体与原核细胞的协同，细胞与细胞的协同，高级生物诸种局部与局部的协同。人类从群体到社会、国家、世界一体化，直到人球系统，协同在不断地升级。

把竞争作为进化的动力，则会要求一切服从竞争，破坏协同。只看到或只讲竞争，是对系统调控、协调整合的忽视或抵制。竞争是在大系统的调控中进行的，也可以说是大系统的一种调控。它是在大系统与其他调控协同下进行的，法律的保证、舆论的监督、道德的规范以及国家社会的宏观调控和这些调控的反馈和改进，都是将竞争引入促进大系统的稳定和进步的轨道和机制。一个国家、一个社会的竞争都要在一定的法律保证、舆论监督、道德规范、社会调控等系统调控、协同整合中进行，这是人类社会逐步进化到今天的自知的控制。如果某个企业想不顾协同，不顾大系统的稳定和进化，而贸然行事，搞破坏协同的不正当竞争，就会受到法律、舆论、道德的惩罚和谴责。一个社会只讲竞争，就会毁于分崩离析；一个企业光讲竞争，就会走向自己愿望的反面。

四、宇宙进化的意蕴

哲学是人类认识的高峰，和时代紧密相连。科学对宇宙的诞生和发展的揭示，使哲学不能不思考，其中有何普遍性的规律、意蕴可寻。

人类对事物的认识是逐渐发展的——从混沌到分类，由孤立到联系，由静止到动态，近年则上升到时空质连续统的高度。这是当代物理学认识方法上的一个重要的突破。它将时间、空间、质量三者作为一个统一发展的过程来认识。时、空、质三者中的任何一个都是其他两者的函数，它们无时无刻不相互联系，相互作用，是一个分不开的发展着的整体。人类对宇宙、质子、原子、分子、星系、生物、人等等的认识就是这样，过去总是把它们分割、孤立地研究认识，以至于陷入见此不见彼、见今不见明、见水不见海的片面、非真实的研究中。科学研究近 300 年来沉溺于分析，不仅学科门类一分再分，而且每门学科对研究对象也是一再分割，甚至提出还原论是科学的基本精神和方法。然而局部绝不是整体，不可能说明、更不能代替系统的、动态的整体。把一个螺丝钉研究得再透彻也不能说明一部机器的性能、用途和未来。时代呼唤科学把握研究对象的时空质连续统。

研究时空质连续统，是突飞猛进的当代科学在充分分化的基础上提出的时代要求。

宇宙的诞生、进化和未来是迄今最大的时空质连续统，宇宙进化时空质连续统不仅突破了过去对宇宙、原子、星球、星系、生物、人类分割研究的怪圈，而且突破了孤立的静止的研究，按照它们本来所处的相互统一连贯演化的过程来认识，从而使人类对宏宇万象的认识上升到一个崭新的高度。宇宙时空质连续统的揭示，也为哲学的振兴和发展创造了空前的契机。

一个多世纪以来，哲学一直徘徊不前，随着一个个具体学科特别是宇宙学等从哲学中分化出来，哲学似是失去了研究的对象和命题。我国曾展开哲学危机的大讨论，"哲学的终结"已成为西方思想界热门的话题。霍金对哲学停滞和贫困的原因提出了精辟的看法：

> 迄今，大部分科学家太忙于发展描述宇宙为何物的理论，以至于没
> 功夫去过问为什么（指哲学）的问题。另一方面，以寻根究底为己任的哲
> 学家跟不上科学理论的进步。在18世纪，哲学家将包括科学在内的整个
> 人类知识当作他们领域，并讨论诸如宇宙有无开初的问题。然而，在19
> 和20世纪，科学变得对哲学家、或除了少数专家以外的任何人而言，过
> 于技术性和数学化了。哲学家如此地缩小他们的质疑范围，以至于连维
> 特根斯坦——这位本世纪最著名哲学家都说道：'哲学余下的任务仅是
> 语言分析。'这是从亚里士多德到康德以来哲学伟大的传统的何等堕落！[①]

马克思以后的一百多年来，哲学与科学相去日远，对科学的最新成就望洋兴叹、充耳不闻，不是仍嚼前人已嚼过千百次的馍，就是远离哲学的真正使命去研究其他。

突飞猛进的时代呼唤哲学的振兴。哲学的衰落和途穷，正是它崛起和兴盛的前奏。

哲学从现实出发又复归于现实，而能包罗万象的最大的现实莫过于宇宙进化的时空质连续统。从宇宙进化时空质连续统中探寻对宇宙万象的统一解释和适用于一切事物的普遍规律，正是哲学企求的最高目标和无可推卸的天职。同时，对宇宙进化时空质连续统的探讨，涉及诸如宇宙学、物理学、生物学、人类学、考古学、科学、数学、哲学、社会科学、横断科学等几乎所有学科的最新成果。恰似万流归大海，各种庞杂的科学门类的前沿，正开始汇合，从不同的角度提供和论证它们共同涵益一切、指导一切的命题。正如恩格斯所说：

> 随着自然科学领域内每一划时代的发现，唯物主义就不可避免地要
> 改变自己的形式。

宇宙研究的飞速发展打开了一个无限广阔的大一统的视野，使远离科学的哲学与科学找到了交融的切合点，重新高扬人类认识高峰的作用和价值。站在科学的前沿反思过去，寻求新的研究对象、命题和方法，澄清杂沓失误的传统认识，展望和预测遥

---

① ［英］霍金：《时间简史》，第156页，许明贤、吴忠超译，湖南科学技术出版社，1995年。

远未来，建立新宇宙观、生命观，重新审视人的本质和价值、在宇宙进化中的地位、真善美的本质和准则，剖析宇宙正在熵寂说，回答第一推动力、宗教和科学的联系以及人类的终极关怀等一系列长期以来为人们普遍关心的重大课题。

传统哲学认为，探讨宇宙的本原是哲学的基本命题，由此分为三大派，即认为宇宙的本原是心的唯心主义、认为宇宙的本原是物的唯物主义和认为两者均是宇宙本原的二元论。探讨心与物何为宇宙的本原的命题，是两千年前先哲对宇宙毫不了解时确立的。古希腊当时最早的哲学派别米利都学派率先提出世界万物的本原的命题，认为宇宙有一个统一的本原，纷纭繁杂的万物都是这个本原构成的。这个学派的创始人泰勒斯认为本原是水，另一个学者认为是气，还有的认为是"无定形"。从此探讨万物本原便成了古希腊和之后世界哲学的主要命题。为什么要先验地画地为牢，认为宇宙必定有个本原，而且圈定只须在心与物这两个中来选择呢？没有科学的根据，只是凭猜测和臆断的这一命题本身就不能成立。当代宇宙学揭示，仅从时间来看，人的心与宇宙最早的物，两者的产生就相差 140 亿年，怎能放到一个层次上来探讨宇宙的本原呢？如果说心是指宇宙之始的绝对理念，那么它又是从何而来的呢？是上帝的意志？另外，唯物主义既然认为物是宇宙的唯一本原，怎么又提出还有个物之外的非物的心来？同样，唯心主义既然认为心是唯一的本原，为什么也提出个心之外的与心并列的物来呢？岂不自相矛盾！心是人的一种活动和功能、过程和结果，就像白菜的光合作用与蔬菜不能放到同个层次一样，它与物是不能并列的。对此当代科学家已有许多精辟的论述。

古代的哲学包罗各种学问，近代以来物理学、生物学、化学等各门具体科学一一从中分化出来。后来，宇宙学也同样从哲学中分化出来，特别是新宇宙学，采用的是具体科学的方法，即实证、实验和数学运算等。宇宙学应确立什么样的命题，如何去进行研究，将得出什么样的结果，已不需要也不应由哲学家去苦思冥想、思辨猜测。人类应按宇宙发展的实际过程去认识和对待宇宙，而不应有个两千年前设定的先验的框框。

宇宙大爆炸，已通过观测、计算、实验得到共识，但宇宙大爆炸前是什么样子，尚未有定论。今天，无始无终的稳态宇宙说已被普遍地驳斥和抛弃，绝大多数科学家倾向于霍金提出的宇宙是由无通过量子跃迁而诞生的（第二章详）。这一学说如果成立，怎能说物是宇宙的本原呢？宇宙最终又会怎样呢？如果大坍塌，那么又回到无的奇点；如果是失控地永远膨胀下去，那么，物质都将逐渐地消失，这也难以说明物是宇宙的本原。而且凡此种种也只有通过不断发展的具体的实证科学去解决。人类应按照宇宙发展的实际过程去认识和对待宇宙。研究宇宙需要一定的条件、手段和活动，不是哲学家，而只能是宇宙学家，或有关的物理学家、数学家，或科学家兼哲学家等才能从事。总之，宇宙从哪来的，不是哲学的命题，而是科学的命题。哲学家可以也应该学习、运用科学的新成果来发展哲学，上升到普遍性的高度指导科学，但不可代替具体的科学。

哲学是否从此失去了研究的对象和基本命题呢？

宇宙进化史却说明，自组织系统之所以能进化，正在于其在天促之下有进化的对象性和进化的对象。对象和对象性的发生和发展与宇宙的创生和发展一致。宇宙诞生产生了时间、空间、物质，三者互为对象，对象性地相互作用而形成了时空质连续统。质子和中子互为对象，它们发挥进化的对象性而结合为核子；线粒体和原核细胞生物互为进化的对象，它们相互对象性地寻找、识别、结合而进化为真核细胞；人根据自知的需要而对象性地寻找、识别、创造和物化信息，并与其创造的对象结合而不断进化。

马克思指出：

> 非对象的存在物是一种 [根本不可能有的] 怪物。[①]

宇宙万物都是对象性的，世界上不会有无对象的存在。存在就是对象。宇宙的任何一代不仅都因有对象而存在，而且也因宇宙不断创造进化的对象而进化。有进化的对象，才有相互对象性地寻找、识别、结合而进化。

爱因斯坦在解释相对论时就曾经指出："运动总是表现为一个物体对于另一个物体的相对运动（例如，汽车相对于地面的运动，地球相对于太阳的运动）。"他进一步将物理学上的相对性上升到普遍的对象性的高度："绝对的东西（如绝对时间）是不可

[①]　《1844 年经济学哲学手稿》，第 121 页。

观察，无法认识的。"大与小、快与慢、好与坏、高与低、进化与退化……宇宙中任何一样离开了对象就失去了存在和变化的可能。量子论进一步印证了这一论断，光子有二象，但它是波还是粒，并不决定于其本身，还在于观察者和观察的工具。玻尔说："假如一个人不为此而感到困惑，那他就没有明白量子论。"为什么光子对不同的对象就会出现不同的象呢？可见单从认识来说，客休也并不决定主体，主体也不决定客体，对象与对象的整体关系才构成了现实。量子论的杰出科学家海森堡对此作了重要的概括："习惯上把世界分为主体与客体，内心世界与外部世界，肉体与灵魂，这种分法已不恰当了。"

对象之所以成为对象，正在于它是对象的对象，它们是一个不可分割的整体。马克思对此做过高度的概括，他说：

> 一切对象对他来说成为他自身的对象化，成为确证和实现他的个性的对象，成为他的对象，而这就等于说，对象成了他自己。[①]

此之所以成为彼对象，正是因为彼是此之对象，这是一回事，是同一的。此不同于彼，正为此是彼之对象的前提，但仅此还不能说此是彼之何对象。光子不是观察者，观察者也不是光子，这是相互成为对象的前提，但，二象的光子成为观察者何种对象，观察者成为光子何种对象的实际，说明光子又是观察者，观察者也是光子。[②] 对象与对象的这种本质的关系，用一句话来概括：对象是对象的对象，是非此亦此，非彼亦彼。两者不是分别构成现实，而是 1+1=1，构成的是一个同一的动态现实。宇宙中一切对象与对象构成的是 n1+n1=1 的多维协同的时空质连续统。一代代的自组织系统都是相互对象性地作用而进化着。进化对象的发生也正是对象发生进化，进化是进化的对象和进化的对象性的进化。

对象与对象性的普遍存在，为哲学寻找涵盖一切、指导一切的命题敞开了大门。哲学研究的对象正是对象，对象的本质和规律正是哲学研究的基本命题。一切学问，

---

① 《1844年经济学哲学手稿》，第78—79页。

② 光子具有二象，当它被观察为粒象时，观察者正是粒象的对象；当它被观察为波象时，观察者正是波象的对象。观察者观察到粒或波，正确证和实现了光子这一对象对观察者具有或波或粒二象。

都是研究宇宙时空质连续统中某一段某一个局部的对象的本质及其对象性演变的规律；不同对象的共性的本质和规律，正是哲学探讨的学问。

人类对宇宙的认识大致可分三个阶段。第一阶段是静态宇宙观。认为宇宙是静态的，万古不变，星辰等的运动只不过是在不变宇宙大背景下进行的。第二阶段是悲天宇宙观。在揭示了宇宙大爆炸后，流行宇宙不断走向无序、熵寂的说法，从而得出"宇宙将毁灭，一切都将不复存在，生存还有何意义"的悲观论调。不只罗素等哲学家发出哀叹，有些科学家也同样不安，温伯格在其《宇宙最初三分钟》中写道："看来对宇宙理解得越多，好像就感到无味。"第三阶段则是进化宇宙观。认为不论宇宙的开始是一团火球，还是无，从其大爆炸起就一直从无序走向递序，天促物进，一代代的自组织系统不断地进化，至今已历四代，并正在向第五代迈进。创造是宇宙进化的火车头。从第四代起，宇宙从非知的创造揭开自知创造的史页。进化是呈几何级数加速度发展，在宇宙的引力和斥力未失去系统平衡之前，自知自组织系统的后代将布满宇宙中许许多多的星球，生活将向无限美好发展，整个的宇宙将呈现无限的繁荣。虽然在千亿年或万亿年后，宇宙可能走向退化和无序，但正像人人都知道自己会死，也没有人因此而"坐以待毙"。进化的宇宙观，使人们充满信心和希望地创造未来，勤奋地工作，为子孙万代的幸福和进化奉献自己。何况几十亿年后，科技高度发展，人类的后代很可能在这个宇宙未失控膨胀或坍塌前已迁移到另一个宇宙去了。

随着宇宙观的进化，人类的种种观念都将发生大变革。这一内容将在第八章进行系统的探讨，下面就人观、美丑观、善观、真理观、关怀观等简约地谈谈。

人观不等于人生观，人生观是对人的一生而言的，而人观是对人的普遍性，即人的本质、人的类性、人的地位和作用、人的进化等的看法和观念。

过去对人的认识只局限于或是将人和生物进行比较，如认为人也是生物（达尔文），是一种智慧生物；或是从人类社会发展过程和现实来进行研究，如认为人的本质是能作出自由选择（萨特）。今天科学的发展，使我们可以从更高的宇宙进化史的高度和层次来理解，将人与宇宙的前几代自组织系统的进化，以及未来的进化联系起来，从而能科学地回答人是什么，生活在什么样的时空中，其在宇宙进化过程中的地位和价值等重要的哲学命题。自足自组织系统、万物之母的宇宙自身没有意识，但其通过系统工程的调控，天促物进，产生了一代优于一代的自组织系统，到第四代终于进化为自知自组织系统，能自知地把自己作为自己控制和创造的对象，具有不同于前几代自组织系统的代性，那就是以自知性为首的创造性、物化性、群体性、个性化类性。第四代就像是宇宙自知的头脑和手脚，从此宇宙开始有了自知的创造。

萨特提到的"自由"一词是令人向往的，但由于人的对象性的有限性，人类虽然可以通过自知的创造不断地向递自由发展，却永远不可能达到完全自由。对象的局限性和发展的无限性，正是人类不断进化的历史。宇宙第四代自知自组织系统人类的本质，正在于能通过自知的创造突破对象性的局限而进化。

创造是进化的必由之路，没有自知创造就没有人类。或者说，通过自知的创造而进化正是宇宙第四代人类的标志。何谓自知创造？就是自己能将自己作为对象，指令自己去发现需要什么，根据需要应创造什么，按什么计划，采取什么方法来创造等等。自知自组织系统人类不但能时时根据自知的需要创造工具，与新工具结合而不断地进化，而且能创造比人更聪明的部落、社会、国家、联合国等人类群体和生境相结合的递佳、递大的自知自组织系统，并正在向着创造宇宙的第五代人球自组织系统迅速迈进。从生态平衡、环境治理、防止核战、太空开发、预防小天体撞击地球等，直到各个方面包括创造一个理想美好的大同世界，无不在逐渐完成这一历史进程。世界性的现代大众传播网络、国际性经济一体化等，正像不可抗拒的浪潮推动着人类去创建人球系统。人的进化是超进化[①]，实现宇宙第四代人生价值的关键就是最大地发挥人类性去进行自知创造，推动超进化。

宇宙进化的揭示，还将引起其他观念诸如真善美观的大变革。

例如美，什么是美，自古以来有种种不同的看法。进化宇宙观的确立，使美有了客观的标准，那就是凡是进化和促进进化的就是美的，相反就是丑的。自组织系统的进化，将分散的低级的组因结合起来，协同进化，上升为更高级、更有序的自组织系统，呈现出越来越新奇、发展、丰富之美。系统调控是美、对象组合是美、多维协同是美、天促物进是美。今天 1250 亿个星系和各个星系星球上井井有序的运作蕴有无穷探索之美。爱因斯坦的公式为什么美，不仅是它简单明了，而且在于它促进了揭示宇

---

① 超自身自然的进化。

宙进化之美的过程。人类是通过发挥人类性进行自知的创造而进化的，凡是解放和发挥人类性、促进创造的就是美，凡是扼杀人类性、束缚创造的就是丑。一个社会美不美的关键正是以此为分界的。正负美是人类进化生活的形象反馈信息。有的艺术将进化之美毁灭给人们看，为什么也有审美价值呢？因为这是唤醒人们对进化之美的关心和热爱，对摧毁进化之丑的憎恶和鞭笞。人类创造了一个不断进化的美的地球，人类的后代亦将能创造一个无比美好、自知进化的宇宙。

又如什么是善？

通常认为有德是善，违德是恶。可人类史上，自古以来关于什么是善，什么是德，却一直争执不休。善恶道德不仅随着人类的进步而有不同的说法，而且在同一个时期不同的社会也有不同的准则，变化无常，真伪混杂，难解难辨。但进化宇宙观，却使善与恶找到了科学的分界。凡是促进进化的就是善，凡是破坏进化的就是恶。它排除了许多人为的争论不休的诸如政治、伦理、风俗、习惯等的差异，从而确立了在宇宙时空质连续统高度的科学的善恶标准。

人生的痛苦莫大于人类性遭到束缚和扼杀，不能进行自知地创造。对象变为非对象，人变为非人；或是只准说别人说的，只准想别人想的，我变为非我；或是自己的一切创造活动都由专家来一锤子定音，创造变为非创造。说话要四平八稳，做事要遵循中庸之道，出头的椽子先烂，先飞的鸟就被打下来。阻止和扼杀人类性发挥和发展者是人类社会里最大的恶，促进人类性发挥和发展者是人类社会中最大的善。因为前者促进进化，后者则阻碍进化。

天促物进、协同运作是进化的动力和规律，凡是遵循这一法则的就是善，相反就是恶。达尔文认为强灭弱的竞争是进化的动力，从而为法西斯所利用，助长毁灭性的战争和掠夺。竞争要服从协同，只有促进协同进化的竞争才是需要的、正当的、善的，相反就是恶的。生态环境也是如此，凡是保持和促进生态协同进化的，就是善；凡是破坏和阻碍生态协同进化的，就是恶。以进化为显微镜，则能明辨善恶。

真观亦不例外，随着宇宙进化的揭示而正在发生大变革。牛顿的三大定律，曾被认为是不可颠覆的绝对真理，于是得出了"科学即真理"，真理是不以人的意志为转移的结论。但，这一结论三百年后随着相对论、量子论的出现而破灭了。"客观真理是一个过程，永远处于相对到绝对的转化发展中。"① 人所认识到的真理永远不会是最后的绝对真理。在一个进化的宇宙中，人类发现的真理将不断地进化。达尔文的进化论要进化，相对论、量子论也将要进化。对象先于自知。对象是无限的，而且是不断发展变化的，所以，人虽然不断地在进化，但对对象的认识和揭示，永远只能是对象性的、有限的，只能越来越接近而不可能对事物本体完全彻底了解。正如玻尔所说："物理学家（亦即所有的科学家，全人类）只是告诉人们我们能就宇宙了解些什么。"人类所揭示的真理永远处于向绝对迈进的相对中，从它一开始就包含有谬误，不能将其看成是万古不变的，应提倡突破和创新。这是真观变革的一个方面；另一方面也要防止轻视相对真理，以有限的生命空等无限未来的绝对真理的到来，凡是前沿相对真理都要尊重、学习和运用，才能促进进化。

许多学者把对人和人类的终极关怀看成是神圣的哲学命题。其实不论是对人的关怀观还是对人类的关怀观，涉及的不是一个关怀的问题，而是一个科学问题，在解决了诸如宇宙的走向、人是什么、人在宇宙中的地位和作用、什么是死、人类的结局会怎样等问题之后，科学的关怀观也就迎刃而"立"了。

人的终极是死，死对人人来说都是绝对公平的。人死后会怎样呢？大体有三种认识，一是认为人死后"万事空"，什么也没有了；二是认为，人虽然死了，但精神未死，人类之所以进化正在于前辈不仅将其物质工具遗留给了后代，而且将其创造的诸如知识、观念、方法、语言等信息工具也传给了后代，人虽去世，思想却影响着后代；三是认为，人肉体死了，鬼魂还存在。

鬼魂说产生于科学不解思维之谜的时代。由于人是自知的，能把自己作为另一个对象来控制和对待，在思维时，思维场②中贮存的种种信息因素协同运转，形成涓涓不断的思场流。语言是人思维的表象工具，所以思场流实际表现为生生不息的内语言流。它可以从内在被听到，似是另一个人在向自己讲话，发出种种指令，从而使有些人误认为这是一个在肉体之外的灵魂，不会因肉体的死亡而消失。凡是科学达不到的地方，

---

① 《大百科全书·哲学卷》，第 1157 页。

② 人思维的对象是显意识，脑中贮存的其他意识是潜意识，潜意识其实时时都全部在，或者干扰显意识，或者支持显意识。所以，脑像一个共时性起作用的场，即思维场。

宗教便会来填补空白。宗教在灵魂说上加以发展，说灵魂是上帝赋予肉体的，在世善恶将决定鬼魂是上天堂还是入地狱，下辈子投什么胎。

劝人为善是对的，但目光久远的真正的善不是只想到自己死后如何，而应是，为子孙万代开创更美好的未来，越来越进化，过得越来越好。人生不能只从自己出发，把希望寄托在根本就不存在的自己的"来世"。

著名物理学家戴维斯说得好："如果，人可以投胎而得以再生，但再生的人对他的前世却毫无记忆，那么，怎能说这个再投胎的人与另一个截然不同的人是同一个人呢？"①

宇宙进化史告诉我们，第三代生物是从第二代物能系统进化而来的，第四代人类是从第三代进化而来的，生物的非知信息功能和人类自知的思维功能，是进化的结果，而不是什么上帝先造个肉体而后赋予灵魂。人是信息和物、能三位一体的系统，三者中缺少任何一个，人就死了。作为子系统的人脑同样是三者缺一不可的，就像物能离开信息就不再是活的机体一样，信息也不能单独地存在。如果物能遭到毁坏，如脑组织毁坏，或供氧中断，脑中的信息也就不复存在，思维场就不可能再进行场效应，内语言流便终止，哪还有什么脱离了肉体的鬼魂？

个人终极观与人类终极观是分不开的，人类终极观与对宇宙是怎样诞生、发展，终结会怎样的认识密切相关。

宇宙是怎样创生的？这个问题困扰着一些人，包括某些科学家。牛顿因不得其解而把它归为上帝的第一推动力，爱因斯坦也说："我信仰斯宾诺莎的那个在存在事物的有秩序的和谐中显示出来的上帝，而不信仰那个同人类的命运和行为有牵累的上帝。"②他称科学家的宗教感情为宇宙宗教感情。

人类的认识虽然是对象性的、有限的，但另一方面，人类的认识又是无止境的，昨天因解答不了而推诿给上帝的（例如，人是上帝造的，宇宙是上帝造的），今天，因有了科学的解答，而把上帝排除了。宇宙是从无通过量子跃迁而诞生的，并不是因为有一个设计系统工程数据的上帝，宇宙才进化，而是宇宙之所以进化正在于它是一个

---

① 《宇宙的最后三分钟》，112 页。

② 《爱因斯坦论文集》，第一卷，243 页。

具有一套系统工程数据的自足自组织系统。进化动力不是上帝外加上去的，而是它以系统工程数据调控的必然结果。虽然有许多未知，确切地说永远有未知有待探索，但随着科学的不断发展，不言而喻，上帝会从一个又一个的未知中排除。长此以往，上帝还可能存在于何处呢？上帝只不过是存在于一些人臆想之中的未知。

上帝说，不仅因一个又一个未知的科学揭示而日益丧失立足之地，就连像美国这样一个基督教传统的国家，以美国科学院院士为代表的一流的科学家中，也只有大约不到7%的人信神。[1]而且，上帝说因本身确非终极之因，在逻辑上也陷入怪圈。当人们说宇宙是上帝创造的，就不自觉地引出一个问题：上帝又是怎样来的呢？上帝是上帝的上帝造的。上帝的上帝又是怎样来的呢？得到的只不过是一个自相缠绕永不可解的提问。人类的认识永远是一个从非知到已知的过程，但这并不是说，必须有个上帝。用上帝来代替未知，同样是不可取的。[2]把未知神化了，就会使人的思维停止，不再去探索。宗教情结不论是以什么词汇替用，都会有碍于科学的发展。

关于宇宙的走向，误认为宇宙正在走向毁灭，便会消沉、厌世，甚至醉生梦死，为人类一天天临近终极而恐惧。只看到地球上才有人类，就悲叹人类"像一群孤独的、毫无归宿的吉卜赛流浪汉"（莫诺）。认为"一切人类天才的光华，都注定要随太阳系的崩溃而毁灭"（罗素），就会为人类生存的短促而灰心丧气。

只有科学地揭示宇宙是不断进化的，人类在宇宙进化中具有重要作用和地位，才能高瞻远瞩，对未来有科学的预期和展望，解答人类向何处去，树立正确的人类终极观，生活得清醒而有远大的目标。就会感受到作为人的难能可贵的幸福、快乐和自豪。不会再为一些迷惘而恐慌，不再因人类前途而困惑，不再因不解的自然现象而听天由命。生命就会在自知的创造和奉献中闪烁绚丽的光辉，在充满新奇和进化的节拍中鸣奏美妙的旋律。

不可否认，在1000亿年或10000亿年后，宇宙可能走向衰退，但就像人人都知道

---

① Nature. 394. 313. 1998。

② 第一推动力的问题虽然永远不能得到最终的解答，但却能不断地向前推进。它不仅一次再一次地证明上帝并不存在，而且其永不枯竭的新奇感和总不停止的发展，也正是推动自知对象性进化的一个源泉。

自己要死，谁也不会因此而悲观失望、唉声叹气、坐以待毙，相反绝大多数的人都在努力向前。人类才用650万年，真正文明史才不到一万年，就进化到今天这样的地步，创造了一个繁荣的地球。瞻望无限进化的灿烂的未来，几万或几十万年后，我们的子孙后代将遍及宇宙，科学技术无限地发达，能充分自由地进行创造，越来越可以做到处处和谐协同，生活无比美好幸福。整个宇宙成了超过梦想的真正的天堂。请问，谁还会悲天悯人，不为此而鼓舞和奋进呢？

补　遗

科学的辉煌，使哲学终于从沉睡中惊醒，开始看到了宇宙诞生和进化的轮廓，虽然这也只是今天人类进入第二次飞跃时期对宇宙初步的对象性揭示，但已与过去缺乏依据的猜测有着本质的不同。新宇宙学的成果提供给我们科学地研究宇宙发生和发展共性规律的依据。宇宙是对象性发生和发展的，万物都有对象，万物都是对象，存在就是对象，自组织系统都具有进化的对象性等等，正是宇宙发生和进化的共性规律。

关于宇宙诸种命题的研究，已不是哲学，而是实证科学宇宙学的命题。新宇宙学有关宇宙的起源、发展和终结的最新研究成果，进一步说明研究世界某种固定的本原的命题是不能成立的，因而也是不必要的，人类应按宇宙的发展去认识宇宙。

宇宙不仅是一个整体，而且是一个具有一定性质和特征的动态的整体，从其大爆炸伊始就是一个时间、空间、物质相互联系为一体的连续发展过程（动态系统）。孤立地去认识其中的任何一种事物，都会陷入片面的非实际的泥沼。宇宙进化论正是将宇宙作为一个时空质连续统来认识的。不论宇宙中的任何事物都是这一时空质连续统中某一时间、某一空间中不可分割的一个局部的时空质连续统，它融合于宇宙大时空质连续统中。如前所述，宇宙从大爆炸至大坍塌或失控膨胀前——对人来说几乎是无限长的时期中，宇宙是一个进化的时空质连续统。宇宙是一个时空质连续统，突破了过去对宇宙、星球、生物、人进行分割研究的怪圈，将它们按其本来的发展过程连贯统一地认识，从而使人类的认识上升到一个新的高度。

宇宙中的一切都是对象性的。时、空、质互为对象，从而构成了四维的动态的宇宙；

正质子是反质子的对象，相互湮灭，退化消失；核子与电子互为对象，结合进化为原子；原子从而具有了高一级的对象性，与其他原子结合为更高一层的物质分子。生命对象的发生也正是对象发生生命。对象性的发展才是进化的本质。宇宙五代自组织系统的对象性都有质的区别和飞跃，所以一代比一代进化。

宇宙进化论是包罗万象的大一统理论，其涵盖的哲学意蕴，具有无限维相的广度和深度。其将研究宇宙的各种科学联系和统一起来，将宇宙、星系、生命、人和万物统一起来，将进化与退化，决定性与随机性，熵与负熵，平衡与非平衡，时、空、质，主体与客体，现象与本质，思维与实践，自然与社会等等被割裂的一切事物统一起来，形成了一个宇宙时空质连续统的大进化观，把过去人为的对万事万物分割的认识上升到大统一的维度。

第二章

宇宙的第一代：自组织系统之母

为什么说宇宙是在进化而不是在退化？

万物之母的宇宙是怎样进化的？

宇宙为何能产生一代比一代进化的自组织系统？

宇宙会永远进化吗？

宇宙的第一代：自组织系统之母

人们总是以自己既有的信息为参考系来理解新的事物，这就是常说的先入为主。提起宇宙的进化，必然要以生物的进化来类比。生物是一代代进化的，那么宇宙有"代"吗？如果有，是怎样分代的呢？第一代是什么呢？宇宙进化的第一代不是别的，正是宇宙自身。参考系不能代替所研究的新对象，否则就不是参考，而是同一了。生物的进化，母子两代是决然分开的，但宇宙在这点上却有其特殊性：第一代的母体包容了其产生的全部不断进化的子孙。另外，生物进化所产生的都是生物，在这一点上与宇宙的进化相似，宇宙是自组织系统，它产生的子孙，也是自组织系统。也就是说宇宙的进化是自组织系统的进化，是产生一代优于一代的自组织系统。

宇宙的进化是一个时空质连续统的过程，宇宙的进化正是各代自组织系统的进化，各代自组织系统的进化就是宇宙的进化。

生物进化的研究首先碰到的一个问题是，生物是什么？宇宙进化首先碰到的问题是自组织系统之母的宇宙是什么？新宇宙学虽然还是一门年轻的学问，有许多问题远未解答，但它的飞速发展，的确使我们大开眼界，对宇宙的了解发生了质的飞跃，为探讨宇宙进化论提供了许多科学实证和理论依据。宇宙是一个包罗万象的宏大系统，对它进化的研究广泛地涉及物理、化学、生物、社会、哲学、伦理、美学、数学等几乎所有学科，以及人类已取得的诸如量子论、相对论、混沌论、自组织系统论、热力学第一和第二定律、生物进化论等几乎所有重大的成果。它们为研究宇宙进化提供了重要的认识基础。而本章就是要在这一基础上来探讨宇宙为什么是自组织系统，是什么样的自组织系统，它为什么能产生一代比一代进化的子孙，提供给子孙们什么进化的条件，宇宙的进化是否有时间限度等等。

一、宇宙进化的认识之一：
从静态到膨胀——兼述爱因斯坦对宇宙认识的重大失误

揭示浩瀚宇宙的真相不是一件容易的事。据天文学家的观测和统计，太空中大约有 1250 亿个星系，地球所在的银河系只是其中的一个，仅银河系大约就有 4000 亿个恒星。宇宙不仅体量异常宏大，寿命也异常长远，从创生到现在约为 140 多亿年，人类难以尽察所有的星系、星球和宇宙诞生前后的全部过程。人认识的宇宙永远只能是人对象化的宇宙，而不是宇宙的全部实在，但人的认识却在不断地进步。

人类对宇宙在进化的认识，是从宇宙是静止的不进化的认识开始的。

在人类之初，自然界的巨大威力威慑着人类，人们总希望对神奇的宇宙找到一种解释，在朦胧之中把这一切看成是神的无边力量。人们希望通过信神和拜神来避免灾难、降临幸福，无限的虔诚，于是产生了神学，哲学是神学的奴婢。那时，人们对宇宙自然创生的过程只能全凭猜测，或是认为宇宙是神创造的，或是通过思辨去天真地演绎宇宙的来源和发展，连宇宙这个概念也是含糊不清的，往往把能见到的天和地就算是宇宙的全部。在中国就有"二神混生，经天营地"①之说，在西方则有宇宙是从宇宙蛋中孵出来的故事等等。

后来人们创造了思维和交流信息的工具——语言，以及能部分代替体力劳动的工具、机器，用物质材料扩大和延长了人的大脑和肌肉、骨骼，成为人 - 语言系统、人 - 工具系统、人　国家系统，虽生理并未发生明显的进化，但不断地超进化。由原始人变成战胜凶禽野兽、驯养家畜、种植粮食、修筑城镇、建立国家的现代人。于是人们

---

① 《淮南子·精神篇》。

从天上回到人间，哲学取代了神学。人们开始对自身和世界进行探讨，企图从中寻找到一种统一起来的联系。在我国《易经》则有"易有太极，是生两仪，两仪生四象，四象生八卦，八卦生万象"之说；在西方则有"古代的某些宇宙学暗示了有序的世界从虚空中创生"[①]的观点。这些人类"幼年"时期的天真的直觉，虽然与今天新宇宙学的某种假说有一点点相通，但绝不可以与科学的研究并论，因为它们是纯粹的猜测，不仅没有依据，而且也似是实非。当然科学也不排除使用猜测和直觉，但科学的猜测和直觉是建立在科学的实证、试验、数学推算基础上的，递真地接近对象的本质和规律，而不是想当然。可能正是因为古老的关于宇宙是从无中产生的猜想不能令人信服，所以，不论在西方还是在东方，它都未能成为主流。

古代的哲学家们是研究一切学问的智者，他们一反神学的论断，从自身的感受和身边的实际出发，来推测认识宇宙。两千五百多年前，古希腊最早的哲学派别米利都派率先提出世界万物的本原的命题，认为静态的宇宙有一个统一的本原，纷纭繁杂的世间万物都是这个本原演化而成的。揭示构成宇宙万物的这一共同的本原，才是哲学的根本使命。从而逐渐形成三大哲学流派，即分别认为物、心或两者兼是宇宙本原的唯物主义、唯心主义和二元论。

关于宇宙本原的探讨，不成想竟延续了两千多年。直到现在，人们似乎仍然动不动就评断这个是属于唯心主义，那个是属于唯物主义，以此来划分哲学的流派。然而随着 20 世纪科学的突飞猛进，宇宙学像其他科学一样也从哲学中分化出来，它的种种成果已充分说明，宇宙的基本问题并非心与物哪个是宇宙的本原，宇宙是一个过程，不存在什么静止的固定的本原。古代哲学在对宇宙毫无了解的情况下，凭感觉和推测确立的本原命题是不成立的，将本原只限定在诞生相隔 140 亿年的物和心这两者中的一个更是非科学的，是和当时凭感觉和感情认为地球是宇宙中心的观点处于同一水平的谬误。正如新宇宙学的代表人物霍金指出的："哲学家未能跟得上科学理论的进步。"今天随着科学的突飞猛进，人类对宇宙的认识已发生了重大的变化，与过去不能同日而语了。

古代人们认为宇宙是静态的，16 世纪乔尔丹诺·布鲁诺写过一段在几个世纪中成

---

① 《宇宙的起源》，第 4 页。

为科学普遍信条的话："宇宙是单一的、无限的、不动的……它不产生自身……它是不可毁灭的……不可改变的。"他们不仅认为宇宙有一种固定的本原，而且大多认为地球是宇宙的中心。亚里士多德在其《论天》一书中，所论述的"地球是宇宙永恒不动的中心，太阳、月亮、恒星等都围绕在其四周旋转"的观点成为以后一千多年里神圣不可置疑的法则。16世纪哥白尼提出了日心说，不但未动摇传统宇宙说，反遭残害。

17世纪牛顿的三大定律问世，本可引出不存在一个静止的空间，推论出宇宙是动态的结论。但这却与他的绝对上帝观不一致，他感到困惑和忧虑。虽然他本人曾想到引力的作用能使恒星相互吸引，从而可能落到一起去，但他化解说，由于无限的宇宙中恒星分布得很均匀，不存在一个中心，所以落到一起去的情况不会发生。他的这一解释也正符合宇宙是永恒不变的、是上帝第一推动力施给的宗教观。不过仍然使他感到困惑和忧虑的是，运动是相对的，说此物在运动，就是说那一物是静止的；若说那一物在运动，则此物就是静止的。也就是说世界上没有绝对静止的标准，那么宇宙怎能是绝对静态的呢？

18世纪的大哲学家康德在其《纯粹理性批判》中，用二律背反的纯思辨推测宇宙是否是静态的。他争辩说，如果宇宙没有开端，那么任何事物发生前就已存在一个无限时间的过去，这是不可能的；如果宇宙是某个时间产生的，在它之前也必然有一个无限的时间，那么，它为什么非要在此时间创生呢？康德的错误不仅在于把时间和物质分离了，还在于他多年研究自然科学的目的是想"从自然科学上升到上帝的认识"。牛顿从推究第一推动力的来历，说明上帝的存在；康德则想由万事万物的合目的性证明的确有个有意志的上帝，而上帝是永恒存在的。

1850年，在蒸汽机发明以后研究热能转换时提出的热力学第二定律本也可能打破延续了几千年的宇宙静态说。因为按这一定律来推测，宇宙总有一天会走向熵寂。但人们却未对此有所考虑。

人类对宇宙的认识在缓慢地进行，20世纪初，俄国物理学家和数学家弗里德曼用广义相对论、具有普遍意义的方程式推论出宇宙是动态的。但由于传统的认识长期地统治着人们，所以几乎所有的科学新发现、新学说，在最初都遭到漠视和否定。宇宙是动态的发现也未逃脱这一命运。被认为是当时人类杰出智慧的代表爱因斯坦，也和牛顿犯了同一种错误，对弗里德曼的宇宙动态说作了否定。他认为宇宙不可能是动态的，自己的理论中一定有不完善的地方，从而错误地引进一个常数来予以修正。直到20世纪30年代初期，包括爱因斯坦在内的许多科学家仍不相信宇宙不是静止不变的。可见，要突破一个延续了两千多年的认识的怪圈是多么的不容易。

证实弗里德曼预言的是1929年科学史上具有里程碑意义的发现。美国天文学家爱德文·哈勃通过观测看到来自各个方位的星系随着时间的推移，颜色稍稍变红。这是光波的频率在降低的表现，说明宇宙中所有的星系都在后退，光源越远的星系离我们而去的速度也越快。称作"红移"的这一现象，证明了宇宙不是静止的，确实正在膨胀，而且从红移的加速度往前推算可以得知，在以前某个时刻，宇宙是聚在一个点上的。这就是说宇宙可能是从一个点开始膨胀的，这个点即以后新宇宙学家们揭示和命名的无体积的奇点。但许多科学家对此仍然抱着否定的态度，甚至认为研究宇宙大爆炸最初时刻的细节，是不严肃的。

1948年，美国物理学家伽莫夫提出宇宙大爆炸理论，认为宇宙开始是个高温高密的火球，因为剧烈的热核聚变反应[1]，火球爆炸。阿尔弗和赫尔曼预言：如果确有大爆炸，辐射场的温度开始时应为1028K（绝对温度）。它会随宇宙的膨胀而下降，推算起来，到今天宇宙辐射场所具有温度应为5K。1965年，两位无线电工程师彭齐亚斯和威尔逊在跟踪一个卫星时意外地证实了这一预言，测得宇宙辐射场的温度为2.7K，与预言极其吻合，仅有细微之差。这一发现使大爆炸说得到进一步的证实。但是，科学家们对此仍有质疑，因为大气中的分子对于辐射的吸收妨碍证实这一发现确为大爆炸的残余热辐射。直到1989年，美国的COBE卫星才对它作了确认（因为卫星高于大气层）。后来COBE卫星又做了一连串的搜索，于1992年得出的结果，成了世界各国的头条新闻。那就是宇宙不但在膨胀，而且在各个方向上都以同样的速度在膨胀，其精度高达千分之一。至此，虽然也有少数科学家仍有不同的看法，却得到大多数科学家的认同。1999年到2000年年底，两次宇宙气球传回来的宇宙图说明宇宙是一个扁平、不断膨胀的体系。参加"银河系外毫米波辐射和地球物理气球观测项目"的多国科学家肯定了这一观测结果，使大爆炸说得到进一步的证实。

---

[1] 热核聚变反应的英文是：fusion。

新宇宙学取得的瞩目成果，说明宇宙不但不是静止的，而且是在大爆炸中创生的。它一直在膨胀发展，到现在大约已有 140 亿年。从有记载的史料可知，人类从认为宇宙是静态的到认识到宇宙是动态的，经历了两千多年，再进一步认识到宇宙是从大爆炸中诞生的，又花了几十年。

补　遗

有的宇宙学家认为：如果宇宙坍塌，坍塌时散布在整个宇宙中的辐射能比大爆炸刚发生后的辐射能要多得多，因此，当宇宙压缩到最后时，它将要稍微热一些。这样，宇宙的循环就可能一轮比一轮爆炸得更猛，膨胀得更大。

宇宙子孙的负熵在不断地增长着。当质子和电子、核子等结合成原子时，原子便集聚了比单个质子、电子、核子相加之和还要大的能量，原子在一般情况下不能产生什么能量，但恒星形成后，氢原子却能在恒星里爆炸燃烧，发出巨大的能量。分散的酶、核酸、蛋白质集聚成细胞后，则能在与外界交流物、能、信息过程中不断地集聚能量，而这是单独的酶、或核酸、或蛋白质所不可能做到的。人不但自己能获取能量，而且能创造能量，创造能创造能量的对象，如发电、核爆炸等。

暴胀只要从膨胀开始后的 10^{-35} 至 10^{-33} 秒就足够了。加速膨胀阶段的两个重要结果是：一，它确保了宇宙在一个很长的时间内持续膨胀；二，使宇宙后来微小的不均匀得以迅速放大，于是引力摆脱斥力，出现了宇宙中均匀的皱褶。这也就是宇宙会从热平衡转化为非平衡，产生了有序的星云、星系、星球等的直接原因。

宇宙最初时刻的几个参考数据：

（1）普朗克时期：10^{-43} 秒，宇宙的直径小于量子的波长。量子定律也不起作用。

（2）10^{-36} 秒，此前的温度达到 10^{-27} 度。宇宙成了一锅质子汤。处于热平衡。

（3）10^{-35} 秒，卫星已探测到的时刻。（我们称之为"暴胀"的那个短暂的加速膨胀阶段，必然会造成宇宙各处具有某种特定谱型的密度变化，这种谱在微波背景辐射上留下自己的印记，因此我们可以检验 COBE 卫星观测到的谱是否与暴胀的预言相符。迄今为止，它确是符合的。）

（4）10^{-34} 秒，即 100 亿亿亿亿分之一秒，暴胀时，每隔 10^{-34} 秒，宇宙的体积便增大一倍。

（5）10^{-11} 秒，对撞机能模拟的宇宙最初时刻的条件。此前就不可模拟了。

（6）宇宙的重量为 1048 吨。

（7）大爆炸后 30 万年左右，宇宙的温度是 4000K，这仍足以使所有的物质汽化，并创造出热平衡所必需的熔炉条件。

二、宇宙进化的认识之二：
从大爆炸到进化——宇宙有序膨胀期

如前已述，哈勃发现的红移现象和 COBE 卫星所测得的宇宙辐射数据等等，已初步实证了宇宙确系大爆炸诞生的，可是问题远远没有结束，如果宇宙真的是大爆炸诞生的，那么，就必须回答这样几个问题：在大爆炸前宇宙是什么样子呢？为什么会有大爆炸？宇宙会永远膨胀下去吗？今后会怎样发展？特别是本书探讨的中心命题——为什么说宇宙一直是在进化呢？宇宙进化有否终止的时候呢？

大爆炸前的宇宙是什么样子，有的宇宙学家认为探讨这样的问题是没有必要的。他们说：

如果要问（许多人就是这样问的）大爆炸以前发生了什么，或者问什么引起了大爆炸，这显然是没有意义的，不存在以前，在没有任何时间的地方，也没有任何常识中的因果关系。[1]

这是一种无法解答的解答。

但是，寻根问底的科学家对大爆炸前的宇宙却进行不懈地探讨。1948 年，美国物理学家伽莫夫首次提出大爆炸的模型，认为宇宙最初是一个温度极高的致密的火球。1983 年，霍金等提出一个新的宇宙起源模型：宇宙是从无通过量子跃迁在假真空中诞生的，并在未来又坍塌为无。他们的学说引起世界的广泛瞩目。

与宇宙的起源相联系的是宇宙最终会怎样。在这方面大致有两种预测，一种是认为如果宇宙引力略大于临界值，那么宇宙膨胀到一定的时候便会因引力大于斥力而坍塌。保尔·戴维斯推算，如果宇宙中的暗物质和物质加起来的重量超过临界重量的 1%，"那么大约在 1 万亿年后宇宙将再次收缩，如果超过 10%，收缩会提早到 1000 亿年后发生"[2]。另一种是引力与斥力的平衡被打破，斥力越来越大于引力，宇宙将失控膨胀。

新宇宙学的代表人物霍金曾为宇宙的大爆炸与大坍塌绘制了一个示意图：

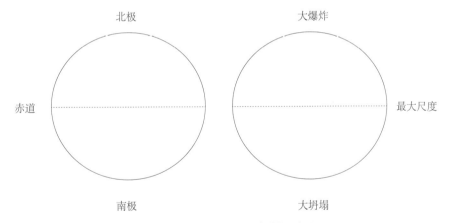

2-1　霍金的大爆炸与大坍塌示意图

他不仅用这一示意图来说明宇宙是一个自足系统，依靠自己的力量进行大爆炸与大坍塌，而且否定了早先他提出的大爆炸时的临界处有一个奇点的猜想。他说："如果有了奇点——大爆炸的开端，而奇点的体积应是无，所以在该处任何物理原理都消失

---

① 《宇宙的最后三分钟》，第 18 页。

② 《宇宙的最后三分钟》，第 60 页，第 69 页。

了，那么就必然要设想有一个造物主来重新设计大爆炸的一切原理了。"绘制上面的示意图时，他说没有奇点并进行大爆炸与大坍塌的是自足的宇宙，"它就是存在，那么还有造物主存身之地了吗。"

大坍塌真的会发生吗？据测算，宇宙中可见物质的总质量约为 1048 吨，并不大于临界值，若宇宙中的暗物质有重量，并且其总量超过明物质重量的 100 倍，引力才可能在将来制止宇宙的膨胀而坍塌。暗物质有两种：一种是热暗物质，一种是冷暗物质。1998 年 6 月，东京大学的远冢领导的一批日本和美国研究人员经过两年的工作和研究，宣布：热暗物质中微子的确有质量，虽然尚不知质量是多少。2000 年中国和意大利宇宙暗物质探测合作组在经过了 600 天的观测后，发现有迹象表明冷暗物质超对称粒子是存在的且有重量。暗物质无处不在，占宇宙中物质总量的 85% 左右，而且是以超光速在运动，如果真的具有即使是很微小的质量[1]，宇宙总质量所形成的引力到一定的时候就会大于大爆炸所带来的斥力，宇宙将来会坍塌的说法就能得到支持。

如果真有大坍塌，大坍塌则是大爆炸的倒映，大爆炸后宇宙是越来越减速膨胀的，大坍塌则是越来越加速地收缩。宇宙诞生最初时刻，其膨胀的速度超光速。笔者在拙著《对象学——大爆炸与哲学的振兴》中对此曾提出过一种猜想：当宇宙收缩到最后无物质的奇点时，坍塌的速度是超光速。相对论告诉我们：事物运动的速度一旦超光速，时光就会倒流，例如，人的生长就不是从小到老，而是倒过来从老到小。所以超光速的奇点就像一个对象性的按钮，使本来是大坍塌的宇宙反转过来，变为大爆炸，又产生了下一轮的宇宙。这不仅符合科学原理，而且也解除了霍金认为有奇点就得有个造物主的顾虑，并回答了一些科学家如戴维斯提出的是什么力量使大坍塌反转为大爆炸的疑问。或许有人会提出：使时间倒流的结果会不会使宇宙将上一周期性演进的全过程毫无差异地重演一遍呢？回答是：不！因为，奇点只是极短的一瞬，换而言之，超光速只是极短的一瞬，只能起到倒转大坍塌引发大爆炸的作用，接着就是接近光速，低于光速。只有持久的超光速才能持久地让时光倒流。短暂的超光速，一方面可以引发大爆炸，且使下一周期的宇宙原理和常数与上一期的相同，但另一方面却不能去制约大爆炸后的过程。也就是说，新宇宙的发展虽然具有与原宇宙相同的原理和常数，但却不是重复上一次过程，而是另一个崭新的过程。示意图如下：

---

[1] 中微子有质量（g）的概率达到 95%，但要最后作出中微子有质量的科学结论，其概率需要达到 99% 以上。

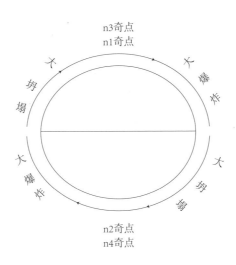

图 2-2　有奇点的宇宙周期大爆炸示意图

宇宙周期性的大爆炸与大坍塌，说明不存在上帝的第一推动力，大爆炸是超光速的奇点将大坍塌翻转引发的。宇宙是一个自足自组织系统，它不需要外界的物、能、信息，便能自控自调，不断地演进发展，爆炸坍塌。它是一切自组织系统的始祖，并将其自控自调的"基因"传给了一代一代的子孙。

但，这一宇宙说，仍碰到一些难题：一个是如果宇宙是不断进行周期性的大爆炸与大坍塌，那么它岂不成了世界上不可能有的永动机了吗？另一个是宇宙学家查德·托尔曼所提出的，宇宙是携带大爆炸后遗留下的大量热辐射开始向外膨胀的，随着时间的推移，星光会使之辐射增强，进入大坍塌时会越来越强，这意味着它接近奇点时比大爆炸之初要稍微热一些。不难看出，托尔曼提出的后一个问题恰好解答了前一个问题，那就是宇宙为什么能打破不会有永动机的常规，虽不断进行大爆炸与大坍塌，却能得到能量的补偿。

1998 年，霍金在其世界名著《时间简史》的基础上进一步发展了他的学说，发表了重要论文《没有假真空的开放暴胀》等，完整地揭示：宇宙是由无通过量子跃迁创生的。创生之初的宇宙是一个"果壳状"的四维欧氏球面，它演化为洛仑兹时空时，巨大的真空能量使宇宙发生了暴胀，暴胀的速度超光速，当真空能都转化为物质能，暴胀停止，宇宙开始热化，引发了大爆炸，并将永远地膨胀下去。霍金的新说，在国际上引起巨大反响，被认为是迄今为止有关宇宙起源的最好的解释。

无为何演化为大爆炸的宇宙呢？是因为量子跃迁。宇宙学家们解释："量子引力表明，我们可以从无中获得一切"，"人们常说没有免费的午餐这回事，然而，宇宙就是免费午餐"，"整个的宇宙是从无中创生出来的，其创生过程完全符合量子物理学的定律"，"之所以会出现这种可能性，是因为能量既可以为正，也可以为负"，"宇宙的正负能量相加之和为零"。因此，量子跃迁并不违反能量守恒原理。

宇宙不会坍塌，将永远膨胀下去。这一学说得到一些论据。2000 年英国天文学家的新发现说明宇宙星系形成的时间比原来估计的要早，所以宇宙的质量可能要比原来估计的还要小；特别是 1999 年至 2000 年，宇宙气球带回的探测资料说明宇宙是扁平的，它不会坍塌回去，只能永远加速膨胀下去。如果真是这样，若干年后，如，1000 亿年或 10000 亿年后，宇宙接近平衡的状态就会被打破，将失控地膨胀。那么，估计大约膨胀到 10280 亿年，它的物质最后就会逐渐消亡，变成一个只有极少的中微子、光子等的死寂惨淡的太空。戴维斯曾依此推断描述道：

> 这是荒凉而又空虚的宇宙，它已经走完自己的历程，但所面临的仍是永恒的生命，或更恰当而言是永恒的死亡……任何物理过程再也不会发生了，也就是说不会再出现任何重大的事件来打破宇宙那空虚荒凉的状态。[①]

大爆炸前的宇宙和宇宙最后会怎样，虽尚待进一步探究。但，大爆炸后到现在的 140 亿年的演化过程初步获得科学的揭示，遥远的未来在未因失控膨胀或坍塌前，可能还有千百亿年，或更长的有序膨胀期。在这段时期，宇宙是向何方向发展呢？

单从逻辑推演来说，宇宙的走向大致有这样几种可能：一种是，因为爆炸的斥力小，大爆炸后不久引力比斥力大，那么宇宙还未膨胀到适宜产生一代代自组织系统的程度，就被引力拉回，而又坍塌到一个点上来；另一种是，爆炸力——斥力、反引力过大，宇宙迅速地膨胀，那么就不可能产生物能的集聚，出现什么越来越高级的自组织系统。但实际上，我们生存于其上的宇宙，既不是迅速膨胀，也不是很早就坍塌，引

---

① 《宇宙的最后三分钟》，第 73 页。

力与斥力两者相互作用达到一种系统工程的平衡。宇宙学密度基本等于1，不断井井有序地膨胀、演化，产生了越来越进化的核子、原子、分子、星球、星系、生物、人类……用一句话来概括，那就是，宇宙一直是在进化的。遥远的未来直到宇宙开始失控膨胀或坍塌前，毋庸置疑，这一进化方向仍是不会改变的。

毕达哥拉斯说："万物皆数。"今天人类已进入数字时代。而140亿年前，宇宙从一开始就是以数据来进行调控的，引力强度以及宇宙学密度，只是其中的两个，宇宙之所以稳定有序地膨胀，原因还不仅在于这两个数据的恰到好处。宇宙万象有许多数，其中有一些数如温度、密度等是在不停地变化，但另一些数如引力、弱力、强力、电磁力等的强度，基本粒子的质量，真空中光的速度等等，这些常数的取值却是恒定不变的，它们组成了一个像是经过设计的系统工程。宇宙正是以这些常数系统工程来进行调控，保持协同有序地发展，生成井井有序的结构和不断进化的自组织系统。之所以说这些常数构成的是一个准确的系统工程，不仅因为它们是协同作用的，不能缺少其中的任何一个，而且还在于这些常数中任何一个如果有一点改动和偏离，宇宙就不会演化成今天这个样子。

正如宇宙学家D·巴罗所说：

> 自然界的引力强度如果有一点差异，或者电弱力的强度稍稍遭到扰动，那么稳定的恒星就不复存在，原子核、原子、分子的种种精确地平衡着、并能形成生命的性质亦将毁于一旦。[①]

不仅大到宇宙因引力和斥力相互作用而形成的膨胀速率，小到质子之间的弱相互作用力的量，不分巨细都具有一定的值；而且所有的数协同配合，形成了一个恰到好处的常数系统工程，宇宙才能从大爆炸起井井有序地自控自调，在相当的一段时期内，即"有序膨胀期"，是从热平衡到递序，从无结构到有结构、复杂的结构，不断进化的。通过系统数据的调控，宇宙一方面不断有序地膨胀、冷却，为其子孙们、一代代的自组织系统不断创造进化的大环境，提供新的负熵源。（或者说，宇宙通过准确的常数系统工程调控膨胀、冷却，对象性地扩散物、能，恰好就使其子孙能对象性地集聚

---

① 《宇宙的起源》，第108页。

物、能。没有不断地适时地扩散，就不会有不断进化的吸收。）另一方面，系统数据的调控，促使一代代自组织系统具有递佳的进化对象性，总是去寻找、识别、结合进化的对象，形成集聚的物能越来越多、越大，有序度越来越高，结构越来越复杂的自组织系统。由质子等相互结合进化为核子，由核子、电子等相互结合进化为原子，由原子相互结合进化为分子，由原子、分子相互结合进化为星球星系；有了井井有序的星系，某些适当的星球上，某类分子相互结合进化为生物，生物不断地进化，诞生了人类。

宇宙为什么会有这么精确的系统工程般的数据？这里有个必须澄清的问题，即先有一个系统工程的数据，才有这个进化的宇宙；还是先有这个在进化的宇宙，才测算出它具有像是事先设计好了的系统工程数据呢？当然是后者。

为解答宇宙为什么会有这么恰到好处的系统工程数据，科学家设想和相信这是人择原理所造成的。人择原理有两种，一种是强人择原理，认为：

> 遥远角落发生的每一个量子的跃迁，都使我们这里的世界分岔，变成成千上万个它们的副本。[1]

宇宙分成了无数的副本，其中的某一个正好具有精确的系统工程常数，就是今天我们生存于其上的宇宙。另一种是弱人择原理，认为是因为宇宙恰好是用系统工程常数来调控的，所以才不断地走向有序，才有人的诞生和进化，才有人去思索它为什么会这样子。如果相反，宇宙常数有一点差异，连星系都不会像现在这样井井有序，甚至都不会产生，还谈何人的诞生和思考这些问题呢？

---

[1]　[美]德·威特：《量子力学的基础》，"关于量子力学的多宇宙解释"，1971年。

补　遗

宇宙大爆炸已获公认。但大爆炸后 1 秒的情形，包括最早的物质是怎样产生的，尚未最终明确。许多学者认为，宇宙爆炸会产生超大能量，这种能量可能形成一种很不稳定的重型粒子——希格斯玻色子，正是由它衰变成了已知的大多数粒子。然而这种希格斯玻色子的存在尚未被证实。目前 32 个国家的 151 个研究所正计划在瑞士和法国边境地下 50~150 米处，全长 27 公里的隧道中建造一个大型的强子对撞机，制造希格斯玻色子，探察它是否会衰变为已知的基本粒子。

我国古人说："至大无外，至小无内。"与新宇宙学所揭示的，宇宙是无边而有限的，宇宙就是一切，不存在宇宙之外，是何其相似。

三、热力学第二定律不宜套用于宇宙
——热寂说剖析

宇宙是否一直在进化，首先碰到的一个看似难以逾越的大山即宇宙热寂说。它已困惑学术界 150 多年，虽然一直都有争议，但许多人持肯定的态度，理由是：热力学第二定律是毋庸置疑的普遍真理，宇宙当然也应遵循。

热力学第二定律是万古不易的绝对真理？完全能应用于宇宙吗？

真理是一个发展过程，人类所认识的真理是对象性的、相对的。历史上屡屡出现，曾一时被认为是绝对的真理，后来却被证明并非如此。统治物理学三百年、被认为是绝对真理的牛顿三大定律，20 世纪初仍以爱因斯坦为代表、普遍认同的静态宇宙观……以及现存的任何定律和理论，无不如此，宇宙热寂说也不例外。

热力学第二定律设有两个前提：一是，系统必须是封闭的或孤立的，"一个封闭系统的熵总是增加的，这就是第二定律的本质"[1]，封闭系统与外界没有物质和能量的交换，热量的流动和熵的计算不受影响。二是，系统必须是"从一个有序的状态起始"[2]。这两个前提条件都必须一应具备，缺少其中任何一个，热力学第二定律都不适用。

宇宙是否兼具这两个前提条件呢？首先，人们开始怀疑宇宙是否为一个孤立系统，例如，有人认为这个宇宙也许是母宇宙上"长出"的子宇宙，在我们的宇宙之前、之外可能还有宇宙；还有人认为远处一个量子的跃迁就能使宇宙分岔，等等。即使宇宙是孤立的系统，它也不符合热力学第二定律所设定的必备的第二个前提。因为宇宙的起始并非非平衡态，相反是热平衡态，这早已被证实。1965年就已"发现宇宙沐浴在一种热辐射之中，这种辐射以相同的强度从空间的各个方面射向地球。它的光谱与达到某种热平衡态的熔炉内的发光情况相符。这种辐射就是物理学家所熟知的'黑体'辐射。由于符合的程度非常之好，因而不可能是一种巧合。由此我们得出这样的结论：宇宙曾一度处于平衡状态，处处都有相同的温度。"[3]这一发现被普遍认为是宇宙确有大爆炸的有力证据之一。宇宙之初处于热平衡态有多长时间呢？也有解答："大爆炸后30万年左右，宇宙的温度约为4000K，这足以使所有的物体汽化，并创造出热平衡所必需的熔炉条件。"[4]所以宇宙大爆炸后直至30万年左右都处于热平衡态。按热力学第二定律所说，处于热平衡态的系统就不可能再有活动。而宇宙的实际是，大爆炸后一直在活动，可见热力学第二定律是不能套用于宇宙的。

同时，不论说宇宙的起始是非平衡的或有些非平衡，还是准热平衡，抑或从一开始就越来越走向热平衡，都会因与事实不符而产生种种不能自圆其说的矛盾。如果否认宇宙之初是热平衡的，认为宇宙的起始是非平衡的或有些非平衡，就必须有足以推翻前述宇宙之初是处于热平衡态的实证，指出宇宙为何会是不平衡的，何处温度高、何处温度低，高的有多高、低的有多低。有的人把宇宙之初说成是准热平衡，处处都有相同温度是准热平衡，那么什么样的状态才是真正的热平衡呢？准平衡态宇宙的有

---

① 《宇宙的最后三分钟》，第8页。

② 《时间简史续编》，第163页。

③ 《宇宙的最后三分钟》，第18—19页。

④ 《宇宙的最后三分钟》，第19页。

序度有多大，从何处可以证明呢？同时还须回答：一个从一开始就不断熵增的宇宙其起始必定是熵最小、最不平衡、"最有序"之刻，而为什么宇宙的起始却是准热平衡呢？不能自圆其说的矛盾还表现在：新宇宙学已根据有力的证据说明宇宙之初恰恰相反，是处于热平衡态。如果违反事实地说宇宙从一开始就在走向热平衡，就不仅须用实证说明宇宙为何从一开始就在走向热平衡的，而且须具体地陈述出宇宙140亿年来如何一步步走向混乱、退化的过程。但，这是做不到的，因为实际上正相反，宇宙诞生以来是从热平衡、混沌、无序向熵减、非平衡、有序发展。所以，科学家们不能不产生疑惑：为何"宇宙已经以熵增的某种方式膨胀了150亿年，却依然处于高度有序的状态？"①另外，如果说宇宙之初是非平衡的，还将引出一个问题，按热力学第二定律所说：一个孤立系统的熵增是不可逆的。既然说宇宙之初是非平衡的，在此之前它必定有一个熵值更小的非平衡时期，这样推演下去，宇宙岂不就有一个无穷的过去。这不仅与大爆炸之初宇宙是极度高温的平衡态相悖，而且也和宇宙只有140亿年左右的历史相违。

如果说宇宙之初是非平衡的，还与宇宙的未来相悖。宇宙未来的结局可能有两种，一是斥力小于临界值（或者说宇宙的质量超过临界质量）而坍塌，坍塌是大爆炸的倒映，最后又退回到宇宙大爆炸后30万年内的状态。那么，这一终局状态究竟是热平衡呢，还是非平衡呢？如果说是非热平衡或准热平衡，那么岂不与热力学第二定律指出的一个非平衡态的孤立系统最后必定是热平衡的论断相违。如果说宇宙是不断熵增，最后的状态是热平衡的，岂不又与"宇宙之初是非平衡的"立论相违了吗？宇宙的另一种结局是斥力大于临界值（或者说宇宙的质量小于临界质量），失控膨胀下去。那么，也与宇宙从非平衡不断走向热平衡、熵增的认识相矛盾。宇宙有序膨胀时期物质不断地有序地集结，由质子到核子、原子、分子、星云、星系，温差越来越大。这一过程如果说是熵增，那么，失控膨胀后，物质逐渐瓦解、蒸发、消失，温差越来越小，这一过程是熵增还是熵减呢？岂不前后也相悖？

宇宙热寂说是150年前提出的，当时人们不仅认为宇宙是静态的，依此推论其终结自然是物质虽然存在但一切已热平衡，而且那时并不知道宇宙之初就是热平衡的，

---

① 《宇宙的最后三分钟》，第31页。

也不知道宇宙是以引力等系统工程宇宙常数进行自调控，以及由质子到原子、分子、星云、星系、生物、人类的进化史。这种未从事实和实际出发，仅凭类推法，将用于小尺寸的人工系统的一个定律和公式扩展到自足自调控的巨系统宇宙，就得出宇宙热寂说的做法，显然是不可取的。今天新宇宙学揭示：宇宙是动态的，物质是在大爆炸中诞生，不断演化的，它也并非永存。宇宙诞生之初是热平衡的，结束也是热平衡的，不仅中间的长时期是非平衡的，而且它还分为兴衰两段：前一段即有序膨胀期是不断地走向非平衡，温差越来越大；后一段则是不断地走向热平衡，温差越来越小，直至物质逐渐消失。

宇宙为什么会这样呢？

热力学第二定律起源于法国一个工程师在研究汽车发动机时提出的原理，汽车发动机不仅是小尺度的，而且是人工制造的系统，其能源要靠外来引入（如石油）。后人对其提出的原理又加以发展延伸为热力学第二定律：认为一个非平衡态的孤立系统的热量总是从高向低流动，熵也就不断地增长，如果促使低温向高温流动，便会以产生更大的熵为代价。熵增是不可逆的，当温度趋于一致时，便达到热平衡、熵寂，一切活动也就停止了。但宇宙是不能用简单的推论方式、单一热量流动统计来对待的。因为，它不仅是巨大的复杂的系统，而且是一个天然自足自调控系统，不需要外来能源，是用一般人工系统所不具有的一定数据的因素来自调自控的，这些数据就是宇宙系统工程常数：即真空中光的速度、质子的质量、引力等四种力的大小、斥力的大小，等等。它们使宇宙在前一段时期缓急有度、井井有序地膨胀，从开始的热平衡走向越来越非平衡，温差越来越大，熵不断地减少，从混沌到有序、到越来越有序，从无结构到有结构，从简单的结构到越来越复杂的结构……一言以蔽之就是不断地进化。宇宙由兴段到衰段转折之刻便是其温差最大、最有序、熵值最低之时。宇宙后一段衰期，物质不断地瓦解，温差越来越小，熵越来越大，越来越走向平衡、无序、退化，最后达到热平衡。这就是宇宙的真相。

如何可以证明宇宙前一段是不断地走向非平衡的呢？按热力学第二定律所指出的：一个孤立系统内部的温差会越来越小。而宇宙恰恰相反，在有序膨胀期，内部的温差却在不断拉大。经过 140 亿年到现在，背景辐射场的温度已降到 2.7K，一般恒星内部的温度高达几百万 K，两者的温差越来越大。一个星系中就有上千亿颗恒星。宇宙虽然在不断地膨胀，但一个个由明物质（可视物质）集聚的星系却像孤岛，是不膨胀的，星系与星系之间不断扩大的空间的温差不断地拉大（宇宙中还有更高的温度如超新星大爆炸，也还有更低的温度如黑洞）。据美国宇航局的微波背景辐射探测器拍回的"婴儿期"的照片，我们对宇宙的物质构成有了较明确的了解："原子占 4%，暗物质比例为 23%……"明物质与暗物质质量相加是宇宙的质量，如果超过临界质量的 1%，那么宇宙便会在 10000 亿年后坍塌，如果超过 10%，那么宇宙就会在 1000 亿年后坍塌。暗物质是否有质量，现在尚未探明，即使有，也不足以促成宇宙的坍塌。我们不能因尚不清楚有无质量的、在宇宙有序演化阶段除密度和温度外基本没有变化的暗物质占的比重大，来否认相对质量大很多、一直在演变的明物质的进化对宇宙熵计算的联系和影响。特别是，热力学第二定律根本没有提到能抵消熵的负熵——信息。生物和人类在利用信息时虽然要消耗一定的物和能，产生熵，但信息的作用却是无可估量的。尤其是人类利用信息可以创造超过所消耗的热量的负熵。例如铀，人类利用它可以产生大量的热。生物包括低等生物发挥趋光性寻找阳光，通过光合作用产生氧，使地球的大气中的氧达到今天的比例，形成了可以促进生物进化的生境系统。而无生物的行星只能白白浪费阳光的热能。有人说：生物和人类只是出现在极少星球上，不能说是宇宙的进化。这是一种孤立的认识问题的方法。生物和人类的出现，不是个别少数星球的事，而是宇宙中 1250 亿个星系协同运转的结果，没有全宇星系的协同运转哪能有银河系？没有银河系各个星系的协同哪来的太阳系？没有太阳系各个星球的协同，怎可能有地球和地球上生物和人类的出现？这就像一个女人怀孕，并不只是孤立的肚子的事情，而是其整个人系统调控的结果。何况，有高级生命的星球可能不只地球，未来生物和宇宙第四代的后代将会布满全宇宙！

宇宙的兴段不是按热力学定律行事，还表现在：虽然就像水从高处向低处流动一样，人们经常见到热量从高温向低温流动，但这只是局部的表面的现象。由于宇宙是运用精确的常数系统工程调控，从全宇演化来看其热量不是从高向低流动，相反是由低向高流动，质子的能量小于核子，核子的能量小于原子，原子的能量小于分子，分子的能量小于星云、星系，而宇宙正是一步步由质子进化为核子、原子、分子、星云、星系，从低到高流动的过程和结果导致明物质与背景辐射场的温差越来越大，形成了今天越来越有序和进化的宇宙。宇宙与以单纯的热能来维持和计算的系统完全不同，它能产生热量的因素很多。明物质的集结，不仅自身的热量相对越来越人，而且也是能量的不断集结，能产生越来越大的热量。超新星和恒星是其中的代表。

以系统工程宇宙常数进行调控的宇宙在不断演化的过程中，不论兴段或衰段，熵与明物质和辐射场的温差都成反比。在宇宙的兴段，温差越来越大，熵不断地减少，不断进化。宇宙进化了100多亿年后，太阳与具有特定环境的地球温差的形成和演化，才出现了生物。生物已进化了 38 亿年。由生物进化而来的人类迄今只有六七百万年的历史，文明史只有五六千年，主要的成就是近一二百年取得的，进化呈几何级数加速发展着。霍金认为100年后人类将开始移居其他星球，笔者预测未来5万~10万年后宇宙的第四代——通常称为智慧生命的子孙宇宙的第八代或第九代，将星火燎原，走向全宇宙1250亿个星系，去创造一个无比进化、发达、美好的宇宙天堂（待第六章第六节详述）。也许有人会说，你不是说宇宙最后也要退化和毁灭吗？是的，但，不论宇宙的未来是坍塌还是失控膨胀，都至少是宇宙再进化（而不是退化了）几十亿年后的事了。就像人人都知道自己要死，可谁也不坐以待毙一样，为了自己这代和万代子孙的未来，人类一直在奋进着。何况正如爱因斯坦所说，宇宙的未来怎样，还须等着瞧。无限发达的科学技术，使宇宙第四代的后代，也许在这个宇宙未毁灭前已迁往另一个新生的进化的宇宙了。杞人不必忧进化了几十几百亿、甚至一千一万亿年后的天。

我们应相信事实和实际，不迷信定律和公式。杨振宁说得对："我们不能只以热力学定律来演绎和运用，而要从事实出发去考察热力学定律是否正确和具有普遍性。"

四、宇宙是一个进化的时空质连续统

宇宙为什么一直在进化而不是退化？这一问题的提出似乎很无必要，因为大爆炸后由质子进化为原子—分子—星云—星系—生物—人类的事实已实际地说明宇宙一直是在进化的。

但，事情并不这么简单，许多人并不认为宇宙是进化的，甚至还认为宇宙一直是在退化。之所以这样认识，原因至少可以列举出三种。

一种是熵说。这是当前最流行的一种认识。持此认识的人认为，热力学第一定律说，宇宙的总能量不变，而热力学第二定律说，一个封闭的非平衡系统热量总是从高处向低处流动。宇宙正是个封闭系统，所以，它越来越走向热平衡，总有一天一切物质的热量会变得毫无差别，熵值（无序的量度）增到最人的限度，那将是可怕的末日，一切都将归于死寂。换句话说宇宙是在不断地增长无序，箭头是指向退化、熵寂，怎么还能说它是在不断地进化呢？维纳曾对此做过描述：

> 随着熵的增大，宇宙和宇宙中的一切闭合系统将自然趋于变质并且丧失掉它们的特殊性，从最小的可几状态运动到最大的可几状态，从其中存在着种种特点和形式的有组织和有差异的状态运动到混沌的和单调的状态。[①]

这是一个不可逆的箭头，那怎么还能谈得上宇宙的进化呢？

哈罗德·布卢姆在一本叫《时光之箭与进化》的书中也写道："有机体的生长所体现的熵的微小的、局部的递减，都伴随着宇宙总熵的更大范围的递增。"

里夫金不仅发表了相似的见解，甚至提倡建立熵宇宙观，他列举了这样一个例子：

[①]　[美] 维纳：《人有人的用处：控制论与社会》，第6页，商务印书馆，1989年。

一个人每年需要吃掉 300 条鲑鱼，这些鲑鱼要吃掉 90000 只青蛙，这些青蛙要吃掉 2700 万只蚱蜢，而这些蚱蜢要吃掉 1000 吨青草。[1]

他感叹道：

因此，一个人要维持较大"秩序"状态，每年就要耗费 2700 万只蚱蜢或 1000 吨青草所蕴藏的能量……那么我们对于每个生物只依靠整个环境的大混乱（或能量耗散）来维持自身的秩序，这一点还有什么可以怀疑的呢？[2]

他认为，每当宇宙的子孙集聚一分能量，宇宙就可能耗费二分或更多的能量，从而得出宇宙和人类都逃不了熵定律的控制，宇宙不断走向熵死，人类也在不断制造熵，毁灭自己。宇宙存在两种相反的箭头，使他非常的困惑和无限的悲观。他希望能消除人类社会的混乱、无序，并呼吁要向熵"妥协"，才能挽救人类（消除无序是对的，但向熵妥协，就无必要了。我们总不能为了不增长熵而不吃不喝，不创造，不发展，不进化。何况，这并不等于是制造熵而是在促进有序度呢？）。

这种认识引起许多人的不安，一些哲学家也哀叹起人类悲惨的未来。著名哲学家罗素在其《为什么我不是一个基督教徒》一书中就这样写道：

一切时代的结晶，一切信仰，一切灵感，一切人类天才的光华，都注定要随太阳系的崩溃而毁灭。人类全部成就的神殿将不可避免地会被埋葬在崩溃宇宙的废墟之中——所有这一切，几乎如此之肯定，任何否定它们的哲学都毫无成功的希望……

如果这的确是真理，那么就不能因为害怕，便闭起眼睛否定它。但是，如上节所述，他们所陈述的和害怕的，与我们接触和了解到的实际相去甚远。事实明摆着是，迄今 140 亿年来，整个宇宙正是一个由平衡向不平衡，由无结构向有结构、复杂结构，由混沌向递序，由低级向高级，由简单向复杂发展的过程，用两个字来概括，那就是：

---

[1] [美]杰里米·里夫金：《熵：一种新的世界观》，第 50 页，吕明、袁舟译，上海译文出版社，1987 年。

[2] 同上。

进化。所以，熵说不可避免地引起了一些不同的看法。1977年，因提出与热力学第二定律不相同的非平衡态学说而获得诺贝尔奖的普里戈金就是其中的一个代表，他认为宇宙存在双向动力，一种是封闭系统，受热力学第二定律的支配，在不断地熵增；另一种是开放的非平衡态系统，则相反，在不断地增长负熵，例如，生命就是这样。

科学史上常常出现一种奇怪的现象，人们不是提倡发现和揭示事物真相和规律的新理论，而是为既有的理论所束缚、控制、指挥。例如，统治人思维的地心说、牛顿三大定律、宇宙静态说等等虽然陆续不断被打破、突破，但人们并未因此吸取教训。如今热力学第二定律的统治，仍旧封闭了人的视线，看不到宇宙进化的事实。一方面置身进化之中，分享宇宙进化的成效，另一方面却说，宇宙在熵增退化。

与熵说相反，宇宙并不是受热力学第二定律支配，从非平衡走向平衡，从有序走向无序，惨淡、丑恶、可怕；既往的史实说明，宇宙大爆炸后正是从熵值最大的均匀平衡的极热的火球，打破平衡，不断膨胀、进化。正如柏格森所说："我们越是分析时间的性质，我们就越加懂得时间的延续就意味着发明，意味着新形式的创造，意味着一切新鲜事物连续不断地产生。"生机勃勃的宇宙，逐步创造出更有序更高级的自组织系统，质子、原子、分子、星球、星系、生物、宇宙的第四代……令人感到新奇、美妙、灿烂。这是一个由平衡向不平衡，由无结构向有结构、复杂结构，由无序向递序，由低级向高级，由简单向复杂的进化过程。

宇宙140亿年来一直是在进化的，今天仍然在进化，这一史实和现实到今天仍一直被普遍忽视的原因之一是，人们为传统的有关进化的认识所束缚。

达尔文生物进化论使人类第一次认识到生物物种是由低级到高级进化的，打破了神创论，150年来影响极其广泛，使进化这一概念深入人心。但另一方面，达尔文的生物进化论从范围来看，只限于生物，使人们产生了一种思维定式，认为只有生物才有进化。现代达尔文主义指出，生物既通过遗传信息使子代保持亲代的特征，又通过遗传信息的逐渐"变异"，而使后代进化。而此前的质子、原子、分子、星云、星球、星系等不具有生命的特征，既没有寻找、识别等信息功能，也没有遗传信息，不是脱胎于"亲代"，怎有进化可谈？用生物进化的框架来观察和判断，不仅会否认第二代的进化，并且还会认为生物的诞生是个不解之谜——无生命的分子怎可能进化为生命呢？不仅如此，不少达尔文主义者还认为，生物进化到人类已停止进化，因为人类已不可能进化为新物种。看不到人类是通过自知的创造，与创造物相结合而进化。人类的进化是超进化，用生物的进化来论断人类的进化，同样会做出否定的论断。

长期以来忽视宇宙是进化的第二个原因是，还原论的认识模式。

谜之所以是谜，不仅因为它超出了人们既有的认识范围，而且还在于超出了传统的认识方式。在过去的几千年中人类局限于自己的认识水平，难于把握活生生的整体的事物，只好将它分割、还原为一个个的局部。而局部一旦被分割出来就不可能再拼合为活的整体。在日常生活中，谁也不会把构成人的原子、分子当做人，那会引人发笑，看成是精神失常。但有人把原子、分子当做一个生物来对待，提出诸如"生物是由原子和分子构成的，原子和分子没有信息功能，为什么生物就有信息功能了呢"之类的问题，却没有人认为是可笑的事，相反还认为提得蛮有道理。

症结在于，他们不理解生物怎么可能是非生物进化而来的。这种还原论的认识方法，还会走入另一极端——就像提出"水是液体性状，构成它的两个元素氧和氢怎么可能是气体性状呢"一样，质问："生物是有生命的，才可能进化，构成它的元素原子、分子是无生命的，怎么能有进化可谈呢"。还原论的两极端的认识模式，长期以来控制着人类认识的对象性，阻碍人们揭示宇宙进化的真相。

上述几种对进化认识的障碍都涉及一个关键性的问题，即何谓进化。

进化不在于子代是否脱胎于亲代，也不是表面上的结构的改变，新一代或层次的自组织系统虽然是原来低一代或层次的自组织系统演化而来的，但如前所述，它已发生了进化的进化，即在进化的对象性、对象、机制、方式、功能、结果等已发生了进化，层次间进化的进化是量的差别，代之间进化的进化更是质的差别，均不能再以前系统的进化现象来认定新系统是否是进化了（关于这点，将在以后各章进一步阐述）。

在天促之下，宇宙四代自组织系统及每代中各层次进化之进化，可概略地作一描述：

第二代物能系统的进化对象是同一层次的物能系统，例如质子进化的对象是中子，原子进化的对象是原子；其进化的方式是相互对象性地寻找、识别、结合而进化为高一层次的物能系统。物能系统没有信息功能，怎能对象性地寻找、识别、结合呢？是以力为前导，通过相互发射携带不同力的介质来实现的。

质子是怎样与中子相互寻找、识别、结合而进化为核子呢？过程大致如下。宇宙体积膨胀一倍，温度就下降一半。大爆炸后约 100 秒，温度降到了 10 亿度，即最热的恒星内部的温度，平衡被打破，从而为质子和中子的进化创造了条件，它们不再自由地东撞西撞，开始发挥进化的对象性，通过发射携带强核力的胶子，而相互寻找、识别、结合，进化为氘的原子核，接着氘核和更多的质子、中子相结合，进化为氦核和少量的锂和铍。

比质子、中子高一层次的核子的进化则发生了进化的进化。它进化的对象不再是质子、中子，而是电子；进化的对象性不再是通过发射携带强力的胶子来相互识别，而是在大爆炸后 100 万年左右，温度降到几千度时，通过发射携带电磁力的虚光子而相互寻找、识别，结合为原子。

原子又发生了进化的进化，其进化的对象不再是电子、核子，而是原子，通过相互对象性地寻找、识别、结合，进化为物能系统中更高层次的种种分子。

原子和分子是怎样寻找、识别、结合，进化为星云、星系的呢？首先仍是宇宙通过系统工程的调控，创造了进化的大环境。在宇宙膨胀到一定的时候，某些地区的原子密度比平均密度略高，原子便通过发出引力子相互寻找、识别，渐渐地向一起聚集、收缩、坍塌，当它们聚集到一定的程度，外区域物体的引力便拉动它们开始旋转起来，聚集得越快，旋转得也越快。当自转的速度足以平衡集聚的原子所形成的引力时，碟状的旋转的星系便产生了。

宇宙第二代物能自组织系统从质子到星系的历史，正是从无序向递序，平衡向不平衡，由无结构向多结构，混沌向递序，低级向高级，简单向复杂发展，不断发生层次进化的进化的过程。以后各代的进化，是新一轮由低到高、由简单到复杂，各层次不断进化的进化的过程。

宇宙第三代生物就是这样。从断代来说，生物与物能系统相比，其进化的进化发生了代的差别。它具有物能系统所不具有的信息功能，它的进化对象，不只是物、能、生物，而且还有信息；在进化的方式上，不只是与对象结合，而且还有加工、吸纳等方式；它进化的对象性是以信息为前导，本能需要为指向去寻找、识别对象，通过主动的长期的对象性活动，引起遗传信息 DNA 的反馈，由渐变到突变而进化。由于生物的这些活动都是非知的，由本能支配的，所以被称作非知自组织系统。

碱基三联体与氨基酸对象性地寻找、识别、结合为前生物时，便是世界上有信息和生命的开始。前生物就像物能系统中的核子一样，是第三代中最低级的形式，不能用它来与第二代物能系统中的最高级层次星系相比，通过哪个聚集的能量更多来判断谁更进化。就像我们不能用一个初生的婴儿与一只狗来相比，说狗比婴儿聪明。而是要以哪个在进化上发生了普遍的进化来进行判断。碱基三联体与氨基酸的结合体，是第三代的最初层次。当它们以信息为前导、本能为指向，逐层进化为原核细胞、真核细胞生物、多细胞生物……直到具有雏形自知的高级灵长类诞生时（容第四章详），就可清楚地看到第二代物能系统与第三代生物相比具有多大的代差。

宇宙的第四代人类与生物相比，所发生的进化的进化更为显著，笔者将其称为超进化。人类不再依靠缓慢的、长期的、主动的、非知的活动引发遗传信息由渐变到突变而进化，而是能随时随地通过自知的创造，与创造对象结合而进化。人从原始人到现代人、当代人，虽然在生理上也有些许进化，但并未发生像生物那样的物种层次的进化。可是人类创造了语言，成为人－语言系统，从而实际地成为自知自组织系统，能有效地指令自己去发现需要，按自知的需要确立创造的目标，进行创造；创造了机器，进化为人－机器系统；创造了宇航飞船，进化为能开发太空的人－飞船系统；人创造了生物工程技术，从而能创造新的更强壮、更智慧的新人类。人类的进化不只是在与创造技术和工具的结合上，而且更主要地表现在人与自己创造的更大更佳的自知自组织系统的结合上，逐步进化为群体的人、社会的人、国家的人、地球的人，并即将创造一个宇宙的第五代人球系统。

不过，宇宙的进化远不能用纵向的一代代进化的进化来概括。宇宙是万般对象之母对象，万般对象是宇宙以准确适当的系统数据调控的对象。宇宙的进化，正是在其调控和促进下一切对象与对象发生对象性递序的协同关系的过程。

人类对对象的认识也有一个进化的过程。

在地球文明的初始时代，人类对宇宙、星球、生物、人等的研究，是混为一体的，都包含在神学后来是哲学之中。中世纪后，各门学问一一从哲学中分化出来，建立了物理学、化学、生物学、人类学、宇宙学、横断科学等等，并且一分再分，越分越细，每门学科又建立了许多学科。据统计到现代已有4000多个分支，形成了"隔行如隔山"的局面，研究生物化学的不了解生物物理学，研究生物物理学的不懂得宇宙学。正如德国著名物理学家、量子论的创立者普朗克说的：

> 科学是内在的整体，它被分解为单独的部分不是取决于事物的本质，而是取决于人类认识能力的局限性，实际上存在着从物理到化学、通过生物学和人类学到社会科学的连续链条，这是一个任何一处都不能打破的链条。[1]

将事物割裂为小的对象，分别地单独地研究，虽然比起古代那种"胡子眉毛一起抓"的混沌研究是一个巨大的进步，并因此而取得了辉煌的成就，但另一方面我们不能不看到，分割地研究存在着根本性的弊病，忽视了对象之间固有的联系，忽视了人类、生物、星球、宇宙是一个内在的动态的整体，陷入了非完整的、非真实的对象研究中，日益暴露出"只见水珠不见大海"的严重弊病。

20世纪30年代后，科学的飞速发展提供了新的理论和方法。人类的科学便由分割拆零走向综合交叉，开始是在空间上由孤立走向系统，时间上由静态走向动态，性质上由割裂、对立走向协同；今天则已进而把时空质连成一个统一动态的发展过程。人类认识上的这一进步集中表现为物理学提出的一个革命性的理论和概念：时空质连续统。"时空质连续统"突破了过去把对象的时、空、质分开进行研究的怪圈，指出：时、空、质互为发展的函数，无时无刻不在相互作用和协同发展。吐出的烟圈就是一个明显的时空质连续统：随其时间的发展，其空间结构在不停地发生扩展，其性质随着时间和空间的变化也同时在不断地发生浓淡涨落的变化。

对对象进行时空质连续统的研究，就是不仅要看到事物的时、空、质，而且要把它们联为一个动态的整体；不仅要看到事物自身的时空质连续统，而且要研究其与种种对象构成的时空质连续统现实；不仅只看到一个事物与对象构成的时空质连续统的现实，而且要看到一切事物与对象构成的时空质连续统现实。时空质连续统理论是人

---

[1]　转引自《北京大学学报》，1987年，第3期，《世界物理图景的统一性》。

类认识的新发展，不仅能解决物理学所面临的一些重大问题，而且还必然要影响其他科学包括社会科学以及哲学。

今天将这一理论和方法用以认识宇宙、星球、生物和人类等，便可自然地得出：它们是一个联系一体的时空质连续统。换而言之，星球、生物、人类等存在于其中的（或者说结合为一体的）整个宏观的宇宙就是一个时空质连续统。不能将宇宙的几代的进化代替宇宙时空质连续统的进化。宇宙中每一代、层次的进化都与整个宇宙时空质连续统分不开。任何一个质子进化为核子，虽然有其偶然性，但都是宇宙运用其精确的系统数据工程调控宇宙时空质连续统的结果，而不是一个孤立的现象。没有宇宙的调控、膨胀、降低温度，哪来的质子进化为核子？同样，任何一个星球的存在和运动都是宇宙时空质连续统运作的结果和过程，没有宇宙整体的调控和运作，哪来的星球的存在和运转？

第三代生物、第四代人类、第五代人球系统也一样，不能认为它们的出现和进化是个别星球上的事件，同样是整个宇宙时、空、质连续统运作的结果和过程，并将星火燎原，由少数第五代如人球系统进化为第六代如太阳系系统，第七代如银河系系统，以及第八代或第十代——全宇系统。①

进化是无止境的，第四代创造了一个繁荣、昌盛、发达的第五代—人球系统，未来的第四代的后代必将创造一个无比进化、美妙、发达、昌盛的宇宙天堂。

宇宙的每一子孙（存在物）的时空质连续统都是与其他存在物的时空质连续统不可分割的，羊——此对象时空质连续统与草——彼对象时空质连续统，不是 1+1=2 个时空质连续统，而是 1+1=1 的羊吃草的时空质连续统，所有的对象与所有的对象的对象，都是宇宙时空质连续统运作的结果和过程，宇宙是一个 n1+n1=1 的时空质连续统。

---

① 有些宇宙学家认为宇宙有五级星系：第五级是最小的行星围绕恒星旋转的星系，如太阳系；第四级星系是众多的五级星系组成的，如银河系；第三级星系是众多的四级星系组成的星系团；第二级星系是超星系，是由众多的星系团组成的；第一级星系是超星系团，是由众多的超星系组成的。宇宙便是由众多的超星系团组成的。不同的层次具有不同层次的对象性。它们相互联系结合为一个多层协同的时空质连续统。如果分为五级星系，则可能出现第九代超星系系统和第十代全宇系统。

补　遗

关于时空质连续统的补充：

1.宇宙进化的实际是个时空质连续统，而不是孤立的质子进化为原子，原子进化为分子，分子进化为星云、星系，某些星球上由第二代进化为第三代，再进化为第四代。更不是生物是生物，无机物是无机物，人类是人类的那种分割的互不相干的时空。宇宙是一个普遍随着时间的推进，空间的膨胀，各代、各层自组织系统都相互协同、一起发展的连续统。例如，一个星球上诞生了生物，不仅不是一个孤立的事件，而是在1250亿个星系井井有序运转的宇宙时空质连续统中才能出现的。而且是随时间的发展而进化的，在几万年或十几万年后，由生物进化而来的第四代包括地球上的人类的后代将会随着进化而布满整个的宇宙。

2.人类不可能了解到每个星系、每个星球，也不可能了解到宇宙诞生前后的全部过程的各个方面，但，时空质连续统却告诉我们，只要掌握了推动其进化发展的原理和局部，就能大致了解到它的每一横断面或纵剖面的情况。

宇宙间的事物庞杂纷纭，不可能一一穷尽，人类是怎样去认识它、掌握它，并还能在认识的基础上进行创造呢？因为万事万物的发展变化，都有规律可循，把握了其规律，就不仅可以知道类似的其他规律，还能推测其过去和将来。科学的发展使人们越来越相信，宇宙中如此纷繁复杂的形态和千变万化的运动，只不过是其中蕴藏着的为数不多的基本原理促成演化的。

五、宇宙进化之美

人们往往认为对自然的认识，只有靠理性的自然科学来揭示，而忽视了人类认识事物的另一种方式，即审美和艺术表达。

人们无比赞叹牛顿公式特别是爱因斯坦公式之美。其原因何在呢？正如一个科学家所说："一个数学公式如果真的揭示了规律，它必定是简而美的。"爱因斯坦的公式为什么美，不仅是它简单明了，而且在于它促进了宇宙进化之美的揭示。

宇宙虽然万象庞杂、不断变化，却是由为数不多的基本的原理所贯穿。[①] 所以科学家才可能用最简洁的数学语言表达宇宙最简单的也是最基本的规律，这种和谐的同一，才产生了无限内涵的美。换句话说，因为宇宙是进化的，由为数不多的基本的原理支配，演化出无比丰富多彩生机勃勃的万物万象。所以，科学家对宇宙演化规律的揭示，才能用简洁美妙的数学语言来表达。试想，如果宇宙是杂乱无章的、退化的、悲惨的、可怕的、丑陋的，哪还有什么美可言，还能用什么美的公式去对其进行描述呢？

不论是在自然界还是人的思维中，美与真密不可分，有着不解之缘。

人在思维时，思维场中贮存的信息都在协同起作用，按同一个目标而运转着。弗洛伊德把潜意识界定为见不得人的、只能在梦中出现的意识，而实际并非如此。潜意识是思维场中所有贮存的信息，它时时刻刻都与显意识协同运作。目标性的加工是显意识，而思维场中的其他诸如观念、知识、概念、方法等信息则是潜意识。潜意识虽然是主体并未感觉到在使用的信息，但实际上却是围绕显意识在同时起作用。它们或是支持显意识，或是干扰显意识。[②] 例如，在审美时，美不美、如何美，是显意识，但审美判断的形成却是主体思维场显意识外的种种潜意识，如科学理念等共时性起作用

---

① 爱因斯坦等一批优秀的科学家普遍相信，宇宙中表现出来的如此复杂的运动、变化和存在形态是为数不多的基本规律演绎的结果。

② 陶同：《大智慧——思场控制学》，第9—23页，知识出版社，1991年11月。

的结果。科学的进步，能改变人思维场中信息的贮存，使人在审美时，不知不觉发生了由误向正，由低向高的变化。美的可能变为不美的，不美的可能变为美的。过去人们把日食看成是天狗吃日的可怕的景象，今天人们却把它看成壮丽的自然景观。同样，人们审美信息的贮存发生了进化时，对科学的认识也发生推动的作用。正如爱因斯坦所说："我相信直觉和灵感（对科学认识的作用）。"审美直觉对科学家的科学发现和创造有着不可忽视的作用。对美的追求，正是进化的动力的另一种体现。

在科学揭示的同时，如果能从审美的角度来一番观察和欣赏，对宇宙进化的揭示和拓展不无必要和作用。

不论是夜晚还是白昼，也不管是昨天还是今天，宇宙的进化都从未停止，我们的周围因宇宙的进化而五彩纷呈，千变万化，和谐有序，美不胜收。只是由于我们已经习以为常，未加留意和欣赏。

当我们栖息在曙光普照、挂满露珠的草地，见到母鸡怀下的小鸡雏破壳而出，凝视夜晚深蓝色的太空中无穷的闪烁的星星……我们都不禁会发出由衷的赞美和感叹。它们是生命进化、有序的形象的显现。而对杀害熊猫、肆意污染环境、破坏生态平衡、残害人民的种种制造退化和无序现象则认为是负美，嗤之以鼻。例如，社会中出现的自知的逆进化而行的人就是美的破坏者，是美的对立面，他们视一切美为大敌，而不遗余力地制造丑。人类是通过发挥人类性进行自知的创造而进化的，凡是解放和发挥人类性促进创造的就是美，凡是扼杀人类性、束缚创造的就是丑。人的自知性恰恰在这一点上能做到逆进化而为，而宇宙总是非知地创造进化。老虎攻击野牛是负美吗？那是从人的尺度来判断的，但从大自然来看，只有通过这样，才能促进生态平衡和物种的进化。所以，也是一种美。有些画家还把它画出来，作为欣赏对象。当然，有的画家却是从另一个角度画出来，并不是歌颂，而是将美毁坏给人们去看，是悲剧的欣赏，激发人们去保护弱小的生灵，反对残暴和杀掠。艺术就是唤醒人们对进化之美的关心和热爱，对摧毁进化之丑的憎恶和鞭笞，它是正负美的反馈信息。

科学与美学是两个不同的领域，前者是研究对象的本质和规律的理性的学问，后者是探讨人类感性的知觉的本质和规律。同一对象，审美所得到的结果和科学研究所得到的结果，虽然感受迥然而异：前者是感性的形象的，后者是抽象的理性的，但，又有着共通的联系。凡是不断增长负熵和有序度的对象和过程，科学谓之曰进化，而美学则称之为美。美的递增就是进化，相反则是退化。美是进化的一种感性的尺度。

宇宙的进化带来万物的生长和发展，促进了一代代自组织系统负熵的增长和有序度的提高，使大自然处于一种和谐平衡而又不断进化发展的氛围之中，充沛着由无序向递序发展之美，由低级向高级飞跃之美，由简单向丰富递进之美。

天促物进是美，系统调控是美，对象组合是美，多维协同是美。

宇宙作为自组织系统之祖，是用精确的更美的系统数据工程来进行调控的。宇宙中正美的发展总伴随有负美，而正因为有负美，才需要进一步发展正美，已经完美也就不会再有进化。但，宇宙的常数却是个精确到完美的系统工程，增之则过，减之则差，相互协同，和谐运作。它推动和引导着子孙们由低级向高级，由简单向丰富，不断地进化，向着完美的境界不断地攀登。宇宙正以自己的常数不再进化，而换来一个递美、递佳、使其子孙们不断进化的环境和条件；以自己的完美来促进子孙们不断地由不完美向更完美发展。没有宇宙精确的完美的常数，就不会有美的宇宙的进化，就不会有充满活力和美的生机的现在和更加美好和进化的未来。试想如果宇宙的常数有缺损，那么，哪来的今天这样美妙和谐的宇宙万物呢？

从简单的低级的质子逐步进化为无比丰富的万象以及万物之灵的人类，是一个多么激动人心的美的历程。变化万千，却又有频率和周期；蕴有无限的机遇，却又和谐有致；熵减与奉献辉映，无序与递序交织；大千万象，却又多维协同；五彩纷呈，千姿万丽，演绎着宇宙时空质连续统进化的场景和变幻，充满着目不暇接的演变之美、无与伦比的创造之美、美不胜收的丰富之美、令人赞叹的和谐之美、鼓舞人心的协同奋进之美。下面择其一二略作描述。

1. 宇宙具有令人赞叹的和谐有致之美

宇宙的进化是一个和谐有序的过程。它的膨胀和演进不仅符合精确的物理和数学的原理，而且以一种快慢适当、缓急有度的节奏进行着，只有这种和谐有序、恰到好处的发展，宇宙才能不断地为其一代代子孙的进化创造着有利的条件和环境，从而形成了一个致美的进化的时空质连续统。那是任何人工创造的美也无法比肩的。

宇宙时空质连续统的每一刻都是无比美妙有序的。不论是渐进自由的普朗克时代，还是轰轰烈烈的大爆炸，以后均匀的原子、分子组成的太空，接着因微小的不平衡所产生的旋转的星云，以及今天的均匀分布于宇宙中的星系，整个天体是一个和谐有致、井井有序而又不断创造新美的过程。

宇宙时空质连续统每一局部诞生的自组织系统，也都是结构精美、运转有序的。例如，微观宇宙中最早的核子、电子等结合成的原子，在电子显微镜下可以看到是一个多么精巧美妙、和谐有致的电子云环绕核子旋转的微观世界；细胞在显微镜下可以看到又是一个结构多么复杂而又生机勃勃的生命世界，细胞膜的受体接受了生物个体的宏观系统的反馈信息，通过细胞信号传递通道传给细胞核中的信号蛋白和蛋白酶，引起和参与 DNA 的渐变到突变的过程，染色体上的基因整齐地排列在双螺旋的 DNA 上，RNA 穿过染色双螺旋顶端的裂口和细胞核膜，在有序地流动进出，辛勤地工作着⋯⋯相对于细胞来说，动物的躯体也是庞大的巨系统。它们不仅具有线条流畅的外形，而且具有结构复杂而多样的内部子系统，每一子系统不仅造型恰好适合其生存和发展的需要，而且结构和功能正好都符合物理学、化学、生物学的原理。宏观的星系，更是美妙绝伦、和谐有致而又充满神秘的色彩：数目不同的行星围绕着恒星公转的结构各异、千姿百态、五颜六色的五级星系；无数的五级星系又组成或是碟状，或是球形，或如陀螺，或如云体的和谐的四级星系，在缓缓有序地旋转着。

2. 宇宙具有鼓舞人心的协同奋进之美，创造之美

宇宙是在不断进化之中展现出美的，呈现出越来越激动人心的万类奋进的丰富多彩的景象。它不但不断为其子孙们创造进化的大环境，提供新的负熵源，而且赋予其子孙具有自组织的进化动力。不论是宇宙的哪一代子孙，都具有进化的对象性，都是可以寻找、识别、协同进化的对象，进化为更高一级的自组织系统。这种进化对象性及其进化的过程，具有一种勃勃向上、万象协同的奋进之美。质子与中子协同奋进为核子，核子与电子协同奋进为原子；原子与原子协同奋进为星云、星系；在宇宙创造的适当的时间和星球上某些分子与分子相互协同奋进为生命大分子；生命大分子在宇宙创造的不断进化的环境中，不断对象性地获取物、能、信息，协同演进为新的更高层次的物种，并逐步进化为能进行自知创造的万物之灵的人类。协同还不止于此，常数的协同、天促物进的协同、时空质的协同、信息与物能的协同⋯⋯无尽多维协同正是美的一个源泉。

明天总是比今天更美好，未来总是更加灿烂。宇宙从诞生伊始，无时不是呈现出一派生机盎然的协同奋进之美。这就是我们生存于其中的宇宙。

3. 宇宙具有目不暇接的新奇之美

不论进化是处于渐进的阶段，还是在飞跃突变，都是美的。它不仅显现出新奇，而且展示出有序和生机。闭目冥想宇宙进化的景象，多么令人惊讶和赞叹。宇宙由无通过量子跃迁而诞生的神奇的瞬间，一个令人无法想象的微小球面奇迹般地暴胀起来，惊醒虚无的大爆炸的巨鸣和炽热的光亮……一个接一个自然壮观的景象妙不可言。在轰轰烈烈之中，展现美必不可少的时间、空间以及最初的物质正、反质子产生了。正、反质子在无限热中自由地兴冲冲地东撞西荡，无拘无束，并随着它们的碰撞而不断地产生着同类和相互湮灭。伴随着宇宙体积的膨胀，温度不断地降低，剩下的正质子的进化对象性于是开始萌动。当宇宙的温度下降到相当于一个燃烧的恒星时，在其不断扩大的炽热的火球中，诞生了由中子和质子结合而进化成的核子。

过了 100 万年左右，温度下降到几千度，炽白的宇宙已扩大为许多倍，包容着由电子、核子等结合的原子，它们极为活跃，不停地运动着。随着"宇宙"的继续膨胀变冷，在斥力和引力的作用下，原子对象性地结合，进化为旋转的星云和分子。随着一阵阵犹如节日焰火般的超新星的爆炸，星云逐渐地结合成千姿百态的均匀分布于太空的美丽星系。大约又过了 50 亿年，在某些潮润的行星上神奇的生命诞生了，它们逐渐地从水中向陆地、空中扩展，进化为无比丰富多彩、生机勃勃的海藻水族、鱼虾蚌螺、花草树木、飞禽走兽，并逐渐进化为万物之灵的第四代。从此，整个星球因为第四代的自知的创造而日益变得有序和美好，由荒蛮、狂野、混沌，走向进化、昌盛、充满活力。

进化就是美，进化史就是美的演绎史。每一层次的进化，都带来新奇和希望，带来震动和力量，显现更加多彩和有序，更加浩瀚和飞跃。

4. 宇宙具有崇高的奉献之美

宇宙中的种种自组织系统虽然都万类奋进，但同时又是以自己的生存的调控作为条件来促进整体的进化。例如原子、分子等在宇宙创造的大环境中，协同奋进、旋转结合为星云，形成各向均匀的星系、星球。然而大多数星系和星球上并不能产生生命，它们只是形成一种有序的和谐和协同，促成极少的星球上某些分子结合成有机大分子，进化为生命。再如大多数的生物，都是为形成有序的生态环境，诸如供给氧、食物等，促进了高级生命的逐步发展和形成。这种以多数的生存和进化的调控为条件来促成少数更加进化的大自然景观，是一种相依相存，推动整个宇宙不断迅速进化，充满诗情画意的奉献之美。

宇宙作为自组织系统之祖，她的美更在于，为其子孙们创造着不断进化的大环境，确立了进化的大方向，赋予子孙们进化的"基因"——进化的对象性，总是无限地为其子孙们奉献着自己。子孙们能不断地获取新的负熵，正是由于宇宙不断地膨胀和降温；一代比一代进化，将带给她某一天或因失控而永远膨胀、消失或因坍塌而走向衰退、熵寂。她那无比博大的爱包容整个的太空，抵达无限的遥远。她不仅开此奉献之先河，而且把这"基因"遗传给一代代的子孙，其子孙们也以自己由兴到衰为代价换取下一代的进化，乐此不疲。无论天上的太阳光辉，还是地上人间的温暖，哪一样不充沛着为进化的无私奉献之美。超新星的爆炸，一次再一次的爆炸，将其最后时刻产生的生命所需要的重元素抛向星系的气体中，为形成能诞生生物的二级星系而献出了自己，才有像太阳这样的第二代或第三代的恒星和太阳系这样的二级星系；恒星又为后来的生物、人球系统等的创生和进化，燃烧自己，最后将耗尽全部的光和热，蜕化为白矮星；生物更是如此，其旧亡也正为新生作出奉献。宇宙中诸如此类无比博大的奉献自我的现象不一而足，真是令人惊讶和感叹。

万物之灵的宇宙第四代人类的诞生，正是万物之母宇宙、第二代物能系统、第三代非知的生物协同努力，以自己的兴衰为代价而促成的。推到当代进化光辉顶点的宇宙的第四代，则是宇宙的智慧儿和万物之精灵。他肩负着伟大的使命，更是自知地为其子孙后代含辛茹苦、呕心沥血，可歌可泣，死而后已。他不断地认识、思维和创造，不断地进化，虽然将带来自身的消亡，却创造出一代比一代进化的后代。在遥远的未来，不断进化的后代将逐步以其他星球和星系为创造对象，用智慧和创造促进宇宙自知的进化。那将是更美更诱人的未来。

一代代充沛着爱心和奉献之美。奉献，是进化的必然和必需，将与星系并存，与宇宙同辉。

补 遗

什么是美，一直是众说纷纭、争论不休的一个重要命题。例如，有人认为美的本质是和谐。和谐是有序的一种表现，是进化的一种必要。行星绕着恒星有序地旋转，宇宙四处八方的密度均匀一致，以及生物的生态平衡协调发展等等，无不是进化所需要的。所以和谐往往被人们看成是一种美，但这并没有揭示美的本质是什么。笔者在《全息正负美学》一书中，曾提出美的本质是生活形象反馈信息。通过形象反馈信息，人可以直觉感到对象是否在进化，或对进化是否有利。而物理学等自然科学，则是从分析入手去揭示各种现象后面的本质和规律，以利于控制、创造对象，能更好地生存进化。

进化意味着美，进化总是由低级向高级，由简单向丰富，由初始的对象性向递佳的对象性，由只能获取和集聚少量的负熵向能递多地获得和集聚负熵，由无序向递高有序发展演进。以上这些构成的时空质连续统的形象的表现就是：由不太美向更美发展演化。

万物之灵的人是世界上最美的，他的智慧、他的发展着的人体造型、他的艺术、他的创造、他促使万物不断向更协调更平衡发展的思想和行为……总之，人通过自知的努力不断地推动进化就是美，美是进化的一种感性的尺度，进化就是美。人类形象思维的高峰就是要探索和创造美，美是哲学的重要命题。

大自然赋予人以一种能感到生活美好而去追求美好生活的对象性，它成了人进化的一种动力。鼓舞、激励人们去自知地通过创造来进化。人对生活的憧憬，对未来的美好的期望等等，正促使人们去自知地进化。由人－工具系统到人－机器系统、人－社会系统直到创造出宇宙的第五代人球系统。审美和对美的追求，正是进化的动力的另一种体现。人对象性地追求更美好的婚姻，更美好的前程，更美好的生活，更美好的未来等等，无不是一种推动其进化的动力。

随着科学的进步，人们审美的视野不断地扩展和变化，出现了许多描绘太空和宇宙的艺术和科幻小说。对宇宙的进化有必要从审美的角度来浏览和理解，这能有助于对宇宙进化的认识和拓展。

世界上几乎所有做出杰出贡献的科学家，无不强调直觉的作用，如："伟大的以及不仅是伟大的发明，都不是按照逻辑法则发现的，却是由猜测得来，换句话说，大都是凭创造性的直觉得来的。"

爱因斯坦也认为通向规律的桥梁不是逻辑，而是直觉，他说："我相信直觉和灵感。"打破对象性的怪圈必须敢于尊重和运用直觉。直觉的偶然性中蕴含着必然性。

人们往往只注意对象的科学的揭示、理性的认识，而忽视了人类认识事物的另一种方式，即审美和艺术的描绘。美和真是不可分割的人类认识事物的两种方式。科学往往走在前面，引发人们对事物美的赞叹。美和真有着不解之缘，缺一不可。科学家往往因审美情感之激发而孜孜不倦地去探索真，艺术家往往因真的提示而去开拓前所未有之美。

第三章

从质子到星系：
宇宙第二代物能自组织系统的进化

物能系统有进化的基因吗？

物能系统是怎样逐层进化的？

物能系统没有信息功能为何能寻找、识别进化的对象？

宇宙在物能系统诞生和进化中起何作用？

从质子到星系：
宇宙第二代物能自组织系统的进化

　　宇宙的进化虽然已历四代，不仅后代比前代都发生了进化的进化，而且每代还有若干进化的层次。宇宙所有的子孙，不论是哪代、哪层，都具有共同的特征，都是自组织系统，具有进化的对象和进化的对象性；但又有不同的差别，代与代具有"代"差，层与层也具有"层"差，换句话说，每一"代"都有一个层次进化的过程。拿人们熟悉的宇宙的第三代生物为例，就是一个由单细胞生物到腔肠动物、鱼类、两栖类、爬行类……直到灵长类递层不断进化的漫长过程。宇宙第二代物能系统也一样，它是一个由质子到原子、分子、大分子、星云、星系……递层进化的过程。

　　但另一方面，虽然每一代（如物能自组织系统）具有不同层次的进化，后一层次虽然比前一层次更复杂、更有序、更高级，发生了层次上的进化的进化，却都属于同一代。不论是物能系统中最初的质子还是后来高级的星系，都有物能自组织系统的共同的"代"的特征。

　　开篇就提及这些问题，未必能得到认同，因为，在人们思维的辞典中，进化只属于有灵性的、能进行遗传的生物，若说物能系统也进化，人们一定会摇头。虽然在前两章中已略微涉及这个问题，但现在集中在此章来谈物能系统的进化，首先遇到的障碍可能仍是这一问题。什么是自组织系统？为什么说物能系统也是自组织系统？物能系统也能进化？物能系统有遗传基因吗？有何进化的动力？物能系统的自组织功能与生物的自组织功能是否有相同的特点？物能系统是怎样逐层进化的？又是怎样进化为生物的？万物之祖的宇宙在物能系统的诞生和进化中起到何种作用……诸多问题，本章拟分为以下几节来探讨。

一、自组织系统的两重奏
——物能自组织系统为何能进化的剖析之一

宇宙的进化都是自组织系统的进化。

万物之母的宇宙是第一代，霍金称之为自足自组织系统，它没有外对象，却能进行自调控，形成有序进化的时空质连续统；第二代是物能系统，它们能与外界交流物和能，通过交流物能而演进变化；第三代是生物，它们不仅能与外界交流物与能而且能交流信息，是以信息带动物能而生存和演进的，但它们的活动是非知的，是靠本能支配的，所以叫非知自组织系统；第四代是人类，能自知地把自己作为自己的对象去进行各种自知的对象性的创造活动，通过创造而生存和进化，是自知自组织系统；即将诞生的宇宙的第五代是人球系统，是以外星球作为对象，将改变星球与星球之间的对象性关系；今后还会有宇宙的第六代、第七代……但不论是宇宙的哪一代、哪一层次，都是自组织系统。自组织系统是什么？有什么特征？在阐述宇宙第二代物能系统进化之前有必要首先对此作一番探讨。

自组织系统理论有经典与现代之分。

经典自组织系统论是在这样的历史背景下产生的。

热力学第二定律指出，封闭系统的热量总是从高处向低处流动，日益走向热平衡，由有序向无序发展着，这被称作是熵增。他们据此推论，随着时间的推移，最后宇宙中的一切都必定趋于热平衡，熵值达到最高，宇宙变为完全无序的死寂状态。这一定律似是不可动摇的真理。但从许多实际状况来看，并不如此。最明显的是生物，它不但不逐步走向熵增，相反却一代比一代进化，生机勃勃地进化着。科学家们一直为"两个箭头相反"的现象困惑不解。1945年薛定谔作了"生命是什么"的著名讲演；1947年艾什比引入了"自组织系统"这个术语；1969年，比利时的布鲁塞尔学派提出了自组织理论的第一个成功的理论——耗散结构理论；普里戈金证明：一个远离平衡态的开放系统通过不断与外界交流物质和能量，在外界条件的变化达到某一临界值时，可能从原来的混沌无序状态，转变为有序的新型的耗散结构状态，他因此而获得1977年诺贝尔化学奖；接着协同学、超循环学等学科又相继建立，自组织理论从而成为解释宇宙间与热力学第二定律所揭示的箭头相反现象的重要工具。它指出：从无生命世界到有生命世界广泛存在着自组织现象，能由无序到有序形成充分组织性结构，即自组织系统。生物之所以能与热力学第二定律呈现出相反的趋势，正是由于他们是自组织系统，能通过自控自调从外界获取负熵，由无序走向有序，演进发展。

如果一个系统只有热量的差异，而无其他能量的变化，热力学第二定律的热平衡说则应是普遍的真理。但，如果一个系统除了热量的变化和差异，还有其他产生能量的因素在起作用，则不能单纯用此定律来推测其发展过程。宇宙是用系统工程数据来调控的，除了热量外还有多种因素在起作用，比如，还有能产生能量的四种力，它在宏观和微观上都对热量的变化和差异产生作用。宇宙在创生时是热平衡态，处处都一样热，但随着宇宙以系统工程数据的调控，体积不断膨胀，温度不断降低，却出现由小到大、由低到高的自组织现象，开始是质子与中子对象性结合为核子、核子与电子结合为原子，接着宇宙出现了均匀的皱褶，后来出现了均匀的星系，宇宙不仅不是从非平衡走向平衡，相反，却是通过自组织途径从热平衡走向非平衡——形成了高度有序的进化的时空质连续统。

热力学第二定律只是讲在无其他产生能量因素的情况下，系统会从非平衡走向热平衡。能量可以转化，如果有其他因素产生的能量介入，热平衡也可能走向非平衡，无序也可以走向有序。膨胀的宇宙，由于有多种力的介入，能与热力学第二定律相反，出现由最初的热平衡态走向非平衡、无序走向有序的变化，不断地进化发展。只有等到遥远的未来，宇宙失控膨胀或坍塌的时候，才呈现相反的情形，由有序向无序发展，不断地退化，直至达到热寂状态。换言之，宇宙是一个具有多种能产生能量因素的自组织系统，它的发展演化，不是单纯地按照热力学第二定律来行事的。

自组织系统理论的贡献在于首次提出了与熵相反的现象和概念——负熵，指出了自组织系统能形成与热力学所指出的现象相反，即：不但不走向热平衡，相反却能获取负熵，积聚能量，增长有序度。但，旧自组织系统理论，却存在着一些未能回答的问题。

1. 把宇宙说成是由最大的负熵走向熵，但宇宙却是从最大的熵走向最大的负熵，然后再从最大的负熵走向最大的熵。

2. 把热平衡看成是不可避免的，只有局部才逆热平衡而进化，而实际上宇宙就是一个自组织系统，整个宇宙在有序膨胀期都是进化的。

3. 忽视了自组织系统都有两段律，在前一阶段是一直在进化，后一阶段才开始走向退化，而不是只有少数自组织系统——生物才是这样。

旧自组织系统理论虽然后来延伸到非生命界，但它只是把自组织现象看成是宇宙中某些局部的现象，把自组织系统的定义限制在一个较小的范围内，更没有把自组织系统作为一个统一的进化的过程来认识。而新自组织系统理论认为宇宙中的一切，从质子开始到原子、分子、星云、星系、生物、人类……都是自组织系统，而且是整体自组织系统宇宙进化的过程和产物。宇宙在最初的极热时期，乃至到大爆炸后 30 万年左右，是处于一个热平衡状态，因为在那个时刻，热量是均匀而无差别的。随着时间的推移，体积的膨胀，能量的扩散，质子开始进化为原子，然后是分子、星云、星系。宇宙中的热量实际上不是日益走向均匀，相反却日益走向非平衡，而且每出现一新自组织系统，都比前一层次（或代）进化。它们不但越来越能聚集更多的能量，而且其获取负熵的动力和方式、对象和对象性本身也在进化。

宇宙已产生了四代自组织系统，并正将产生第五代自组织系统。正如，不能因为老虎吃了羊而说生物界在退化一样，也不能因为宇宙中存在着热平衡现象而说宇宙是在退化，走向熵寂；恰恰相反，宇宙在有序膨胀期，是在不断地进化。即，处于一个由无结构向有结构、复杂结构，由低级向高级，由简单向丰富，由初始的对象性向递佳的对象性，由无序向递高有序——以上这些构成的时空质连续统的形象表现就是由不太美向更美进化的过程。而不是相反，不断地走向熵寂。局部出现的热平衡，正是宇宙进化的一种需要，例如，太阳总有一天走向热平衡，但地球上的生命正是由于它供给热能而生存和进化。

经典自组织理论认为自组织现象是能将无序变为有序的活动。但实际上自组织现象是从低有序向高有序发展的活动。

经典自组织理论认为自组织系统能从无序走向有序。如果说这是指宇宙，那是对的，因为宇宙的确是从大爆炸后由极热的无序状态逐步走向递序的。但如果是指其他代的自组织系统，就不对了。其他自组织系统即宇宙的子孙们，是从低有序向高有序发展的。把自组织系统发展的起点视为是无序，看不到它是一种递序的进化，即由低层次的有序进化为高一层次的有序，是非进化宇宙论的认识。例如核子，它绝不是由无序发展为有序的，而是由具有相对稳定结构和功能的有序的质子、中子等组合的，只不过质子、中子的有序度低于核子而已。同样原子也不是由无序走向有序的，它是低一层次有序的核子和电子组成的。又如，真核细胞是原核细胞进化而来的，前者也并非无序之物，后者只不过比前者更进化，有序度更高一个层次。自组织现象是由低层次的有序向高层次的有序进化的现象，而不能将进化前与进化后截然分为无序和有序。后一层次或代的自组织系统都是前一层次或前一代自组织系统进化而来的，而不是由无序转化为有序的。

简而言之，宇宙进化论认为自组织现象不是建立在无序的基础上的，而是不断由低层次的有序的自组织向递高层次的有序的自组织进化。自组织现象只有放到宇宙进化的高度才能准确地揭示；而非宇宙进化论却把宇宙中自组织系统的发展看成是与整体熵增相反的、无联系的、偶然的、局部的现象。例如，他们认为：

> 事情从有序转化为无序的途径，要比从无序转化为有序的途径多得不可胜数，以至于我们实际上看到的总是前一种趋势。[①]

宇宙在有序膨胀的前一阶段是由低有序向高有序进化，还是不断地向无序发展，这是宇宙进化论与非宇宙进化论的一个重要的分水岭。

并且，自组织系统也不一定是远离平衡态的耗散结构系统。

经典自组织理论认为：只有远离平衡态的耗散结构系统才是能"由无序转化为有

---

① 《宇宙的起源》，第 27 页。

序"（这一提法有待探讨，后详）的自组织系统。但后来科学家们发现事实上并非如此。例如，H·Haken 在 20 世纪 60 年代研究激光时确认激光的确是由"无序转化为有序"的典型的自组织系统。但后来他又发现有些平衡态的系统也具有这种特征，例如，超导和铁磁现象。这就是说一个系统是否是自组织系统，并不在于它是平衡还是非平衡，也不在于离平衡态有多远，而是由组成的各个子系统通过它们之间的非线性作用，协同合作，在一定的条件下能自发地产生在时间、空间和功能上稳定的有序结构。在天促之下，通过自调、自控使内部各个组因以及与外部对象多维协同运作，具有稳定有序的结构和进化的功能，这就是自组织系统的共同特征。宇宙从大爆炸最初的普朗克时期便属于这种系统。那时宇宙虽然处于热平衡状态，但具有自组织系统的一切特征和功能。能通过自控、自调走向非平衡，在时间和空间不断扩张的同时，产生大量的质子，接着使质子与中子对象性地寻找、识别、结合而进化为核子……

两种新旧不同的自组织观产生的根源在于：旧者是建立在如何解释生物以及后来人类社会等与熵增相反能获取负熵不断进化的命题上，它认为整个宇宙在退化，只有生物、人类社会等一些系统是在进化；而后者却是揭示整个宇宙是在不断地进化，研究无所不包的宇宙是如何进化的。

生物是开放的、远离平衡态的复杂系统，所以探讨其进化涉及的只在这个范围；而宇宙的进化是全面的、系统的，包罗万象，须将一切开放的、封闭的，非平衡态的、平衡态的，复杂的、简单的系统都进行考查，将一切符合自组织系统特征的系统全部囊括。宇宙是自组织系统之母，它的子孙也都是自组织系统，正因为如此，宇宙才能不断地发展，演变进化到今天这样。不可否认宇宙在不断进化中有极少的局部出现退化，甚至毁灭，例如，黑洞的形成，超新星的爆炸。但这些却恰恰是进化的一种需要。类似银河系的中心都有一个巨大的黑洞，质量相当于太阳的 5000 万至 5 亿倍，而它的存在正是星系得以围绕中心而旋转的原因[①]；超新星毁灭性的爆炸，正是创造宇宙中一些重要物质，使生命得以诞生的原因……

---

① 太空中有两种星系，即螺旋星系和椭圆星系，螺旋星系都具有黑洞中心，而椭圆星系却没有，因为后者是两个前者碰撞而成的。也就是说，所有的星系在形成时中心都有一个黑洞，从而使其周围的星系绕着它转。黑洞的大小与它所在的星系大小成正比。

从宇宙总体上来看也正是如此，在进化期，虽然在不断地扩散着能量和物质，但从整体和发展上来看，实际上并不存在热力学所述的趋向熵寂现象，相反，能量和物质的扩散正是为了子孙们一代比一代能获取更大的负熵，由简单向丰富、低级到高级，有序的层次不断地上升，熵值不断地减小，由初始的对象性向递佳的对象性，由只能获取和集聚少量的负熵到能递多地获得和集聚负熵演进。整个宇宙事实上是在不断地有序、协调地进化。质子、原子、分子、星云、星球、生物、人类，一层层、一代代自组织系统一直在不断地进化，每进化一层或一代都比前一辈发生了进化的进化，能集聚更多的负熵。第二代物能系统，由质子进化为原子，再到分子等等，能量和负熵都在不断地增长；第三代生物已能非知地加工信息，本能地创造负熵；至于第四代人类则能自知地创造负熵，人类本身成了宇宙源源不断的自知进化的负熵源，使宇宙开始摆脱完全的非知状态，进入了递自知创造进化的新时代。

经典自组织观是狭隘的自组织观，它是建立在生物为什么会逆熵增而进化的对象性揭示上；新自组织观是泛自组织观，是建立在对时空质大一统的宇宙为什么能有序、协调、熵增和熵减不断进化的对象性揭示上。它是过去和现在两个不同时期对象性揭示的产物。

至此可以将新自组织系统论作一小结。

自组织系统之所以是自组织系统，是由于它具有一个共同的特征，那就是能进行自控自调。它为什么能进行自控自调呢？如前所述，万物之母的宇宙是通过系统工程数据来进行自调自控的，以后各代是在天促之下通过力、信息和自知的创造而进行的。第二代物能系统是通过力的作用相互寻找、识别、结合而生存和进化的；生物是通过以信息带动物能而相互寻找、识别、协同运作而生存和进化的；人类则是通过不断的自知的创造，与创造对象结合而进化的。自组织系统的自控自调起到两大作用：一是，使各个部分能协同调控，稳定自身的结构；二是，发挥进化的对象性，以自身为参考系去寻找、识别、结合进化的对象而进化。

自组织系统如果自身的结构都不能保持稳定，被瓦解，那还能谈什么进化呢？另一方面，如果总是保持自身的稳定，那就只能停滞不前。它必须要发挥进化的对象性去结合进化的对象而进化，必须是稳定和演进两者兼具，这一特点可称之为自组织系统自调自控的两重奏。宇宙创造进化的大环境，提供负熵源，是自组织系统进化的外因和条件；自组织系统通过自调自控两重奏对象性地去寻找、识别、结合进化的对象，是其进化的内因，两者缺一不可。宇宙里没有像热力学设立的前提——绝对的封闭系统，一切系统的变化都是内因——自身的作用和外因——宇宙的作用协同的结果。质子就是这样，如果它不能通过自调自控稳定自身的结构和功能，那就会在极热的宇宙初期瓦解为不能独立存在的夸克；如果它不能发挥进化的对象性去寻找、识别、结合对象，那么就只能永远是质子。质子自调自控的两重奏是以后一切自组织系统所具有的特征。它是天促物进的必需和必然。

补　遗

随着宇宙不断为其自身创造进化的环境——降低温度、扩大体积，氘核便对象性地寻找、识别对象质子和中子，相结合为氦核，同时还产生了两种更重的元素锂和铍。通过大爆炸的模型计算，此时期大约有 1/4 的质子和中子转变为氦核以及少量的重氢和其他元素。

当代科学揭示的最小物质是夸克，有人认为还有比夸克更小一个层次的物质，但尚未得到证实和发现。而夸克不能单独存在，所以至少暂时只能认为质子是由夸克组成的最初的自组织系统。

迄今能独立存在的最早的物能自组织系统是质子。虽然它不是物能自组织系统的鼻祖，但却是我们能进行对象性研究的第一层次的物能自组织系统。自组织是指它是具有相对独立的自调自控的、有序的、稳定的组织结构和功能。质子具有的这一特点，从其诞生伊始便是如此。正是因为它有这一特点，所以在极度高温下，它既能保持自己的结构和功能，而又不停地、独自自由地、飞速地窜来窜去。如果它不是自组织系统，那么它就不能单独行动。质子是具有子系统的复杂系统，它是由更小一个层次的物质颗粒夸克（Quark）构成的，夸克和电子、中微子等被认为是最小的物质，称作"基本粒子"。

离开了宇宙进化的大动力，自组织现象是不可能发生的。

自组织系统都是从外界获得能量的吗？恒星就不是。它从自身构成成分的转变中获得能量，它不依赖环境而是以特定的节律振荡调节自身的大小。恒星的能量是在其构成中对象性积累、增长、发展起来的。宇宙并不是像热力学所说的那样在不断地走向热平衡，能量是在转换的。

人在思维时常常用的就是"自参考"，以脑中贮存的信息为参考来认识、判断新输入的信息。

二、第二代也具有识别能力和进化基因——物能自组织系统为何能进化的剖析之二

人、生物以及未来的宇宙第五代、第六代……都是从物能系统进化而来的，物能系统是奠基的一代，是源头，以后各代的进化特征都是从物能系统最初的特征演化而来。没有物能系统的进化，就不会有以后各代的进化。对物能系统的探讨是揭开以后各代进化的必由之路。

物能系统较之第一代发生了进化的进化。母系统宇宙未发现有外对象，它的调控是自调自控内对象，即不断演进的各代子孙；而物能系统却发生了进化的进化，既有外对象又有内对象。它继承了母系统宇宙的自调自控的自组织功能，通过力的调控作用，既保持自身的稳定，又与外界发生关系而进化。从而开一代之先河，能进行自调自控是宇宙各代自组织系统共同的特征。

人们之所以对物能系统能进化有疑问，是在于：（1）它没有信息功能，没有最起码的意识，也就是说它没有目标，更没有按目标指令的行动，怎么可能进化呢？（2）它没有基因，不能遗传，怎么可能衍演进化呢？

传统认为进化只存在于生物界（第三代自组织系统），其每一进化层次都脱胎于

前一层次，或是从前一层次分化出来的，是通过基因的传递和改变来进化的，从而对异于这种方式的其他代的演化是否属于进化产生了怀疑。毋庸置疑，生物的进化确是进化，但生物是宇宙的第三代，只有38亿年的历史，它的进化与140亿年来宇宙其他几代的进化虽有普遍的共性，但又有其不同的个性。不能以某一代的进化个性方式和表现为标准来否定其他代自组织系统的进化。

物能系统的确没有信息功能，但这并不能说明它不具有识别功能。或者说正因为它不是用信息去识别所以才是第二代物能系统。而生物除物能外还有信息，是物、能和信息三位一体的系统，是以信息带动物能进行自调控的，所以比物能系统进化了，是宇宙的第三代。那么物能系统是用什么来进行识别和调控的呢？是力。力有四种，即引力（与引力相反的是斥力）、电磁力、弱核力以及强作用力。所有物能系统都具有分别携带四种力的整数为0、1或2的微粒子，通过发射这些粒子，而相互寻找、识别或相互吸引或相互排斥。携带引力的是自旋为2的无质量的引力子，携带电磁力的是自旋为1的光子，携带弱核力的是称作重矢量玻色子的粒子，携带强作用力的是自旋为1的胶子。交换的粒子越重，相互作用的距离越短。由于发射携带力的粒子的数目不受限制，所以能产生特强的力。

例如，迄今已知的最早物能系统质子与中子为什么能相互对象性地寻找、识别而结合为核子呢？就是由于它们都能发射自旋为1的携带强作用力的胶子。两者发射的胶子相遇，便识别了对方是自己进化的对象，相互靠拢结合而进化为核子。物能系统是开放系统，它不仅通过发射携带力的微粒子相互对象性地寻找、识别、结合，而且还因相关系统所产生的力的作用而促进或影响其他系统的活动。例如，星系的形成就是这样。当宇宙膨胀到一定的时候，某些地区平均密度略微大一点，这个地区中的物能系统便摆脱了斥力的作用，而通过相互发射引力子逐渐对象性地识别、结合、聚集和收缩，同时由于外区域的引力使其在收缩中开始旋转起来，聚集的物质越多，旋转得越快，从而促进了进化，产生了碟状的星系。

物能系统的这种识别功能与第三代生物以信息为前导的识别功能自然是有区别的，尚不是真正的意识，而只能称为前意识。

可是问题并未完全解答，物能系统对象性寻找、识别、结合而进化的前意识是从何而来的呢？为什么它不一开始就展现出来，而是适时地展现呢？

为了回答这一问题，首先有必要探讨一下对象和对象性。

宇宙间无物无对象，无物非对象。时、空和物质，互为对象，夸克、粒子、电子、原子、分子都各有各的进化对象，组成了不同的物质熵与负熵相互对立消长的对象，当负熵增长时熵便减少，反之亦然。太阳是植物的对象，是供给阳光从而使其能进行光合作用的对象；植物也是太阳的对象，是印证和实现太阳本质力量，接受太阳奉献光和热的对象。正如马克思所说："非对象的存在物是一种（根本不可能有的）怪物。"对象的普遍性可用一句话来概括：只要存在就有对象，存在就是对象。

自然界的存在物如果在它本身之外没有对象，那它就不会是自然界的存在物，也就不会存在。因为首先大自然就是它存在的大环境对象，失去这一对象，存在物还怎么能存在呢？实际上只要有别于某物的就是某物的对象，宇宙中的存在物都有着无限的对象。拿宇宙刚诞生时的质子来说，它是产生新质子的对象，自由地冲来冲去，因相互碰撞而不断地产生新的质子；它与反质子相互又是湮灭的对象，两者相遇立即化为乌有；它还是宇宙调控的对象，以系统工程调控的宇宙大爆炸后100秒，随着体积膨胀，温度下降到10亿度时，才促使质子的进化的对象性发挥出来，发射携带强核力的微粒子去寻找、识别、结合中子而进化为核子；它还是在天促之下，开一代进化之先河的对象……生物也好，人类也好，都是从质子进化而来的。

存在物有无穷的对象，对不同的对象，则有不同的对象性。对象是指与此存在物不同的彼存在物；对象性是指此存在物具有的对彼存在物的一种指向、倾向。质子对反质子，具有的是湮灭的对象性；质子对中子，相互有进化的对象性。不仅如此，不同时间对同一对象还可能有不同的对象性，自由冲来冲去时期的质子与质子则有碰撞产生新质子的对象性。在种种对象性中进化的对象性则是宇宙子孙们的主流对象性。为什么呢？因为在有序膨胀进化期，以系统工程数据调控的宇宙总是不断地创造进化的大环境，提供新的负熵源，从而使宇宙的子孙与宇宙所创造的进化的大环境、负熵源产生了不平衡的涨落关系，促使它们总是发挥进化的对象性去寻找、识别、结合进化的对象而进化，以保持与环境的协调。如果宇宙提供的是熵源，创造的是退化的大环境，那么它的子孙们则会是以退化的对象性为主流了。宇宙的后期失控膨胀或坍塌收缩时，就是这种情况，但那将是遥远以后的事了。估算可能在至少 1000 亿年内，宇宙的子孙们的主流对象性只会是进化的对象性，从万物的源头质子开始，便是这样。

如果说进化需要遗传基因，那么对象性地去寻找、识别、结合进化的对象而进化，便是宇宙子孙们一代代进化的"基因"，就像生物的基因随着物种的进化而进化一样，宇宙子孙们进化的"基因"也随着一代代对象性的活动而不断发生进化的进化。

什么是进化，有多种解释，比如，有的认为是性状由低级到高级发展；有的认为是在组织结构上更复杂、更精致。这些都是表面的现象，未涉及进化的本质。进化的科学界定应是"进化的进化"，具体地说，就是进化的对象、进化的对象性以及进化的方式、进化的机制、进化的结果发生了进化。第二代物能系统的进化对象是物能系统，进化的对象性是通过力的前导作用而去寻找、识别、结合其进化对象的，只具有前意识。而第三代非知的生物系统则发生了进化的进化，具有泛意识，其进化的对象除物能外增加了信息，信息流带动物能流，这一人类 20 世纪才认识到的规律，生物界早已施行。其进化的对象性不再是以力为前导，而是以信息为前导、以本能为指向去寻找、识别进化所需的对象的。自知自组织系统——人类则又发生了进化的进化，不再是以本能为指向，而是以自知的需要为指向；不是以自然信息为前导，而是以自知的信息为前导，对象性地寻找、识别对象信息和物、能；不是简单地直接将其结合或吸纳，具有自知意识的人类是通过自知的创造，与创造的对象（如工具或递大自知自组织系统）结合而进化。

第二代物能系统各层次的进化方式虽然在不断地进化，但却有一个共同的特点，那就是，前节所述的自组织系统自调控两重奏。在天促之下，通过自控自调，一方面保持自己组织的稳定运转，另一方面使自己能发挥进化的对象性去寻找、识别、结合进化的对象，进化为新自组织系统。相互对象性寻找、识别、结合，就是协同运作。更高层次的新系统是怎样形成的？是原有低一层次的系统相互结合、协同运作的结果。

亚里士多德说："系统的功能大于其组因相加之和。"他的这一说法有其正确的方面，即，只有组因的协同才能形成新的更高层次的系统，但却又有其不准确的方面，因其所言"大于相加之和"，是个含糊的概念！大到什么程度没有界定，只涉及量而未揭示性质的变化。实际上新系统与其组因相比，是一个质的飞跃。从进化的角度来看，

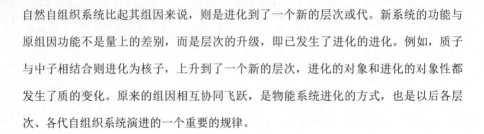

自然自组织系统比起其组因来说，则是进化到了一个新的层次或代。新系统的功能与原组因功能不是量上的差别，而是层次的升级，即已发生了进化的进化。例如，质子与中子相结合则进化为核子，上升到了一个新的层次，进化的对象和进化的对象性都发生了质的变化。原来的组因相互协同飞跃，是物能系统进化的方式，也是以后各层次、各代自组织系统演进的一个重要的规律。

补 遗

还原论的失误正在于不懂得各组因协同调控的新自组织系统已发生了进化的进化。不分进化前后，将还原后的低层次系统和进化了的高层次系统混为一谈，犹如把氢气、氧气说成是水，把水说成是氢气、氧气，陷入自找困惑的迷宫。

什么是进化？从表面看，进化是自组织系统具有更复杂、更严密、更高级的结构，有序度更高等。但这只是现象。进化的本质是进化的进化，即进化的对象性、进化的对象、进化的方式、进化的机制以及进化的效果等发生了进化。其中主要的是进化的对象性和进化的对象。

星系是物能系统中最高级的层次，它是复杂的巨系统，有多层的子系统。在宇宙中星系是均匀分布的。星系虽是原子、分子聚集而成的，但它已成为具有复杂组织结构和功能的巨系统，它的自进化动力——对象性发生了根本的变化，既具有与原子、分子不同的外对象，又具有与原子、分子不同的自控、自调的内对象。它的外对象即其他星系，内对象即自身的多层结构的子星系，如，银河系中有太阳系等，各子星系又有各子系统，即各个星球。巨星系的子星系，子星系的各个星球，均以其他星系和星球为对象，不同的层次具有不同层次的对象性。它们相互联系结合为一个整体的多层组织结构的巨系统。此外，要特别提及的是，2001年1月美国天文学家宣布：通过安装有红外线照相、多目标分光仪等新装置的哈勃望远镜，发现几乎所有的星系的中心都有一个因引力而塌陷的巨大的黑洞，其质量是恒星的几千万、几亿乃至更多倍。它是星系自调控的核心，星系的子星系就是以它为中心而旋转形成一个巨系统的。传统量子理论认为，原子核被一层模糊的电子云包围，但最新发现表明，上述模型并不能解释所有的量子物理现象。在量子云中的电子不只是拥有一个简单的负电荷，电子本身拥有由虚电子和虚正电子组成的云，人们通常感觉不到它们的存在，因为它们一相遇便会湮灭。科学家们还惊奇地发现电子云内的电子的电磁力是增加的，原子核附近的电磁力可能等于将亚核粒子聚集在一起的作用。说明世界还存在一种新物质。[①]

三、第二代自组织系统进化的层次

宇宙子孙的进化不仅以代来划分，而且每代又有若干进化的层次。是从一层次向一层次逐步演进，然后发生质的飞跃，出现"代"的进化。

宇宙大爆炸后创造的最早物质是什么，现在还没有搞清楚。许多学者认为，宇宙爆炸会产生超大能量，这种能量可能形成一种很不稳定的重型粒子——希格斯玻色子，正是由它衰变成了已知的大多数粒子。

迄今能证实的最早物能自组织系统是质子。虽然它不是物能自组织系统的鼻祖，但却是我们能进行对象性研究的第一层次的物能自组织系统。自组织首先是指它具有相对独立的、自调自控的、有序的、稳定的组织结构和功能。质子正是具有这一特点，从其诞生伊始便这样。正是因为它有这一特点，所以在极度高温下，它既能保持自己的结构和功能，而又不停地、独自自由地、飞速地窜来窜去。如果相反它不是自组织系统，那么它就不能自调控自己的行动。质子是具有子系统的复杂系统，它是由更小一个层次的物质颗粒夸克（Quark）构成的，夸克和电子、中微子等被认为是最小的物

---

① 　《新华文摘》，1997年，第5期，第186页。

质，称作"基本粒子"。[①]

宇宙的第二代，若以质子为第一层次，则其进化的层次大致依次为核子、原子、分子、星云、星球、星系等。新层次都比原层次发生了进化的进化，是以不同的力为前导，能对象性地寻找和识别更高层次的对象，与其对象性地结合为更复杂严密、更高层次的自组织系统。

宇宙作为自组织系统之第一代，它没有外对象，只有自对象，即把自己作为自己的对象。基本粒子的产生正是宇宙对内对象自身的对象性调控的结果。而宇宙的第二代从基本粒子伊始对象性便进化了，不仅有自控自调的内对象，而且有寻找、识别并要与之结合的外对象。

基本粒子进化的对象性是从何而来的呢？

基本粒子在宇宙之初期具有四种对象性，即生产的对象性、湮灭的对象性、转换的对象性、进化的对象性。

一是生产的对象性。在大爆炸最初的 10^{-43} 秒普朗克时期，极度的高温使粒子的能量如此之大，它们处于完全自由的状态，运动得非常之快，相互碰撞而产生很多不同的粒子 / 反粒子对。这一生产的对象性只有在宇宙之初极热条件下才会具有，以后便不存在了。这可以说是后来两性交配繁殖对象性的前奏。

二是湮灭的对象性。即质子与反质子对象性地寻找，两者相碰便立即湮灭。任何粒子都会有和它相湮灭的反粒子。初始的微观世界在一出现时就被赋予了对象性，这一对象性随着正反质子的湮灭而消失。由于大统一对称性破缺后，基本粒子的相互作用，对象性产生的正质子比反质子多十亿分之一，正、反质子相互湮灭后，剩下的正质子便是以后构成宇宙万物的先祖，即一步步对象性地进化发展为今天宇宙中的各种自组织系统的最初的物质颗粒。

三是转换的对象性。宇宙最初产生的中子有三种（电子型的、μ子型的、γ子型的）。在宇宙产生后不到 1 秒钟的时期，随着宇宙的膨胀和降温所创造的进化大环境，

[①] 具有质量、电荷，进行自旋，是基本粒子最重要的性质。已发现的基本粒子超过几百种。其中除极少数是稳定的外，其他在产生后的一定时间，便自动转化为其他种类的粒子，寿命在 10^{-10} 秒范围内的就算长命的了，最短的寿命只有 10^{-24} 秒。

质子与中子开始能通过发射重矢量玻色子的粒子的弱相互作用而对象性地转化，并使它们的数目保持平衡。但超过 1 秒后，膨胀的速率变大，弱相互作用已不能保持质子与中子相互转化的对象性。中子比质子重一点，产生中子就要更多的能量，速度就要慢些，所以当弱相互作用停下来时，留下的中子与质子已不是相等的数目，而是 1:6。质子与中子的相互转化的对象性也从此消失了。（请注意上面的一些数据，如以 1 秒钟为分界，中子恰恰有 3 种，膨胀率大到某一时刻弱相互作用便不起作用了。这些数据倘若有丝毫改变，例如，中子有 4 种，那么宇宙早期的膨胀率就会增大，当弱相互作用停止时，相对于质子而言就会留下更多的中子，宇宙中得到的氦丰度也会相应地增加，宇宙就不会像今天这个样子。宇宙的系统工程调控是多么的奥妙和重要！）

四是进化的对象性。宇宙不断地为其子孙们创造进化的大环境，其体积膨胀一倍，温度就下降一半。大约在大爆炸后 100 秒至 3 分钟，温度降到了 10 亿度，相当于最热的恒星内部温度，平衡打破，便为质子和中子的进化创造了条件，它们不再飞快地窜来窜去，速度减缓，能互为对象，通过发射（对象性地交换）携带强力作用的胶子对象性地寻找、识别、结合在一起，进化为氘（重氢）的原子核（包含一个质子和一个中子），然后氘核和更多的质子、中子相结合形成氦核（包含二个质子和二个中子），还形成了少量的两种更重的元素锂和铍。可计算出大约有 1/4 的质子和中子转变成了氦核，以及少量重氢和其他元素，所余下的中子衰变成质子，这正是通常氢原子的核。这些进化了的具有更多物能、结构更复杂、有序度更高的自组织系统核子，与质子、中子等相比较则在进化的对象、对象性、方式、结果上发生了进化的进化，上升到一个新的层次。

宇宙进一步膨胀，扩散能量，为其子孙的进化创造新的条件。过了约 100 万年，宇宙的温度下降到几千度，电子和核子便能通过交换光子（光子的质量是零）所产生的电磁力，相互对象性地寻找、识别、吸引、结合，进化为高一层次的自组织系统——原子。这种寻找、识别和结合对象的进化对象性从此一代代保持、延续和发展下来，成为自组织系统进化的动力和天性。

质子为什么不去寻找质子相结合呢？它"知道"与同类是不可能结合的，或者说以力为前导的它能识别和区分什么是进化的对象。因此，它才能回避同类，寻找到相应的中子与之结合为核子。这种识别当然与宇宙创造的大环境——温度下降到什么程度，其能发射携带何种力的微粒子有关。例如，1个质子能通过发射胶子，对象性地识别、寻找，和一个中子结合为氘核；2个质子能同时行动，对象性地寻找、识别，和2个中子结合为氦4；2个质子和1个中子则可相互对象性地识别和结合为氦3；单个衰变的中子便是氢核，它与电子等通过发射光子，相互因电磁力的吸引而对象性地结合为氢原子。

自组织系统具有自控自调的结构和功能，它通过内部的力自控自调保持自己相对独立的结构和功能的稳定，并以自己为参考系，通过发射相应的基本粒子所产生的力去寻找、识别相应的对象。但，仅此它仍不可能进化。自组织系统要保持和发挥自己的结构和功能去寻找、识别结合对象，必须在以系统工程数据进行调控的宇宙适时创造的进化的大背景和条件下才可能实现。例如，当温度降低到何程度时，质子才可能与中子相互发射胶子而结合；再降低到何程度，氦核、氢核等才能与电子等相互寻找、识别并结合为原子。没有宇宙适时地、有序地膨胀、扩散能量和物质，提供新负熵源，它的子孙们就不可能发挥其进化的对象性去寻找、识别、结合进化的对象，集聚能量和增长负熵，进化为更高一层次的自组织系统。

原子、分子又是怎样对象性地结合，进化为如此庞大复杂，集聚了更多能量、负熵和物质，并在宇宙中均匀分布的星云星系呢？它不是一蹴而就的，同样是在宇宙不断创造的进化的大环境中，经过一个复杂的时空质连续统的演进过程。

在大爆炸后100万年左右，宇宙出现了比平均密度略高的均匀的皱褶，从而为原子和分子结合为星云创造了大环境和条件。皱褶处与非皱褶处相比，稍稍摆脱了宇宙膨胀的斥力，膨胀速度慢了下来。物质之间都有引力，未起皱褶前，斥力大于引力，因此，物质之间的引力不发生作用；而出现皱褶后，皱褶内部的原子、分子开始集聚，使一些地区斥力小于引力，膨胀停止，开始坍塌。而且，最近宇宙学家在宇宙深处发现由3个原子核组成的氢分子，它们可以作为原始星云形成的"点火剂"，这种氢分子本身能够稳定存在，但却具有一种广泛的对象性，非常容易寻找、识别其他物质并与其发生反应。虽然自己在这一过程中也瓦解，但却能使原始星云中的物质通过引力加速对象性地集聚。与此同时，外区域的众多皱褶使星系的雏型在集聚中逐渐旋转起来。旋转和坍塌的加速，一方面使它们的中心形成了巨大的黑洞，另一方面也使其体积越来越小，自旋的速度越来越快，当旋转的斥力足以平衡星系（特别是中心黑洞）的引力，碟状旋转的星云便形成了。

由星云又如何进化为具有星球的星系的呢？恒星的产生在这一进化中起着重要的作用。它们的产生过程也是比较复杂的。星云中的氢和氦气体随着时间的流逝被分割成更小的星云，它们相互对象性地寻找、识别、集聚、坍塌。当其体积越来越小，引力越来越大时，原子便相互对象性地碰撞，所产生的热量使气体的温度升高，最后热得足以发生热核聚变反应。氢在这一环境下便对象性地转变为氦，释放的热升高了压力，小星云于是不再继续坍缩，形成了光亮和高热的恒星。它们不断地自调自控，进行核聚变，将氢燃烧成氦，用升高的压力来平衡向内坍塌的引力，并将产生的能量以热和光的形式辐射出来。

但由这样的恒星演化为具有恒星和行星以及卫星的五级星系，仍有一个漫长的过程。今天许多五级星系的恒星只不过是这种早期恒星的"第二代"或"第三代"的产物。最早的恒星中质量大的，称作超新星，由于其中心的引力更大些，所以核聚变就进行得更快，在不到 1 亿年的时间里便把氢用光。于是就稍微收缩，进一步变热，从而能将氦转变为产生宇宙第三代生物所必需的重元素碳、氮，镁、钙、铁等。在这一过程中，它消耗了太多能量，中心区域坍塌成中子星或黑洞，其惊心动魄的坍塌将自身炸得粉碎——即人们所说的超新星大爆炸。在其生命终结时，将所产生的重元素抛回星云的气体中，与星云中的氢和氦等其他气体对象性地结合、收缩演化为下一代恒星，少量的重元素聚集在一起形成了种种围绕恒星旋转的行星和围绕行星旋转的卫星。50 亿年前形成的太阳就是超新星的第二代或第三代，含有 2% 的超新星制造的重元素。

从大爆炸后 1000 万年宇宙的不均匀性因引力作用而不断放大，大约在数十亿年后第一个星系才形成。

星系是物能系统中最高级的层次，它是复杂的巨系统，有多层的子系统。在宇宙中星系是均匀分布的。它虽是原子和分子聚集结合而成的，但它的自进化动力、进化的对象和进化的对象性发生了根本的变化，既具有与原子、分子不同的外对象，又具有与原子、分子不同的自控自调的内对象。今天的宇宙已是拥有约 1250 亿个星系的时空质连续统。

补 遗

　　最初的星球是由氢和氦等较轻的元素构成，星球内部发生热核聚变合反应，首先是氢和氢结合为氦，接着从氦产生碳，然后产生氧、氖、镁、硫、钙、铁等较重的元素。超新星在临终时会发生超爆炸，把含有这些元素的气体释放到宇宙中，它们再度集结成星球，走完一生时又发生爆炸。这样的过程一再反复，便使得构成生命的元素逐渐齐备。

　　太阳形成的参考资料："大约 50 亿年前，银河系的一颗超新星爆炸，它的震波把周围的气体压缩，使得气体因分布不均匀而开始收缩，于是产生了星球。在银河系的一隅太阳诞生了，气体聚集收缩，内部变成高温、高密度，于是中心部位发生核反应，氢和氢结合成氦，并产生庞大的能量，使得原始的太阳开始散发光和热。"

　　地球形成的参考资料："大约 46 亿年前，在开始发光的太阳四周包围着圆盘状的气体和微尘。它们不久分裂，产生了 10 兆个左右的小行星。根据推测，当时在轨道上大约存在 100 亿个直径约 10 公里、重量约 1 兆吨的小行星，它们不断对象性地撞击、结合为一体，逐渐成长，在体积达到一定的程度时便加速成长。随着重力的增加，吸引更多的小行星和飞散的碎片，估计平均一年要受到 1000 个以上的小行星的撞击。最早聚集的小行星含有大量的金属铁和岩石的成分，在聚集的末期，类似目前彗星的小行星也撞击到地球上，它们含有碳、氢、氮等生命的材料和物质。由于小行星撞击，地球的物质熔解蒸发，密度高的金属则沉入地球的中心，形成地核，蒸发的气体则上升为大气……由于岩浆海吸收或冒出水蒸气，温室效应受到控制，使地球上的温度保持到一定的程度。随着原始地球的成长，小行星撞击逐渐减少，不久地表开始冷却，岩浆海上形成了原始蒸气凝聚成暴雨，降到地表，形成海洋。随着太阳亮度的上升，雨也越下越大，大气中的二氧化碳被海洋吸收而阻止了气温的上升，使海洋也因而保存下来。"

第四章

宇宙的第三代非知自组织系统生物的进化

生物与物能系统有何代差?

物能系统为何能进化为有信息功能的生物?

生物的本能是怎样形成的, 在进化中有何作用?

生物 DNA 的进化是随机的吗?

宇宙的第三代非知自组织
系统生物的进化

生命是什么？宇宙的第三代生物与第二代物能系统的代沟是什么？它们的根本区别何在？发生了何种进化的进化呢？

薛定谔在其名著《生命是什么》中指出："生物学和物理学的主要问题不是有机体是否通过产生能量而违抗热力学的问题。"显然，它们并非如此。如前所述，热力学不能套用在宇宙的演进上，若以能否违抗热力学来认定生命，那么太阳也是生物了。生命的真正问题是：信息为何能进行编码？第二代没有信息功能，而第三代为何却具有了？

人类的认识永远是对象性的、局限性的，故而永远充满非知的惊奇，激励不断的探索。突破对象性局限的需要，使自知自组织系统人类产生和发展了种种超动物的欲望，其中之一便是求知欲。人们往往把难以解答的未知称作谜，谜之所以是谜，正在于它使人着迷。对未知的新奇感，推动人们前仆后继地去探索和揭示。它成为人类对象性寻求新信息的天性和求知的动力。长久以来，人类一直对生命是从何而来进行孜孜不倦地探索：是上帝造的？天外来客带来的？自然生成的？……虽然，它是一个"老大难"问题，但从来未被人们放弃。

科学的发展使人们越来越认同生物是自然生成的，但自然界无生命的物能系统，怎么能变为有生命的生物呢？无机物为什么会进化为具有信息功能的宇宙的第三代呢？生物的"灵性"是从何而来的呢？生物进化的动力是什么？与第二代有何不同？

物竞天择、优胜劣汰是毋庸置疑的生物进化规律吗？非平衡态系统论、耗散结构论、超循环论是否已对此做出解答？

一、生命之谜——宇宙的一次革命

正如俗话所说，谜只是一层窗户纸，一捅就穿。

要开锁，先要找到钥匙眼在哪里。捅开生命之谜的"窗户纸"，首先要解决的是第三代非知自组织系统与第二代物能自组织系统的根本区别是什么。

关于第三代究竟与第二代有何不同，其说不一。有的认为第三代能衍生繁殖，有的认为第三代能违抗热力学第二定律变熵增为负熵增，有的认为第三代是有机物构成的生灵，有的认为第三代具有新陈代谢的功能，有的认为"生物可以自我复制"……诸种说法不无道理，但都是现象，并非发生了进化的进化的第三代的本质特征。

第三代与第二代有相同之处，它们均为自组织系统，一方面有内对象，另一方面有外对象。通过自调自控，在相对时间里既保持系统的结构、功能等稳定，又发挥进化的对象性，以自己为参考系去寻找、识别能使自己获得负熵的外对象，或是结合，或是共生，或是吸纳，进化为高一层次或高一代的自组织系统，兼具稳定与进化于一身。稳定是为了进化，没有稳定就不会有进化；同时稳定又是进化的对立面，突破稳定才能进化。

第三代与第二代的根本区别是什么呢？是进化上发生了进化，进化的对象、进化的对象性以及由此而形成的进化的方式和进化的结果等有着代差。

第二代物能系统从质子到核子、原子、分子、星系，虽然在不断地由低层次向高层次进化，但都有代的共性，就是以力为前导对象性地寻找、识别、结合同一层次的物能对象，集聚负熵，进化为高一层次的、更有序更复杂的物能系统。但，生命系统的进化却与第二代有本质的区别，不是以力而是以信息为前导，以本能为指向，通过对象性地输入信息、加工信息、传递信息、物化信息与外界进行全息的物、能、信息的交流，获取负熵而生存和进化。不仅通过信息的传递保持繁殖的稳定性；而且能通过信息反馈、吸纳、积累，由渐变而突变改进遗传信息，进化为新的生物系统。简而言之，物能系统只具有物能对象以及以力为动力和指向的进化对象性，而生物的对象不只物能，还有信息，具有以信息为前导的进化对象性，即通常所说的生物具有生命、灵性及加工信息的泛"意识"。不过生物以信息为前导的活动是靠本能支配，自身并不知道，直至最高级的灵长类仍然如此，所以，它被界定为非知自组织系统。

由于第二代物能系统的进化是通过相互对象性寻找、识别、直接结合来实现的；而第三代生物，除了早期半保留了第二代物能系统进化方式，如原核细胞与线粒体相互结合而共生（详见下节），均是长期的以本能为指向、以信息为前导的主动活动促使遗传信息加工和物化（分裂或衍生）的结果，亲代从自身生产出子代，所以两者进化的方式发生了代的进化。然而，人们习惯于以第三代的进化方式来看物能系统，所以，就不能接受第二代物能系统的演进；反过来用第二代物能系统层次的进化来类推第二代向第三代生命的进化，就觉得生命的诞生是一个不解之谜。进化的进化，正在于不同层次或代的自组织系统有不同的进化对象和进化对象性，以及相应的不同的进化方式和效果。用上一代的进化来类推下一代的进化，或用下一代的进化来认识上一代的进化，都会如堕云雾。

在生物学界流行这样的认识："生命现象的最基本特征就是不断地与自然界进行物质、能量的交换，即新陈代谢。"这一说法恰恰是忽略了生物真正的最基本的特征。人们之所以称生物为生灵，正在于生物的最基本的特征是具有信息功能，它与自然界交流的不只是物与能，还有信息，特别是，这种交流是以信息为前导的，即以寻找、识别、加工信息为前导与自然界全息地交流物、能和信息。

生物学传统认识中有许多不准确的认识，例如"生物的另一基本特征是能够进行自我复制"。由于生物的三种大分子间的信息流是双向的，蛋白质和 RNA 向 DNA 回递反馈信息，DNA 不断地进行反馈调控，所以生物的遗传不等于简单的自我复制，而是在不断地由渐变到突变。准确地说生物的另一基本特征应是，不仅能通过信息的转录自我复制，而且能通过信息的反馈而进化。

下面将第二代与第三代的特点分项作一对比。

1. 第二代是以力为前导，去寻找、识别对象物能，而第三代生物系统则是通过信息去寻找、识别对象。

2. 第二代是通过物与能来自调自控维持生存和稳定，而第三代是通过信息来自调自控捕获对象将其消化吸收，转化为自己所需的负熵来保持生存和生长，通过遗传信息的编码和传递保持稳定地传衍后代。（生物的稳定是有限的，因为稳定是为了改变，它时时都在渐变，经过一代代的积累，最后突变；生物的进化也是有限的，只能一个层次、一个层次进行，因为，生物通常表现为稳定，没有稳定哪来的传衍和进化。稳定与进化的协同构成了宇宙及其子孙有序演进的时空质连续统。）

3. 第二代采取直接与对象结合的方式增长负熵，进化为新的层次；而第三代则是，在保持稳定的同时，还通过一代代长期非知的对象性主动努力，促成遗传信息反馈、加工、改变、积累，由渐变到突变，进化为新的层次。生物的活动虽然是以信息为前导，但正如马克思指出的：

　　　　动物是和它的生命活动直接同一的，它没有自己和自己生命活动之间的区别，它就是这种生命活动。人则把自己和生命活动本身变成自己的意志和意识的对象，人的生命活动是有意识的……有意识的生命活动直接把人跟动物的生命活动区别开来。[①]

生物不能自知地将自己作为自己的对象，它的活动是以本能需要为指向的，所以是非知自组织系统。但生物又的确能对象地输入、贮存、加工信息，具有以信息为前导的泛意识的功能。

人们不解无机物为何能产生生命的关键就在于：只有物能功能的无意识的无机物为何能突然变为能加工信息的具有泛意识的生命。换句话说，第三代是第二代物能系统进化而来的，物能系统没有信息功能，而由物能系统构成的第三代为何会有信息功能呢？

这便是生命之谜。

___

① 《1844年经济学哲学手稿》，第50页。

　　谜之所以是谜，是因为它超出了人们既有的认识范围和方式。在过去的几千年中，人类局限于自己的认识水平，难于把握活生生的整体的事物，只好将它分割、还原为一个个的局部。而局部一旦被分割出来就不是活的整体的局部，而是孤立的、非现实的局部，即使将所有的局部装配起来，也不可能再是活的整体。在日常生活中，谁也不会把人的一个部分，例如细胞当做人，那会引人发笑，看成是精神失常。但人们把原子、分子当做一个单细胞生物来对待时，提出诸如"生物是由原子和分子构成的，原子和分子没有信息功能，而为什么生物就有了信息功能了呢？"之类的问题，却没有人认为是可笑的事，相反还认为提得蛮有道理。这种拿原子、分子来思索生物的还原论的认识方式非常普遍（详见下章）。生物学还原论的两个根据：一是生物是由分子构成的，二是生物是由64个遗传密码千变万化排列组合而成的，所以"对大肠杆菌是正确的，对大象同样正确"。还原论的认识正是人们百思不解生物的信息功能是从何而来的症结所在，以致在生命科学中长期存在着神秘主义，认为生命现象的出现是不可理解的，生物是上帝创造的，其灵性——信息功能是外加上去的。否则无生命的东西怎么能变成有灵性的生命呢？

　　不可知论和神秘主义这种认识，无异于认为两个氢原子和一个氧原子一结合，变为水一样是神秘而不可理解的，因为氢气和氧气都是气体，怎么能产生液体的性状呢？还原论的认识方法源于哲学关于世界本原的探讨（后详），而还原论的发展又加强了哲学的本原论。还原论还不止于顺推论，还通过反推论，走入另一极端：就像提出"水是液体性状，构成它的两个元素氧和氢的单质怎么可能是气体性状呢？"一样，质问"生物是有生命的，才可能进化，构成它的元素大分子是无生命的，怎么可能有进化可谈呢？"还原论的两种极端的认识模式，长期以来控制着人类认识的对象性，阻碍人类揭示事物的本质。它不懂得生物是宇宙的第三代非知自组织系统，大分子是宇宙第二代物能自组织系统，第二代进化为第三代，正在于进化发生了进化，进化的对象、对象性、方式、途径、结果等都发生了进化。不能用进化了的第三代去理解第二代，也不能还原为第二代去理解第三代。

　　还原论的失误在于不懂得各组因协同调控的新自组织系统已发生了进化的进化。亚里士多德曾指出："系统具有比各组因相加之和更大的功能"。这一认识一直到今天

仍被普遍接受。但"更大"是个含糊概念，未说明新系统与组成它的各个部分的本质区别。本质的区别是，发生了飞跃，上升到一个全新的层次。不分青红皂白，将还原后的低层次系统和发生了进化的进化的高层次系统混为一谈，无异于既把气与水并论，又把水与气并论，陷入自相缠绕的迷宫。

随着科学的发展，只能交流物与能的物能系统为何能进化为在信息交流的带动下全面交流物、能、信息的宇宙第三代生物的"窗户纸"，正被捅开。

信息是什么？是负熵，能用以消除对象的不定性，增加其有序度。控制论创始人维纳指出：

> 一个系统中的信息量是它的组织化程度的度量，一个系统的熵就是它无组织程度的度量；这一个正好是那一个的负数。

所谓的组织化就是有序。生物是高度组织化的有序系统，物能系统也是高度组织化的有序系统，为什么前者具有信息功能，而后者不具有呢？

信息有两大特点：一是，信息必须有对象，无对象则无信息，地球上没有生物以前，信息无对象，所以也无对象性的信息；二是，信息不仅丰富无垠，而且是动态的、千变万化的。所以，除了宇宙提供生物诞生的大环境外，能组成生物的大分子还必须具备相应的两个特点：一是，可以对象性地编码和加工丰富无垠、千变万化的信息，这种大分子必须能进行相应的、无穷的排列组合；二是，只有一种能编码信息的大分子，仍不能产生信息，构成生命，必须具有互为信息对象的至少是两种能编码信息的大分子，才有可能结合为具有信息功能的生命。

在1250亿个星系中的一些适宜的星球上，的确存在两种能编码千变万化的信息的大分子[①]，在地球上那就是碱基和氨基酸。它们不仅高度有序，且能变化万千地组合。

当代分子生物学揭示：细胞核内DNA上有几百或几千对由一个碱基、一个糖和一个磷酸结合的核苷酸。碱基有4种，所以核苷酸也有4种，在细胞内它是以三种一组来排列的，能构成64种类型——称作密码子，而64种密码子又可按不同的顺序排列

---

① 在别的星球上可能有另两种能对象性编码千变万化信息的大分子，两者能对象性结合而进化，那么就可能诞生与地球上人类迥然不同的宇宙第三代和第四代。

成千变万化的线性组合。打个比方，音乐只有 7 个音符，却可组成世界上无数的情调各异的乐谱。64 种密码子能组成的组合更是不计其数。音符是由人来组合，而密码子组成的 DNA 却是因生物主动的活动，发挥进化的对象性非知地寻找、识别、吸纳信息，促成其反馈、加工和积累，由渐变而突变的，具有无比广阔的可塑性。

信息需要对象，如果只有核苷酸仍不能诞生生物，但正好有一种与核苷酸相对应的大分子——氨基酸。氨基酸是组成蛋白质的基本元素，氨基酸有 20 种，同样能够编码千变万化的信息。它与核苷酸恰好能互为信息对象。氨基酸能按照 DNA 传递的密码子指令信息来对象性地排列。不同物种千变万化的由核苷酸排列的遗传信息，可形成相应的各种类型的由氨基酸千差万别排列组合的蛋白质。同时，氨基酸组成的蛋白质还能通过种种方式将反馈信息传给 DNA，由渐变而突变，进化为新物种。地球上各种各样的生物的构造和功能方面的差异就在于它们是由不同 DNA 指令信息排列组合的不尽相同的蛋白质所构成。

核苷酸与氨基酸对象性组合后，它们已不是一般的物能大分子，而是信息大分子。由它们组合的生物发生了代的飞跃、进化的进化，成为非知的第三代，具有了能对千差万别的信息进行非知的对象性输入、贮存、加工的条件和能力，不仅能通过信息去识别、寻找负熵，而且能通过信息的加工、遗传和物化来进化。

核苷酸是怎样组成的，为什么要三个一组相结合呢？又为什么会形成 64 种密码子呢？

物能系统是以自己为参考系，力为前导，去寻找、识别、结合同一层次的物能系统，上升为高一层次的物能系统。由物能系统结合的大分子碱基继承了这一进化的特点，发挥其进化对象性以自己为参考系，从环境中去寻找、识别、结合同一层次的对象——糖和磷酸，上升为高一层次的自组织系统——核苷酸。核苷酸为什么以三个一组来编码信息呢？由于两个一组的结合，是非常不稳定的，很容易解体，而且太简单，需要很多个才能编码复杂信息，不适合于进一步的发展；四个一组的结合，又变得过于稳固，没有留有进化的余地，同样不适宜发展；而核苷酸三个一组的结合，则可以形成 4 的 3 次方即 64 种方式，随意地结合。

量子力学的创始人之一薛定谔指出："基因是一种非周期性晶体，它的原子或原子群的排列与一般晶体不同，不是某种单晶体的周期性重复，而是具有一种复杂巧妙结构的生物大分子。正是在这种结构中蕴藏着一种微型的密码，形成了遗传信息。"他指出其然尚未指出其所以然，为什么这种大分子就可以具有信息功能呢？如前所述，这是由于四种碱基三个一组地结合为64种，则可形成与千变万化的信息相对应的千变万化的线性排列。

信息都是有对象性的。在最初时刻，碱基三联体和氨基酸只能以自己为参考系分别去寻找、识别分散的核苷酸和氨基酸，与之结合。这种结合，并不能形成真正的具有信息功能的生物。核苷酸与氨基酸虽然都具有潜在的信息功能，但在尚未找到信息对象前，其信息功能未成为现实。只有当用64种字母编码的三联体与20个字母的氨基酸，相互对象性地找到并结合的那一刹那起，地球上才开始破天荒地有了信息对象和对象性信息，并从此开创了信息流带动物能流的先河。信息对象性存在物与信息、信息功能是共时产生的，物、能、信息三者共时性地协同才组成了生物。互为信息对象的碱基三联体与氨基酸划时代地具有了第二代物能系统所不具有的信息本能：总以自身编码的信息为参考系去寻找、识别、结合进化的对象，不断地发展，进化为无限丰富多彩的多细胞生物。高级动物，则发展有专司信息接受、贮存、加工、外化的器官——脑。脑对内是带动神经、血液、腺体、机体系统调控、协同运作的活动的中心；对外是以信息为导向，以本能为动力，交流信息和物能的司令部，从而使生物得以递佳地生存和进化。

当代科学充分说明：生物的出现不仅不是上帝的创造，也不是像某些新达尔文主义者所说的是随机的巧合。如果是随机的巧合，那么为什么不从一开始就碰巧形成高级生物的编码，而要缓慢地逐层递进呢？自组织系统一方面具有有限的对象性，另一方面又具有进化的对象性，正是后者不断突破前者，才得以不断地进化。但是其进化的对象性只能以原体为参考系和基础，所以，每一具体的进化又是有限的，进化对象性的有限性和进化的无限性构成了宇宙不断进化的实际。

补 遗

在宇宙进化中，相对而言，渐变较易于理解，而由渐变到突变的飞跃，就往往使人百思不解。宇宙第二代进化为宇宙第三代，就是这样，成为认识宇宙进化的四大"谜"之一（第三代为何能进化为第四代亦然）。奥古斯丁说："奇迹并不违反自然，而是违反我们所知道的自然。"人类所认识的自然只是人能够认识到的自然。一旦超出了人认识的限度，人们就称其为不可理解的谜（生命的产生的神秘主义更是将此非知推向歧途，说是宇宙之外的力量所致）。

这些一代代遗传和发展的本能正是其进化对象性指向的集中表现。生物就是以本能为指向，信息为前导，进行种种对象性的生命活动。这些对象性活动本身、活动的结果，会通过信息的传导、蛋白质的信息反馈，改变其DNA，由渐变而突变，进化为新的物种。

38亿年的生物史上，生物的进化无一例外都与其以本能为指向，以信息为前导的主动努力紧密相关。并且随着物种由低等向高等的进化，特别是具有系统控制中心——脑来进行信息加工和本能活动的动物，愈发明显。

二、生物对象性的进化：
以本能为指向，以信息为前导

生物之所以具有生命，正在于它发生了进化的进化。从一开始它便具有第二代物能系统所不具有的进化的对象性，即以本能为指向、以信息为前导的泛意识功能。准生物期，三联体一方面以自己为参考系去寻找、识别、结合对象性的氨基酸。另一方面，准生物的信息功能不仅是有限的，而且是初级的：既具有生命的特征，又具有物能系统的特点；既开创了信息功能，又继承了物能系统进化的方式。这具体表现在，

它既以信息为前导去寻找、识别对象，但又保持第二代的进化方式——直接与对象结合而进化。

这一过渡的进化方式，一直延续到由原核细胞进化为真核细胞。

原核单细胞起初是无氧和异养生物，以自己体内的氨基酸和核苷酸等为信息的参考系去对象性地寻找、识别和吞噬海水中的对象性有机物，来获取负熵。当海水中的有机物大多被消耗后，其中的一些大型的原核细胞便游到浅海，在以自身为参考系对象性地寻找、识别、吞噬有机物时，将几种亲氧的原核细胞线粒体、叶绿体等也纳入体内。两者的对象性组合，使亲氧的线粒体、叶绿体有了更佳的生存环境，厌氧的宿主细胞也从而具有了能呼吸氧的功能，它们恰好互为对象而逐渐进化为共生的亲氧真核细胞（详见第三节）。也就是说宿主细胞与寄生细胞虽然是以信息为前导去寻找、识别对象，但另一方面也继承了物能系统相互结合而进化的方式。

具有了信息控制中心——细胞核的真核细胞，才开始具有典型的原始的泛意识功能：以本能为指向、信息为前导，通过控制与反馈，与环境对象性地交流物、能、信息，获取负熵，生长和进化。它的一切生命活动无不如此。

何谓以本能为指向，以信息为前导呢？两者之间又有何联系呢？

（1）何谓以信息为前导？

以信息为前导就是，具有泛意识的生物的一切活动都是以信息开路，通过信息来寻找对象，通过信息来识别对象，从而决定与对象或是结合、或是排斥、或是摄取……换句话说，生物的一切生存和进化活动都是以信息流带动物能流。它须臾不能离开信息，如果把单细胞生物放在隔绝信息的器皿中，它便会激活自杀程序走向死亡。

如前所述，从三联体开始，生物就具有信息功能，就是以信息为前导来寻找、识别、结合具有对象性信息的氨基酸。进化为真核细胞生物，具有了信息控制中心细胞核时，以信息为前导的活动就更为典型，不论是与外界交流信息和物能，还是进行内部控制活动，都是以 DNA 上编码的信息为参考和指令来进行的。高等生物则是非知地以宏观信息中心——脑的指令信息与微观细胞细胞核的指令信息相互协同来实现的。

单细胞生物以 DNA 编码信息为前导，不仅能带动 RNA 的对象性活动，合成对象性的蛋白质，而且能促成细胞不断补充对象性的物能。信息具有很强的对象性，以其为前导的种种活动也具有很强的对象性。DNA 双螺旋打开后，不仅能识别甚至像氨基酸的 d 异构体和 l 异构体或葡萄糖半乳糖这些极相近的化合物，按照碱基配对的原则带动对象性的物质，形成 mRNA，而且，携带 DNA 信息的 mRNA 透过细胞核膜进入细胞质后也只按照 DNA 的指令去寻找、识别、吸取外界的对象信息和物、能，对象性地回避和排除非对象性的信息，如无益的物质、有害的物质、废弃的物质。蛋白质和 RNA 还能对象性地寻找、识别、整合、吸纳反馈信息，传递给 DNA，DNA 能通过反馈创造性地将它们加工到基因的编码上去。在物、能配合协同、系统运作下，诸种以信息为前导的活动和表现，就是通常所说的生物有灵性、有记忆和意识。只不过开始是非常原始的，只有进化到具有信息控制中心的脑以及与脑协同的其他信息器官的高级生物时，才发展完善。高等生物的一切活动，都是通过用眼来看，用耳来听，用触觉来感知……获取信息后，经过脑识别、分析、判断，再决定自己的活动。

高等生物宏观系统不断地向相关局部系统发出控制活动的信息，回收反馈信息；作为微观系统的细胞中的 DNA 则时时听命和配合宏观系统，进行种种生存和进化的控制和反馈活动。生物个体作为一个宏观系统，细胞的微观控制是受命于宏观系统的控制的。当饥饿时，细胞得不到对象性的营养补充，开始衰竭，细胞核也无能为力，只得听从宏观系统做出的决定其命运的指令。但这也不是说，多细胞生物的微观控制无关紧要，相反微观控制也担负着极其重要的使命。不同部位的细胞会在适当的时候将信息传递给脑，如饥饿；同时，也时时在接受宏观的控制，如按照宏观指令信息进行相关的诸如收缩、扩张等活动，驱使眼去观察食物，肢体行动起来去寻找、捕获食物等。脑发出信息，指令肢体的活动和活动的结果等信号都会通过信号分子激素、递质、气体等传到细胞核中，成为 DNA 由渐变而突变的反馈信息，使生物得以进化（后详）。微观与宏观协同配合的种种以信息为前导的系统运作，是生物得以生存、生长和传衍、进化的必要前提。传统进化论只孤立地讲细胞微观系统基因，不把由细胞组成的生物作为一个整体系统来认识，自然会陷入只见水珠不见大海的还原论的泥沼，不能科学地揭示信息和物、能三位一体的生命生存和进化的真正规律和原因。

（2）何谓以本能为指向？

本能对生命来说具有至关重要的地位，将在本章第三节来专论，但由于生物以本能为指向发挥和发展其以信息为前导的功能，是其与第二代的根本分界，所以，在此有必要简要地说一下本能的产生、作用及其与以信息为前导的关系。

前面已谈到从前生物三联体与氨基酸的结合体起，生物就开始具有本能（寻找信息对象的本能）的萌芽。后来随着进化，高等生物则发展出种种高层次的本能，如食本能、性本能、生存的本能、遗传进化的本能、趋利避害的本能、试探的本能等等，它们在 DNA 上做了信息编码，使子代具有与亲代相似的与生俱来的本能，并能通过反馈，随着物种的进化，形成和发展新的本能。

本能是需要的产物和表现。生物具有普遍的生存、生长和传衍、进化的需要。需要对第三代来说，虽然是非知的，但却具有明确的指向性。生物普遍的需要所支配的活动、活动的过程和活动的结果，经过长期的反馈，使 DNA 遗传基因的编码发生改变，逐步积累、演进，形成越来越丰富和高级的与生俱来的非知的本能。例如，对象性吸取和加工信息的本能是因识别的需要而发展起来的，性本能是因传衍的需要而发展起来的，食本能是因保持生存和生长需要而发展起来的，好奇、探察的本能是因发现的需要而发展起来的，玩耍的本能是因愉悦和练习的需要而发展起来的，泛爱本能是因种群联系和凝聚的需要而发展起来的，等等。本能是否在 DNA 上作了编码呢？今天已获得初步的证实，随着人类基因组计划的进展，在 DNA 上已经发现诸如母爱、恐惧等本能基因。①

本能因需要而产生，但反过来又成为生物实现需要的具体指向和动力。本能是一代代发展和遗传下来的生物某种基本需要指向的固定模式。需要是本能的现实，生物以信息为前导的种种活动是以本能的现实需要为指向的。例如，胃中的食物消化完，细胞的能量不能及时补充上，不仅饥肠辘辘，而且严重时整个机体都会感到不适。这一信息通过神经传递给脑时，食本能和求生本能便会驱动脑下达指令，以信息为前导，调动相关的器官和肢体去寻找、识别、吞噬对象性食物。这些活动的本身、活动的过程和结果，又进一步促成生物由渐变到突变的进化及本能的发展。同样，生物为什么以信息为前导去寻找异性、交配、繁殖后代，是因性本能所指向；生物去探索、学习，是因有求生本能和进化本能所指向……高等动物本能冲动时还与脑中贮存或输入的其

① 《科学时报》，2000 年 4 月 2 日，《人类基因生物计划喜忧参半》。

他信息相碰击加工（脑是一个思维场，第三代高级动物也不例外）。如，饿狼发现食物时，看到有虎在那里，求生的本能也会抑制其食欲的，但这仍然是以本能为指向的调控。

与第二代物能系统相比，生物以本能为指向、以信息为前导来进行生存和进化活动，不仅方向更加明确，而且选择更加主动灵活，这正是宇宙第三代进化对象性的进化和体现。

补　遗

单细胞生物的信息活动控制中心是细胞核。而多细胞生物，特别是高等动物，微观细胞的控制中心细胞核仍保留，而整个宏观系统的信息活动中心则是脑，微观与宏观控制的系统运作、协同配合，才能形成和进行生命的生存、生长和传衍、进化等活动。各种本能不仅在细胞的 DNA 上有编码，高级动物还在脑中有所感知和发展，并通过信息传递与细胞中的其他组成相联系。

具有非知意识的生物，能本能地感知自己的需要。在本能需要的指引下，进行实现需要的泛意识和意识外化活动，即非知的指向性地输入、贮存、加工、输出、物化信息的活动（本能具有非知的指向性，不需要自知便可支配和推动对象性的意识活动，所以，第三代非知的泛意识也叫本能意识，非知自组织系统也叫本能自组织系统）。单细胞生物是通过细胞控制中心细胞核中的 DNA 在 RNA 和蛋白质的配合下来进行的；高级动物则是通过宏观的控制中心脑以及诸如神经、血液等系统，同四肢、躯体等其他各部分细胞的微观控制相互协同、系统运作来进行的。本能不同于意识，已形成了一种模式。性欲的模式就是寻找异性交配，食欲的模式就是去寻找并吞噬能代谢的食物。

物能系统如原子、分子，虽然是有序的组织，但其系统里有序的物质组织是相对固定的，在无外来对象性物能的影响下基本上无明显变化。而信息是丰富无垠、千变万化的，物能系统没有信息功能，它只能靠物理和化学作用对象性地与同一层次的物能系统相结合而进化为高一层次的物能系统，或毁坏而还原为能和低层次的物能系统。

而宇宙第三代生物则发生了进化的进化，具有能对象性编码和加工千变万化信息的条件与特点。这正是它为什么不仅可以通过信息获取负熵，还可以通过改变遗传信息，由渐变而突变产生出递佳的下一代，不断进化的原因所在。

进化对象性成为具有非知意识生物的需要指向。需要对生物来说，虽然是非知的，但它却支配着生物去进行种种寻找、识别、吸纳新信息、物、能的生存和进化活动，特别是一些需要经过长期的刺激，在DNA上进行了信息编码，成为与生俱来的进化能力，例如，性本能、食本能、吸取和加工信息的本能、求生等初级本能，以及后来发展起来的好奇、探察、玩耍等高级本能。它们已成为具体的生存和进化的动力。种种非知的本能的神经活动，本能指令的外化活动及活动的结果的反馈信息，都会汇集到DNA上，促成其不断地改进、发展。

各种本能在动物诞生后，便会反映在脑中，形成记忆，影响其思维和思维指令的行为。基因组在1999年就发现同性恋、残暴行为、母爱、肌肉对盐的敏感度、癌、癫痫、关节炎、先天性耳聋、记忆、恐惧、吸烟以及冒险性等等基因。既然是主动地进化，为何会出现疾病基因、有害基因？一是因为环境的不利影响，二是因为自知自组织系统错误的主动选择，三是因为基因的病变。吸烟基因等的发现，说明后天是可以遗传的。传统进化论既然认为天择，为什么天还选择有害基因呢？在生物中有害基因的生成，除非是环境所造成，其自身是不可能的，虽然生物进化并不都完美，但却不会形成像人类吸烟等一类的反常基因。

本能遗传给后代，应是在右脑中反映和贮存，通过生物的思维场来加工。

三、生物是怎样以本能为指向、以信息为前导而生存和繁衍的

真核单细胞生物是从物能进化而来的原始的、正式的第三代，是一切真核生物的先祖。它是区别第三代与第二代进化层次的代表，并且一切多细胞生物都是由真核细胞组成的，所以，探讨与宇宙第二代物能系统在进化上有本质不同的宇宙第三代生物是怎样实现和发挥其信息功能的，有必要从真核细胞生物入手。

由4种核苷酸形成的64种密码子组成的DNA、RNA和20种氨基酸组成的蛋白质、蛋白酶等构成的动态的细胞核，虽然是细胞以信息为前导、本能为指向的控制与反馈的中心，但它只有控制与协同细胞质、细胞膜等其他组织系统运作，才能实现和进行诸如与外界交流信息和物、能，获取负熵，生长、传衍、进化等一切的活动。真核细胞以信息为前导的控制与反馈可分为如何实现和发挥信息功能保持稳定和生长，以及如何实现和发挥信息功能传衍进化两个方面来描述。

1.如何以信息为前导、本能为指向，下达和物化控制指令，与外界交流信息和物、能，获取负熵，保持系统的稳定和生长

细胞中的蛋白质、脂类、核酸分子总是处在不断地更新过程中。当原有的分解为细胞所需要的能量，细胞便以自己的蛋白质、脂类、核酸分子等为参考系，通过对象性信息去寻找、识别、噬食细胞外的有机物，合成新分子取代消耗的分子。细胞必须能持续进行这一获取负熵抵消熵增的活动，才能控制组织的稳定、生存、生长。

细胞为什么能、又何时去以自己为信息参考系寻找、识别、噬食对象，然后又为何、怎样在细胞质中将噬食的食物转化为细胞的有机体的呢？这是由于控制中心能适时地、持续地发出对象性控制这些复杂活动的指令信息，系统运作、协同配合。

DNA用核苷酸编排的密码子将细胞在长期进化中逐渐形成的结构、功能、性状、本

能、进化的对象性，系统的控制与反馈，如何获取负熵，以及时机、进程等所有的信息都编码贮存于其上。从而，得以用这些信息来指令进行和实现与外界交流信息和物、能，获取负熵，生长、传衍、进化等一切的活动。

　　DNA 下达转录的指令信息，是由核糖核酸 mRNA 传递到细胞质中的。大致的经过是这样的：染色体上的 DNA 一条双螺旋链解开伸直形成暴露的碱基，细胞质中游离的 RNA 的核苷酸进入细胞核，具有信息功能的 RNA 对象性地寻找、识别，与 DNA 上的碱基配对，在 DNA 模板上合成一条信使 mRNA 的多糖核苷酸链。DNA 上的四种碱基是腺嘌呤（A）、鸟嘌呤（G）、胞嘧啶（C）、胸腺嘧啶（T）；mRNA 上也有四种相应的碱基，其中有一种与 DNA 上的不同，即尿嘧啶（U），它取代了 DNA 上的胸腺嘧啶（T），按照 DNA 模板合成时，U 是与 DNA 上的 A 而不是与 T 配对。载有 DNA 上信息的 mRNA 脱离模板 DNA 后，穿过细胞核膜上的核孔转入细胞质中，决定蛋白质的合成。

　　但是，mRNA 并不直接对应着蛋白质上的氨基酸的密码，还需要通过另一种核糖核酸 tRNA 来作"翻译"。tRNA 在细胞质中是单个活动的自由体，它的一端是它在细胞质中相互对象性寻找、识别、结合的一个特定的氨基酸，另一端则含有一个未配对的碱基三联体，这个三联体与它对象性结合的氨基酸的密码子是互补的，叫做反密码子。从而使这对 tRNA 与氨基酸组成了一个对象性的共生体[1]。它们游向 mRNA 链，在一种可同时笼罩两个携带氨基酸的称作 rRNA 核糖体的媒介物中，"阅读"mRNA 链上的三联体密码子，按 tRNA 反密码子与 mRNA 链上密码子相对应的顺序，逐一短暂地结合在链上，并放出其另一端的氨基酸，同时用肽链将它们一一地联结起来形成各种蛋白质（见图 4-1）。

　　这一活动过程在几微秒内便完成。当 tRNA 释放氨基酸后，便脱离 mRNA 又回到细胞质中，按反密码子的信息对象性去寻找、识别、结合另一个氨基酸，然后再来阅读 mRNA 链。

　　简要地说，就是 mRNA 将 DNA 的指令信息传入细胞质，tRNA 便阅读和按照这些信息合成蛋白质，这一过程的不断进行则需要不断的氨基酸来补充，细胞便会因此而不断地以氨基酸等为参考系去寻找细胞外游离的氨基酸残基等，从而保持了细胞的稳定和

① 在原核细胞未形成前，这种 tRNA 与氨基酸的结合体便是一种前生物。

生长。

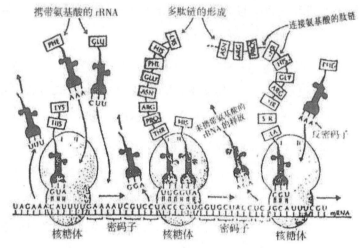

图 4-1　聚核糖体上的翻译 [1]

DNA 为什么会打开，何时打开，由它形成的 mRNA 为什么能穿过细胞核进入细胞质，又为何能合成氨基酸多肽链，蛋白质和 RNA 如何带回反馈信息，DNA 如何接受新信息进行反馈和改进编码信息……控制以上一系列的活动的指令均在 DNA 上做了信息编码。这是单细胞生物在长期的进化过程中逐步形成、积累、遗传下来的，成为其与生俱来的本能。

2. 如何以信息为前导、本能为动力，通过反馈，改变遗传基因，由渐变到突变而不断进化的

宇宙大爆炸后的有序膨胀阶段，通过精密的系统工程的调控，愈发走向递序，不断为其子孙们创造进化的大环境，提供新的负熵源，这是"天促"；另一方面，宇宙的子孙们，不论是哪代哪层自组织系统，都具有进化的对象性，这是从大爆炸起宇宙就赋予它们的一个进化的"基因"。它会一直持续到宇宙失控膨胀或是开始坍塌为止。各层次、各代自组织系统，普遍发挥其进化的对象性获取新的负熵而不断地进化。天促物进，这是宇宙之所以愈发走向有序，呈现出一派和谐美丽发展景象的根本原因。

宇宙的第三代具有信息功能的生物之所以能进化，其原因也在于此。在宇宙不断创造进化的大环境、提供新的负熵源的促进下，生物不断产生新的需要。他们以本能

① 图引自《自然科学概述》，第 312 页，潘永祥等编，北京大学出版社，1986 年 11 月。

为指向、信息为前导进行种种非知的对象性努力，获取更多的负熵而生存。同时，非知地创造自身，由渐变而突变不断进化为新的能获取更多负熵的物种，并与其他生物一同非知地创造和发展生境系统。以信息为前导、本能为指向主动地进行非知的对象性创造，是生物不断地发生进化的进化的内因。

但，迄今广泛流传的新达尔文主义却认为，生物的进化与其自身的主动的努力毫无关系，生物的"变异"是偶然的、随机的，之所以能进化只不过是天择其优、汰其劣的结果。

当代达尔文进化论是建立在传统达尔文进化论基础上的，而传统达尔文进化论虽然首次指出了生物是从单细胞生物进化而来的，但另一方面，因时代的限制，它也是先天不足的。那时人们对遗传机制毫不了解，他的"天择说"是建立在一些"想当然"上。例如，他提出的融合遗传论就是一个违背科学实际的猜测，认为两性的遗传物质交配后会像不同颜色液体一样融合。据此所作的种种推论自然就像建立在沙滩上的高楼一样，也是站不住的。他认为生物只能发生偶然的、随机的渐变，便是从融合论推导出的。而按融合论的逻辑，偶然论必须建立在实际不可能的高变异率的前提下，否则随着一代代的遗传，变异就被"融合"掉了。生物的渐变是偶然的、随机的，这种无原因、无方向的渐变为何会带来生物的进化呢？他解释是由于天择的结果。现代达尔文主义秉承了达尔文的"天择说"，认为渐变是由于DNA复制时出现偶然的、随机的错误，是天选择了那些适应环境的"错误"，淘汰了不适应的"错误"，生物才得以进化。

DNA偶然的、随机的复制错误和天择适应的错误排除不适的错误，是构成传统进化论的两大支柱。这就涉及两个必须澄清的问题：一个是DNA的改变，是偶然的、随机的、无缘无故的吗？另一个是生物是靠天择进化的吗？

四、生物的 DNA 是通过反馈而进化

生物 DNA 的进化不是因其大量复制错误、天择优汰劣实现的，而是在天促之下，生物主动地对象性活动、活动的过程、活动的结果，通过信息反馈促成其由渐变而突变的结果，这一揭示有何依据呢？对此有必要做深入具体的探讨和剖析。

1. DNA 变化的因果律

宇宙间不会有无因的果。任何事物的变化、发展都是有因才有果，DNA 无因而出果的变异逻辑只能满足统治了生物学界 150 年的达尔文天择论的需要，而不是生物进化的真正的实际。

当代科学的发展揭示了一些基本原理，对称律就是其中的一个。对称律说明了宇宙中不失不得的因果关系，即任何一体系物质量的得与失具有定量因果关系。由定量因果原理可推演出变分原理，再由变分原理可推演出各种学科的规律，导出各种学科的理论体系。20 世纪对物质结构和物质动力方面的每一次突破，包括相对论、量子论等，几乎都与此有关。许多伟大的科学家的重大贡献都与其创造性地发挥因果原理和对称律分不开。

因果原理反映了宇宙中各事物不会有果无因或有因无果。生物的进化也决不会例外，38 亿年来从低级、简单的前生命三联体与氨基酸的配对到复杂高级的生物 DNA 的进化，是不能用随机和偶然来解释的。DNA 不断的演进这一特征量的"果"，必定是由于某一长期起作用的、对应量的"因"所引起的。生物进化能如许，为有源头活水来。

生物在主动活动中获取的反馈信息是怎样传达到 DNA 的呢？换言之，DNA 的反馈信息源是在何处，又是怎样传递给它的呢？细胞核中的 DNA 不能与外界直接接触，信使 RNA 也不可能与外界直接接触，DNA 编码信息的改变只能是既能与外界接触又能与 DNA 和 RNA 接触的蛋白质所引起的。它便是 DNA 不断进化的最直接的信息渠道（容后详）。

经典进化论的认识与此相悖，他们把生物还原为基因，不仅把 DNA 与生物的整体割裂，而且把基因与 DNA 割裂，把 DNA 与蛋白质割裂，把生物的进化与生物的主动活动割裂，把生物的信息功能与进化割裂，否认 DNA 能反馈进化，否认宇宙第三代自组织系统生物有进化的对象性和动力。认为，生物的基因只能是偶然的、随机的改变，所以他们称之为"变异"。随着人类基因组工作的进展，他们进而提出，一旦破译了人类的基因，以及其他一些有代表性生物的基因，就能剖析生物进化的奥秘。但生物不等于基因，DNA 上的基因只是生物进化的果，而不是因。要揭示生物进化的奥秘，必须要揭示进化的因，即生物主动活动对进化的作用。只从基因入手，也就是只从"果"入手，是永远也找不到进化之"因"的。不能将生物还原到大分子来研究，也不能以静止的系统观来研究，要从宏观系统与微观系统相结合的时空质连续统来分析认识。不仅要把生物作为一个完整的系统来研究，而且要从宇宙到星系、星球、生物、生物的三大分子，以及生物的 DNA 整体的不可割裂的时空质连续统来分析认识。

当代达尔文进化论认为：生物的 DNA 是不变的，否则就乱了套，生下来的就不是原来的物种了；因而认定 DNA 不会有反馈机制。这是一种误解。要把变异和反馈区别开来。变异是复制错误带来的，绝大多数是病变，是有害的，而 DNA 的反馈是生物进化之必需，是有益的；反馈不会造成乱套，它是在原基础上的反馈，即原体吸收对象性反馈信息后自我调整进化，否则就不是反馈而是新建了。

宇宙的子孙们之所以一代代进化，正在于都能通过控制既保持系统的相对稳定又能发挥进化的对象性而进化。宇宙第三代生物的 DNA 作为一个微观系统，也不例外。DNA 的反馈信息从何而来呢？前面已提及，是蛋白质从细胞外接收来的。细胞外的反馈信息又是从何而来的呢？是生物个体在主动活动中获得的。生物在主动活动中为何能获取呢？是因天促，创造了进化的大环境，提供了新的负熵源。突变论指出：参数的连续改变会引起不连续的突变，原因的连续作用有可能导致结果的突然跃进。生物亦然，某一种群中普遍性的本能需要指向的持久的对象性活动获得的反馈信息，能日积月累，引起 DNA 由渐变而发生突破物种循环的突变。生物是开放系统，生物的 DNA 也是开放系统，既能通过控制保持稳定，又能通过反馈而进化。只讲稳定性，认为所有的变异都是随机的、偶然的，就无异于把本是开放系统的 DNA 说成是封闭系统。

生物的 DNA 由渐变而突变不是无条件的，在天创造了进化的大环境，提供了新的负熵源时，只有那些具有可能进化基础的种群，才能普遍以相同的本能为指向、信息为前导，进行同一的主动努力。这种努力活动才能是持久的，一代代的 DNA 才能因同一的反馈而发生相似的渐进、积累，最后突变为新物种。例如总鳍鱼因造地运动，而被置于岸上后，其他的鱼都死了，只有它因具有可以呼吸的肺和已习惯爬行的鳍，才能普遍地以本能为指向、信息为前导，去寻找、识别新的食物、栖息地等，并由一代代相同的渐进和积累最后进化为两栖动物。

但是，促成 DNA 的反馈和进化并非一蹴而就，必须满足：①天创造了进化的大环境，提供了新的负熵源；②生物以本能为指向、以信息为前导的主动活动具有了新的对象性；③这对象性是同一种群面对同一新环境而产生的，其主动努力不仅是相同的而且是持久的，一代代的 DNA 才能因同一的反馈而发生相似的渐变、积累，最后突变为新物种；④同一新环境中只有那些具有可能进化基础的物种才能通过长期主动的活动由渐进而突变进化为新物种，如，总鳍鱼在未上岸前就有雏形的肺和习惯爬行的鳍，上岸后才能存活和进化；恐龙中只有那些体形小的才可能进化为鸟。

DNA 具有高度的稳定性，改变率只有 10 的 9 次方分之一，即 10 亿个碱基才会发生 1 个改变[①]。这十亿分之一的改变，也不是像传统进化论说的那样是莫名其妙、无缘无故、随机偶然的变异，而都是有因之果。这些改变其中 99% 的是病变，造成病变的因是物理或化学因素（如射线辐射、化学诱变剂、受热等）和病毒引起的。病变一般只是个体或少数偶然发生的，不可能影响整个物种。剩下的约 1% 有益的改变，也并非无缘无故、莫名其妙，而是传统进化论没找到或视而不见其故、其因。它正是生物因种群相同的新需要以本能为指向、以信息为前导，长期普遍的主动努力而带来的渐进。DNA 的进化较慢，少量序列变化往往需要很多代的积累。据 DNA 分子钟测定得知，因 DNA 的变化引起肽链中每 100 个氨基酸残基中改变一个，血纤蛋白需要 110 万年，组蛋白 IV 却需要 6 亿年，并且在进化过程中，肽链中的任何点位的改变，都可能发生过一

[①] 变异是贬义词。DNA 的变异是病变，而 DNA 正常的改变不能称作变异。传统进化论把两者混为一谈，都称为变异是不科学的；将两者笼统称为改变，较为准当。

次以上的校正[1]。有的科学家曾用果蝇做延长衰老的试验：他们通过逐渐延长果蝇生殖开始的年龄（亦作"延长生殖"）入手，经过 10 代以上就产生了显著的效果。科学家们预计，如果把类似的方法用到高等生物身上，则不仅需要 10 代，甚至要花数世纪或更长的时间才能见到效果。长期的相同的努力能使相关基因由渐变到突变[2]。

不要小看 DNA 缓慢的渐进，今天的宇宙就是在大爆炸之初大多正质子与反质子相互湮灭后，由剩下的十亿分之一的正质子进化而来的。三联体之所以能逐步进化为人类，也正是 38 亿年来由这一千亿分之一的渐变到突变的结果。它是宇宙不断地创造进化的大环境和生物不断进行主动活动，非知地创造自身及生境系统的综合之"果"。

2. 中心法则应改为双向法则

长期以来，在生物学界流行"中心法则"论，正是达尔文进化论有关基因是偶然变异，由天择优汰劣的具体演绎和集中体现。而实际上遗传信息的控制和进化法则不是中心法则，是双向法则。

中心法则认为，遗传信息流是单向的控制流，由 DNA 转录给 RNA，再由 RNA 进入细胞质传递、表达、物化为蛋白质，到达蛋白质后就不再转移。换句话说细胞核中 DNA 是中心，信息只能从它向外流动，通过中介 RNA 指导蛋白质的合成，而不可能有方向相反的由外向里促使 DNA 发生改变的信息流。中心法则的描述和解释，正是新达尔文主义用分子生物学的成果对达尔文天择论的阐释和演绎，即：DNA 上的信息是稳定不变的，只是因复制发生错误即变异，才提供了进化的可能，而复制发生错误，是随机的、偶然的、无方向的，所以绝大多数都是不适应生存的畸形儿、变种，只有极少数适应新的环境。生物之所以不断进化，是由于天淘汰不适应的"错误"，只选择适应的"错误"而带来的。中心法则从而成为新达尔文主义天择论的重要支柱。

它包含几个要点。

（1）DNA 的功能是转录，它控制生命的遗传和生长，而它的基本结构不受生物活动

---

[1] 分子钟这一概念建立在这样一些前提上：1. 从进化角度进行比较的物种自同一祖先中分化出来，它们的基因和蛋白质序列的差异已经积累起来。2. 上述差异的积累速度在这些物种中是相等的，否则生物钟将以不同的速度运转。——引自王琳芳、杨克恭主编：《蛋白质与核酸》，第 441 页，中国协和医科大学、北京医科大学联合出版社，1998 年 6 月。

[2] 《科学时报》，2000 年 4 月 25 日，第 3 版。

和变化的影响，它是最保守的大分子，忠实地复制自身，抵制一切变革和进化。

（2）进化的起因是 DNA 偶然复制错误。

（3）众多的偶然复制错误，只有通过天择才能优胜劣汰，使生物不断地进化。

中心法则一向被认为是生物遗传进化的铁的法则，它的示意图如下：

DNA → RNA →蛋白质

然而，随着科学的发展，人们越来越发觉事情并非如此。1964 年和 1970 年，Temin 等先后发现有的 RNA 可以作为 DNA 模板进行逆转录和存在 RNA 逆转录酶的实例，说明信息能反向流动，即由 RNA → DNA，改变遗传信息，从而率先向中心法则提出了挑战。

中心法则的创始人 Drick 回应说，中心法则是指遗传信息的流向。他从未否认过遗传信息从 RNA 到 DNA 的可能性，恰恰相反，他于 1958 年构思中心法则所画的草图中，3 种生物大分子之间的信息流都是双向的。

继 Temin 发现病毒逆转座子之后，人们还发现了许多非病毒逆转座子，它们广泛地存在于真核生物基因组中（表明 RNA 在进化过程中获得的信息可以通过逆转录而整合到基因组中去），它们处于染色体的不同部位，变异性大，功能是多方面的，基因的许多序列便是由它们拷贝而来的。例如，Alu 是哺乳动物（包括人）基因中最丰富的一种中度重复顺序。Alu 的顺序与 7sLRNA 的顺序显著相似。7sLRNA 的存在早于 Alu 顺序，后者显然是在进化中从前者拷贝而来的。

近 30 年来人们对 RNA 的研究有了许多进展，认为众多的非病毒逆转座子在进化过程中可能起到重要作用。

对 RNA 逆转座子的研究进展，一方面打破了中心法则单向信息流的神话，揭示了 DNA 不是封闭系统而是开放系统；但另一方面，又限制了人们的认识，把 DNA 的反馈进化仅仅局限于 RNA 的逆转录，从而掩盖和忽略了遗传信息的另一根本性的反向流动方式和途径，即由蛋白质→ DNA 和由蛋白质→ RNA → DNA 的反馈信息流。虽然中心法则创始人于 30 年前就已宣称，三种生物大分子的信息是双向流动的，但人们在修改后的中心法则图示中，只在 RNA 与 DNA 间画了双向信息标示，而拒绝标出蛋白质向 DNA、RNA 之间的信息流动，在蛋白质与 RNA 和 DNA 间仍然画的是单向标示：

DNA ⇌ RNA →蛋白质

虽然，传统进化论从原有的阵地节节退守，从最早主张 DNA 的信息流是单向的，不接受信息的转录系统，到接受蛋白质传递的应答信息；从认为 DNA 是封闭系统，到承认 DNA 并非完全是封闭的，它的进化有时是由于 RNA 的逆转录引起的。但，传统进化论至今仍然坚守最后一块领地，认为蛋白质不会向 DNA 传递反馈信息，DNA 的开放是有限的开放，细胞的反馈只限于 DNA 的转录调控和 RNA 的翻译调控，即对基因表达的调控，只对即时的情况作出应答，起到维持细胞的正常生理功能，并不接收反馈信息，生物的进化与系统的开放和反馈无关。这就出现了一个奇怪的逻辑：DNA 什么信息都可吸纳，唯独将反馈信息拒之门外。这一前后矛盾的逻辑只不过能满足统治了生物学界 150 年的达尔文进化论的理论需要，而不是生物进化的实际。他们坚持认为，生物的进化与其自身主动的活动无关，至今仍然否认"频繁地使用某器官就能导致这个器官在后代中变得越来越发达"，反对"用后天获得性遗传解释适应环境的进化"。[①]

为什么会这样呢？因为传统进化论在这方面认识上尚有不少障碍，例如：

（1）认为 RNA 是作为模板来反向传递信息的，蛋白质也必须能成为逆转子可以复制 DNA，才能说明其间的信息是双向流动的。蛋白质能自我剪接以及能自我拷贝的个例（如疯牛病）的发现说明某些蛋白质具有独立遗传的功能。这一发现使传统进化论认为，只有找到蛋白质能作为 DNA 进化的模板，才能说明三种大分子之间有双向信息流向，才能说明 DNA 是通过反馈而进化。

这恰恰是个误区。

由 DNA 到 RNA 再到蛋白质的信息流是遗传信息流，而由蛋白质向 DNA、RNA 的信息流是反馈信息流；前者为了保持不变，是以拷贝、转录等方式进行的，而后者反馈新信息影响 DNA 局部的改变，是通过传导、催化、参与、调控等方式进行的；前者一次性的拷贝和转录便可实现信息流动的目标，形成对象性的蛋白质，而后者却要多代持久的反馈才能由渐变到突变实现进化的目标。不区分不同目标和方式的信息流，认为蛋白质只有像 DNA 一样能进行拷贝，才能出现逆向信息流，就会永远陷入中心法则的单向信息流而不得其解。

---

① 《科学时报》，2000 年 3 月 30 日，第 3 版。

（2）由 DNA → RNA →蛋白质的信息流和由 RNA → DNA → RNA →蛋白质的信息流，是定向的、短暂的，都是比较易于把握和实验的。特别是前者，每个生物的诞生都要重演这一过程。但由蛋白质→ DNA，或由蛋白质→ RNA → DNA 的反馈信息流就不是那样容易发现和证明的。因为一是，生物特别是动物以本能为指向、以信息为前导的活动是多方面的，其反馈信息是非常丰富的，很难定向观察、实验；二是，DNA 的反馈和进化是一个长期的从渐变到突变的过程，要经过几百万、几千万甚至几亿年，许多代的演变和积累。所以，由 DNA → RNA →蛋白质的转录过程能为普遍接受，而由蛋白质到 DNA 的反馈信息流向却一直被否定。

（3）占统治地位的达尔文的天择说长期以来像层窗户纸挡住人们的视线，使人们总是忽视许多本来应重视的现象，或是仍用达尔文的理论予以阐释。例如，近年虽然人类基因组已破译出一些分明是后天形成的基因，他们却解释说这只是基因多态性的表现，并不是生物某一后天的活动改变了基因。

（4）看不到生物具有进化的对象性和动力，将活生生的、开放的、能进行非知自调控的生物还原为 DNA 甚至是基因，从而否定了生物个体整体系统在进化中的作用，阻碍了揭示生物以信息为前导、本能为指向的主动探索、学习、获取负熵的活动对其 DNA 进化所起的主导作用。

（5）把宇宙看成是静止的，只起"择"的作用，从而有碍于认识宇宙是进化的，是在不断创造进化的大环境，促使生物种群产生新的对象性需要，进行新的对象性活动，由渐变而突变，进化为新物种。

以上种种认识障碍，使传统进化论仍坚信信息单向流动的中心法则，否认蛋白质能传递反馈信息给 DNA，参与和引发 DNA 的反馈进化。

生物三种大分子之间的信息是单向流动还是双向流动的本质分歧是，生物的进化是因 DNA 复制错误，天择优排劣而带来的，还是生物主动努力促进 DNA 反馈，由渐变到突变。此乃两种进化认识的本质分歧。

20 世纪末，生物学飞速发展，一个又一个重大的科学发现使传统进化论的坚持已为强弩之末。科学的新发现和实验说明，正如中心法则创始人所说的，生物三种大分子之间的信息不是单向而是双向流动的。生命分子层次的微观系统基因组成的 DNA，不是封闭系统，而是开放系统。和所有开放系统一样，DNA 既有控制又有反馈；不只是转录单位，也是反馈进化单位。一方面保持生命的稳定性状，控制转录、合成蛋白质和 RNA，促进生长和生存；另一方面又与生物宏观系统配合，通过蛋白质和 RNA 传递的反馈信息而改变其序列结构和遗传密码，由渐变而突变，不断地演变和进化。

非知自组织系统生物，为其种类延续的怪圈束缚，下一代总是重复上一代的物种类型。细菌只能繁殖细菌，猴只能生猴。但从单细胞生物开始，物种就能不断打破这一遗传的怪圈，演进、突变，直至跃进为宇宙的第四代人类。生物遗传怪圈的每一次突破，都会诞生具有更佳对象性的新生物。生物之所以能突破自身的对象性怪圈，不断螺旋上升，是因为它们是开放型的不平衡态自组织系统，能非知地即本能地将其对象性指向外界，获取物、能、信息，吸取原对象性范围之外的更高层次的因素（高一层次的因素不受原有层次自我相关的干扰和影响），增长负熵，不断积累和优化遗传信息，而在达到一定的程度时便发生突变，演进为更进化的物种，上升到高一层次，形成新的不平衡态和对象性。在宇宙有序膨胀期，物种就是这样不断打破怪圈，从低级向高级发展，最后诞生了万物之灵的人类。

不论是单细胞生物还是多细胞生物，反馈信息是来自整个动态系统因需要而进行的种种活动。宇宙不断提供促进进化的大环境，生物便会相应地产生种种新的需要。需要对生物来说，虽然是非知的、由本能支配的，但它却是非知的宇宙第三代生物进化对象性的实际指向，生物正是依此指向、以信息为前导，去进行种种对象性寻找、识别、吸纳新信息和物、能的进化活动，例如，趋利避害，寻找更多、更好的食物等。具有神经系统的高级动物表现更为突出，它们总是非知地寻求更佳的配偶、更佳的栖息地，与同类结合为群体，与其他生物形成生态系统等等。由于生物活动的单位是个体，进化的单位是物种。所以，以上如果是种群普遍的、长期的活动，则其在这些活动中寻找、识别、吸纳、加工和积累的对象性信息，以及活动的本身、不断活动的过程，便可通过多种途径一方面传到相应的机体部位，指导它们的活动，刺激其细胞分裂和生长，而另一方面传递给 DNA，使其由渐变而突变发生相应的进化。

既然生物三种大分子之间有双向信息交流，就应名副其实地用双向法则来替代中心法则。由 DNA → RNA → 蛋白质的遗传信息流，是生物繁衍后代保持物种稳定的转录信息流,这是非常重要的一个流向;但由蛋白质 → RNA → DNA,以及由蛋白质 → DNA → RNA 的信息流向,是促使生物不断开放、进化的反馈信息流,是另一必不可少的重要的信息流。正是由于这双向的信息流,才使生物不断繁衍进化,从低级到高级、从简单到复杂、从单一到丰富,经过 38 亿年发展为今天这样无比生机勃勃、丰富多彩、协同有序的生命世界。

生物是开放系统,生物的 DNA 也同样是开放系统。既有控制又有反馈的双向法则,才是生物遗传和进化的完整的法则。其示意图如下:

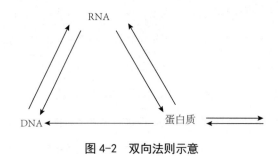

图 4-2　双向法则示意

①　DNA 将遗传密码转录给 RNA, RNA 再按遗传信息编码合成蛋白质。这是转录流向。
②　蛋白质传递反馈信息给 DNA 以及 RNA,引发遗传信息改变,由渐变而突变。这是演进的流向。

生物 DNA 能进行反馈必须具有两个相互联系的条件。

一是,DNA 必须是开放系统,不只是从内向外传递遗传信息,而且能由外向内接受反馈信息。

二是,蛋白质必须能接受和传递反馈信息给 DNA、RNA,并参与 DNA 和 RNA 的演变进化。

当代生物学的种种有关研究成果,对此作了肯定的回答:这两个条件,生物从诞生伊始就具有,并在进化中逐步加以完善。

3. 开放系统 DNA 因反馈进化的需要形成了相应的结构和机能

传统进化论一直坚持认为 DNA 是封闭系统,但实际上,溯本追源,DNA 从其先祖前生物三联体与氨基酸的结合体开始就是开放系统。

大约 38 亿年前地球上出现了最早的三种碱基连成的三联体以及能接受三联体对象

性信息形成生命所需蛋白质的氨基酸，它们是同时产生的。两者的结合、共生和发展，才产生了生命。虽然它们仍然半延续地保留了第二代的进化方式，即采取与对象结合的方式而进化，但，它们已不像第二代以能为前导，而是以信息为前导去寻找、识别对象。

换言之，碱基三联体为什么能活动并与对象性的氨基酸相结合呢？因为它是以自身的信息编码为先导去寻找、识别与其具有相对应编码的氨基酸；氨基酸为什么能活动并与对象性的核苷酸三联体相结合呢？同样也是以潜在的信息编码为先导，去寻找、识别与其具有相对应潜在信息编码的碱基三联体。这两种大分子自身潜在的编码信息不仅带动了其自身的物能流，而且带动了具有对象性潜在信息编码大分子的物能流，才使它们能相互结合，进化为高一层次的线性排列的信息大分子。不要小瞧了信息大分子的这一开端和规律，生物在以后由低向高的进化中，不论是哪个层次，其生存和进化都同样是以信息为先导，信息流带动物能流的过程和结果。

前生命碱基三联体与氨基酸的配对一诞生就是以雏形的本能为指向、信息为前导去寻找、识别、结合对象而发展进化的开放系统，它不仅将氨基酸对象性地结合为小肽链蛋白，而且对象性地寻找、识别、结合对象性的其他三联体，逐步地进化发展，由渐变而突变成为 RNA 和 DNA。氨基酸、RNA 和 DNA 三种生物大分子再进一步对象性寻找、识别、结合为原核细胞，原核细胞再与线粒体结合进化为真核细胞，然后再逐步进化为越来越高级、越来越丰富多彩的生物。前生物是开放系统，由前生物进化而来的种种生物，更是越来越高级的开放系统。它们一次次发生了进化的进化。如果像经典进化论所认为的那样，由开放系统三联体进化而来的 DNA 竟反倒退化成了封闭系统；而被认定是封闭系统的 DNA，由其转录、形成的生物却又是开放系统，岂不前后相悖？

当代生物学在揭示 DNA 是以本能为指向、以信息为前导的开放系统方面，越来越取得许多重要的成果，但却为传统进化论或是忽视、或是曲解。

1965 年，莫诺对原核细胞操纵子的研究率先打破了 DNA 是封闭系统说，从而获得诺贝尔奖。他指出：（1）基因具有不同的功能，除了编码蛋白质的结构基因之外，还有操纵基因、调节基因等；（2）基因不是单独地起作用，而是结构基因和操纵基因、调节基因一起构成了一个活性单元；（3）基因的表达是受诱导物和阻遏物调节的。他

还预言了 RNA 的五点功能。

这就是说：DNA 不只是转录信息，而且能接受信息，并为了接受信息形成了具有不同功能的类型。

之后，真核细胞基因接受新信息的相关研究也取得了许多可喜的突破。

在长期的反馈进化中，DNA 形成了许多相应的元件和进化方式。例如，在生物基因组中存在对于进化有利的转座子，这种可移动遗传元件，可以改变位置，能使基因组产生多样性的变化。首先，转座子可以增加染色体重排的概率，使染色体大片段发生改组，将原来没有联系的基因带到一起；另外，转座子还能促进基因重复和扩增；并且，在整合位点增加或去除少量核苷酸，往往可以造成基因发生对进化有利的突变。

细胞中的某些特殊序列的可移动的序列元件，还可以产生逆转录，促使生物基因组的改变和进化。

1977 年发现断裂基因。断裂基因的普遍存在是真核基因区别于原核基因的一大特征。断裂基因（外显子 - 内含子结构）对于在进化过程中产生新基因和蛋白质非常重要，在断裂基因中内含子和外显子可以像洗牌一样重组，从而为产生新基因提供了广泛的可能。

又如，基因可以通过自我重复，增加基因组的大小和复杂性，这种自我重复的积累，能引发基因的突变。基因的这种进化方式称作漂变。

为什么 DNA 会产生以上的进化元件和方式呢？传统进化论由于把生物还原为基因，所以，把引起基因变化的结果说成是原因，例如，说基因的重复是进化的推动力。而实际上真正的原因是，由于生物面对天创造的进化大环境而进行主动努力，DNA 作为开放系统能直接或间接接受由蛋白质传递来的关于生物主动活动所获取的反馈信息而不断进化。

4. 蛋白质是传递反馈信息的尖兵，催化并参与 DNA 的进化

生物的三种大分子，DNA 在细胞核中，RNA 也出不了细胞膜，只有蛋白质能接受和传递外界的信息。它既与 DNA 相联系，又与细胞外的信息物质相联系，能进行内外交流，双向信息传递。由内向外的遗传信息流，前节已作过描述，是由 DNA 转录给 RNA，再由 RNA 指导蛋白质的合成，保持物种的性状，控制生命的生长和稳定；由外向内是

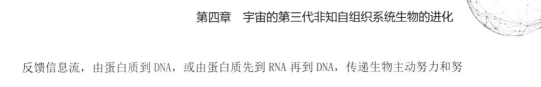

反馈信息流，由蛋白质到 DNA，或由蛋白质先到 RNA 再到 DNA，传递生物主动努力和努力结果的反馈信息，引发 DNA 由渐变而突变。

蛋白质是由 DNA 控制产生的，但反过来又参与和引发 DNA 的反馈，在 DNA 的进化中起到不可替代的尖兵作用。细胞能从外界接受多达数百种的信号分子，但，20 种氨基酸组合的丰富多样的蛋白质，则可以接受外来的大量对象性信号，包括生物主动努力的反馈信息。高等动物是通过神经、血液（包含分泌腺）传导某些信号分子激素、递质，如，某些蛋白、小肽、氨基酸、核苷酸、类固醇、视黄酸类物质和脂肪酸衍生物等，以及一些溶解的气体如一氧化碳、一氧化氮等来传载其主动活动和活动结果的信息。蛋白质接到多路信息后将其调控整合为统一的信息，传递给 DNA，或使 DNA 作出及时的应答，或使 DNA 进行反馈，由渐变而突变，不断进化。

为了适应反馈信息流的需要，在长期进化过程中，蛋白质不仅已形成了非常有序、有效的传递信息，催化和参与 DNA 变化的途径和方式，而且形成了相应多样类型组成的细致而复杂的信号系统。在这方面的研究已取得举世瞩目的进展。

由外向内的反馈信息流程简约地说大致是这样的：细胞表面的受体蛋白，接受到信号后，将其传入细胞内，经过精密而复杂的信号传递系统激活细胞核里的目标信号蛋白或信号蛋白酶，获得信号的蛋白和蛋白酶，便与 DNA 相关的元件如启动因子结合，引发 DNA 对象性的重排、改组、扩增、重复、切除、断裂、偶联、剪接、漂变等从渐变到突变的进化活动。

传统进化论认为 DNA 是不会接受蛋白质传递的信息而进化的。虽然，最初对原核细胞的研究，就已发现了蛋白质对基因不可忽视的调节作用，如：（1）一个蛋白可以通过阻遏自身基因的转录来调节自身的合成；（2）信号分子结合到调节蛋白质上，改变了蛋白的构象，可使此蛋白由一个转录抑制子变成转录活化子，并改变了 DNA 结合点位；（3）当一个调节蛋白或其复合物结合到 DNA 上非邻接的两个（或多个）位点之后，有关的 DNA 区域可以快速地形成环状结构，调节基因的表达；（4）被信号分子诱导的变化可以快速回转，使细胞能连续而迅速地应答变化。但由于传统进化论把生物的整体与其微观系统 DNA 分裂，将生物还原为分子，将 DNA 认定为转录单位，看成是封闭系统，所以认为蛋白质传递的只是需要即时应答的信息，如，调控代谢水平、引发细胞的分裂等，而不会有促使 DNA 进化的反馈信息。

生物活动的单位是个体，它之所以具有生命，首先是因为它是一个整体，一个系统，一个时空质连续统。这个系统的信息控制中心，是整个系统的调控指令的下达者，它是生物将各个分散的因素和局部协同为一个自组织系统，进行生存和进化活动的中枢和关键。生物个体系统对应于微观系统 DNA 来说是宏观系统（以下称生物个体宏观系统）。生物是开放系统，DNA 也是开放系统。生物个体宏观系统不仅指令各个局部进行种种生存活动，也将活动中获取的有关信息和反馈信息，通过蛋白质传递给微观系统 DNA。生物个体的宏观系统与微观系统不是割裂的，相反，是通过信息带动物能而紧密协同的，生物的生存和进化正是其宏观系统与微观系统相互合作协同的过程和结果。特别是生物是以本能为指向、信息为前导，所以通过反馈改进 DNA 信息是必然和必需的。

生物主动的进化活动回馈给微观系统 DNA 的信息，有些的确是应答即时的需要，但有些却是反馈信息。其实，即时的需要和需要的发展如果是天促的，那么应答即时需要活动的信息积累和发展，也会促使 DNA 反馈，由渐变而突变地发生进化。生物最大的特点是能进行非知的创造。因宇宙不断创造进化的大环境，而不断产生的新需要，正是生物创造的动力和指向。生物在需要的推动和指引下所进行的种种进化活动、活动的过程、活动的结果所获得的非知的反馈信息，均会通过蛋白质传递给 DNA 引发其由渐变而突变。生物正是通过这种自身的创造，使自己能在新环境中获取更多的负熵，进而生存、生长和不断进化。

在长期进化过程中，反馈信息流带动物能流，逐渐形成了细胞精密而复杂的信号传递系统。这个系统包括细胞表面和细胞内的受体蛋白、蛋白激酶、蛋白磷酸酶、GTP结合蛋白等，以及细胞核内的多种蛋白和蛋白酶。DNA 和 RNA 的偶联、重排、改组、扩增、重复、切除、断裂、剪接、漂变等一切由渐进而突变的改变和进化，都是在信号蛋白和信号蛋白酶的参与和催化下实现的，并在长期过程中相互促进，形成了多种的组织成分和功能。离开蛋白质和蛋白酶的参与，DNA 的一切活动都是无法进行的。据统计，细胞核中至少有 20 种不同的蛋白和蛋白酶参与 DNA 的种种活动。

自组织系统论指出：反馈有两种，一种是正反馈，一种是负反馈。负反馈直接与系统的既有目标保持、稳定性维系相联系，负反馈抵消着系统运动中的随机、偶然的因素，抵消着环境对于系统的随机的、偶然的干扰；而正反馈推动系统偏离原有的目标、离开既有的稳定性，将系统运动获得的因素加以放大，也可以对环境的促进作出积极的响应，它是系统发展进化的需要，使系统突破已有的存在方式、存在框架，使得系统的运动表现出新颖性、创造性。没有负反馈，生命不能稳定存在；没有正反馈，生命则不可能在环境的促进下不断地进化。

近年来完整 DNA 组的研究表明，在细菌这样的微生物中非编码区只占整个 DNA 组序列的 10% 到 20%，而高等生物 DNA 中非编码区却占到 DNA 组序列的绝大部分。人类 DNA 更为明显，上面的编码蛋白的区域（基因）只占 3%~5%，多达 95% 的是非编码区。所以，把生物还原为 DNA 上孤立的基因，主张搞清楚基因就搞清楚生物的一切的认识显然是站不住的。应把 DNA 按其本来的面目进行系统地研究。它的进化是多维协同系统调控的结果，而不是孤立的某个基因的偶然、随机改变。DNA 上的非编码区不是可有可无的，现在普遍认为其是与基因在四维时空的表达调控有关。它之所以随着生物的进化而越来越发达，正是 DNA 接受蛋白质信息并与蛋白质一起进行正负反馈、生存和进化的过程和结果。因此，揭示这些区域的非编码特征，以及信息反馈与表达规律是非常重要的。

在这些非编码区中，DNA 形成了两大类调节元件，一类是起正调控作用的顺式元件，如增强子；一类是起负调控作用的顺式元件，如沉寂子。由增强子和沉寂子正、负调控的协同作用，可决定基因的（表达）时空顺序。不论是起正调控作用的顺式元件或起负调控作用的顺式元件，都依赖于能与其相互作用的反式作用因子才能发挥作用。不同 DNA 顺式作用元件与相应的反式作用因子的相互作用，以及不同反式作用因子之间的相互作用，是真核细胞 DNA 调控反馈机制的基础。反式作用因子就是一类数目众多、分属多个家族的信号蛋白，一组与氨基酸序列同源的反式作用因子，能识别和结合一类与碱基序列同源的顺式作用元件，激活和参与它们的正负调控活动。[1] 而反式作用因子的激活正是依赖于通过信息传递通道输入的信息，包括反馈信息。

---

[1] 王琳芳、杨克恭主编：《蛋白质与核酸》，第 419 页，北京医科大学、中国协和医科大学联合出版社，1998 年。

通过信号传递通道输入的反馈信息，又是从何而来的呢？正是来自生物因新需要而进行的以本能为指向、以信息为前导的生存和进化活动。生物主动地去寻找、识别、吸纳有利于生存和进化的对象性活动，是它带动 DNA 的调控和进化的"因"。生物所进行的进化活动、活动的过程和活动的结果，通过神经、血液的信息渠道不断传来。某些信号蛋白起着整合装置的作用，相当于微处理机，对于多信号的输入，它们可以产生 1 个输出信号，这个信号可以产生所希望的反式作用。一方面通过自调自控，会促进相应的机体的生长和发展；另一方面种群的长期、普遍的同一活动，活动的进展和活动的结果等反馈信息，会通过多种渠道传入细胞核，引发 DNA 编码程序的改变，由渐变而突变，成为新的物种。还原论将生物的进化还原为孤立的 DNA 上的小小的基因，就不可能认识到生物进化的真正的"因"。

传统进化论将 DNA 因蛋白质传递反馈信息并参与 DNA 变化的反馈，说成只是对基因的表达调控，不仅忽视了长期的表达调控能引起编码区和非编码区协同的演进和变化，而且否认了蛋白质传递的反馈信息中有的直接对 DNA 进化产生了作用。例如，传统进化论把可移动转座元件、起始子、调节元件并列为调节元件，而转座元件在 DNA 上的位置是不固定的，在信号蛋白和信号蛋白酶的参与下，能在不同 DNA 序列的靶点插入或移出，引起两侧基因调控序列的增加或丢失。它们还可增加染色体重排的概率，使染色体大片段发生改组，将原来没有联系的基因带到一起。此外，转座子还能促进基因重复和扩增。所以，传递反馈信息的蛋白质是能直接引起 DNA 的进化的，而不只是调控基因的转录和表达。由于长期受到达尔文进化论的控制，所以，人们虽已经接触到这个进化中的关键问题，但传统进化论却视而不见，疏忽过去了。目前流行的关于蛋白质进化的一个观点是，一方面否认 DNA 能反馈进化，一方面却又认为编码特殊结构域的一个个外显子，经过"尝试与错误"的多次重组，才逐渐形成现有的转录蛋白质的基因。如果没有反馈，怎能通过尝试而近趋完善呢？

蛋白质传递的反馈信息流，除了直接到达 DNA 这条途径外，还有一条是先到 RNA 然后再到 DNA。在细胞中，除 tRNA 外，各类 RNA 通常都与蛋白质形成复合体或超分子结构。它们是多变的，在蛋白质的长期反馈作用下，通过重组和修饰，可能产生进化的 RNA。它可以作为模板逆转录 DNA，使遗传信息编码发生改变。所以，RNA 也被称作生物进化的种子。

蛋白质与 DNA 的双向信息联系说明，蛋白质既是接受 DNA 转录信息而合成的，也是传递反馈信息给 DNA 的大分子。在 DNA 的进化中起着必不可少的重要的作用。

5. 生物主动活动是 DNA 进化之因的实例

以上是运用当代生物学前沿研究成果来揭示 DNA 的进化不是无因的果。微观系统 DNA 进化的"因"，是在天促之下，同一生物群体以本能为指向、信息为前导，所进行的非知的长期相同的对象性的主动活动。

在生物进化史上找不到任何生物的进化与其对象性主动努力无关的例子。相反，有关的例子俯拾皆是。下面略举几个。

（1）细菌对抗生素产生抗药性例子

病菌产生抗药性，是尽人皆知的例子。人们普遍服用常用抗生素来杀病菌，但时间一久，病菌在求生本能的支配下，以信息为前导的主动活动，不仅使它能识别这种对它有害的药物，而且能通过信息传导，促成 DNA 进行相应的反馈，经过频繁繁殖的一代代的渐变而突变，便具有抵抗抗生素的机能，即通常所说的产生了抗药性。为了避免这种情况的发生，医生嘱咐要经常更换所服的抗生素，但过一段时间，病原体又进一步改进其 DNA，产生了能抵抗多种抗生素的机能。

（2）总鳍鱼进化为两栖类的例子

单细胞生物以本能为指向、以信息为前导的主动活动是其进化之因，具有控制中心——脑的多细胞生物更为明显。

宇宙创造的新的进化环境使生物产生新的进化需要。生物的新需要，是非知的，不带有异化的色彩，往往是属于种群普遍的、本能的对象性需要。生物本能对象性新需要是其进化的指向，生物的信息功能是实现其对象性需要的前导。

总鳍鱼便是这样，当缓缓的造山运动使一些水域消失，创造了新的陆地，它们中的一部分被搁浅于岸上。环境的变化，使原有的食物来源和生存栖息地丧失，从而促使它们产生了新的本能需要，使其运用其脑去对象性地收集信息、加工信息、发出新指令信息，努力地用鳍爬行，用雏形的肺呼吸，主动地去探索、发现和获取新的负熵源。

进化与创造一样都需要有一个目标，按照目标的指向去进行。例如，要创造一个无需人作动力的车，以此为目标，围绕这一目标去寻找、形成方案，然后去物化。生物的进化也是这样。正如马克思指出："器官是需要的产物"。在天促之下，生物本能的新需要，虽然是非知的，却指引着它去进行种种对象性的努力。总鳍鱼并不知道自己需要长四肢，但长四肢的确是它生存和进化的普遍的、非知本能需要的新指向，它以信息为前导，拼命地在岸上爬呀爬，从而训练了它的鳍与鳍相关的部位。双向法则促使这种活动本身及其过程和结果，通过长期的信息的传递和反馈，DNA 由渐变而突变，长出了四肢。其他，如鳞变成了角质化的皮肤，肺的变化等等亦无不如此。最后进化为早期两栖类。这就是第三代生物比第二代在进化的进化上的具体体现。特别是第三代总是以信息为主导和前导来进行种种努力的，这就对改变 DNA 的信息，具有对象性的作用。

总鳍鱼的 DNA 进化为两栖类的 DNA 是其以本能为指向、信息为前导的主动进化活动的"果"。总鳍鱼为什么不长翅膀，因为它上岸后需要的是爬行和足，而不是翅膀。那些仍生活在水中如今仍能见到的同类，虽然也有爬行的习惯，也有雏形的肺，但其没有进化的原因是因为它们没有置于新环境，产生新的需要，没有进行新的主动活动，也就不可能进化为四足动物。为什么必须是种群长期共同的努力呢？如果只是个别的、经常性的努力，那只能使个别的生物在相应方面的性状发生改变，例如，更壮实些，但由于其他同类不做这方面的努力，所以这种改变不可能引起种群 DNA 普遍的变化，遗传给后代。天促是外因，长期持久的主动活动是内因，两者缺一不可。暴露在岸上的总鳍鱼种群，不共同、长期、主动地进行爬行等活动，就不会有今天的陆地动物和人类。其实不只生物，所有自组织系统都是在天促之下，通过对象性的主动的活动，一方面稳定自己的性状，维持存在，一方面以自己为参考系去寻找、识别、吸纳对象以求进化。所以，质子才能与对象结合而进化为原子，原子才能与对象结合而进化为分子……

有人认为总鳍鱼进化为两栖动物的过程找不到可证明的化石。近日英国自然历史博物馆的科学家与当地的同行，发现并确认了两块 3.7 亿年前的鱼的下颚化石。新发现的两块下颚化石比生活在 3.75 亿年前的鱼类要高级，但又比生活在 3.65 亿年前的原始四足动物低级。科学家们经研究认为这种生物是肉食动物，长约 1.2 米，体形像鳄鱼，两只眼睛靠得很近，长在头顶。它生活在浅水或沼泽地里，背鳍已退化，但尾鳍还在。这一发现被视为填补了迄今未能发现的高级总鳍鱼类与最原始的两栖动物之间的空白。

6. 恐龙进化为鸟的例子

鸟是恐龙进化而来的，早在一百多年前赫胥黎便提出了这一假说，虽然后来在德国发现了能滑翔的始祖鸟的化石，但是尚缺许多中间类型的实例。20 世纪最后几年，我国科学工作者在辽西发现了许多化石，特别是体积很小的兽脚恐龙化石，使这一假说终于获得令人欣喜的实证。

这些化石包括，像喜鹊大小具有现代概念鸟羽的原始鸟类孔子鸟，尾部装饰着扇形片状结构羽毛的原始祖鸟，具有较长尾巴、前肢第二指上也长有羽毛的尾羽鸟，既是恐龙但又具有可演化为后来鸟类羽毛的绒毛的中华龙鸟等。特别是尾羽鸟既接近鸟类又接近恐龙类，其羽毛远端的结构完全等同于鸟的羽毛，而另一方面在其分化出的羽支和羽轴之间存在与近端一样的均质羽片结构，非常类似于爬行动物的鳞片。这种既类似爬行动物鳞片又似典型鸟类羽毛的皮肤衍生物，直接把爬行动物向鸟类进化的过程联系起来。并且尾羽鸟的鸟喙骨具有前鸟喙骨的结构，也是迄今为止在这方面的突破性的发现。

古生物学家 ChiAppe 说："就恐龙演化和鸟类起源的科学意义而言，这些化石和始祖鸟同样重要。这是这个领域的重要突破。"虽然已有这样多中间环节的化石证据，但鸟类恐龙起源说的反对者仍有疑问：他们并不怀疑羽毛，但他们认为原始祖鸟、尾羽鸟是不会飞的鸟，而不是恐龙。他们指出与鸟类最相似的恐龙——驰龙并没有羽毛。但 1999 年发现的一种驰龙鸟——中国鸟龙就有绒毛状的羽毛，另一种驰龙类恐龙——小盗龙具有更近鸟类的特征。

这些发现震动了世界，使赫胥黎关于鸟是从恐龙进化而来的假说成为有科学实证的学说。科学家们认为，由恐龙演化为鸟的过程大致是这样的：开始是为了保温的需要而使鳞片变长，接着是为了在树中跳来跳去和平衡的需要而出现分化的羽支，最后是为了加快速度和空中技巧需要而长出了羽支和小翼等。这些既具有连续性又具有跳跃性的过程又一次说明：（1）进化是本能的需要支配着动物以信息为前导主动努力（带来 DNA 改变）的结果；（2）生物的进化不只是渐进，也不只是突变，而是由渐变到突变；（3）后天是可以遗传的，得到了证实。种群长期同一后天的遗传只能是也必然是通过反馈逐渐改变 DNA 来进行的。

恐龙变鸟虽然说明在新需要的指引下以本能为指向、以信息为前导的主动活动是生物进化的"因"，不过有人认为，这一过程的开始，恐龙为了保暖而长出绒毛，似乎难以说得通。因为，在过去恐龙一直被认为是冷血动物。但另一项重大发现使这一疑问也得到了化解。美国科学家拉塞尔找到了有两个心房和两个心室的恐龙化石，说明恐龙至少有一部分是向温血动物进化，并已获得成功。恐龙为什么要向温血动物进化呢？因为新生代是个特殊时期，出现了夏天、冬天等季节。冷热悬殊的天气，使其产生了前所未有的保温需要。

总鳍鱼也好，中华龙鸟也好，都是由于天促而产生了新的需要，在新需要的激励下，其主动活动带来 DNA 的改变。如果像传统主流进化论说的那样，生物进化的起因是其 DNA 偶然的、随机的变异，那么，为什么所有的进化只限于其主动活动的范围，而不出现超出其主动活动的范围的偶然的、随机的变异呢？例如为什么恐龙不随机变异出类似猴子的手来？为什么总鳍鱼不随机变异出翅膀来呢？这些变异更优于其正常的变异，天也会加以选择的。但实际上其改变的范围总是在其主动活动的那些方面，显然这不是巧合，只能说明 DNA 的改变不是随机的、偶然的，而是生物主动活动的结果。

7. 人脑、体形等的进化同样是主动努力的结果

生物种群普遍的、同一长期的主动活动是其进化之因这一规律，列举古代生物的例子只能以化石来证实，而以人类自身为例子，则可用能看到的事实和有统计的数据来说明。

第三代生物是通过非知主动的活动创造自身和生境系统而进化，而人类的进化已发生了进化，是通过自知地创造工具、创造自身、创造环境而进化。不过，在人类尚不能用生物工程创造新人类之前，人类在自身生理进化上仍然延续第三代的缓慢的、非知的进化方式，通过主动的活动引起 DNA 的反馈，由渐变而突变。所以以人类生理

进化为例，不仅同样能说明生物进化的规律，而且由于据有许多现实材料和统计数据，更有利于证实。

对自知自组织系统人类来说，脑在其通过自知创造而进化中具有极为重要的作用。人脑 600 万年来进化非常之快，现代人的脑比原始人不仅内部沟纹、结构更为发达，而且单就其重量来说，也增长得惊人。原始人脑的重量只有 600~700 克，而现代人的已高达 1400 克，而且，呈加速增长之势。

人脑进化之"因"何在呢？是其以自知的需要为指向、自知创造的信息为前导，所进行的对象性的主动的活动。人需要运用智慧去寻找、识别、创造新的事物，经常性地输入信息、贮存信息、传递信息、加工信息、输出信息、物化信息。过去有人说，多想出智慧；现代人说，自知创造的信息流带动物能流，促成 DNA 的渐进。人类为了获取更多、更佳的负熵，不断地进行种种创造而主动用脑，从而促成了脑的进化。对此可以用一个著名的研究成果和一个重要的统计数据来予以证实。著名的研究成果是艾克尔斯所揭示的：记忆就是神经细胞形成新的突触联系，由于相同刺激的反复，就会使神经通路的突触生长。他因这一"突触生长学说"而获得诺贝尔奖。重要的统计数据是英国关于人脑在加速增长的统计，指出现代英国成年男性与女性的脑重每年平均递增分别为 0.66 克与 0.62 克。[①]

这两项研究成果和统计数据相辅相成地证实：在天不断提供新的负熵源的促进下，以本能为指向、以信息为前导，种群一代代的长期、普遍主动活动是进化之因。这在人类其他生理方面也表现得非常明显。除脑外，诸如人的脑的进化而带来的头形的进化，人会说话和唱歌而引起声带的进化，以及四肢体形、骨骼内脏等也同样因人的种种以自知需要为指向、以信息为前导的主动的对象性活动，而不同程度地发生了进化。

由原始人到现代人生理方面的进化有力地说明：（1）需要和这种需要支配的活动会促成相应器官的变化；（2）这种变化，不是只发生在使用的这代，而且会通过长期反馈，在 DNA 上作出新的信息编码，遗传给下一代；（3）DNA 的反馈进化工作是从来也不停止的，虽然这不易觉察，但实际上却是在不断地进行着；（4）天促物进是生物进化的两大动力。一方面天不断创造进化的大环境，另一方面，生物具有主动进化的对

①　钱学森：《自然辩证法、思维科学和人的潜力》，载《哲学研究》，1980 年，第 4 期。

象性，非知地寻找、识别、吸纳新的信息、物、能，通过反馈改进其 DNA，而不是被动地因 DNA 偶然的、随机的复制错误的变异再由天来选择。

有人可能说，以上只是进化的因和果关系的例子，尚缺乏中间环节，即蛋白质能传递反馈信息促成 DNA 的渐变到突变的实例。那么请看下面。

8. 青岛的实验：蛋白质的改变也能促成遗传改变的实例

传统认为生物后代的性状是由亲代 DNA 单方面来决定的，但事实上并非如此，蛋白质在遗传上也起到重要的作用。我国青岛海洋研究所对不同品系金鱼细胞核的多代移植实验证实了这一结论。他们将这一品系的金鱼细胞核多代移植于另一品系金鱼的细胞质中，所产生的金鱼却是两种品系金鱼性状的中间型。例如，将鲤鱼的细胞核多代移植到鲫鱼细胞质中，则后代变成为"核质杂种鱼"，部分性状（如口须和咽喉）像鲤鱼，部分性状（如鳞片和脊椎骨数目）像鲫鱼。[①]

按传统进化论的中心法则推论，DNA 是单向地向外传递转录信息，决定蛋白质的生成，它的进化与蛋白质无关。那么，鲤鱼的 DNA 没变，后代也必定是鲤鱼，可为什么成了杂种鱼了呢？能引起细胞核中 DNA 发生变化的只能是另外两大生物分子：蛋白质和 RNA，而 RNA 不能与细胞外界接触，只能与蛋白质接触，所以根本的原因还是由于细胞膜上的受体蛋白和细胞质蛋白改变了，接受和传递的信息也随之改变。几代长期的、同一的改变，促成了子代种状的改变。简而言之，是蛋白质传递的反馈信息这一"因"的改变，促成了 DNA 演进之"果"的改变。如果说 1964 年泰米发现 RNA 鸟类肉瘤病毒→ DNA 原病毒→ RNA 肿瘤病毒，只停留在 RNA 与 DNA 之间的逆转录，那么，我国青岛海洋研究所对"核质杂种鱼"的研究则意义更为重大，它说明：蛋白质虽然不能成为逆转录的模板，但它长期的同一变化同样能影响和改变 DNA。从而进一步宣布了中心法则的终结，证实了双向法则才是生物遗传和进化的法则。

有人可能还说，这并不能说明 DNA 会因生物的主动活动而改变，那么再看下面的实例。

1999 年底人类基因组宣布发现了许多类型的基因，其中有吸烟基因、同性恋基因。人类的初期，是决不会吸烟，也不会出现同性恋的。人类是自知自组织系统，自知也

① 国家自然科学基金委员会：《细胞生物学》，第 37 页，科学出版社，1997 年。

可能带来异化，即自知地违反人类真正的、普遍的需要，去进行一些异化活动，部分人长期的这种活动，则可能使DNA产生相应的改变，遗传给后代。吸烟基因、同性恋基因等，就是这样产生的。它们虽然是异化基因，但也说明了长期主动的活动是DNA改变的"因"。

进化是进化的进化，综上所述可知，第三代非知自组织系统生物比起第二代，其进化的进化表现在：它不但可以以本能为指向、以信息为前导进行对象性活动带动物能流获取负熵，保持自己结构、性状、功能的稳定，而且能对象性地通过信息反馈来改变DNA的结构和功能，不断演进发展。虽然这些都是非知进行的，但它是宇宙从只能通过力推动进化，到能通过信息推动进化的大转折。

补　遗

需要是进化的动力和指向。传统进化论认为：目的论是错误的，当然如果把目的说成是上帝的目的，那是荒谬的，但如果把生物的需要作为其目的，则是无可非议的。生物的需要为什么会导致进化呢？因为，宇宙在不断创造进化的大环境，生物就不断产生新的需要，需要成为它进行种种进化活动的动力和指向。由于宇宙是在不断进化的，宇宙的子孙具有进化的对象性，所以通过实现需要的进化活动，必然向着进化的目标发展。对进化需要的指向，生物是非知的，实现需要的进化活动对生物自身来说也是非知的，但它确实是支配生物进化的动力而实际地存在着。

宇宙子孙进化中自身的作用和宇宙的作用是一回事，它们互为对象，是1+1=1的现实。不可能只要天促，不用物进，也不可能只要物进，不用天促。天促物进的集中表现是宇宙进化。

动物是开放系统，不仅与外界交流物与能，而且要接受反馈信息和向外界传递信息。可是这样一个开放系统的DNA，达尔文主义却认为"必定"是封闭系统，只向外传递、转录信息，而拒绝接受反馈信息。

如果只是个别的、经常性的努力，那只能使个别的生物在相应方面的性状发生改变，例如，更壮实些，但由于其他同类不做这方面的努力，所以这种改变不可能遗传给后代。

今天虽然尚未能具体地指出是什么样的信息通过什么样的方式传入细胞核，又如何控制催化 DNA，DNA 又发生了什么具体的变化而带来生物的进化。因为这个过程需要很长的时间，即使用一些生命周期短的生物来实验，也是较难的，但以后随着科学技术的发展肯定会揭示的。

人虽然是宇宙的第四代，已发生了进化的进化，是通过自知的创造，与创造对象结合而进化的，但人生理上的进化仍延续第三代的非知状态。例如，人类直立行走后骨盆变窄，不利于生孩子，但直立对人来说不仅有利于获取负熵，而且对自知自组织系统极为重要的脑的进化、手的解放和进化也有重要作用。

2001 年 1 月 12 日出版的美国科学杂志报道：6 年前作为美国堪萨斯大学的一名研究生周忠和首次参与描述了一种产自中国的喜鹊般大小的原始鸟类——孔子鸟。1966 年南京古生物所的陈丕基展示了一只被命名为中华龙鸟的照片。1998 年季强等人描述了两个新型的兽脚类恐龙，这两类恐龙的身上和尾部长有绒毛和羽毛，尤其是其中的原始祖鸟，尾部装饰着扇状的、具有片状结构的羽毛，表明了羽小枝的存在；另一种命名为尾羽鸟的恐龙的前肢第二指上也长有羽毛。新生代出现四季，冷热悬殊，使动物产生了前所未有的保温需要。它们可能通过例如相互靠拢、摩擦等多种主动的方式取暖，从而逐渐使皮肤上长出了绒毛，也可能是为了在树间跳来跳去的需要而长长了鳞片。

五、生物的诞生和进化的历程

第二代物能系统是怎样进化为第三代非知自组织系统的，或者说，没有信息功能的原子、分子，是怎样进化为具有信息功能的生物的呢？生物是怎样诞生的呢？

如第三章所述，大爆炸后经过约 100 亿年，宇宙由简单到复杂、低级到高级，进化到宇宙均匀分布着生机勃勃的星系，创造出一派前所未有的有序而绚丽的大环境。在众多的星系中极少的行星上恰好具有了有利于第二代物能系统进化为生物的条件和负熵源，如一定的氧、二氧化碳、液态水、阳光、温度、大气，一定的物理和化学作用等。

对此，美国生物学家刘易斯·托马斯在其《细胞生命的礼赞》一书中做了具体的描述：

> 如果一个润湿的行星上有了甲烷、甲醛、氨和一些有用的矿物质，每样有足够的量，在适当温度下受到雷电轰击和紫外线的照射后，几乎任何地方都会生出生命。[①]

约 38 亿年前地球上便产生了这样的环境：自然界在物理、化学的作用下，物、能在不停地流动、碰击、化合、交换，环境的负熵的增长，促使在此环境中的相关的分子得以发挥其对象性进化的动力，寻找、识别进化的对象，相互结合，进化为集聚了更多负熵并能更佳获取负熵的各种有机的大分子。也就是说有机大分子之所以形成的原因，一是因为具有进化的大环境，提供进化所需要的各种条件；二是因为这些分子本身具有进化的对象性，一旦环境提供了条件，便会发挥其进化的对象性，寻找、识别进化的对象，相互结合，进化为更高一级的自组织系统。这就是分子向有机大分子

---

① ［美］刘易斯·托马斯：《细胞生命的礼赞：一个生物学观察者的手记》，第38页，湖南科学技术出版社，1995年。

进化的根本原因。这些大分子是进一步聚合为原始生命不可少的组因。

但是，这一描述直到 20 世纪 50 年代初仍被视作是难以置信的假说。到 1953 年，却被一个闻名于世的实验证实了：当时还是一名学生的斯坦尼·米勒，把水、甲烷、氮、微量的氨和少量的氢组成的"原始汤"蒸发，然后通过放电便得到了科学家们理论推断出的相同的碱基、氨基酸、糖等重要有机物。从简单的无机物如何对象性地结合为较复杂的有机分子的关键步骤，由此在原则上搞清楚了。

不过迄今为止，我们尚未发现另一个星球上有生物的痕迹。因为具有产生生物的条件和环境的星球是非常之难得的。一是，这个行星必须大小适宜，太大，地区的温度相差过大；太小，则不能吸住大气。二是，要有适当的与之配合的恒星，两者的距离适宜，提供的光和热恰到好处。三是，在这个星系中此行星不是孤独者，还有其他一些更大的行星，能将路过的彗星吸引过去，避免此行星被撞。四是，如果这个行星旋转得太快，则须有能使其速度减慢的小卫星，如，地球就有一个月亮，使其自转减速……多维因素缺一不可的相互对象性协同运作，才可能产生对象性的生命。

地球就是这样极少的幸运儿，但并非绝无仅有。生命起源于地球还是外星球，一直有争议。澳洲天文台的杰里米及其同事说，他们发现了氨基酸来自宇宙的更多的证据。存在于几乎一切生命体中的氨基酸只以左旋形式存在。1969 年，一颗被命名为默奇森的陨星降到地球，分析表明，这颗陨星里含有大量左旋氨基酸[①]。俄国和美国科学家更是不约而同地提出：他们三年来对陨石的 8 块残片进行研究的结果是，其中包含有低等菌类和细菌化石，年龄超过地球年龄 10 亿 ~20 亿年，特别是这些生物体中有些与现今地球上的生命体完全不同，这不仅排除了陨石中的生命体是在陨星落下时在空中或地面沾染上了地球上的生命的疑问，而且也排除了只有地球上才有生命的推测。

不论地球上的生命来自外星还是地球本身，都是第二代物能系统在一定的进化大环境中对象性寻找、结合的产物。太空飞来的信息大分子与实验室中产生的信息大分子充分说明：在宇宙进化到一定的阶段，生命的出现是必然的。

概括起来诞生有机大分子的基本条件有以下四条：

（1）从宏观来看必须有一个以恰到好处的系统工程数据调控的宇宙自足系统，它

---

① 《参考消息》，1998 年 8 月 1 日。

能通过自调控，由无序的热平衡态不断向递有序发展，促进其第二代物能系统不断地进化。由质子到原子、分子、星云、星系，都处于接近平衡态的膨胀之中。

（2）有均匀分布、各向相同的能自控自调的大星系，它们不再随宇宙的膨胀而膨胀，成为宇宙中有序的孤岛。

（3）在形成星系过程中，超新星的大爆发中产生了生命必需的种种物质，包括与产生生命直接有关的各种有机分子，如氨基酸。它们在今天外层空间进入地球的流星、彗星碎片中尚能发现。

（4）在某星系上创造一个具有液态水、大气、一定的阳光、温度等等可以提供生命产生环境的大小适宜的星球。虽然这样的星球只是亿万行星中极少的，但它就像是人的头，宇宙就像是人的躯体，没有巨大的躯体怎能产生头脑？它是宇宙不断进化而来的 1250 亿个星系井井有序地协同运作的过程和结果。

生物由低级到高级、简单到丰富的进化历程中，虽然有着不胜枚举的层次，但其中有一些重大的里程碑，它们是揭示生物进化的最佳亮点。

1. 生物进化的第一个里程碑：有机大分子进化为准生物——信息大分子

准生命是怎样形成的呢？

生命学家作出这样的推测：海水冲击而形成的泡沫可能是吸附一些最早的有机物的温床，海底火山口中喷出的硫化氢和甲烷等，可能就是宇宙最早提供生物的一种负熵源。生命的产生需要氧，高层大气中短波紫外线辐射引起的水汽的光分解也可以产生氧[①]（氢因质量小从地球的引力中逃掉）。慕尼黑技术大学的许贝尔等发现了与火山环境相似的环境中氨基酸能转变为肽。在太古环境中，原始汤中的有机大分子氨基酸和碱基等由于物理振荡和化学催化，不停地对象性流动、寻找、识别、碰击、交换、结合，消除了多余的成分和不定性，进化为碱基三联体和氨基酸结合体。

也有的科学家如东京大学的渡边公纲提出，以蛋白质构成的生命世界是更简单的 RNA 和氨基酸的世界发展而来。RNA 与氨基酸的结合体能够自行形成一个肽键。英国的 K. J. R. 爱德华兹则认为："已有颗粒分子的排列样式（碱基三联体链），通过印模一类

[①] [美]埃里克·詹奇：《自组织的宇宙观》，第127—128页，曾国屏等译，中国社会科学出版社，1992年。

的过程，就可能决定新形成的一层分子的排列样式。"① 种种说法虽然有所差别，却有共同之处，那就是：碱基三联体是生物信息编码的单元，是形成复制模板的基本大分子，氨基酸是能接受碱基三联体信息的蛋白质大分子，两者相对应的信息编码关系使它们相互寻找、识别和结合，从而出现了两者的结合体——准生物的信息大分子。

今天人们经常挂在嘴边的"信息流带动物能流"，早在准生物的诞生时便见端倪。信息都是有对象的，没有无对象的信息。地球上刚出现单独的碱基和氨基酸两个具有潜在对象性信息的有机大分子时，尚不存在今天概念中的"信息流"。它们仍然像物能系统那样分别寻找、识别、结合同类，但当碱基三联体与氨基酸相互识别、结合为共生体前生物的一刹那开始，地球上便发生了里程碑式的飞跃，开始有了信息和信息对象，首次出现了信息流带动物能流。碱基三联体和氨基酸的结合体已进化为信息和物、能三位一体的、能识别线性排列编码信息的前生物。它不再以力为寻找、识别、结合对象的先导，而是以自身所蕴含的信息为前导去寻找、识别、结合与其信息相对应的信息大分子。

换言之，碱基三联体为什么能活动并与对象性的氨基酸相结合呢？因为它是以自身的潜在编码的信息为先导去寻找、识别与其具有相对应编码信息的氨基酸；氨基酸为什么能活动并与对象性的碱基三联体相结合呢？同样也是以潜在的信息为先导，去寻找、识别与其具有相对应信息编码的碱基三联体。两者的结合，才使潜在的信息和信息功能成为现实。信息大分子自身的编码信息不仅带动了其自身的物能流，而且对象性地带动了相对应的信息大分子的物能流，两者在信息流的带动下形成了物能的流动，才使它们能相互结合为一个高一层次的信息大分子。不要小瞧了信息大分子的这一开端和规律，生物在以后由低级向高级的进化中，不论是哪个层次，即使是灵长类，其生存和进化也同样是以信息为先导、信息流带动物能流的过程和结果（后面将联系不同阶段的生物来分别论述）。进化到宇宙第四代自知自组织系统人类，才逐步自知地创造了递佳信息传播技术，促进信息流，并且直到信息时代，才自知地揭示和运用了这条在38亿年前就已开始萌发的"以信息流带动物能流"的规律。

在前生命世界中，RNA 起着重要的作用，它能够在蛋白质的反馈作用下通过反馈、

---

① [英] K.J.R. 爱德华兹：《现代生物学的进化论》，第 72 页，北京师范大学出版社，1982 年。

重组和修饰，产生种种变种。

1986 年，吉尔伯特提出生命起源于 RNA 的学说。他认为 RNA 分子自我催化复制是构成进化的第一步。后来一些实验证实了这一说法。虽然仍有不同的见解，例如，认为 DNA 的前身碱基三联体是生命的种子，RNA 只不过是碱基三联体与氨基酸间的派生物；也有的认为在初期蛋白质有自复制功能，它才是生命的起源。但大多数科学家认同 RNA 是生命的种子，是它把生命的功能交给蛋白质，又把密码交给 DNA 前身碱基三联体贮存，从而逐渐形成了多种生物大分子组成的高级前生命体。

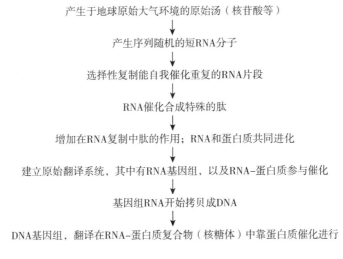

产生于地球原始大气环境的原始汤（核苷酸等）

↓

产生序列随机的短RNA分子

↓

选择性复制能自我催化重复的RNA片段

↓

RNA催化合成特殊的肽

↓

增加在RNA复制中肽的作用；RNA和蛋白质共同进化

↓

建立原始翻译系统，其中有RNA基因组，以及RNA–蛋白质参与催化

↓

基因组RNA开始拷贝成DNA

↓

DNA基因组，翻译在RNA–蛋白质复合物（核糖体）中靠蛋白质催化进行

图 4-2　关于生命起源的"RNA 世界"假说

2. 生物进化的第二个里程碑：原核细胞的诞生

前生命由递级渐进到突变，是在其产生一层脂类膜，将聚合物包裹与外界相隔，因而划时代地跃进为独立的、高度有序的小型系统，即宇宙的第三代非知自组织系统的远祖——原核细胞（亦称无核细胞）。

新的复杂、有序的自组织系统，种种组因平衡、和谐地结合在一起，协同着形成一种新的结构和功能、一种新的对象性、一种新进化的动力。它已不是原来组因的结构、功能、对象性、进化的动力，而是发生了进化的进化，与原来组因之和相比发生了飞跃。

原核细胞就是这样，它虽然尚无健全的遗传系统，却已具有与第二代物能系统迥然不同的最初的生命特征，发生了进化的进化，即以信息为先导，与外界全息地交流物、能、信息。它以自身多核苷酸链和多氨基酸链等为参考系去寻找、识别细胞外面的氨基酸残基、核苷酸、碱基三联体等有机物，不是像物能系统那样与对象结合，而是将其包裹、吞噬、消化，成为自己抵消熵增的负熵来源，以保证自己的生长和传衍。它没有细胞核，却有多核苷酸链，许多基因按照功能的相关性成串地联系在一起，开始采取分裂的方式繁殖，并形成初级的信息本能、食（植物则是光合）本能、繁衍本能等。本能开始成为其非知进化对象性的现实，一切生存和传衍的活动都以本能为指向、以信息为前导来进行。

3. 生物进化的第三个里程碑：亲氧真核细胞的形成

真核细胞的产生是在宇宙创造了进一步进化的大环境，提供了更佳的负熵源之后。

这一进化的大环境和负熵源大致是：

（1）原始生物产生大量的氧，改变了地球上的大气层，形成了一个新的生境系统。

（2）由于当时地球固态的金属内核外的金属液态外核对流量产生的强磁场，挡住了地球之外射来的有害的射线，使深海中的生物才得以浮上浅海，接受氧和阳光。

最初，地球上缺氧，外太空射来高能粒子可直达地球表面，原核细胞生物只能生活在深海，以水中的核酸和氨基酸残基为食物。大约过了十几亿年，即 28 亿年前，水中的这种食物越来越少，一部分原核细胞发挥其进化的对象性寻找新的负熵源，浮到浅海吸收阳光和氧等，形成了能进行光合作用的蓝藻、绿藻一类的生物，并迅速地繁殖，使地表也开始氧化。现存的当时的微生物化石中发现的碳成分，就是当时它们光合作用中产生的二氧化碳转化来的。通过光合作用这一自养方式，地球上第一次建立起了一个二级生态系统，它由异养细菌和绿色植物所构成。光合作用的产物是氧气，氧气的出现，改变了原始大气的还原性。早期的厌氧生物又面临一场氧污染，因为对它们来说氧气不啻是一种致命毒气。其中的部分发挥了寻找、识别、吸纳的进化对象性，通过长期非知的、主动的努力，发展出有氧呼吸的代谢途径，有氧呼吸的代谢效率要大大高于无氧呼吸。生命就此上了一个台阶。

通过对 20 亿年前的铀矿（UO_2）的沉积物的分析，可以得知，又过了 18 亿年地球上才有了游离氧的存在。它是蓝藻、绿藻等与环境相互对象性作用和推进的结果。那时大气中氧的浓度可能接近今天浓度的 1%，氧气不仅可以使单细胞生物更有利于在浅海生存，而且还是原核细胞进化为更高层次的需要氧的真核细胞必不可少的负熵源。同时释放的氧日积月累地在大气上层形成了臭氧层，臭氧层吸收阳光中有害的紫外线，从而使得陆地逐渐成为生物能够生存的新天地。

生物不是坐等天促，而是主动地、不断地参与创造进化的大环境，与阳光、大气、海洋、地壳等相互对象性结合为一个不断自调自控、平衡协同、日益优化的生境系统。有关专家指出，地球环境之所以见之于地球而不见之于与地球相似的金星，也要归结到地球上出现了生命和生命的活动。有的专家甚至认为，出现生物后的地球本身就是一个活动的"生物"，一个不断进化的自组织系统。

约在19亿年前，在平衡协调的生境系统的促进下，能呼吸氧气的亲氧菌线粒体出现了。线粒体与原核细胞发挥其进化的对象性，相互寻找、识别、结合，即传统生物学上所说的比原核细胞小得多的线粒体侵入了原核细胞。其实，这是宇宙的子孙们相互结合、协调进化为新系统的最常见的方式，至今在生物界仍然普遍地发生和发展着。不过第三代生物的这种对象性的结合与第二代的对象性结合相比，已发生了进化的进化：它不是立即形成一个进化了的层次（或代），而是有个协调平衡的过渡期。例如，当线粒体与原核细胞结合后，一方面线粒体找到了更有利于获得负熵的环境——原核细胞内的细胞质；而另一方面，能呼吸氧的线粒体进入原核细胞后，通过氧化方式分解有机物，能提供生命体所必需的能量，从而使原核细胞有了进一步进化的条件和可能。同时，由于线粒体有着自身的DNA遗传体系和功能，原核细胞就有必要将其分散的核苷酸链与线粒体的遗传物质隔开，从而促使它用原始内质网把类核包围起来——细胞核便这样形成了。线粒体与原核细胞的共生还不止于此，有的专家认为，细胞中的其他网眼分隔间也是共生的结果。

也有人认为，真核细胞核中的成分比较复杂，它至少有3种来源，即从真细菌来的成分（可能来自前真核细胞器基因组），从古细胞来的成分（如核糖体A蛋白质基因）以及来历不明的成分（如细胞质的核糖体RNA）。因此有人认为在真核细胞起源过程中，前真核生物不仅吞噬过好氧呼吸细菌，也吞噬过一些其他对象变成共生物。在不断进化的过程中，共生物的某一部分膜被宿主溶解，释放出其中的DNA，使共生物和宿主发生遗传物质的交换。在上述协同整合过程中，宿主在DNA吸附处的膜发生内陷，并逐渐形成一种包围在宿主染色体组外的双层膜。这种膜和其中的染色体组就是最早的真核细胞的细胞核。后来又出现细胞内的分室化。[①]

不论是几次共生还是一次共生，都说明，真核细胞是原核细胞与嗜氧菌对象性结合共生的嗜氧生物。它们的共生经过一个平衡协同的过渡期。

真核细胞的诞生是进化史上重大的里程碑。真核细胞是具有典型生存和进化功能的宇宙第三代，今天世界上所有高级生物都是由真核细胞构成的。

在天促之下，由线粒体和原核细胞共生而形成的嗜氧真核细胞，发生的进化的进化是明显的：一是嗜氧，使其以新的本能为指向，以新的信息为前导去寻找、识别、吸纳进化大环境中新的信息和物能，不仅信息和物能的代谢率上了个台阶，而且参与生境系统创造和调控的速率也大为提高；二是具有了稳定而健全的细胞核和核内的DNA，从而为不断进化创造了条件；三是共生体形成了精密而完善的组织结构，为生物以后的进化提供了坚实的基础。

生物通过共生进化为新系统的奥妙和意义从原核细胞和线粒体的结合和发展可见一斑，在生物中到处可见。例如，真核细胞中的DNA自身就可以说是一种对象性结合的"共生"小系统，它的结构是（用发现者詹姆斯·沃森和弗朗西斯·克里克名字命名的）双螺旋式的，构成双螺旋的两条多核苷酸链都是以特定的方式配对的，例如，腺嘌呤总是和胸腺嘧啶结合，鸟嘌呤总是和胞嘧啶结合。再如，细胞相互结合形成多细胞生物共生体，两性生殖细胞结合而形成新一代，等等。

共生或者说泛义的共生，是各代自组织系统进化的一个极其重要的规律和模式。例如原子就是核子与电子的共生体；太阳系就是太阳与众行星的共生体；人－机系统也是人与机器的共生体。对象性结合而共生，是进化的普遍方式和规律。因为不同的组因、局部、成分，相互对象地结合而共生的新系统，发生了进化的进化——层次或代的飞跃。

4. 生物进化的第四个里程碑：两性的出现

第二代物能自组织系统进化的方式是寻找、识别同一层次的物能系统，与其结合进化为高一层次或代的新的物能自组织系统。而宇宙的第三代衍演进化的方式却发生

---

① 李难编著：《进化论教程》，第72—73页，高等教育出版社，1990年9月。

了进化的进化。一般不再与同层次的生物直接结合而进化，而是以性本能为指向、信息为前导去寻找、识别异性的同类，通过遗传物质的交流和结合而产生子代，子代既延续保持了双亲的性状特征，又因双亲基因分别长期的反馈积累和两性的全新结合使子代不断获得崭新的开始，不断地由渐变而突变，进化为新的更高层次的第三代。据统计，今天地球上 200 多万种生物中，有性种类占绝对多数，原始的无性生物少到仅占 1%~2%。这充分说明，有性机制的产生是加速进化的需要。

但，生物由无性进化为两性，不是一蹴而就的，也有个过渡期。

在单细胞生物通过信息对象性地寻找物、能、信息过程中，其中有一部分由于生境和反馈的差异积累和发展了一种特性的多核苷酸链，它在与同类的接触和摩擦中，对象性地寻找、识别具有异性的多核苷酸信息编码的同类生物，通过"共轭接合"而转移给它。这便是最早的性接触和性区分。不过这与后来的真正的两性有着很大的不同，被称作伪性过程。具体表现在：当雄性 DNA 转移到雌细胞后，雌细胞就成为雄细胞，它再去寻找、识别雌细胞，将 DNA 转移给它。性变在细菌中是常见的现象，是其进行 DNA 横向转移的普遍方式[①]。这种准性区别在反复长期的接触中，随着 DNA 的反馈和信息积累，才将性别固定下来，分别成为雄性和雌性，从而进一步发展为固定的、正式的性区别和性行为。这大约是 10 亿年前的事。在多细胞生物进化的过程中，这种持续地、对象性地接触和演进，便产生了相应的性器官。

伏尔更斯坦认为："由于有性繁殖的结果在每个新的个体出现时产生了新的信息。这时基因以无指令的方式重组。有性繁殖产生极广泛的突变性。而突变为进化提供了无数的素材。"[②]有性繁殖的确能产生新信息，但，新信息的产生并不仅仅由于两性 DNA 的结合，还在于在结合前，分属两性的 DNA 因在长期对象性活动中的反馈而具有渐变的新信息。当两性结合时，分别具有渐变新信息 DNA 的重组，便会引发更有利于进化的改变。

两性的形成和差别，不仅提高了重组的机会，而且，由于性选择，也促进了物种

---

① 《自组织的宇宙观》，第 123 页。

② [苏] M·V·伏尔更斯坦：《现代物理学与生物学概论》，第 136 页，龚少明译，复旦大学出版社，1985 年 11 月。

的优化，加速了进化的过程。

5. 生物进化的第五个里程碑：多细胞生物的产生

由真核单细胞生物到多细胞生物是生物进化的必然。

单细胞生物是怎样进化为多细胞生物的，长期以来由于没有化石的实证，众说纷纭。20 世纪 80 年代后期，肖书海、张昀和诺尔等科学家在贵州陡山沱磷块岩中发现了 6 亿多年前的由许多同形细胞规则或不规则组成的集群，以及由 1 至 64 个对数增加、数目不等的细胞组成的初期动物胚胎球体（被认为是重演了由单细胞生物进化为多细胞生物的进程）。这一发现说明：多细胞生物的形成可能是单细胞生物发挥其进化的对象性去寻找、识别、结合对象性的同类，许多原本独立的细胞，便不同程度聚合在一起；或是分裂后的单细胞生物聚集不散而形成的。它们较之单细胞生物进化的对象性、进化的对象、进化的方式、进化的结果等都发生了重大的进化。不仅更有利于获取负熵、生存生长、抵御外侵和气温的变化，也更有利于传衍进化。

38 亿年前，地球上就出现了单细胞生物，但 20 亿年后才出现了第一批多细胞生物。人们普遍认为，拖了这么漫长的时间，正是和多细胞生物需要加工和传导信息有关。为了将多细胞联系为一个统一的、协调的系统，多细胞生物形成并递佳地发展了加工和传递信息的方式。开始并无典型的神经结构，每个细胞决定其在聚合体内的位置和特异化功能以及何时分裂等，只有等到"邻居"细胞传来命令后，才逐渐形成了全体细胞间的"社会性调控"。通过传导的信息联系，多细胞生物才成为一个整体的系统，使各个细胞协同起来发挥和发展以本能为指向、以信息为前导的对象性，去寻找、识别、摄取对象信息和物能，以便生存和进化。后来这种联系便逐渐形成了网状神经，并产生了与之配合的消化系统、血液系统等。

从网状神经系统的腔肠动物到脑中枢神经系统的脊椎动物，从水域到陆地，从冷血动物到温血动物，从爬虫类到哺乳动物以及灵长类的诞生，都是生物进化的一个个里程碑式的进化历程。

今天，高等生物个体的形成和发育——先是由大分子结合为遗传细胞，然后精子和卵子结合，接着逐渐发育，出生后还有个生长成熟阶段。恰如菲秋马所问：

为什么不同生物适应不同环境，过着不完全相同的生活，但在胚胎初期却十分相似呢？神为人及鲨鱼所定的计划中为什么要他们度过几乎相同的胚胎期？如果陆生动物的蝾螈是来自水生的祖先，为什么它要在卵中度过整个发育期而且要长出完全不用的鳃和鳍，而在孵化出来之前又完全消失呢？

生物个体整个形成和生长过程，正是生物先祖由分子结合为单细胞生物，演化为两性，进化为多细胞生物，再进化为高等生物的漫长历史的缩影。（这正好证明物种千万，都不是神所创生的。）但，这只是物种进化的缩影，还有一些进化是超物种的，在发育过程中不能再现，它贯穿于物种进化的各个历程，也是非常重要、不可忽视的。其中主要的有：

1. 群体化的进化

从原细胞生物开始，生物就是群体生存的，但群体的生活方式在随着进化而进化。最初浅海中的蓝藻群以巨大的面积和功效，不仅使大气中出现和增长了游离氧，而且也使自己得以生存和进化。蜜蜂群体则有了严密的分工，形成了不可分的系统，协同运作，但它们与灵长类的群体相比仍然是低级的群体。灵长类有着萌芽状态的自知性，他们的群体，则是生物中最高级的，有着更多的自由组合的方式和灵活多样的社会关系。这对促成由非知向自知的过渡、进化为人类有着重要的作用。从细胞的种种分子的系统调控到多细胞生物的协同调控，蓝藻的系统调控，动物群体非知的社会调控，以及第四代人类群体自知的社会调控，这一进化的过程说明，多维协同、系统调控对自组织系统的生存和进化有着多么重要的作用。

2. 生境系统和生态系统的进化

单细胞生物刚在地球上诞生起，就和环境，包括大气、地质等形成了一个不可分割的生境系统。当这一生境系统进化到一定的程度，通过调控达到一定的水准后，促成了2.5亿年前的物种大爆炸。随着生物的不断进化和多样化，在大的生境系统中几乎所有的生物因不同的环境和物种的差异又形成了不同等级的生态平衡系统，如，种群的生态平衡、种群间的生态平衡、各种生物与所在环境的平衡、全球生物与地球的生境系统的平衡。任何一种生物的生存和演化，不仅离不开全球的生境系统、也离不开各级生态平衡系统的协同调控。生境系统、生态系统一旦被破坏和消失，生物的生存和演化也就失去了可能。生物的生存和演化，包括个体或局部的竞争，都是在大系统通过协同调控既保持稳定又不断进化的前提下进行的。离开大系统协同调控，生物就不可能存在和进化；个体和局部的竞争只不过是大系统协同调控方式中的一种，其结果是达到新的平衡，进化到一个新的层次。

多维协同、系统调控、对象组合、天促物进，是宇宙也是生物进化的规律。系统的功能是各组因协同之果的飞跃。进化总是天促物进，将获取较少负熵的弱小而简单的自组织系统，对象组合为能协同运作获取更多负熵的更高级和复杂的自组织系统。宇宙的第三代生物的进化，正是以本能为动力、信息为前导，对象性地寻找、识别、吸纳和加工物、能、信息对象，由低到高，由简单到复杂地形成递佳、递大、递复杂、递高级的新的协同调控的自组织系统。

3. 以本能为指向和以信息为前导的对象性的进化

生物的进化直接表现在其硬件和软件的演进上。

如果说器官是生物进化的重要硬件，是需要的产物，那么本能则是生物进化的重要软件，也是需要的产物。

需要容易被人误解是"主观的"，但生物是第三代非知自组织系统，其需要是"客观的"。因为生物的需要：

（1）其自身并不知道，是自然驱动的、非知的进化的需要。

（2）是种群普遍性的需要。即在天促之下，同境的同种群都会萌发这种需要。

（3）由于是自然驱动的普遍性的需要，因而也是持久的，会多代长期持续。

由于宇宙不断创造进化的大环境，提供新的负熵源，所以生物的对象性需要，通过不断努力是可以实现的。一些普遍性的、持久性的需要，在长期的实现过程中，便会在DNA上逐渐形成编码，成为能遗传给下一代的与生俱来的本能，并促成相应的器官形成。例如，因对象性寻找、识别、贮存、加工、外化、物化信息的需要而主动去进行种种对象性的活动，从而促成DNA由渐变而突变，形成了非知的信息本能，并逐步促成信息器官（如输入信息的器官眼耳等、加工信息的脑、传递信息的神经系统、输出信息的口舌喉等）的形成和进化。由于吞噬消化食物、获取能量的需要，而产生了食本能，促成了口、舌、食道、胃肠等器官的形成和发展；由于延续生命和进化的需要，而产生了性本能，并促成了性器官的形成和进化……

本能和器官的诞生和进化，都不是孤立进行的，而是生物系统调控、协同运作、相辅相成的过程和结果。由于生物的活动是以信息为前导，而本能属于信息范畴，所以相对来说，总是本能带动器官的进化。单细胞生物的后期虽有性本能，但并无性器官，性器官是在性本能地指向性活动中逐步形成和进化的。性本能的产生和进化通过双向法则促进了性器官的产生和进化，性器官的产生和进化反过来也促进了性本能的进化。高等生物虽然产生和发展了种种器官，但各种器官是相互联系的，而不是孤立活动的，例如性器官和神经、分泌系统、血液系统以及其他感官系统都是相互联系的。高等动物的性本能已非单细胞生物的性本能，不仅多方面地展开对异性的性爱，而且在性本能与其他本能的调控和协同上也复杂高级得多。

器官属于硬件，不仅是一般人们能看见、触摸到的，生物学在这方面也做了较深入的研究，而本能是属于软件、信息范畴，往往易被忽视。下面拟对何谓本能以及本能的功能特性等做些探讨。

（1）本能是与生俱来的天性

生物较之第二代自组织系统发生了进化的进化，其进化的对象性不再以力为指向和前导，而是以本能为指向、以信息为前导。本能是需要的产物，面对境遇的需要是本能的现实。非知自组织系统生物，就是以本能为指向主动非知地进行种种对象性的输入信息，加工信息，外化、物化信息的生存和进化活动。本能在漫长岁月的形成过程中，已在 DNA 上进行了编码，成为不需要有意识地控制、不需要学习的天性，不但能遗传给后代，而且能不断地丰富和进化。

原始生物与后来的高级生物相比，本能数量少而又简单，例如单细胞生物，开始只有简单的食本能，后来才发展有性本能，到高等生物才有睡本能、游戏本能、好奇的本能等。但，所有的生物，不论是原始的还是高级的，都有共同的非知创造本能，它是种种本能的集中表现。宇宙第二代物能系统也能进行非知的创造，从无到有创造了质子、原子、分子、星际万物，它的非知创造是通过物理和化学的作用来进行的，这在第三章已描述。生物的非知创造则是通过其不断发生和发展的非知的以本能为指向、信息为前导的对象性活动，通过信息的反馈和积累，汇集、协同、调控、平衡，逐步改变其 DNA，由渐变而突变为新物种来实现的。除此，高级动物也还有一些自身之外的非知创造，例如，蜂筑窠、鸟筑窝。但，这些创造仍属一代代主动活动的积累和演进，为遗传下来的与生俱来的本能所支配。

植物与低等动物只能在本能的驱动下，通过种种主动的活动对象性地寻找、识别、结合或摄取对象，一方面保持自身的稳定和生存，一方面按照本能需要的指向创造新的后代，不断地进化。但，高级动物随着不断地进化，具有越来越发达的支配和协调本能的神经系统，以本能为指向、以信息为前导的活动有些上升到一个新的层次，能非知地利用和改变对象。例如，猴子用竿子去取香蕉，猩猩利用墙角将苹果磨碎。

（2）本能是生物主动进化的一种非知的动力和指向

先天的本能是遗传下来的需要，使子代无须重复亲代的探索和积累，便能在现实的活动中，非知的直觉到现实和更好生存与进化之间的差距（不平衡），从而产生改变这一差距的非知的对象性需要，一种不可抑制的冲动，推动它不断地进行相关的、主动的活动去解决现实与需要之间的差距。

本能体现了进化了的第三代的进化对象性，不仅具有比第二代更强烈的主动性，而且具有随机性，并随着生物的进化，而不断地发展、丰富。具有高级神经系统的高等生物则产生了学习的本能、爱的本能、游戏的本能等，并由本能发展为相应的欲望，如性欲、食欲、探索欲等，欲望更强化了其非知的进化对象性，成为第三代一种自发的、更主动的进化动力和指向，激励它去进行种种对象性生存和进化活动。

（3）本能属于信息功能的范畴，由专司信息加工的部门来控制

正如民谣所说：草地上长满鲜花，牛羊只看见青草。信息都是对象性的，非本能的对象性信息，生物则视而不见、听而不闻；而本能的对象性信息，生物就会将其从广泛的信息海洋中捕捉、吸纳。

由真核单细胞生物进化而来的植物和动物，前者由于植根于土壤或水中，不需要活动，进行的是光合作用，没有发展神经系统，其生长的本能、光合作用本能、开花结果的本能等均由能贮存信息、加工信息、外化信息的 DNA 信息编码来控制以及细胞

间的信号传递来完成。而动物则不然。发展为多细胞生物后，细胞的 DNA 已不能承担调控整个新系统的全部工作，将众细胞联系为一个整体来进行以本能为指向、以信息为前导的生存和传衍活动这一对象性需要，通过信号传递通道反复地反馈给 DNA，使其不断地由渐变而突变，产生和发展了将所有细胞联系起来的神经网，如原始腔肠类。牵一发而动全身的网状神经呈平均分布的弥漫状态，有利于普遍地联系。但尚缺少专司信息加工的器官，以后的动物，发展了雏形的信息加工的神经索；再后来则发展为加工信息能力不断增长的脑，脑成为控制中心。

单细胞生物的一切信息活动都遵循双向法则，以本能为指向进行的信息交流、加工和外化，均由 DNA 来控制。它指令蛋白质的合成，进行信息反馈，改进遗传信息、编码本能信息等等。进化为多细胞生物后有了控制和协调所有细胞的信息中心，特别是有了脑器官后，则发生了重大的进化，不但本能发展得越来越丰富、高级，而且脑对本能的控制能力也不断提高。面对现实时，则是先对种种非知的本能进行系统的调控。何时启动何本能，怎样按本能的指向进行活动等都必须由控制中心脑调控、筛选、加工后，才发出本能活动的指令。（信息中心是 DNA 之外、之上的专司信息机能的系统，它发出的信息指令，不仅会通过神经网络传递到相应组织的细胞，支配生物的对象性活动，而且其加工信息的活动本身及结果，也同样会通过神经网络、血液、腺体的传递，促成 DNA 的反馈和进化，包括发展本能。）例如，饥饿的羊的食本能指向它迅速地向草地奔去，但当它发现了狼时，便调整了它的本能——求生本能代替了食本能，立即逃跑了。长此以往，羊就能发展其回避风险的本领，狼也会发展其捕食的能力。灵长类用脑对本能的调控则又进了一步，为了满足食本能，其回避风险的本能使其能先想出与食本能无直接联系的办法——这通常被称之为动物的思维。例如，一只猩猩发现一个盒里装有香蕉，引起了食欲，但它觉察到有另一只猩猩在一旁，怕它来抢，便假装没发现，等那个猩猩走后，才去把香蕉拿出来吃。

从本能的反应、反射活动到本能的思维活动是生物进化的进化。人类有思维器官脑，动物中最高级的灵长类也有较发达的思维器官脑，为什么前者是自知自组织系统，后者却是非知自组织系统呢？

这是由于，灵长类的脑虽然比一般动物进化了，能进行较复杂的信息加工活动，但这些思维活动，仍是非知的、以本能为指向的，还不能像人类那样把自己作为自己控制的对象。

动物的思维是非知的、本能的思维，是和其本能支配的活动直接同一的，困了就想睡，饿了就想吃。它寻找的也是本能的需要对象，非本能的对象，它则视而不见、听而不闻。它对信息的识别，也是靠本能的直觉。直觉是以经验为基础的，生物的经验是本能的经验，求生的本能使其逐渐积累起对天敌识别的经验，食本能使其积累起对食物对象识别的经验等。生物对本能的调控、平衡和选择，也是本能的驱使。一只老虎看到一只受伤的大象，它判断是跑还是扑上去，这一思维活动看起来似乎与人的思维没有区别，但实际上却有着代的差别，它是在求生本能和食本能支配下进行非知调控而做出的。如果危险大于捕食，便放弃捕食而逃跑。而人遇到险境时思维是自知进行的，有时他能在自知的某种思想指引下，做出与生存本能完全不同的决策，如，牺牲自己保卫国家。非知的本能思维与自知的超本能思维的区别，是动物与人类之间最难而又最需要进行区分的。

人把思维的我作为自己自知控制的对象，指令他进行或不进行思维，进行何种思维，确立思维的目标，预测思维的效果，筹划思维的方法，运用语言、观念、理论等思维场的全部贮存信息，进行场效应（第六章详），自知地进行超本能、超具象、超时空质的思维。稍焉动容，视通量子，举足之间，神游亿载，窥万象之进化，探四力之作用，在无垠的信息海洋中自由地驰骋，将风马牛不相及的信息进行碰击，创造出递佳、递多的世上尚无、进化所需要的新的物、能、信息系统。

非知自组织系统动物与自知自组织系统人类，是宇宙两个递进的代，两者对生存与进化具有重要作用的思维的差别，概括起来有以下几个方面。

（1）思维的性质

动物的思维是非知的本能思维，分不清指令的"我"和被指令的"我"，分不清思维的目标和思维的内容；而人的思维是自知的超本能思维，有明确的目标，是自己有意识地指令自己进行的，例如，"现在我得考虑考虑这事怎么办"。

（2）思维的内容、材料

动物是面对现实的直觉对象，由本能驱使而发生的；而人思维的内容是超本能的、

超直观的，可以是具象的，也可以是抽象的，一般是抽象与具象的结合。有时虽然与本能有关，但一般来说，是由非本能驱使，在超本能的科学观念、美丑观念、道德观念、哲学观念等等作用下进行的。

（3）思维的工具

动物没有语言，高级动物虽然有简单的声音表示，但尚不是真正意义的语言，只能进行直觉的、具象的信息加工；而人不但创造了语言，而且创造了用以思维的种种知识和思维的方法，可远离具象的抽象，远离抽象的具象，广览事物的现象，深入事物的本质。

（4）思维的功效

动物思维的结果是满足自己本能的需要，同时，其思维的过程、思维指令的物化活动能促进其DNA的反馈进化，由渐变而突变，创造新的本能和器官、新的物种，或者说，动物的思维只能非知地创造其自身。而人类的超本能思维和思维指导的实践外化的结果，不仅能满足其种种超本能的需要，而且能通过对象性的自知的创造突破怪圈而递佳地生存和进化，不仅能创造种种有利于进化的工具，并能创造递佳、递大的自知自组织系统、社会、国家以及宇宙的第五代人球系统。人类的进化是超进化，是与创造的对象结合而不断随时随地地进化。关于这方面将在第六章进一步展开探讨。

补　遗

万里之行始于足下，生命的开端是研究生命的形成、规律、特点的重要对象。

第一，信息大分子的组成成分是碱基、氨基酸等，米勒的试验说明，它们是在地球的环境下，分子发挥其进化的对象性寻找、识别、结合的产物。而能够产生生物的地球环境，是各层系统包括宇宙、太阳系、地球自身以及相关的微观系统分子等进行调控不断进化的结果。只有在各层系统调控、协同平衡进化的过程中适当的时间和地域，才有信息大分子的产生和发展。

第二，生命的发生说明，人们经常挂在嘴边的"以信息为先导，信息流带动物能流"，正是生命的开端和基础，也是由低级到高级的所有生物生存和进化的规律和原因。

第三，准生物的诞生说明，生物的活动是以信息为主导的。

现在，海洋中热液喷射孔附近有大量的细菌生长，细菌由通过氧化喷出的硫化氢和甲烷等得到生物能，它们有别于由光合作用形成的生态系统。最早诞生的生命大概类似于这样的细菌，因为原始海洋正近似热液喷孔那样的状态。

为什么从远古到现在有的单细胞生物已进化为高等生物，而有的仍然没有进化呢？

虽然所有的生物都源于远古单细胞生物，但后来它们的进化发生了分化，今天的生命存在形式可分为三大类：即真细菌、古细菌和真核生物。细菌分为两大类：某些细菌生活在高温、高压和高盐的环境中，进行硫和氢代谢，这一大类细菌叫古细菌；所有其他的细菌组成另一大类，叫真细菌。细菌的RNA分析的结果显示，古细菌、真细菌和真核生物是属于同一个层次。分化后的生物都各自按自己的种系进化。从大的种系看，当真细菌和真核生物分化之后，真核细菌经过38亿年的进化，其中某个种系进化为人类，这一进化过程仍然可以从精子进入卵子开始，形成胚胎，到胎儿出生的过程见到其缩影。这是在当时那种条件（大气、地质、生境系统等）促成下发生的，而有些细菌当时未逢这些条件，错过了机遇。与真核生物分化后，它们便向着另一个种系方向，即小而精的方向进化。它们的基因组在大多数蛋白质已进化之后逐渐失去了不必要的原有的内含子，所以已不可能像原始细菌那样向真核生物进化了，它与真核生物并存形成动态的生态系统。从小的种系来看也一样，例如，就像不可能要求熊进化为猩猩一样，要求猩猩仍能进化为人类[①]，除非将来可人为地改变DNA。各物种今天当然仍沿着各自的种系在进化，但这常常需要漫长的岁月才显现出来。绝大多数的渐变人们虽未能发觉，但这并不等于不在进化。随着科学的进步，人们将来会从DNA分子结构的变化上予以揭示的。

洛夫洛克认为：地球上的生命从一开始就不断地与自身所处的环境相互作用，为使得自身得以生存而不断"优化外界"，使得大气圈最终也成为它们自己生存和进化

---

① 《进化论教程》第62页："地球上作为原始生命起源的基本自然条件已不复存在，例如，没有强烈的太阳辐射和放电等基本能源，没有原始的那种还原性大气，也不存在原始海洋那样的环境，此外地球上的各种有机物质已不可能像原始地球上那样能够长期保存并演化成生命，而是很快地被各种生物所破坏。"

的环境（而传统观念上的大气层只是包围地球生命的一个基本稳定的外部环境）。浮游生物控制着温室效应，因为它们中的壳类生物吸收了大量的二氧化碳，而每年浮游生物所产生的硫远远高于地球火山喷发所释放出的硫的总量；森林大火调节着大气中氧的含量，等等。生命自诞生以来，面对各种危机，为自己创造环境以保证自己得以生存——这就是盖亚假说。

盖亚假说认为：盖亚不只是活着的地球，还是一个古老的现象，是由亿万个互相碰撞、吞食、交配、分离的生物组成的全球系统。也有人认为：地球也是一个生物，它表现出的生理学就是我们认识到的环境调节，这种调节不需要意识去进行，任何生物都不能靠消耗自己的废物来维持，而"活着"的地球却超越任何生物群，1000万种甚至更多的物种的相互联系（一种生物的废料是另一种生物的能源）形成了地球的"全球调节系统"。

当空气中的氧气达到一定的程度时，厌氧生物就变为亲氧生物；当空气中的氧气减少到一定的程度时，亲氧生物就会变为厌氧生物，这样就可以调整大气中的氧含量，保持一定的水平。

需要对生物来说，虽然是非知的，但它却是非知的第三代生物进化对象性的实际指向，需要经过长期的刺激，在DNA上进行信息编码，成为与生俱来的进化本能，并随着其种种长期主动活动的进化而进化。

非知的本能和相应的器官，均是非知需要的产物。它们相辅相成，相互协调而发展演进。本能是在DNA上作了编码，遗传下来的，但它属于软件，神经系统可以对它进行平衡调控，外化为千变万化的行动，并在这一过程中升华原来的本能，发展新的本能。其活动的本身、活动的结果会反馈给DNA，促成遗传信息的进化。器官也是在神经系统的控制下进行千变万化的活动，发展新的机制，促成DNA的改变。相对来说，本能的调控，幅度大些，属于精神范畴；而器官是硬件，调控的幅度和速度就小些、慢些，是在信息流的带动下实现的。

猫头鹰在夜间活动，从而促成了瞳孔能放大和缩小的眼睛、敏锐的耳朵和不能高飞的翅膀；而在白天飞行的鹰则拥有能远视的眼、相对较弱的耳与能在高空盘旋的翅膀。这是它们在以本能为指向、信息为前导，对象性寻找、识别猎物的漫长过程中，系统调控、主动活动、不断演进的结果。

第五章

达尔文进化论的剖析

进化论为何正由渐变走向突变?

何谓达尔文进化论的八小论?

为何说八小论是环环相扣的多米诺骨牌?

为什么说理论受时代的限制却又能超越时代?

达尔文进化论的剖析

150 年前建立的达尔文进化论，的确具有划时代的意义。一是，冲破宗教的束缚，打击了神创论，该理论指出：物种千万，并非上帝创造，是逐步进化而来的；二是，发扬和宣传了科学精神，揭示了世界不但是动态的，而且是进化的，不断由低向高、由简单向复杂发展着。鼓舞人类不断前进，争取更美好的未来。达尔文历时 20 年的艰辛创造，在人类科学史上是功不可没的。达尔文认为人也是生物，与动物没有本质的区别，只有程度的差异，将其生物进化理论也应用到人类社会，形成社会达尔文主义。本书统称为达尔文进化论。

达尔文那个时代生物学还很不成熟，对很多问题尚处于非知的状态，如对遗传物质就毫不了解，达尔文采用的是融合遗传论。由于在许多根本问题上是凭直观推测的，所以其进化论是先天不足的。随着生物科学的发展，后人根据他的理论不断运用新的科学发现予以解释和充实。新达尔文主义便是达尔文进化论的延伸和发展。虽然，新达尔文主义已运用了分子生物学的成果，但基本上仍然继承和坚持达尔文进化论的主要观点，如，认为 DNA 的变异是偶然的、随机的，由于天择优汰劣，生物才不断地进化，等等。

现代科学，特别是相关的生物化学、生物物理学、遗传学、古生物学、宇宙学、理论物理学、地球学以及横断科学、信息论、系统论、控制论、协同论、突变论、混沌论、分形论等老、新、后三论的突飞猛进，使传统主流进化论对何谓进化、进化的动力、进化的规律等诸方面所确立的一些认识和原理，日益暴露出与科学实际严重相悖的一面。其中某些认识和"原理"，已给科学和社会带来明显的负作用。就像生物是不断进化的一样，人类的认识也是不断进化的，传统主流进化论已由渐变到了必须突变的时候。

以达尔文进化论为基础的传统主流进化论在自然科学界、社会科学界以及广大群众中有着广泛的影响，在各门科学都在发生重大变革的今天，在被称为生物世纪的21世纪到来的时候，对它进行较系统的剖析和认识，不无必要。

传统主流进化论所存在的问题，可以简略地概括为八论，即物能论、天定论、偶然论、渐进论、还原论、竞争论、不可知论、唯生论。下面分别一一剖析。

一、只见物能不见信息——物能论剖析

达尔文的时代，人们不知道有信息，只知道世界上有两种存在，一是物质，一是能量。达尔文在研究生物进化时只能从可见可察的物质和能，即生物的性状变异来考虑，而看不到、也不可能看到生物的信息功能，特别是动物思维在进化中的重要作用。他对进化的界定从未提到、也不可能提到生物的信息加工和外化，更不曾提及这方面的进化是判断生物进化的重要准绳。他采用德国胚胎学家冯·贝尔（1792—1879）的标准，即，同一生物成体状态"各部分的分化量及其对于不同机能的特化程度。"他说："从同一个祖先传下来的生物，当改变的时候有在性状上发生分歧的倾向。从所有的物种可以分类在属之下，属分类在科之下，科分类在亚目之下看来，它们的性状显然大大地分歧了。"[①]他根本不考虑，也不可能考虑到在天促之下，生物以本能为动力、以信息为前导的主动努力能通过信息反馈，引起遗传改变，而是强调"自然选择（即其认为的进化原动力——引用者注）显然是向此标准前进：因为一切生物学者都承认

① ［英］F·达尔文编：《达尔文生平及其书信集》，第一卷，第69页。

器官的特化能使它们行使较好的功能，对于生物是有利的。"[1]

后来，有人提出不同的认识，把生物界定为：能进行新陈代谢。此外，广泛流行的认识认为："生命现象的最基本特征就是不断地与自然界进行物质、能量的交换，即新陈代谢。"这一说法仍与达尔文一样只从物能来考虑，恰恰忽略了生物真正的最基本的特征——具有信息功能，它与自然界交流的不只是物与能，还有信息，特别是，这种交流是以信息为前导的，即以寻找、识别、加工信息为前导与自然界交流物、能和信息。信息是生命的火车头。

今天，随着信息的揭示和信息论的创立，特别是对遗传信息的揭示，对 DNA 的逐渐破译等，生物学有了划时代的进步。但，遗憾的是，传统主流进化论仍坚持 150 年前达尔文的理论，认为除了能进行新陈代谢，"生物的另一基本特征是能够进行自我复制"，把 DNA 看成是个忠实的封闭大分子，仅仅是由于 DNA 复制时偶然的、随机的错误，天择优排劣，生物才能进化。表面上看，似乎已提到信息大分子，但实际上只不过把它看成是一个复制的物质模板。如前已述，生物是信息、物、能三位一体的开放系统，其微观组织 DNA，也同样是信息、物、能三位一体的开放系统。它们都是以信息流带动物能流而开放和活动的，没有信息流的带动，就没有生物，就不可能有生物的生存和进化。DNA 如果不能输入新的反馈信息，它就不能存在，更不可能进化。它决不是一个不变的模板。

令人惊奇的是，就连把系统认识看成是宇宙观的当代著名科学家贝塔朗菲，在提到生物时，也只是讲物能，而不讲信息。他说："生命的形式不是存在着而是发生着，它们是通过有机体同时又是组成有机体的物质和能量的永恒流动的表现形式。"

薛定谔在其名著《生命是什么》中曾对从物能来界定生物的认识提出了质疑，他说："生物学和物理学的主要问题不是有机体是否通过产生能量而违抗热力学的问题。"

生物的特征，绝不是能新陈代谢加复制，生物的进化也绝不是只表现在物能性状的变化和器官的特化上。进化是进化的进化，即进化的对象性、进化的动力、进化的对象、进化的方式、进化的结果有了进化。这才是进化的本质。

---

[1]　《达尔文生平及其书信集》，第一卷，第 79 页。

生物三种大分子和遗传信息编码关系的揭示，说明宇宙除了物和能外还有一种存在，那就是信息。信息不是作为一种认识的对象，而是与物、能同样实实在在的生物的一种必需的、重要的组成因素。第二代物能自组织系统是通过物能对象性地寻找、识别、结合对象，从低层次进化为更高层次。生物与物能系统的根本区别就在于除了物能外它还具有信息和信息功能，是物、能、信息三素全息一体的存在。三素中缺少任何一种，生物就不可能存在。就像不能离开物与能一样，生物不仅一刻也离不开信息（一个细胞如果失去了必要的信息，就会激活自杀程序而死亡，一个人脑死亡便是僵尸），而且其任何活动都是以信息为前导的。

自组织系统一旦具有信息和信息功能，便产生了物能系统所不具有的两大特点：一是能通过信息寻找、识别、结合（吸纳）对象，与外界全息地交流信息和物能，获取负熵而生存、生长；二是能通过信息反馈，改变 DNA 的组织结构，由渐变而突变，进化为新的生物系统。简言之，生物是以信息流带动物能流，或通常所说的生物有灵性、有生命。

具不具有信息和信息功能，是生命和非生命的分界。从单细胞生物、腔肠类、鱼类、两栖类、爬行动物、哺乳类、灵长类，可以明显地看出其在信息的输入、贮存、加工和外化、物化等方面的进化。拿灵长类来说，它为什么是生物中最进化的种类呢？因为它不仅能用其较发达的脑有效地输入、贮存、加工信息，而且能用其灵巧的双手和身段将其加工后的信息外化、物化，从而不仅能更好地获得信息和物能生存、生长，而且能更佳地通过信息反馈促进 DNA 加快进化。

唯物能论认为构成世界的本原只有物和能，对信息或是根本不知道，或是视而不见。苏联对 DNA 的发现、信息论的学说，曾进行猛烈地攻击，斥之为唯心主义的鬼魂论，结果科学大大地落后一截，后来不得不认错直追。达尔文因时代的限制，不懂得信息，也不可能讲信息，所以不可能揭示生物（以信息为前导去寻找、识别、获取负熵）的主动努力是使其遗传信息由渐变到突变而进化的内因。可在信息论、生物三大分子研究等学科长足进展的今天，一些人仍然秉承唯物能论，就难以理解了。

生物的一切活动都是以本能为指向、以信息为前导的，创造新的性状、新的器官、新的物种，如前已述，都是长期的双向信息流带动的。虽然这种创造是非知的，但它的确是一种从无到有的主动创造。达尔文和达尔文以后很长的一个时期，只知道物、能的创造，后来有的社会达尔文主义者重视资本的积累，但仍然未脱离物能的范畴。今天已进入信息时代，信息是带动物能运转的火车头，获取和创造最新的信息，是第一位的。世界网络化更加证实和促进了这一进程。唯物能论，不仅与生物生存和进化的实际相违，而且也与时代背道而驰。

补 遗

从19世纪到20世纪末，达尔文及其后继的天定论者秉承和发展了牛顿的决定论，认为生物的主动活动对其进化毫无作用，优胜劣汰都得由天来定。

如果没有精巧的信息系统，多细胞生物无法作为一个整体协调所有细胞的生长和分化。

生物学传统认识中有许多不准确的认识，例如，他们认为生物的特征是能进行复制。但实际上，由于生物三种大分子间的信息流是双向的，蛋白质和RNA向DNA回递反馈信息，DNA不断地进行反馈调控，所以生物的遗传不等于简单的自我复制，而是在不断地由渐变而突变。准确地说，生物的另一基本特征应是，能通过信息双向交流，进行由隐渐变到显突变的遗传和进化。

达尔文只讲生物的性状，而不研究生物的信息功能，特别是动物的思维在其生存和进化中的作用，所以他不可能了解信息反馈对遗传信息进化的根本性作用，也不了解生物主动活动对进化的作用。

动物是为了本能的需要而学习、思维，有一种学习和思维的本能，或者说是本能支配其思维和学习，是一种本能的思维和学习，而本能就属于信息范畴。

二、听天由命的哲学——天定论剖析

生物的进化不是自身努力的结果，而是其自身之外的天起决定作用。这就是天定论或机械存在决定论。

达尔文是这一理论的鼻祖，他说："我们在无穷尽的微小的特征看到不定变异性，这些特征区别了同种的各个个性，它的产生同生活环境无直接关系。"[①]"变异"不仅只发生在个体，而且是偶然的、不定的，只有由天择优汰劣才不断地进化。他说："自然选择在世界上每日每时都在精密检查着最细微的变异，把坏的排斥掉，把好的保存下来并把它们积累起来。"[②]他认为"自然界没有飞跃"，生物变异随时都在发生，自然选择使有利的得到保存，不利的被淘汰，经过这样漫长的积累，便形成了不同的物种。现代达尔义主义继承了达尔文的进化理论，指出 DNA 的变异是随机的、偶然的，只有通过天择才能带来进化。

达尔文主义的天定论的认识可概括为以下几点。

1. DNA 是最保守的大分子，忠实地复制自身，抵制一切变革和进化，循环往复，没有反馈，是个封闭系统。它的基本结构是不受生物整体活动影响的。

2. 进化是起因于 DNA 偶然的、随机的复制错误。

3. 众多的偶然复制错误，只有通过天择才能优胜劣汰、适者生存，使生物不断地进化。

达尔文提出来的这种自身毫无作为，只有靠天来决定的认识，成为天定论、机械存在决定论的理论基础和依据。它虽然比此前的一切由上帝来决定的神定论前进了，

---

① 《物种起源》，第 12 页。

② 同上，第 101 页。

用天取代了神①。但另一方面也与神定论有两点相似之处。一是，把生物（包括人）看成是被动的，自身在进化上没有作为，只能听天由命，成了扼杀和限制了人类性特别是创造性发展的理论依据。动物是通过非知的创造而进化，人类是通过自知的创造而进化，而不是达尔文所说的被动地去适应自然环境。拉马克虽然认为生物有进化的内在动力，可惜他是个泛神论者，并未真正揭示生物内动力的根源，而是称生物的内动力体现了神的意志。二是，由于未能揭示生物进化的真正原因，所以，这种认识与现实相联系时，就处处碰壁，悖论百出。

天定论存在的许多不可解的悖论，略举如下：

1. DNA 是从三联体进化而来的，三联体从诞生起就是开放系统，它以信息带动物能，吸纳信息和物能，逐步进化为 DNA，为什么到头来 DNA 反而成了封闭系统？这岂不是退化了？天为什么会这样选择呢？

2. DNA 是拒绝一切反馈信息的自我循环的封闭系统，以其遗传信息转录诞生的生物为何反而是开放系统？岂不自相矛盾！

3. 在 20 世纪初之前人类一直认为天是静止不变的，只有空间上的差异。传统主流进化论也从来没提过宇宙是进化的。那么，不同的空间（环境）差异的选择只能形成生物的多样化，怎能导致生物的进化呢？推论的结果与进化的命题岂不自相矛盾？实际上生物并非被动地去适应环境，而是通过非知地、对象性地、主动地活动，改变基因，以利于更好地生存和进化。不是物竞天择，适者生存，而是天促物进，通过非知的主动活动而生存和进化。

4. 群体中个体偶然随机的变异，会因多代的交配而抵消，怎可能导致一个新物种的产生呢？实际上，在天促之下，同一种群以本能为动力、以信息为前导的长期主动

---

① 有些人以为达尔文的进化论驳倒了神创论，维护达尔文进化论就是维护科学，批判达尔文进化论的观点就无异于维护神创论。这是一种逻辑错误。生物有同一起源，是由简单向复杂、由低级向高级发展的，这是达尔文进化论的重要贡献，但不等于说他的进化论全部正确，不需要再进化和超越。日心说就是个例子，它的确使上帝无处容身，但不等于说它是绝对真理，地球不是宇宙的中心，太阳亦非宇宙中心，日心说只是人类不断发展的对象性认识中的一环，今天已被新的学说所代替。把任何科学理论看成是绝对真理，无异于反对科学的进步，扼杀创造。随着科学的发展，达尔文的进化论已日益暴露出它存在许多问题，达尔文进化论已到了可以或必须扬弃的时候了。

的生存活动才是生物进化之源。

达尔文之所以把天择作为进化的规律，是由人择类推得来的。他想既然通过人择就能得到优良的种子，生物的进化必定是由于天择的结果。这是一个错误的类推，因为人是有目标的，可以将"良种"集中起来，而非知的天怎能将"良种"集中起来呢？

5. 既然是物竞天择，优胜劣汰，为什么今天仍然能见到劣的呢？为什么天既选择多细胞生物又不放弃单细胞生物，为什么选择人类而又不放弃兽类？摆在我们面前的现实，为何是一个从单细胞生物到高级的灵长类乃至第四代人类优劣并存的生态系统，且正向自知的、多维协同的人球系统发展呢？

6. 既然天择优汰劣，为什么 6500 万年前生存了 1.6 亿年的最强大的恐龙反而灭绝了，而当时比它弱小的各种其他生物却生存下来，并不断进化呢？

7. 偶然的进化过程为什么会这样普遍并井井有序、循序渐进，而不是突然由鱼变为鸟呢？

以达尔文认为最有说服力的关于美是从何产生的描述为例，雄孔雀为何会长出如此美的羽翼呢？达尔文认为是由于"比较美的雄体曾经持续被雌体所选中"[①]，并把这种雌选雄也说成是天择。但，实际上雄孔雀形成美丽羽毛是源于天促物进。天促，是宇宙不断创造进化的大环境，提供新的负熵源，在井井有序的星系中给出地球这样能产生生物的行星，生物与环境协同，不断创造递佳的生境系统；物进是孔雀以信息为前导、以本能为指向的主动活动，雄孔雀努力去展示自己的羽毛，雌孔雀在性本能的驱使下也努力寻找具有更夺目羽毛的雄孔雀。两性这种协同的主动努力，促使双方的基因发生渐变到突变，雄孔雀终于长出今天我们所见到的这种美丽的尾翼，而不是像达尔文所说的是天择的结果。

随着生物学特别是遗传信息双向法则的揭示，秉承达尔文学说的传统主流进化论更是陷入悖论密布的泥潭。它并非只是在思辨的逻辑上出了问题，更主要的是由于它把生物的宏观系统与微观系统割裂，以孤立的、微观的大分子基因来代替生物，所以它排除了生物进化的真正之"因"。

---

① 《物种起源》，第 221 页。

当代达尔文主义的代表人物莫诺就说过："宇宙间并非处处都是生命，生物界也不全是人类，我们人类只是在蒙特卡洛赌窟里中签得彩的一个号码。"①

自身毫无作为，只能听天由命的天择论，不仅贻误后人，就连达尔文自己也深受其害，例如，他竟然反对接种牛痘之类的医疗手段，主张由天来择优灭弱，从而赤裸裸地暴露了天择论的荒谬、危害和残酷。动物中有些病残者尚得到同类的爱护，如征途中的大雁停留在受伤同伴的身旁而不随群体离去。至于人类，是一个比生物高一代的递大、递佳的自知自组织系统，具有群体性，决不会不去照管病、弱、残者。另外，能进行自知创造是人类不同于动物的重要分界，即使某些人身体残废，但他的脑仍能发挥重要的创造功能，做出重大的贡献。例如，当代伟大的科学家霍金就是其中杰出的代表，他的身体虽然因疾病而瘫痪，只有一只指头还能打电脑，但他在宇宙学上却做出了健康人未必能做出的巨大贡献。如果达尔文的天择论是真理，那么，像这样的天才都应淘汰掉。

由于把天择看成是进化的规律，生物主动的努力在进化上毫不起作用，所以，有的行为主义者如斯金纳便主张环境至上，他说："一切控制都是由环境实施的，因此我们要努力的是设计好环境，而非更好的人。"这是很合乎天定论逻辑的，既然自身毫无作为，是由存在决定一切，当然是只要创造好的环境就万事大吉了。这种依赖环境、等待运气的人生哲学已广泛地潜入到许多方面，例如，在教育上就提倡以学校、课堂、教师为主，施行以灌输知识为目标的他控教育，以为孩子只要上个好学校，就能成才，等等。

天定论的一个前提是，生物的变异是偶然的、随机的、盲目的、无方向的，因此，只有靠天择，才能确定进化的方向。

"偶然变异，天择优汰劣"论的广泛流传，引发的是一种听天由命、无所作为的宿命的悲世哲学。

天定论助长了机械决定论哲学的诞生。决定论认为物质是第一性的，存在决定意识，意识只能反作用于存在。但意识是人的一种功能，而不是物外之非物。宇宙不能划分为在物之外的心与在心之外的物这两元。人与万物的关系不是心与存在的关系，

---

① ［法］雅克·莫诺：《偶然性和必然性》，第108页，上海人民出版社，1970年。

而是信息、物、能三位一体的万物之灵与万物的关系。生物也是信息、物、能三位一体的非知的宇宙第三代，时刻也离不开信息，其一切生存和进化活动都是以本能为指向、以信息为前导来进行的，不是物能流带动信息流，而是信息流带动物能流。在天促之下，生物以本能为指向、以信息为前导去捕获食物、寻找异性等长期的主动活动促成遗传信息的改变。高等动物活动的控制指令是对信息进行输入、贮存、加工和外化的意识，它的生存和进化时刻也离不开意识，意识是先行的。作为自知自组织系统的人类，总是以自知的意识来指令自己的言行，决不会有无思维的言行。人的思维是自知创造的信息源。虽然人的思维不能离开存在，但人创造思维的外化和物化，不仅能改变存在，而且能创造世上尚无、进化所需的新的存在。是先有某理论，才有某实践。有了马克思主义才有马克思主义的实践，马克思主义诞生前，其三个组成部分指导的实践，只不过是前马克思主义的实践。机械决定论与天定论一样是对生物以信息流带动物能流的否定，与人类通过自知创造而进化的实际相悖，是种种宿命论的根源。

集不变论、偶然论、还原论、天择论等等于一身的莫诺，便是机械决定论的代表。他认为生物自身不可能有进化的动力，DNA是忠实不变的，只是由于复制时偶然发生的错误才会变异，所以其变异是无方向的，只是由于天择才能不断地进化。是生物之外的天起决定性的作用，客观性原理是神圣不可动摇的。

正如马克思所说的，没有对象的存在物，是根本不可能有的存在物。一切都是对象性的存在，存在就是对象。没有此，就没有彼；没有彼，也就没有此。客观和主观的区分今天已被量子论证明是错误的。拿生物与环境来说，就不能将它们区分为一个是主观性存在，一个是客观性存在。宇宙的第三代生物与其他宇宙子孙一样都具有的进化对象性，不仅创造自身，也对象性地参与环境的创造。生物与环境，是1+1=1的系统。环境是存在，是自然；生物也是存在，是自然，它的主动努力就是自然的努力。生物不会有人类的自知，因而也不会有人类因异化的自知带来的非自然进化需要的主动活动。在天促下，它产生的新需要都是自然的需要，它满足需要所进行的主动活动都是自然的进化活动。标榜传统进化论的机械唯物论，否定生物主动活动对其进化的作用，不仅否定了第三代非知组织系统非知的创造天性和特点，特别是动物的意识对其非知创造的作用，而且，将人类与生物等同。因此，其哲学思想最严重的影响是否定和贬低人类自知创造的可能和作用。

生物和人完全是由外界存在决定的吗？只能听天由命吗？不，决不是！

如前所述，天促物进、系统调控、对象组合、多维协同，才是宇宙一代代进化的根本原因和动力。宇宙作为万物之母，是以精确的系统工程来调控的，从大爆炸始到失控膨胀或坍塌，与其各层中观系统、微观系统平衡协同、系统调控，提供新的负熵源，创造新的进化大环境，才不断地走向新的有序，宇宙各代才有进化的可能，这是天促。另一方面，宇宙从一开始就是对象性的，大爆炸后，随着正质子和负质子的湮灭，宇宙以系统工程数据调控的开展，促使宇宙子孙们的进化对象性成为主流对象性。宇宙创造进化的大环境，提供新的负熵源，使其子孙各代自组织系统总是发挥进化的对象性去寻找、识别、结合（吸纳）对象而进化。进化的对象性是宇宙代代相传的进化"基因"。

不论是哪代自组织系统，都是天的一个部分，也是自然，不能将天与天的一部分分割，不存在谁决定谁的问题。对象环境与环境对象是一个对象性发生、发展的过程，天促和物进是同一的，是 1+1=1 的时空质连续统。环境的对象也是环境的一部分，也参加环境的创造，例如，生物也非知地参加生态系统、生境系统的创造，而不是只等天来决定。

综上所述，进化的必然性是建立在这样几点上：（1）以精确系统工程数据调控的宇宙，总是不断创造进化的大环境，提供新的负熵源（宇宙的子孙包括生物，也参加环境的创造）；（2）生物因而会不断产生新的需要；（3）具有进化对象性的生物，总是以新需要为指向、以信息为前导、以本能为动力进行主动活动；（4）种群普遍的、长期的满足新需要的活动本身和活动的结果，会通过蛋白质传递信息、参与反馈，改变DNA，由渐变而突变，进化为新物种。

宇宙的进化是必然的，各代自组织系统的进化也是必然的、不可逆的。偶然性是事物的非本质的联系和发展过程中的不稳定现象；必然性居主导的支配地位，决定事物发展的方向。偶然是必然的偶然。

宇宙不断地增长负熵，其子孙们必然会进化，这是不可逆的、必然的、既定的方向。但，由于宇宙的创造是非知的，其精确的数据调控并不能管到各个细节，所以进化中也存在偶然性。生物用多长时间、如何进化，并不是既定的、先验的。两大进化的动力是共具的，但生物所处的环境却是千变万化的，同一种群在不同的环境中可能出现不同的进化和改变。（人类源于非洲的同一祖先，但后来由于环境的差异而形成不同肤色的种族。原始人都会进化为现代人，但同样有快慢之分，至今仍有少数地区的部落是较原始的。）人类的先祖与猩猩本来属于同一灵长类，但由于天创造了进化的大环境，提供了新的负熵源，人类的先祖一方面具有了可以进化为人类的条件，如发达的脑，具有朦胧的自知性和直立行走的锻炼，另一方面又因新环境产生了新的需要，从而发挥朦胧的自知性，通过主动的努力进化为现代人（第六章详）。

第三代进化为第四代是必然的，不可逆的。

偶然的变化和差异从属于必然，只能对进化起加速、延缓或多样化的作用，并不能改变宇宙进化的方向和进程。相反有的却是进化之必需，例如，小行星撞地球，使恐龙灭绝了，这是一个偶然事件，但却使哺乳动物得以发展起来，并进化为宇宙的第四代自知自组织系统人类。有没有这样的可能，小行星偶然的碰撞使某一星球上的生物全部灭绝呢？这是可能的，但并不会影响整个宇宙的进化，宇宙是无比巨大的，拥有1250亿个星系，怎可能只有一个星球上有宇宙的第四代呢？整个宇宙的进化是不会因一个局部的偶然事件而停止或逆转的。

上节已述，世界上没有无因的果，也不会有因无果。DNA的变化，都是有其原因的。一类是因偶然的、意外的外因如物理的、化学的、病毒刺激引起的，结果都是病变；另一种是必然的、正常的变化，即在天促下，生物主动的、普遍的、长期的满足新需要的活动，以及活动的结果，引起DNA的反馈，由渐进而突变。生物偶然的病变，并不能影响生物总的必然进程，生物的进化是不可逆的。

宇宙的进化是必然的，在天促下，生物主动的、长期的满足新需要的活动，是生物真正进化之内"因"。这就决定了其子孙包含生物进化的必然性。38亿年来，由前生物三联体逐步进化为单细胞生物、多细胞生物，一直到人类，生物进化的历史无一例外的都是在天促下，生物以本能为指向、以信息为前导的主动努力的结果，并随着物种由低等向高等的进化，特别是进化为具有系统控制中心脑来进行信息加工和外化活动的动物后，愈益明显。

补 遗

牛顿的决定论与达尔文的天定论都是科学研究的对象性产物，所以，对人类的思想影响很大，导致机械主义的宿命论和听天由命的人生观流行，无所作为的、虚无主义的悲世理论泛滥。

具有自知性、创造性、物化性、群体性、个性化人类性的人类是能进行自知创造的第四代，代表着宇宙发展的方向和力量。在天促之下人类不仅能根据自知的需要不断创造进化环境，在今天已创造了一个繁荣、文明的世界，并正在创造宇宙的第五代人球系统，将来还要创造宇宙的第六代……而机械决定论、天定论却认为人类是被环境所决定，从而无视具有人类性、能进行自知创造的第四代在宇宙进化中的作用和地位，带来条件至上、坐等天定的观念。

物竞天择论，把天看成是固定不变的，天进行有固定规则的评判，专门识别和选择竞争的优胜者，但新宇宙学揭示天——宇宙不仅不是不变的，而且也并非只是评判。天在不断地调控、创造进化的环境和条件，发散负熵，使其具有进化基因的子孙能对象性地去寻找、识别、结合进化对象，进化为具有更大负熵值的新自组织系统。

达尔文将进化作为一个事实接受了下来，但却排除生物在进化上的主动性，只讲天择在进化上的决定作用，成了机械决定论的依据，限制人的人类性发挥。而拉马克所主张的生物内在主动意志在进化上的作用，却又没有科学的依据，被看成是唯心论的演绎，这样进化论就陷入了一个左右为难、举步维艰的困境。

宇宙各代的自组织系统之所以能进化，都是由于其一方面能通过自控自调保持自己的存在和发展，另一方面能以自己为参考系去寻找、识别、吸纳对象以求进化，也就是说在天促下对象性的主动活动是自组织系统进化的动力和原因。

达尔文的自然选择论，最大的问题在于他把自然作为孤立不变的一方。但自然与生物是对象性发生和发展的，而不是一方不变另一方去适应。例如，大气的生态环境就是一个例子。人与自然也是这样，不是自然选择人，而是人也在改变自然、选择自然、创造自然。

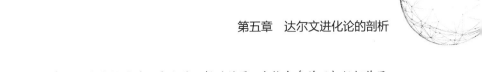

天择论的问题在于认为生物的进化完全是天择的结果，生物自身并不起任何作用。

进化的两个动力，即宇宙不断创造进化的大环境，增长负熵，和其子孙具有进化的对象性。这两者中关键是宇宙不断走向更有序，创造进化的大环境，其子孙才具有进化的对象性。两者的结合和协同，才能推动宇宙不断的进化。

三、进化不是赌博——偶然论剖析

生物 DNA 的进化究竟是偶然的、随机的，还是必然的有因之果，在第四章第二节已从遗传信息的双向流动以及生物在天促下的主动活动是其进化之因等方面作了系统地论述，这里对与生物进化实际相违的偶然论集中进行剖析。

偶然论是达尔文进化论的另一重要支柱。他说："我们在无穷尽的微小的特征看到不定变异性，这些特征区别了同种的各个个性，它的产生同生活环境无直接关系。"[①]"变异"不仅只发生在个体，而且是偶然的、不定的，只有由天择优汰劣才不断地进化。现代达尔文主义继承和发展了达尔文的进化理论，将个体进一步还原为 DNA 的子系统基因，指出基因的变异是随机的、偶然的，只有通过天择才带来进化。

偶然论可概括为如下几个要点，每一要点都与实际相违。

1. 偶然论认为，生物的进化与其主动活动无关。DNA 是最保守的大分子，它控制生物整体的生存和生长，忠实地复制自身，抵制一切变革和进化，循环往复，不受生物整体活动影响。这就是说 DNA 是个没有反馈的封闭系统，与 DNA 实际上是能进行反馈的开放系统恰恰相违。

2. 偶然论认为，进化是起于边缘物种基因偶然的、随机的复制错误。这与万物万事有因必有果，有果必有因的因果律相违。尤视生物具有以本能为指向、以信息为前导的进化对象性，与在天促之下，生物主动获取负熵的活动是其进化之源相违。

---

① 《物种起源》，第 12 页。

3. 偶然论认为，众多的偶然复制错误，只有通过天择才能优胜劣汰、适者生存，使生物不断地进化。达尔文主义者从来没说过天是进化的，天只起选择的作用，而不起促进的作用，与宇宙是进化的以及生物进化具有天促物进两大动力相违。

上节已述，世界上没有无因的果，也不会有因无果，DNA 的变化，都是有其原因的。一类是因偶然的外因如物理的、化学的、病毒刺激引起的，结果都是病变。如，人类基因 LINE 序列元件插入凝血因子 V3 基因而造成的血友病，因 ALU 元件插入 NF 基因导致的神经纤维瘤。还有一类是正常的多态性变化，这种变化一般都不会通过积累进化为新物种，只能产生诸如不同颜色的皮肤、不同的长相、不同的体形；另一种是必然的渐进，即在天促下，生物主动的、普遍的、长期的满足新需要的活动，以及活动的结果引起 DNA 的反馈，由渐进而突变，进化为新的物种。生物偶然的病变，并不能影响生物总的必然进程，生物的进化是不可逆的。

达尔文自己对自己提出的无因有果的偶然论，也很怀疑，他说："如果作出结论说，每一事物都是无理性的盲目力量的结果，这无论如何也不能使我满意……我深深地感到，就人类的智力来说，这个问题太深奥了。"他公开地对自己的理论表示怀疑，体现了学者追求真理的伟大胸怀，但这也正道出了进化论的要害。

奇怪的是就连创立者自己都有怀疑的偶然论，现代达尔文主义却不但坚信无疑，而且加以"发展"和宣扬。莫诺就这样，他在其著作《偶然性和必然性》里用"中彩"这个形象的比喻来正面描述偶然性，他说："宇宙间并不处处都是生命，生物界也不全是人类，我们人类只是在蒙特卡洛赌窟里中签得彩的一个号码。"[①]

世上的事物发展都有规律可循，所以科学家们才呕心沥血去揭示这些规律，规律就是必然。揭示了这必然，才有利于人类的生存和进化。有因必有果，便是当代物理学揭示的一条规律，它道出了事物发展的一种必然性。宇宙是以精确的系统工程数据来控制的，所以它能不断地进化。也就是说系统工程数据的控制是因，进化是必然的结果。大爆炸后极度热化、高度热平衡的宇宙必然会迅速膨胀，由无序逐步走向非平衡；质子必然会与核子、电子等结合而进化成为原子，原子必然会相互结合而进化为分子，分子必然会相互结合而进化为星球、星系；在一定的星球上，某些分子必然会

① 《偶然性和必然性》，第 108 页。

相互结合而进化为生物，生物必然会进一步发展，进化为自知自组织系统人类，自知自组织系统必然会创造宇宙第五代。宇宙的系统工程控制是精确的，所以进化是必然的，但这并不等于它能管到每个细节，例如，在哪个星球，何时出现生命，生命又具有何种形式，如何进化……都具有偶然性。具体来看，事物的发生和发展都是偶然的，人类初期由于看不到这偶然后面的必然，所以不知所从。必然虽然是以偶然的面貌出现，但这偶然是必然的偶然。必然决定生命的出现，偶然决定生命何时、何地、何样出现。否定万事万物的必然性，认为一切都由偶然主宰，无异于否定科学研究的必要，陷入听天由命的不可知论的误区。

传统进化论提出的生物自身对自己的进化毫无作为，只能靠保守的基因在大量随机的偶然错误"变异"中由天择其一而进化，以及与错误逆行的所谓的进化规律，把人们自然而然地引入天定论、机械决定论的歧途。一百多年来，这种还原论和偶然论的一时胜利和广泛流传，是科学和哲学的失败，在理论上和实践上都带来极大的混乱和负面影响。

偶然论是天定论的一个前提。只有坚持 DNA 的变异是偶然的、随机的、盲目的、无方向的，才能得出只有靠天择，才能确定进化的方向。不要小看变异偶然论，偶然论是天定论的前提。它的广泛流传，在许多人的心中引发的是一种无所作为、听天由命的悲世哲学。

秉承达尔文进化论，因研究操纵子而获诺贝尔奖的莫诺就是其中一个，他说："人类至少知道他在宇宙的冷冰冰的无限空间中是孤独的，他的出现是偶然的，任何地方都没规定出人类的命运和义务。"他的悲观情绪是可以理解的：既然是偶然的、随机的，自身毫无作为，那又何必去确立什么义务，又如何能把握自身的命运呢？

连著名的哲学家罗素也未逃脱偶然论的影响，他说："人是那些对于其所接近的目标毫无预见的原因的产物。他的出身、他的成长、他的希望和恐惧，他的爱和他的信念，都不过是原子偶然排列的结果。没有任何英雄主义、任何强烈的思想和感情，能够超越坟墓而保存一个人的生命。世世代代的一切劳动、一切虔诚、一切灵感、一切人类天才犹如日行中天的光辉，都注定要在太阳系的大规模死亡中灭绝——所有这些事物，如果不是不可争辩的，也是如此接近于肯定。"[①]

在达尔文主义的影响下，科学家、哲学家尚且如此，一般群众更不用说，只好将其希望寄托在求神拜佛上，或是得过且过，醉生梦死……

生物的进化并不是靠偶然变异，天择优汰劣，而是天促物进之必然。如前所述，在有序膨胀期宇宙的进化是不可逆的，这就决定了其子孙包括生物进化的必然性。宇宙不断创造进化的大环境，提供新的负熵源。生物因而不断产生新的需要，总是以新需要为指向，趋利避害。它们主动的、长期的满足新需要的对象性活动，是其自身真正进化之"因"。种群长期的、同一的进化活动，引起 DNA 的反馈，由渐进而突变，进化为新物种。38 亿年来，由前生物逐步进化为单细胞生物、多细胞生物，一直到人类，生物进化史无一例外都是生物以本能为动力、以信息为前导的主动努力的结果。具有日益进化的系统控制中心——脑来进行信息加工和外化活动的动物，在这方面表现得愈益明显。

进化是必然的，必然性居主导的、支配的地位，决定了宇宙在膨胀期及其各代子孙发展的方向。那么存不存在偶然呢？是存在的。宇宙虽以精确的系统数据来调控，但也不能管到所有的细节。宇宙不断创造大环境，但并不等于保证每一个地方的环境都完美持续地进化，常有偶然和意外。偶然性是事物的非本质的联系和发展过程中的不稳定现象。不论是非知还是自知的进化过程中，很多局部都可能出现退化，而且由于进化的对象性就是有限性，每处每次的进化都不可能是完美的。所以，进化的必然性是方向上或总体上的论断，不仅处处都有偶然的例外事件，而且必然总是以偶然出现的。

生物的诞生就是必然的偶然，只是出现在某个时间恰好具有条件的星球上。这一偶然性，容易使人忽视起决定作用的必然性。那就是，无数的不诞生生物的星球，正是为能诞生生物的星球提供必需的环境。例如，没有宇宙中井井有序、均匀分布的1250 亿个星系，哪来的银河系，没有银河系哪来的太阳系，没有太阳系哪来的地球，没有地球又怎能产生生物呢？少数星球上生物的诞生和进化是整个宇宙时空质连续统进化了约 100 亿年左右的必然结果。就像一个人，能进行创造性思维的头脑是最主要

[①] 转引自何光沪：《多元化的上帝观》，第 202 页，贵州人民出版社，1991 年。

的，但没有四肢和躯体，哪来的思维头脑。

生物的诞生和进化，使宇宙有了信息和信息功能，宇宙从此能进行以信息为前导的非知创造。宇宙第四代如地球上人类的诞生和进化，使宇宙划时代地揭开自知创造的史页。第三代和第四代就是宇宙的非知的头脑和自知的头脑；宇宙的所有星系，就是宇宙的躯体。它们都是宇宙系统调控必然的过程和结果，并将不断进化。宇宙虽然开始只有极少星球上有生物、第四代的诞生和进化，但随着宇宙自知自组织系统的创造，在若干年后，许多星球上都将有宇宙第四代的后代在其上生存和发展。那时将进入全宇宙自由进化的时期。可以说，宇宙具有一个非知的目的性，那就是其进化的必然性所指的方向。或者说，在有序膨胀期的前一段，进化就是宇宙非知的目的，而后一段随着第四代自知创造的进化，进化将逐渐成为宇宙自知的目的。

进化是必然的。但生物究竟用多长时间、如何进化，并非既定的、先验的，具有必然的偶然性。生物所处的环境是千变万化的，同一物种的种群在不同的环境中可能出现不同的进化和变异。例如，世界各地都没有袋育动物，只有澳洲才有；人类本来都是源于非洲的同一祖先，都要从原始人进化为现代人，但同样因偶然的因素而有快慢之分，至今仍有少数地区的部落是较原始的；人与猩猩本来都属于灵长类，但由于环境的不同、进化动力主动发挥不同，而发生了"代"的分离。但，第四代的诞生却是必然的。

另外，进化的必然性，不等于每一物种都一同进化。进化的快慢是系统平衡、协同调控的过程和结果。正如宇宙中许多星球上第二代物能系统并没有进化为生物一样，地球上也有大量的低等生物并不进化为高等生物。它们是高等生物进化所必需的生态平衡的基础。由单细胞生物到多细胞生物，由多细胞生物到脊椎动物，由爬虫类到哺乳类等等，进化过程中留下了不同层次的生物，生态系统也因此而不断地更新，形成新的协同平衡。虽然宇宙的第四代人类已产生了，但第三代的各种生物，包括不同层次的生物也并存于地球上，这一并存正是整体生态系统进化之必需。万物之灵的人类如果离开了其生存的生态平衡、生境平衡的环境，就不可能生存和进化。生物的进化正是宏观、中观、微观系统协同调控进化的结果和过程。

地球上的生物不断构成一个递进的生态平衡系统，当大气、地质、生态等构成的生境系统达到某种平衡状态时，有些物种获取的进化反馈信息不变，就可能出现长期停滞不进化。例如，灵长类的先祖由于恐龙的威胁，只能长期像老鼠一样在夜间活动，长不大，体形很小；今天多细胞生物的细胞结构和功能也不再进化，它已与生境系统达成协同平衡，能很好地承担其应承担的机能，适宜于在地球上生存和进化的需要。但总体上进化仍是必然的，某个层次或某些生物的不进化，正是整个系统协同进化之必需。

偶然性还表现在局部可能出现暂时的灾难。例如，地球生境系统虽然可能遭到意外的毁灭性破坏，但从已有的几十亿年的历史说明：生境系统的自调控能渡过灾难，生物仍然在不断地进化。甚至每渡过一次难关，生物就发生了一次巨大的飞跃，发生了进化的进化。大约2.45亿年前二叠纪大灾难导致海洋中半数无脊椎动物的灭绝，包括超过了90%的物种一同灭绝。另外一次是著名的"K-T"灭亡，大约是6500万年前在一次被认为是小行星撞击地球的灾难中，凶猛庞大、统治世界1.6亿年的恐龙失去了食物和生存的环境，灭绝了。在恐龙时代只能夜间活动的哺乳动物、灵长类的先祖，才得以出头露面，见到阳光，逐步进化为今天的人类。

小行星撞地球，造成了恐龙的灭绝，促进了脊椎动物发展进化，产生了人。小行星也可能碰撞一个有高级生命的大行星造成其上面的生物灭绝，这并不能说是宇宙不给其子孙们创造进化的大环境。注意"大"字，是从全宇宙来说的。在这一过程中，可能出现某些局部的倒退，那只是进化中不可避免的代价，必然中的偶发事件。但以系统工程数据调控的宇宙，在有序膨胀阶段，不断进化的趋势却不会改变。不排除某种灾难可能导致某个星球生命暂时地或永久地全部毁灭，那只是偶发事件，只能延缓局部的进化，有时甚至相反地会起到促进的作用，生命会加速进化，物种会更繁荣。即使生物在此星球上全部灭绝，在另一些星球上，或者说从全宇宙来说生命却不会都被毁灭，宇宙的系统工程调控也并不会受到影响，她会继续进化。

补　遗

偶然论者认为既然生物复制自己，当然它的 DNA 是不会变的，但他们为什么不这样认为：生物既然是进化的，DNA 必然是在不断改变的。

仅从宇宙几代的意识来看，由第二代的前意识到第三代的泛意识，再到第四代的自知意识，这一进化过程是有其必然性的，是天促物进的结果，不是无因之偶然。从前意识的非知创造到泛意识的本能创造，再到自意识的自知创造，是有序膨胀阶段不断进化的必然。但，在不同的星球上不同的大环境中，第二代不同的对象性的进化活动和第三代不尽相同的非知努力，则又存在着偶然，会产生不尽相同的由第二代进化而来的宇宙第三代和由第三代进化而来的第四代。

正因为有偶然性，必然才显现丰富多彩；正因为有必然性，偶然性才有明确的方向。没有宇宙不断走向有序、创造进化的大环境，其子孙怎能发挥其千差万别的进化对象性；没有其子孙发挥其千差万别的进化对象性，哪来的宇宙的必然进化？因为有必然才有偶然，因为有偶然才有必然。天促物进，这是必然，但天对具体的对象如何促，物如何发挥其进化的对象性，总是表现为必然的偶然。必然总是以偶然出现，偶然总是受必然支配。宇宙在膨胀阶段进化是必然的、不可逆的，一切偶然都是进化的偶然，是受进化这一必然方向支配的。

在天促下，宇宙中必然会诞生生物，但在微观上，哪个星球、何时产生生物，则是偶然的，它是必然的偶然是各种偶然、因素促成的。生物主动的活动必然带来 DNA 的反馈和进化，但由于不同的生境和主动活动的差异，又会出现一些偶然性。而这偶然是天促物进的结果，不是无因之果。

生物多次大规模的灭绝，是必然中的偶然。但总的来说宇宙的进化是必然的，偶然性并不会改变以精确的系统调控的宇宙进化的必然。

进化的必然性是建立在这样几点上：（1）以精确系统工程数据调控的宇宙，总是不断创造进化的大环境，提供新的负熵源（各代子孙也参加环境的创造）；（2）生物因而会不断产生新的需要；（3）具有进化对象性的生物，总是以本能的新需要为指向、

以信息为前导,进行主动活动;（4）种群普遍的、长期的满足新需要的活动本身及其结果，通过信息反馈，改变DNA，由渐变而突变，进化为新物种。宇宙其他几代进化的必然性也同此理。

四、多 2% 是猿进化为人的沸点
——渐进论剖析

达尔文的进化八小论尽力环环相扣，以免坍塌。渐进论就是其建构中不可缺的一环。

达尔文在《物种起源》中反复论及"渐变"这一命题，他说："任何量的变异都从积累无数的、微小的、自发的、而且是任何稍微有利的变异而起，不必经过锻炼和习惯的作用。"①"我们在无穷尽的微小的特征中看到不定变异性，这些特征区别了同种的各个个体。"他认为同亲子代的偶然差异也是进化的种子："在同一父母的后代中所出现的许多轻微的变异，或者从栖居在同一局限地区的同种个体中所观察到的，而可以设想为同祖后代的那许多轻微变异都可称为个体差异。"②广泛存在的、个体微小的变异，既然是不定的、偶然的、无方向的，为什么能成气候，使生物得以不断进化呢？达尔文说，这是天择优汰劣的结果。为此他列举了天优选良种的例子：经过一代代地择优汰劣，便可得到与原来不一样的好品种。所以，天择也同样能使生物进化为新的物种。

达尔文的个体偶然的渐变这一立论在其进化理论中占有极为重要的位置，它用诘难法来排除物种突变的可能性，为渐变论扫清道路：

如果有人能够证明所有的器官不是由无数的、渐进的、微小的变化

---

① 《物种起源》，第117页。

② 《物种起源》，第12页。

而来，我的理论就彻底崩溃了。

达尔文坚信自己的渐变论，再三强调，只要变异的产生是一个逐渐的、缓慢的、细微的过程，自然就能逐步积累起一些有用的性状。他列举了眼睛的例子。他认为眼睛虽然是很复杂的系统，但"只要存在着一系列逐渐复杂的过渡阶段，而每一阶段对于生物体本身又都是确实有利的，那么，在改变着的生活条件下，这器官可以通过自然选择的作用，而达到任何可想象的完善程度，在逻辑上不是不可能的。"[①]这段话明显地说明达尔文是通过逻辑推理来确认其渐变论的。但是，科学不能光靠逻辑思辨。如第二节所述，生物科学的发展已说明生物的进化之源是：天促之下，生物以其本能的新需要为指向、信息为前导进行的主动活动，而非天择其复制的错误而带来的。

从逻辑思辨、推测猜想产生的理论，越是追求严密性则越会扭曲事实。达尔文渐变立论的支柱是用人择来类推天择。这种黑箱类推法在人类初期的确不失为一种好方法，但它有很大的局限性，科学不能只依靠思辨和类推（而要在实证基础上进行考查和探索才能具有科学性）。人是自知的，可以将优良种子选择、集中，使它们交配，经过若干代一而再、再而三的这种有目标的选择、集中，则可以使目标性的良种的特性得以遗传和积累。但，天是非知的，对自然界中个体的差异，是无法集中和积累的，在散乱的交配遗传中，微小的差异就会消失。另外，即使人工优选良种，也只是能促成在原来的物种基础上的优化，如培养出像樱桃一样小或像苹果一样大的西红柿。至今，亦未见到通过优选能使生物进化为新物种的实例。个体的差异通过天择就能进化，显然就更不可能。

前面已谈及，个体的差异，不是偶然的无因之果，一般有两种类型：

一是，因某种原因如近亲联姻、疾病或化学、物理因素引起的病变如先天失明、21三体综合征等，而尚未见到有个体进化的变异。正如道金斯所说："几乎所有实验室研究中的突变……对生物都有害。"有的科学家在实验室里用果蝇做实验，它的基因用人工予以改变后，头上长出的不是触角而是腿。这种差异占个体差异的绝大多数，是病变退化，而不是什么进化。

---

① 《物种起源》，第128页。

二是，基因组合带来的多态性的变化：一母生五子，五子不一样。这类差异虽属正常范围，但很微小，并存在明显的问题：它无法积累，随着交配的进行就可能逐渐消失。达尔文主义者用猜想的边缘说等来生硬地解释，也无补于与事实相违的理论，因为即使在边缘的个体，也是要交配的。

生物的进化单位不是个体，而是种群系统。在天促（创造新环境，提供新的负熵源）下，种群产生同一的新需要，在同一的新需要指引下，它们会以同一种群的本能为指向、同一种群的对象性信息为前导去进行同一的主动努力，从而产生同一的渐进，并遗传给后代，经过长期的普遍性积累和发展，而发生突变，成为新的物种。如前所述，总鳍鱼为什么会进化为两栖类呢？当天创造了新的进化大环境，陆地代替了大片的水域，被搁到岸上的总鳍鱼在同一的新需要的指引下，努力用鱼鳍去艰难地爬行，用肺呼吸……遗传信息的双向法则揭示：由于这一努力是种群同一而又持久的，所以能通过不断的信息反馈，在 DNA 上进行相应的编码，从渐变而突变，进化为新的物种。

其实，达尔文的个体不定变异、天择优汰劣论（简称天择论）推出时，其采用的融合遗传论就是个无法自圆其说的要害。如果遗传物质的确相互"融合"，个体的差异就无法保留和发展。后来有了孟德尔遗传因子论，特别是 DNA 的发现，新达尔文主义因而解释说，渐变是由于 DNA 复制时偶然产生错误，由于天择优汰劣，生物便进化了，认为旧的融合的难题从而化解了。但实际上，即使这样，个体变异仍然不可能是进化的起因。达尔文强调变异需要长期的渐变过程，那么，即使某个个体发生了有利于进化的变异，但，它与未发生变异的异性交配而诞生的子代，怎么可能保持和发展其变异，由渐变而成为新物种呢？

按达尔文的偶然变异说，即使亲代有某方面的偶然变异，下代又怎么可能再按同一方向偶然变异呢？个体不定的偶然变异仅从逻辑上来说也是无法遗传下去形成新物种的。

新系统的组织、结构、功能等，是原系统所没有的。人要创造照相机，便要以此为指向去搜索、思考，形成一个完整的系统方案，然后才去物化。各个部件虽然是逐一创造的，但最后组装起来时，就发生了飞跃，成为一个崭新的系统，具有各部件所不可能具有的功能。生物非知的创造与人自知的创造有相似之处，是以因天促所形成的新需要为指向，经过长期的、非知的主动努力以及遗传信息双向法则的反馈，引起DNA 的渐进和积累，达到某一临界点，发生突变，才可能成为具有系统化的新组织、新结构、新功能等的新物种。物种的某一器官绝不可能孤立地发生无因的偶然渐变。

达尔文坚信"自然界没有飞跃"，坚决反对突变的存在，他的不定渐变论和其另外几论一样，由于与生物进化的实际相违，陷入矛盾百出的境地。正如他自己所说的："如果一种生物演化成另一种的过程是借着难以了解的微小的步伐，那为什么我们不能到处找到大量的中间型呢？为什么自然界找到的都是种类分明，而不是相似难分的呢？"特别是，其学说建立已一百多年了，人们都在努力搜寻，虽已发现一些旧物种向新物种渐进的化石，但由于后期是突变，所以始终找不到后期渐进的化石。例如，找不到从猿到人之间的过渡型化石。物种间都有个断层的突变，连坚定的达尔文主义者古德尔都说："在化石的记录中，中间型是极其稀有的现象。"达尔文当时对此的解释是：优灭劣，那些过渡的品种因为"劣"而被优者"排挤及消灭"[1] 了。这就更加使人困惑不解了：既然是优灭劣，为什么至今还存在由单细胞生物到高级灵长类的种类繁多的生物，而没有被优的消灭呢？同时，既然进化是在边缘，与原种群隔离，为什么还存在像达尔文所说的非消灭不可的、你死我活的冲突呢？

无数的事实说明：量增加到一个临界点时事物就可能发生性质的突变，如，水到100℃就沸腾了，到 0℃就结冰了。生物的进化也不例外，从渐进开始，经过长期的积累和发展，一旦超过临界，便发生突变，进化为新层次或新物种。人类与猿的基因只差不到 2%，但因为这点差别，就超过了极其重要的临界，由渐变突变为自知自组织系统——宇宙的第四代。

生物分子学研究的进展早已揭示，DNA 的分子碱基的性质、数量、排列会突然发生变化。按基因结构改变的类型可分为碱基置换突变、移码突变、缺失突变、插入突变等。如前已述，突变中除病变外，都是生物主动活动的结果，是形成新物种的新 DNA。在生物进化史上有一次最集中、最突出的由渐变到突变阶段，即 4.4 亿年前寒武纪物种大爆炸。达尔文面对寒武纪生物大爆炸的事实，不得不说："这现象目前仍未能解释，而且的确是可以用来打击我现在要讨论的观点。"他一方面感到这个发现对他的

---

① 《达尔文生平及其书信集》，第一卷，第 69 页。

进化论是个打击，但另一方面，却认为这只是个别现象，仍不放弃自己的渐进论。

传统进化论一直认为生物只有渐变而否定突变，他们对物种大爆炸抱怀疑态度：怎么可能一下子突变为各种生物？而有神论者更据此来推翻生物进化说。其实，大爆炸并不是凭空而来，更不是上帝的创造，而是生物集中由渐进到突变的必然，今天不仅已得到科学的解释，而且也发现了有力的化石证据。

为什么会出现生物集中的突变——物种大爆炸呢？这是天促物进的结果。

38亿年前就有原始生物出现，但那时，地球上缺氧，加以外太空射来高能粒子，原核细胞生物只能生活在深海，以水中的核酸和氨基酸残基等为食物。大约过了十几亿年，即28亿~23亿年前，水中的这种食物越来越少时，地球和生物自身的调控恰好为生物的进化创造了新的环境和负熵源：一是由于那时地球金属液态外核对流形成了强磁场，挡住了空中有害的辐射；二是大气中的氧增多，为原核细胞进化为需要耗费更多氧的真核细胞生物提供了条件。原核细胞发挥其进化的对象性寻找新的能源，浮到浅海吸收阳光和氧等，经过噬食叶绿体并与之共生，进化为能进行光合作用的蓝藻、绿藻一类亲氧单细胞生物，并迅速地繁殖，使地表也开始氧化。通过对20亿年前的铀矿的沉积物的分析，可以得知，又过了18亿年地球上才有了游离氧的存在。它是蓝藻、绿藻等与环境相互对象性作用和推进的结果。那时大气中氧的浓度可能接近今天浓度的1%，它不仅可以遮蔽太阳的紫外线，使单细胞生物在地表生存，而且还是原核细胞进化为好氧的真核细胞以及真核细胞进化为多细胞生物等必不可少的负熵源。

又经过3亿多年的调控——即10亿年前，大气中氧的浓度达到了今天的标准，并由于生境系统的自调控从此一直稳定地保持这一标准。另外，正如安德逊在20世纪80年代指出："地球板块之所以见之于地球而不见之于与地球相似的金星，也要归结于地球上出现了生命和生命的活动。[①]"生境系统的进化，使有性繁殖的生物出现了大踏步的前进，海洋里需要更多氧的专司信息贮存、加工和外化的神经系统的高级生物开始涌现。后来具有骨骼的多细胞生物急剧演化，经过长期的渐进和积累，于5.4亿年前后（寒武纪）发生了海洋生物大爆炸（Cambrian explosion）。

寒武纪生物大爆炸，充分说明，生物的进化是由渐变到突变，同时也说明天促物

---

① 曾国屏：《自组织的自然观》，第314页，北京大学出版社，1996年。

进、协同创造，是生物进化之因。

大气中的氧达到今天的标准是在 10 亿年前，为什么物种那时不发生大爆炸，直到 5.4 亿年前才大爆炸呢？之间为什么相差近 5 亿年呢？这是因为软体动物的渐进到突变需要很长的时间。今天采用先进的 DNA 分子钟的测算，揭示了物种渐变过程中基因和蛋白序列差异的积累速度是很慢的。例如，肽链中每 100 个氨基酸残基中改变一个，血纤维蛋白需要 110 万年，蛋白 IV 则需要 6 亿年。从多细胞生物出现到寒武纪物种大爆炸，经过了 4 亿年到 5 亿年的渐变时间，是完全必需的。

但寒武纪前的生物是否是后来生物大爆炸的先祖，却有激烈的争执。在寒武纪大爆炸前的岩层中，人们发现了伊迪卡拉动物群，它们体质柔软，属于浅海的无脊椎类。有些古生物学家认为其中有几种可能是寒武纪动物的前身。但也有的人认为，它们与大爆炸后生物的结构完全不同，看不出是后者的祖先。1998 年肖书海、张昀和诺尔等在贵州瓮安的新发现，为此争论找到了答案。他们发掘出早于寒武纪的初期动物的胚胎化石。标本是球状体，直径大约为 500μm。单个球体内包含 1、2、4、8、16 或多达 64 个紧包的小球。它们正处于二分裂过程，与现在的两侧对称的动物胚胎非常相似。[1]从而初步为寒武纪大爆炸的出现是生物渐变到突变的结果找到了实证。[2]

前寒武纪的生物大爆炸、DNA 突变机制的揭示以及生物进化过程中为什么唯独缺少中间型的化石的原因，都一致充分说明由渐进到突变是生物进化的必然。

补　遗

如果是天促物进，那么为什么今天的单细胞生物不再进化，也不再大爆炸了呢？协同调控，生态平衡，使某些物种停止了进化或放缓了进化。细胞和细胞中的线粒体

---

[1] 张昀编著：《生物进化》，第 84 页，北京大学出版社，1998 年 5 月。

[2] 寒武纪后，因生境系统特别是大气圈基本无大变化，所以，未再发生生物大爆炸，进化都限于已有的种系的演进。

都不再进化，因为它的对象性环境正与它对象性生存相协调。生物大爆炸必须在一定的生境条件下才能发生，而不是任何条件下都可能发生。另外，某些物种只能沿着它的方向发展，而不可能再返回到原始状态去发展了。例如，猩猩虽然与人类有过同一先祖，但它不可能再进化为人，因为它的特征已确定了其物种的进化方向。单细胞生物也是这样。这就像第二代能进化为第三代，但并不等于所有的第二代都能进化为第三代。它们提供了第三代诞生和进化必需的环境，没有它们第三代就不可能出现。

生物进化史说明：生物的进化不是一致的，是因对象性的环境带来的需要不同，而发生不同的对象性进化，所以今天从原始生物到最高级的生物灵长类，以及宇宙的第四代人类，都共同存在于一个地球上。对象性的非知的需要，产生了对象性器官，带来对象性的进化。但宇宙第四代人类已突破了依靠宇宙非知地创造进化的环境才能对象性进化的历史。

达尔文的进化论不仅认为生物的进化是渐进的、偶然的，而且各代物种在这方面没有什么区别，自身并无进化的动力，只能由天来支配；宇宙进化论认为进化是从渐进到突变，各层物种是有区别的，都发生了进化的进化，即进化对象性、进化的对象、方式等都进化了。进化是天促物进，外因和内因相结合的结果和过程。

五、基因不会吃、睡、交配、思维
——还原论剖析

还原论是达尔文进化论的重要支柱之一，这是和他坚持偶然论相联系的。他认为，既然生物的变异是偶然的，当然就不可能出现种群齐进，否则就不是偶然的而是必然的，也就不需要什么"天择"了。沿着这一逻辑思辨的猜测，他把生物还原为一个个的个体，指出："在同一父母的后代中所出现的许多轻微的变异，或者从栖居在同一局限地区的同种个体中所观察到的，而可以设想为同祖后代的那许多轻微变异都可称为个体差异。"他把进化的起源限定在个体，用人工择优汰劣为佐证，强调天择个体的偶然的变异，才是进化之源。

靠思辨猜想产生的理论，越是追求严密性则越是扭曲了事实。

从逻辑出发的用个体的差异作为新物种的起源，在逻辑上也是失误的。

1. 个体的差异是怎样的性质？能有多大？能扩展为一个物种吗？个体的变异，一般有三种类型：

一是，因某种原因如近亲联姻、疾病或化学、物理因素引起的病变，如，先天失明、双头蛇、21 三体综合征等，而尚未见到有进化的个体变异。正如道金斯所说："几乎所有实验室中的突变……对生物都是有害。"有的科学家在实验室里用果蝇做实验，它的基因用人工予以改变后，头上长出的不是触角而是腿。

二是，基因组合带来的多态性的变化：一母生五子，五子不一样。这类差异是正常范围内的，但很小，不仅无法积累，即使积累，也是不足以形成新物种的。人类已有几百万年历史，个体之间存在性格、长相等的差别，但不曾发现足以形成另一物种的变异。

三是，在天促下，种群以同一的新的本能需要为指向、以信息为前导的长期主动的活动引起 DNA 的反馈，才能遗传下去，由渐变而突变，进化为新物种。仍以人类为例，第四代人类虽然发生了进化的进化，是与自知创造的对象结合而进化，但在生理上的进化仍延续了生物的样式。几百万年来，生长在不同地区的人的脑、头形、骨骼等为什么发生了生理上普遍相似的渐进？这是同类的共同的需要，是进行相同的、普遍性的主动活动的结果，而非个体的变异促成的。

2. 个体的差异有多大，能否成为新物种的起点？前两类的差异可能很大，但却不可能成为新物种的起源；后一类，即正常渐进类，虽然差异小，但是种群普遍的、长期的渐进，能遗传和积累，由渐变而突变。

3. 个体的差异能否发展为新种群？达尔文用人工选种来佐证，这种黑箱类比法，在人类认识初期只能靠思辨来认识问题时的确起到重要作用，但科学不能只依靠思辨和类推（而要在实证基础上进行考查和探索才可能具有科学性）。人可以将需要的个体集中起来，经过一代代的积累而发生遗传的变化，而天却不可能将有微小变异的"优"类集中起来。随着一代代不断的交配，个别的、细微的"优"也就消失了。进化的单

位不是个体而是种群，只有同一种群在同一环境中才能产生相同的、本能的新需要，以相同的信息为前导去进行相同的主动努力，才会产生相同的渐进，并遗传给后代，经过长期的积累和发展，而发生突变，成为新的物种。

达尔文的还原论加上偶然论再加上天定论等，虽然摒弃了神造万物的宗教信条，但却否定了生物的主动努力对其生存和进化的作用，陷入了机械决定论。

现代达尔文主义在此基础上越走越远，把生物进一步还原为大分子 DNA。

他们认为所有的生物都有一个共同的起源，他们的 DNA 都是 64 个核苷酸组成的三联体进化而来，都是由三联体组成。所有的生物的性状都是由 DNA 决定的，全部生物的秘密都在 DNA 上。DNA 双螺旋模型的创始人之一、分子生物学家克里克就主张："对大肠杆菌是正确的，对大象同样是正确的。"后来又进一步将 DNA 还原为更小的组成——基因，把生物等于基因，认为只要研究基因就能了解生命的一切。

人类基因组揭示，DNA 上只有 3%~5% 是编码区，而高达 95%~97% 的是非编码区。DNA 是一个信息、物、能三位一体的完整的系统，它既是控制生物遗传和生长的微观单位，又是与生物宏观系统协同，通过长期反馈，由渐进而突变的进化单位。3%~5% 的编码区和 95%~97% 的非编码区，普遍认为是不可分割的，在生物生存和进化中必定协同发挥作用[1]，而不是将 DNA 还原为孤立的单个的基因，认为只要弄清每个基因，就万事大吉。

从达尔文的个体偶然差异到基因的偶然差异，是一脉相承的还原论认识。

新达尔文主义的主要代表之一，是因研究乳糖操纵子基因于 1965 年获得诺贝尔奖的莫诺。他提出："有序、结构分化、功能获得等，所有这一切都是出自一些分子的随机混合。"[2]生命的秘密正蕴藏在化学分子之中的认识，成为新达尔文主义研究的方向。今天生物学界经常能听到这样的说法：只要解读和破译了不同等级生物的基因，就能了解生命的一切，包括生物是怎样进化的。

莫诺曾是法国共产党领导人之一，后来退党，在从事科学研究中坚持的是机械唯

---

① 虽然非编码区和编码区是怎样协同发挥作用的，现在人类尚不清楚，但不久的将来，一定会揭示的。

② 《偶然性与必然性》，第 64 页。

物论，他是集偶然论、还原论、DNA封闭不变论[①]、天择论之大全于一身的现代达尔文主义代表。1970年，他将宣传自己观点的讲稿出了一本书，题名即《偶然性与必然性》，这本书是现代达尔文主义的代表作之一。用一些篇幅对它进行剖析不无必要。

莫诺在其著作中将偶然性强调到极限，因为DNA偶然复制错误是天择论的前提，如果DNA的"变异"不是无因之果，而是进化之必然，天择就无必要了。为了说明偶然和天择的逻辑关系，他采用了"中彩"这一比喻。他说："宇宙间并不处处都是生命，生物界也不全是人类，我们人类只是在蒙特卡洛赌窟里中签得彩的一个号码。"

他们认为偶然的变异只是提供了进化的可能，而天择才做到将偶然变异纳入进化的进程。要证明偶然变异的必然，前提就不仅必须坚持还原论，将生物还原为基因，生物主动努力对遗传影响的必然性便彻底排除在考虑之外了，而孤立的基因自然是封闭不变的。这一连串的关系中如果有哪一个被证明是错的，那么全部理论体系便会坍塌。例如，如果证明有灵论和活力论是正确的，那么，不仅进化就不是偶然的而是必然的，而且还原到DNA就不对了，DNA的封闭不变性就破灭，天择也就站不住。所以莫诺在其著作中一方面用主要笔墨建立这个必须环环相扣的理论，同时还致力于反对"形形色色"的有灵论和活力论。他把万物有灵论看成是一个神话，是一种宗教迷信思想。他把讲必然性的理论与宗教迷信相提并论，指出："一切宗教，差不多一切哲学，甚至一部分科学，都是人类孜孜不倦地作出努力以坚决否认自身出现的偶然性的证明。"他认为生物根本不具有活力和灵性，只具有"不加改变地繁殖和传递对应于自身结构的信息的能力"。莫诺得出这样的认识是很自然的，他不仅是主张而且一直只研究基因，把生物还原为排列的大分子，并把它们再还原为一个个决定生物某一方面的独立的单元，怎么可能了解具有灵性的以本能为指向、以信息为前导的生物呢？

构成新达尔文主义理论的各环已为当代科学证明是站不住的。

如前已述，宇宙的各代，都具有进化的对象性，在天促之下，都能对象性地去寻

[①]　莫诺的不变性与当代物理学中所说的不变性是两回事。莫诺所说的不变性是指DNA是个封闭系统、忠实复制的大分子。而物理学所说的不变性是指不失不得的因果关系。如任意一类效应对体系特征函数作用，其所能出现的真实结果必导致体系对应的某一类特征量的出现，使其整个过程满足任意一些量的定量作用——因，必导致相应等量的果。物理学的这种因果关系正是莫诺所反对的。

找、识别、结合、吸纳对象，上升为更高层次或代的自组织系统。与第二代相比第三代生物进化的进化在于不再是以"力"而是以信息为前导去进行对象性的进化活动。特别是动物具有本能支配的思维，其进化的活动具有更明显的主动性，也正是通常所说的具有灵性和活力。

传统进化论认为DNA的变异是偶然的、随机的，等于说它的变异是莫名其妙的无因之果。而当代科学揭示的最根本性的几条原理之一就是不会无因就有果，有果都是有因的。DNA的变化不是无因之果。在第四章中已论述：有对象就有对象性。在宇宙进化阶段，宇宙不断地创造进化的大环境，自组织系统就必然发挥进化的对象性，去寻找、识别、结合进化的对象，上升为新层次（或代）。例如，生物在天促之下，便会产生新的需要，在新需要的指引下，便会以信息为前导、以本能为指向去进行对象性的进化活动。这些活动的过程、活动的本身、活动的结果会通过信息反馈，促使DNA由渐变而突变，进化为新物种。具有进化的对象性是进化必然性的原因之一。偶然原因造成的变异往往是病变。变异偶然论，只不过是建构新达尔文主义的思辨产物。

生物进化是生物整体系统主动活动促成微观系统DNA反馈，由渐进而突变的结果和过程。基因只是DNA上的编码单元，它的改变是DNA接受生物整体系统主动活动信息进行反馈的结果。怎能把进化的某一孤立的结果——基因的变异当成进化之因呢？

传统进化论把生物还原为基因，从而就否定和切断了生物主动活动对进化的作用，DNA变成了封闭的大分子。而实际上从三联体开始，生物的大分子就是开放系统，这种开放性只能越来越完善，而不是相反退化为封闭不变的系统。当代科学已揭示了DNA的正反馈和负反馈组织机制，以及DNA对象性的重排、改组、扩增、重复、切除、断裂、偶联、剪接、漂变等多样的从渐变到突变的进化活动，并有不少实证和实验的依据。

如果有人说：原子就是人，人们一定会笑他。但传统进化论正如是说：大分子就是生物，"生物学要研究的不再是一个生命或物种，而是一个基因"。生物可以分解为一个个的分子、原子，甚至一个个的质子、夸克等，但，分子、原子、质子、夸克等绝不是生命。分割的认识是人为的，是非现实的。

生物具有活力和灵性，并不是什么唯心主义，更不是什么宗教思想，相反把生物等同于原子、分子，显然是与科学和事实相违的。一个生物的各个部分都是其有机的组成，缺少或损坏了其中某一组成，就可能变为畸形、疾病，甚至死亡。植物不可缺少根、茎或叶，动物更不可缺少五官、四肢、五脏六腑等。如果基因就是生物，何必还要生物的宏观整体呢？

科学研究既要分析、更要综合。人类之初只能笼统地、直觉地观察和了解对象，但由于受到人类思维水平和经验的限制，直觉地观察只能停留在现象上，难以深入到对象的本质和规律。后来学会了分析，把整体的对象分成局部，并一分再分，从而逐步深入到对象的部分和内部，能发现许多仅靠直觉所观察不到的问题。分析的方法于是受到人们重视，特别是在西方，沿着分析之径越走越远，还原论便这样诞生了。这便是达尔文的还原论产生的历史根源和背景。到现代便出现了用基因来代替生物的唯基因论。分析的方法固然重要，但它只是认识对象的一种手段、方法，最终是为了更深入、更全面、更系统地把握对象的整体，而不是相反，只停留在微观的局部。不仅任何微观的局部都代替不了复杂的宏观的整体，即使将拆开的局部重新装配起来，也只是人类认识的对象，而不会是活生生的整体的对象。当然，最后的组装是人类认识对象的必需，只分析而不组装，就必然陷入还原论的泥沼，直至提出基因等于生物、大分子就是人，也不会感到有什么不对。

从系统出发去进行分析，在充分分析后再回到把握对象系统。系统是各组因协同的飞跃，能进行超组因的运作。强调系统不等于不需要分析其组因，不去破译 DNA 上的密码，不研究生物的基因。如前所述，时空质连续统的研究方法才是科学的方法。分析是手段，要分析时、空、质，目的是将它们联系为一个整体的、协同运作的连续统过程来认识。

如今，隔行如隔山的现象越来越严重。有人说："科学越向前发展，科学家越无知。"正切中这个要害。不仅从大的范围来说研究生物学的不懂得社会学、宇宙学、信息论、系统论等其他科学门类，而且从小的范围来说，研究基因的对生物史知之甚少，研究生物物理学的对生物化学摇头不懂。科学一分再分，越分越细，使人们往往只是牙疼治牙，脚疼治脚。还原论已成为科学进步的一种束缚和怪圈。正如未来学家阿尔夫·托夫勒所指出的：

　　当代西方文明中得到最高发展的技巧之一就是拆零，即把问题分解成尽可能小的一些部分。我们还常常用一种有用的技法把这些细部的每一个从其周围环境中孤立出来……这样一来，我们的问题与宇宙其余部分之间的复杂的相互作用，就可以不去过问了。但是，普里戈金（由于对非平衡系统热力学方面所做的工作，他获得了 1977 年诺贝尔奖奖金）却不满足于仅仅把事情拆开，他花费了他一生的大部分精力，试图去'把这些细部重新装到一起'，这里具体地说就是把生物学和物理学重新装到一起，把必然性和偶然性重新装到一起，把自然科学和人文科学重新装到一起。①

达尔文主义把包容万象的宇宙系统中的地球上的生物大千世界，还原为大分子基因，使还原论走到了一个极限，只见水珠不见大海，只见分子不见生物。所造成的错误，远不止于将基因与 DNA、与生物个体的整体活动分裂，而且还在于把 DNA 与世隔绝，即与种群隔绝、与生态系统隔绝、与生境系统隔绝、与地球隔绝、与星际隔绝、与宇宙隔绝，把人们引入"牛角尖"，陷于割裂、孤立的境地。基因的破译有着不可忽视的重大意义，因为生物的性状与其基因有着直接的联系。但另一方面，生物不等于基因，生物的生存和进化还和与基因平行的非编码区以及基因之下和之上的各层系统如蛋白质、RNA 的双向交流、生物的整体系统的主动活动，以及生态系统、生境系统、星球星系、宇宙不断地创造进化大环境等有着必然的多维联系，孤立地研究基因是不可能揭示生命的诞生和进化的。

　　还原论把生物的一切命题还原到大分子来认识，从而就不可能从生物整体的时空质连续统来进行认识，不能从系统的高度来把握生物的生存和进化。他们把生物微观的、局部的关系看成是生命生存和进化的唯一的研究对象和依据，往往只看到细胞中的各个大分子之间的关系，把它们的相互关系说成是进化的动力。例如，认为"可移动遗传元件可以改变位置并影响基因表达，与生物遗传多样性的产生密切相关"，"转座子可以增加染色体重排的概率，使染色体大片地改组，将原来没有联系的基因带到

────────────

① ［比］伊·普里戈金、［法］伊斯唐热：《从混沌到有序》，前言，第 5 页，曾庆宏、沈小峰译，上海译文出版社，1987 年。

一起……促进基因重复和扩增"，"增加基因组的大小和复杂性的最常见的方式就是基因重复和序列多样化，（它）是进化的推动力。"种种探讨都割断和否定了生物整体系统主动的活动才是进化的真正的内动力和原因。

正如玻尔指出：试图把所有生物简单地还原为化学的相互作用来回答"生命是什么"的问题，就如同试图通过画出每个电子的位置来描述原子一样困难。他认为不能将生物还原为其组成部分，如果那样，就成了非生命的另外的东西了。生命是大分子构成的，但大分子并非生命。基因虽然是生物遗传微观单元，但它不会寻觅、噬食食物，不会性交，更不会思维……所以它绝不等于生物。它只有与生物的整体宏观系统协同配合才能进行种种活动，它的存在和进化服从于生物个体宏观系统。系统论中有个著名的木桶论，指出，一个木桶拆开后，每块木板就不是木桶的木板，而成了破木块，不能再承担木桶木块的功用。同样，生物若分割成一个个的部分，它也不是活的生物的部分，而是生物割裂的大小不同的尸体。生物各个部分之所以有生命力，正在于它与其他部分有机地组合在一起，服从于整体，协同运转的缘故。

DNA虽然是线性排列，但对它的研究不能只采取线性研究，而应进行非线性研究；作为相对的微观系统，它与细胞核、细胞、生物、一直到宇宙都有不可分割的联系，应运用现代复杂系统理论对层层系统的协同和调控进行研究。

当代宇宙学、自组织系统论、信息论、因果论、时空连续统论、生化学、生物物理学等等的突飞猛进，与传统进化论日益走向还原论的极端形成鲜明的对照。令人奇怪的是，传统进化论却将新的科学进步拒之门外，莫诺就批评贝塔朗菲的一般系统论是含糊不清的认识。进化论已到了必须彻底告别还原论的时候。不与其他相关科学交叉、不进行观念和方法的革命，就会被时代远远抛在后面。

无论喜欢与否，生物学必须建立新的宇宙观、自组织系统观、因果观、时空质连续观……运用新的科学观念和方法，向着宇宙进化生物学、系统生物学和信息生物学发展。生物是信息和物、能三位一体的宇宙第三代非知自组织系统，必须将其微观系统的研究与生物个体的宏观系统、生物的群体系统、生态系统与生境系统联系起来，必须与宇宙的进化，宇宙创造进化的大环境、提供负熵源以及生物以信息为前导、以本能为指向主动与外界进行对象性信息、物、能的交换的活动联系起来。

　　"基因＝人，基因＝生物"的还原论公式，概括起来其失误在于：

　　1. 否定了 DNA 上的基因只是生物和人的微观系统，把生物等同于大分子。

　　还原论把生物还原到它进化的初始——大分子，他们认为："基因研究计划本身表明生物体的性状和特征，归根结底都是由构成基因组的核苷酸的排列组合所决定。不同的排列编成不同的密码决定不同的性状，核苷酸是一种化学物质，由化学键的性质决定了核苷酸组成的 DNA 分子的三维构象。DNA 与 DNA 之间，蛋白质与蛋白质之间的相互作用，也是通过构象的识别而进行的。简言之，生命物质是按照物质分子的物理和化学的规律来实现其生命活动的各种属性。在这里，并没有什么超越物理化学的生命物质自身特有的运动规律。这样，生命活动不能简单地归结为物理化学运动的命题将是可以商榷的……从量变到质变，也无非是物质分子的物理化学运动的结果。"[1] 这就是说生物不仅等于大分子，而且其一切活动只不过是物理化学活动。他们无视进化的过程和结果，把生物还原为第二代物能自组织系统，生物学还原为物能学。

　　生物是一个多层次的复杂自组织系统，它的每一部分即使一个基因都是整体的一个不可分割的局部，但是各部分不是各自为政，而是协同一致地听从生物整体的指令而活动。生物的进化并非局部细胞基因活动的结果，而是生物整体系统主动活动的结果[2]。例如，长颈鹿长期吃树上的叶子，为了适应这一需要而长出了长脖子。长脖子并不是其脖子上细胞里的一个基因孤立活动的结果，而是生物群体以本能需要为指向、以信息为前导长期进行对象性活动的产物。再如，从眼睛这一器官的发生来说，它是多细胞动物的先祖，为了整体对象性的需要，而不断地去进行亲光活动，从而促使其在顶部最能感受光的部位产生了对象性的对光敏感的色素点，然后再进化为光点，再逐步进化为眼睛。动物先祖的这种需要也不可能在一开始就有，必须是在天促下，进化到一定的程度在活动中才可能产生这一对象性的趋光需要。特别是这一需要是生物整个系统获取负熵的需要，而绝不是其某个基因或某个部分的需要，否则单细胞生物便会产生这种变化了。生物的生存和进化是不可能通过孤立地去研究遗传大分子基因就能揭示的。

―――――――――――

① 《偶然性和必然性》，第 108 页。

② 《从混沌到有序》，前言，第 5 页。

2. 否定了后天的环境和主动努力对生物生长和进化的作用。狼孩虽然是人的基因，但它并不能思索、说话，并未成为一个人，其后天的环境和其主动的活动的改变，使其变为狼的智慧和行为，退化为动物。具有肥胖基因的人必定会长胖吗？在贫穷落后的旧社会，中国人被称为东亚病夫，即便有肥胖基因又能起什么作用呢？ 20 世纪初人类的平均寿命为 30 多岁，而今天人类平均寿命是 60 多岁，寿命基因并不能决定人寿命的长短。再如，为什么许多诺贝尔奖的获得者，是在诺贝尔奖获得者工作室中成长起来的，而在同一工作室中的人，有的却无所作为？后天环境的促进和自组织系统主动的努力，都不可忽视，两者的协同在其生存和进化中起到决定性的作用。基因决定一切的还原论的一个孪生姐妹是一切听从天定的宿命论。即使在一般情况下 DNA 也只是表现生理的基础，而不能决定生物特别是宇宙第四代自知的人未来会怎样。

生物是信息、物、能三位一体的非知自组织系统，是以信息流带动物能流的宇宙第三代。人类是自知自组织系统，是通过自知地对信息的输入、加工、创造、物化，与创造对象结合而进化的宇宙第四代。大分子基因并不能决定生物特别是人生下来后的生理和意识。一头幼狮的诞生和成长，是从雌狮和雄狮体中相关的大分子分别结合为卵子和精子开始，虽然在胎中重演了 38 亿年由前生物到狮子的进化史，但它出生后还必须跟先辈学会种种本领，才能成为一头猛兽。人由于是自知自组织系统，后天的差异更是悬殊。狼孩不是以人的意识，人的信息输入、加工、外化等带动物能流，结果退化为狼的脑和生存方式。即使在正常情况下，人在生下来前和生下来后由于其信息流带动物能流的差别，也会形成巨大的差异。人生下来后也要重演人类在精神进化上的过程，从只会直观地观察到牙牙学语，从不会识字到识字，从只会模仿到能进行创造，等等。重演了人与语言、知识、观念、方法等等软件相结合的过程。虽然，他不需要再去重复创造这些软件的过程，但却重复了与这些软件由少到多、由低到高、由简单到复杂的结合的过程。因与这些软件结合的优劣程度和数量的多少，以及在结合中的创造性的差别，使人后天的差异甚至有天渊之别。DNA 虽然能影响一个人的智慧，但它决定不了人后天的一切。进化不能只从还原到最初的分子来考察，也不能只从静止的、有限的系统来研究。时空质连续统的认识方法才能真正描述对象的发展和进化。

3. 否定生物具有进化的对象性和遗传信息的双向交流，割裂了生物的主动活动对其进化的根本作用。上章已述。

4. 无视和否定宇宙不断创造进化大环境促进进化的这一根本前提，无视各层系统对生物生存和进化的作用。宇宙各代的进化无一不是建立在宏观、中观、微观系统协同调控的前提下的。只有各层系统协同有序地调控，不断地促进，微观系统才有存在和进化的可能；同样，只有微观系统发挥了它的对象性，进行主动的活动，各层系统才能进行系统地调控，协同运作。生物的进化也不例外，是各层系统协同运作、有序调控的结果。没有宇宙创造的井井有序的星系、创造的太阳系、创造的地球，没有生物与环境协同创造的生境系统、生物与生物创造的生态平衡，哪来的生物和生物的进化？

传统进化论不仅把具有信息功能，是信息和物、能三位一体的宇宙的第三代归结为大分子的物理化学活动，而且也把能通过自知创造而进化的宇宙的第四代——自知自组织系统人类也还原为物能系统大分子。

系统的局部绝不等于系统。早在两千年前，先哲亚里士多德就说过："系统的功能大于各部分之和。"他这一论断只是说大于，具体大多少没有界定。从宇宙进化的过程可以得知：系统与系统的组因本质的区别是发生了层次或代的飞跃，系统能进行超组因的、高层次的调控和运作。或者说，新系统使组成系统的各组因融为一体，协同调控，上升为新的层次或代，具有更复杂更高级的新结构和新功能、新的进化对象性、新的生存和进化的方式，发生了进化的进化。线粒体与原核细胞结合共生而进化为真核细胞，真核细胞不是原核细胞加线粒体，而是能进行超组因的、高层次的调控和运作，从而成为构成后来一切真核生物包括第四代人类的微观系统。

其实任何一代自组织系统，都不可还原为其组因，例如，分子、星球、星系都是原子组成，但不能说它们的活动和变化都是原子的活动和变化。这就像任何原子都是电子、核子结合成的一样，如果将它们都还原为孤立的电子、核子等的物理和化学活动，那么原子与原子还有什么区别呢？岂不都有相同的特征、功能和活动了。

作为宇宙进化的第四代是建立在前几代基础上的，是前几代进化的结果，具有前面进化过程中每一代的组因。在人的身上，不仅有宇宙最初的质子、夸克等物能系统，而且有非知自组织系统——细胞等，它们在人自知之外进行诸如物理化学活动和非知的遵循双向法则的活动，但人决不是简单的前几代自组织系统的拼凑、相加，更不等于是大分子基因。第四代虽然是前几代进化的结果，但已超越了前几代，是迄今最高代的自组织系统，具有前几代自组织系统所不具有的新的功能、作用和地位。人可以还原为前几代自组织系统，但那已不是人。人作为漫长进化结果的复合体，具有一切自组织系统的对象性功能，但作为一个整体系统，又具有一切前系统所不具有的新的、高级的、进化了的代性。不仅人的自控自调不同于前几代，而且他的对象性已发生了质的进化，他能进行自知的创造，与创造物结合而进化（下章详）。他是宇宙新的划时代的里程碑，从此揭开了能进行自知创造的史页。

还原论认为宇宙的第三代和第四代只不过是宇宙的第二代物能系统活动的表现，无视自组织系统一代比一代进化，与宇宙进化的实际相背离，本质上是退化论——将进化了的自组织系统又退化为未进化前的自组织系统。

补　遗

把生物还原为排列的大分子，指出它们是一个决定生物某一方面的独立的单元，认为这是揭示生物生存和进化的全部学问，是完全不了解具有灵性的生物是什么所致。

2000 年 6 月 8 日第 3 版《科学时报》上，著名物理学家李政道指出，20 世纪物理学中占主导地位的还原论思维还影响到生物学的发展，他认为"要知道生命就应研究基因，知道基因就可能知道生命"的还原论认识是错误的。他说："我觉得……仅是基因并不能解开生命之谜，生命是宏观的。"生命对环境反应的单位是个体，进化的单位是物种。他指出："20 世纪的文明是微观的，我认为 21 世纪微观与宏观应结合成一体。"宏观微观结合是未来生物学发展的必由之路。

两性的 DNA 重组并不是偶然性的证明，而是必然性的证明。因为两性的产生本身就是必然的，两性在未交配前，就因主动地努力促使 DNA 反馈而有所渐变。

对象的有限性和进化的无限性的结合，形成宇宙不断进化的过程和无限丰富多彩的现实。

还原论的演绎，在人类社会必然是提倡个人第一，民族至上，主张竞争、弱肉强食、战争、种族灭绝……

社会达尔文主义无视宇宙和各层大系统的协同运作、有序和谐、丰富多彩、优美动人，而把一切还原到只是个体之间你死我活的竞争。

忠实的达尔文主义者莫诺强调："有序、结构分化、功能获得等，所有这一切都是出自一些分子的随机混合。"认为道德标准应当从自然选择这一客观规律中去寻找——那就是弱肉强食，优胜劣汰，种族灭绝……

六、造就希特勒的理论
——竞争论剖析

竞争论也是达尔文理论的一个重要支柱。在达尔文物竞天择，优胜劣汰的进化理论中，物竞是天择之前提，通过物竞，天才有所择。所以，达尔文把竞争看成是生物进化的一个重要法则。物竞作为进化的一个法则，是颇有迷惑性的。因为，其结果似乎必然是优胜劣汰，不断进化。就像牛顿的力学一样，竞争是进化的动力这一观点已统治人类150年，似乎已成了无可争议的真理，谁要提出不同的见解，就会被群起而攻之。而问题的严重性正在于此，竞争并非真正的进化法则，协同才是进化的法则。

什么是物竞天择，优胜劣汰呢？对此达尔文做过具体的阐述，他说："自然选择的作用，必然在于选取在生存斗争是比其他类型更为有利的那些类型，因此，任何一个物种的改进了的后代，在每一系统阶段内，总有排挤及消灭它们的先驱者和原先祖型的趋向。"[①]他一再重复这一观点："如果我们看每一种生物都是从另一种不知名的生物

---

① 《物种起源》，第76页。

传下来的话，那么它的父母及其过渡期的中间型应该被这更完善的新种消灭了。制造新种的过程就同时消灭了旧种。"新灭旧、优灭劣，达尔文所说的竞争，内涵和结局便是如此。达尔文非常看重他提出的这一物竞天择，优胜劣汰的理论，把它比喻为是哥伦布将鸡蛋立在桌子上一样，答案竟如此简单，轻而易举地便把进化的规律找到了。

真理必须与实际相符，而达尔文的竞争论，与生物进化的历史和现实恰恰相违。

如果优胜劣汰、新种灭旧种的竞争的确是自然的法则，真核细胞生物灭绝原核细胞生物、多细胞生物灭绝单细胞生物、脊椎动物灭绝软体动物、爬虫类灭绝鱼类、哺乳类灭绝爬虫类……那么，今天所留下的只能是最新的物种。可是，现实是，新的先进的物种出现后，比其落后的各代先祖并未被消灭。例如猩猩出现了，不仅猴子仍然存在，而且此前38亿年来的单细胞生物以及腔肠动物、鱼类、爬虫类等等仍然存在。摆在我们面前的是无比丰富多彩、千姿百态、强弱并存、优劣共序、协同运作的生态系统和有着更广泛系统调控的生境系统。达尔文认为人与生物没有根本区别，人类社会也受竞争法则的支配。可是，为什么经过了几百万年，今天在最先进的国家存在和发展的同时，最原始落后的民族和国家也仍然存在呢？进化若真的是以新灭旧，何谈建立生态平衡和生境系统，旧的灭了，新的也就不可能存在，地球上哪还有什么生物及竞争呢？

过渡期的物种缺失，并非达尔文所说的是进化了的后代消灭了其先祖。而是由于物种的进化是种群长期、普遍的努力，由渐变到突变的结果，所以不存在过渡物种。而分道扬镳的物种仍然保留下来，如类人猿进化为人类后，大猩猩等仍然存在。

竞争论为何与现实相违？因为它不是自然法则。与竞争论的推论相反，宇宙各代、包括生物进化的过程充分说明，协同才是生存和进化的法则。

如前所述，宇宙各代之所以进化，是由于天促物进、系统调控、对象组合、多维协同。天促、物进是相互协同的两大进化动力。一方面，天不断创造进化的大环境，提供新的负熵源，促进各代的进化；另一方面，各代都具有进化的对象性，在天促下产生新的需要，总是去寻找、识别、结合（吸纳）对象而进化。因境况的不同有的进化得快些，有的进化得慢些，但竞争，并不是进化的必须，更不是进化的法则，相反协同才是进化的必要条件。天之所以能促，物之所以能进，不仅是宏观、中观、微观等各层系统协同运作，而且是宇宙的系统调控常数的协同，时空的协同，物、能、信息的协同等等多维协同的过程和结果。

协同贯穿整个宇宙进化的是整个时空质连续统。没有宇宙最初正反质子的协同调控，哪来的原子、分子；没有原子、分子的协同调控，哪来的井井有序的星系；没有星系的协同运作，哪来的银河系；没有银河系中各个星系的协同调控，哪来的太阳系；没有太阳系中各星球的协同运作，哪来的地球；没有64种碱基和20种氨基酸的对象性协同，哪来的地球上的生命；没有线粒体与原核细胞的协同，哪来的真核细胞；没有细胞的协同运作，哪来的多细胞生物；没有地球上生物与地球的大气、地质等的协同调控，哪来的能适合生物生存和进化的生境系统；没有生物的协同调控，哪来的生态平衡；没有生态平衡，哪来的生物和生物的进化。协同是层层相关、不可分割的。宇宙及其各代的进化不是新灭旧的竞争的结果，而是各层系统对象性协同的结果，只有协同并促进协同的发展才能有序，只有有序，才能存在和进化。宇宙所呈现的绚丽多彩、井井有序、不断进化的美，正是协同的过程、结果和表现。

没有协同就没有系统，没有协同就没有进化。系统之所以称其为系统，正在于所有组成对象性的协同。系统就是协同，存在就是协同。离开了本系统各组成的协同，本系统之上的层层系统的协同，本系统之下的层层系统的协同，本系统与同层次系统之间的协同，连存在都不可能，还谈何竞争呢？

笔者在专著《对象学——大爆炸与哲学的振兴》中曾论述：无物无对象，无物非对象，此物与彼物互为对象，对象与对象是1+1=1的现实。存在就是对象，对象就是协同。在一个系统中的对象有着更密切的协同关系。有对象就有差别，有差别就需要协同，协同是系统调控的需要也是系统调控的目标。存在和进化不是个体之间、局部之间竞争、优胜劣汰的过程和结果，而是宏观、中观、微观系统以及其他多维协同调控的过程和结果。

自然界有没有竞争呢？当然有。但竞争不能笼统地谈。因为有两种不同的竞争，即破坏协同的竞争、有利于协同的竞争。竞争是否有利于进化，要以协同为分水岭。凡是有利于协同的竞争则能促进进化，凡是不利于协同的竞争，则只能造成退化。种群内的竞争，必须有利于种群的生存和进化；种群之间的竞争，必须有利于生态系统的稳定和进化。违背协同的竞争，就不可能延续下去。竞争不是进化的法则，竞争必须服从协同，纳入协同的轨道。子系统有利于进化的竞争带来的结果是大系统更加协同，简洁地说子系统是竞相协同。氨基酸竞相与碱基协同，精子竞相与卵子协同，雄性竞相与雌性协同。竞争本身就是建立在协同基础上的，离开了诸如生物自身各组织的协同、生态系统的协同、生境系统的协同、宇宙系统的协同，哪还有什么竞争。生存和进化必须协同，协同和促进协同不断发展才是自然法则。是质子与核子的协同才进化为原子，线粒体与原核细胞的协同才进化为真核细胞，人与自知创造的弓箭等协同才进化为现代人。分散的子系统对象性协同组合，才能进化为高一层次或代的系统。

进化的两大动力：天促、物进，到生物这一代时，物进中出现了寻找、识别、噬食对象，把对象作为自己负熵源的现象。但这一做法，必须是促进生态平衡、生境平衡的，否则只能造成退化。蚜虫繁殖能力极强，据统计，只要一天的工夫，不仅能把整个地球布满，还能累叠三尺。可是由于它是许多昆虫的觅食对象，才将它的繁殖限制在生态平衡范围之内。昆虫吞食蚜虫的生存"竞争"，从本质来看，正是一种协同，并非只对昆虫有利，而且促进了蚜虫的繁殖能力，使其能生活在生态平衡的环境之中；否则，任自己传衍发展，布满地球的蚜虫自身也会灭绝。另外，如果昆虫以己之优灭绝蚜虫，那么，它们自己也会因食物匮乏而灭绝。当然生态平衡系统的形成不只是这两种生物，还须鸟类、爬虫、植物、人类等等一切对象协同运作。生态平衡是协同的结果，竞争必须纳入协同的法则。达尔文只看到生物与生物之间的竞争，虽然在他之前1800多年，亚里士多德就已指出，系统的功能大于各部分之和，他却未能从系统的高度，来分析认识多维协同才是生物生存和进化的法则。

不论是从个体还是从物种而言，作为一个系统，不仅需要本系统各组成的协同，而且还要与大于它和小于它的各层系统一致协同，才能进化。种群内的竞争要有利于种群的协同发展，种群间的竞争要有利于生态系统的协同发展，生物之间的竞争要有利于生境系统的协同发展。认为协同是进化的障碍，只有竞争才能促进进化，等等，诸如此类的竞争观，只会带来退化的行为和结局。

物种在进化中有的可能进化得快些，有的慢些，有人把这称作是竞争，但这不仅和优灭劣的你死我活的竞争是两码事，即使和一般的竞争也不相干，相反是为了进化为新的系统，达到新的协同。这一过程大致是这样的：在系统各因素的协同中有了新的进化了的因素，引起不同程度的不平衡，生物非知地发挥其进化的对象性，从局部新因素开始突破，带动全系统向新的层次迈进，由渐变而突变，发生进化的进化，形成新的超循环的协同。在原始生物中，由于大气和其他因素创造了进化的大环境，原核细胞便与线粒体结合，形成了新的不平衡；共生体发挥进化的动力，通过系统的调控、磨合、协同，进化为新协同系统——真核细胞生物。生物的进化过程，往往是从局部不平衡开始，带动整体由渐变而突变，形成新的协同系统。例如总鳍鱼，被搁置到岸上后，天创造了进化的大环境，提供了新的负熵源，它的雏形的肺和习惯于爬行的鳍，是其整个系统中先进的因素，使它能在陆地呼吸、爬行，维持生存。在这两个因素的带动下，它主动寻找、识别新负熵对象的活动中，其他方面也发生了进化，鳍变成了四肢，鳞变成角质皮肤……从而由渐变到突变进化为新物种。局部先行，能带动系统从旧的协同上升到新的协同，而不是局部先行灭绝其他。如果把局部先行硬要称作是竞争，那么，这"竞争"是竞相形成新的协同，而不是灭绝异己。

美国生物学家林恩·马格丽斯曾提出生物是通过合作和共生而进化的来取代达尔文通过竞争和冲突而进化的观点。她认为，生物体相互帮助、合作，共同完成它们各自完成不了的任务。她认为，细胞的构成成分就曾是独立生存的生物体，如原核细胞和线粒体，后来相互合并而共生。她的观点得到许多生物学家的赞同，但也为另一些生物学家所拒绝。原因是，她否认了所有的竞争，而竞争又的确存在于生物界。那么究竟怎样才对呢？协同是进化的法则，竞争要服从协同，应以协同来区分两种不同的竞争，即有利于和有害于协同的竞争。不仅有利于协同的竞争才能促进进化，并且即使是这样的竞争，也只是协同进化的一种方式，与竞争是进化的普遍法则是两码事。

生物进化的根本途径和方式并非竞争，而是协同结合。两个以上的独立的系统相互寻找、识别、结合，上升为新协同调控的高层次的系统，这是第二代物能系统普遍的进化方式。第三代生物虽然在进化上有了进化，不是以力为前导、以对象性为指向，而是以信息为前导、以本能为指向，但同样是去寻找、识别、结合（吸纳）对象，上升为高一层次协同运作的系统。协同不只是第二代，也是第三代等各层次自组织系统共同的进化法则和方式。从前生物三联体开始，就是不断地与对象结合而进化的：原核细胞与线粒体等结合而进化为高层次协同运作的系统真核细胞；单细胞相互协同结合为多细胞生物；精子与卵子结合而成为新的子代。除蜜蜂、蚂蚁等个体相互结合形成了协同调控的昆虫社会外，其他生物个体相互结合而成为高层次协同调控的种群也是很普遍的。群体的协同产生了比个体要大得多的功能。猩猩去捕猎时，就是发挥群体的智慧和力量；爬虫类的鳄鱼，平时虽有摩擦，但到鲢鱼汛期，它们也相互协同排成一线将鱼赶到浅滩一同美食。从更大一些的范畴来看，相关生物协同结合形成生态圈，所有生物与大气、海洋、地质等等协同形成生境系统。凡此种种，不论是宏观还是微观、历史还是现实都充分说明，进化是协同[①]的结果，同时也促进协同的进化。

达尔文认为生存都是利己的，竞争就是建立在利己的基础上，世界上的生物绝不会有利他之举。他向可能不同意他的意见的人发难："如果能证明任何生物种内有任何的结构是为了其他种的利益而产生，我的演说就马上化为乌有，因为这些情况不可能从自然选择而来。"然而如前已述，生存就要协同，协同就是互利。具有叶绿素能进行光合作用的植物产生的氧，正是形成和维持地球上生物生存和进化的重要负熵源。协同可以说就是广义的利他，在协同中，每一个系统都要不同程度地利他。达尔文只是片面地看到个体与个体之间的关系，而未看到系统。

协同共生在生物界是很普遍的，这就是建立在利他的基础上的。尽人皆知的如蜜蜂和有花植物，后者提供蜜蜂花蜜，蜜蜂则为植物传递花粉。白蚁与多边毛虫也是不可分离的。白蚁吃木头，但不能消化，而它肚子里的多边毛虫却分泌一种酶来使它消化。如果没有多边毛虫，就是有木头，白蚁吃下去它也不能生存；同样如果没有白蚁，多边毛虫就失去了白蚁肚内提供的生存空间和食物。切叶蚁将树叶搬进窠内布设"花

① 有人认为，哈肯的协同学从一个独特的角度对非平衡自组织现象进行深入的剖析，在某些方面提出比耗散结构理论更精辟独到的见解，正是认识到熵"作为处理自组织结构的工具太粗糙了"之后，才提出了序参量等一系列的理论概念，从开放性系统内部来探讨有序发展的原因，把耗散论理称为系统生成的"外因系统论"，协同理论称为"内部系统论"。但实际上内部和外部是相对的，从小系统来看是外部的协同，从大系统来看则是内部的协同。没有层层系统以及其他诸如常数的协同、时空质的协同，就没有系统的存在和进化，就没有宇宙的存在和进化。

园"，培养真菌，真菌因切叶蚁而得以繁衍，切叶蚁因真菌的繁殖而得到必需的食物。牧羊犬给牧羊人看守羊群不被狼侵害，牧羊人提供牧羊犬种种生存的需要。又如，许多单细胞的绿藻、甲藻和硅藻可以共生于高等植物、真菌以及脊椎动物的细胞中；细菌可以共生在真核生物的细胞中，在不少昆虫的特殊细胞中就有正常共生的细菌，这些细菌对于昆虫的特殊细胞来说往往是有重要的生理意义……这类现象，不胜枚举。

单纯的利他在生物界也是常有的事。科学家发现，生物界就屡见自觉执行"利他自杀"的现象。例如，蜂类在遇到来犯之敌时，会争先扑去施放毒螫，以身殉职。再如，鲸的集体自杀，也被认为是因为这群鲸的存在已构成对全体的威胁，从而导致它们采取了自杀的利他行为。用个体的死亡来换取群体的存在的事例不胜枚举，如当噬菌体类病毒入侵后，细胞会被病毒的多肽激活，细胞内的 T4 蛋白会迅速切断细胞内赖氨酸的转移核糖核酸分子链，使细胞无法再进行蛋白质合成，从而有效遏制病毒进一步感染扩散，达到"利他自杀"的目的。美国曾利用"利他自杀"制造了一种抗癌新药，将一种引发感冒的腺病毒注入生物体内，让生物体的细胞被病毒激活，进入分裂状态，从而使细胞内的 P53 蛋白担当起限制酶的作用，即启动细胞的自杀机制，从而在细胞组织内就摧毁癌变细胞。

当人们列举出种种生物界利他的事实，说明竞争是不可能促进这种自我牺牲精神时，有些达尔文主义者又改口说这归功于"群体的选择"。有自我牺牲精神的群体比没有自我牺牲的群体处于更有利的地位，所以优胜。这么说是协同得胜，而非竞争得胜，岂不与物竞天择又冲突了吗？由于竞争不是生物真正的进化法则，必然会陷入左右难解的境地。

绝不会利他的竞争论，与我国"弱肉强食""人不为己，天诛地灭"一类的个人主义至上的提法何等相似！

由于协同是进化的普遍法则，所以利他不只表现在共生的对象，而是普遍的。在第二章中对此曾做过揭示。

宇宙在有序膨胀阶段，不断地扩散物、能，才创造了一个使其子孙们能够集聚能量和负熵的大环境。它对象性地扩散物、能，恰好就使其子孙能对象性地集聚物、能，没有不断地、适时地扩散，就不会有不断进化的吸收。大爆炸后，其子孙才能不断递佳地、有序地发展，依次产生原子、分子，然后是星云、星球，再是生物，接着是智慧生物人类以及人类创造的人球系统……直到最后宇宙耗尽了自己的力量，由有序膨胀转化为坍塌或失控的膨胀，逐渐熵增走向死亡。

宇宙的进化正在于它能为子孙们无私地奉献。它不仅开此一代之先河，而且把这一奉献的"基因遗传"赋予其一代代的子孙；其子孙们也以自己的牺牲为代价换取下一代的进化。例如，超新星的爆炸，为形成能产生物的恒星与行星结合的星系而献出了自己，它通过巨大的爆炸将其最后时刻产生的生命和下一代恒星所需要的重元素和物质抛回星系的气体中，第二代或第三代恒星如太阳就包含有多达 2% 的这样的元素；太阳这样的恒星又为后来的生物、人、人球系统等的创生和发展，燃烧自己，最后消耗殆尽，退化为白矮星；生物更是如此，如鳟鱼长途跋涉，回到产生它的河流，产卵后便死去。宇宙中诸如此类的奉献自我的现象不一而足，令人惊讶和感叹。至于人类，则是自知地为其子孙后代含辛茹苦，呕心沥血，奉献自己。协同律和两段律也正是奉献律。

宇宙的进化是不可逆的，进化是善与美的，所以对象性揭示了进化实际的真理，也是善、美的。而达尔文的竞争论违反了进化的实际，不是真正的进化法则，所以，它必然也是与善、美相违的。既然同种的后代必定要消灭它们的先驱和原祖，那么非同种的自然不用说，更要展开你死我活的优胜劣汰了。"真"的失误，使达尔文陷入善、美与真水火不容的苦恼，他不禁自问：小鸟吃掉的正是植物赖以繁殖的种子，生存就是残酷的竞技场，遵循这一必须遵循的自然法则，那么终极的善又在何方？

但是，他认为善要服从真，既然残酷的你死我活的竞争是生存和进化的法则，就不能顾及善不善了。他思索的结果是，必须坚持竞争说，从而沿着它越走越远。

1839 年后，达尔文吸收了马尔萨斯的人口理论，将竞争论推到极端。马尔萨斯认为战争和疾病、瘟疫是缓冲人口几何级数膨胀的重要因素。达尔文由此得出种间和种内的生存竞争是生物赖以生存的一种正常机制，认为生存竞争包括强灭弱的战争是进化的需要和动力。

达尔文在其后来的著作《人类的由来》中写道："当两个居住在同一片地区的原始人的部落开始竞争时候，如果（其他情况与条件相等）其中一个拥有大数量的勇敢、富有同情心而忠贞不贰的成员，随时准备着彼此告警，随时守望相助，这一个部落就更趋向于胜利而征服其他的一个。"①他哀叹现代文明社会不如野蛮时代②，认为从总体上来看："就野蛮人，身体软弱或智力低下的人是很快就受到了淘汰的，而我们文明的人所行的正好相反，总是千方百计地阻碍淘汰的进行。"③达尔文明确地将其提出的人类与生物等同的唯生论和竞争论作为人类社会进化的指导思想，毫不含糊地谴责文明社会协同拯救弱者之类的行为是违背自然法则的错误。他说："我们有理由相信，接种牛痘之法把数以千计的、体质本来虚弱、原是可以由天花收拾掉的人保存下来。这样，文明社会里的一些脆弱的成员就照样繁殖他们的种类（注意种类这个词，种族灭绝可能就是从此而来的）。"按照达尔文的主张，被认为是继爱因斯坦后最伟大的科学家、一直疾病缠身的霍金，被宫刑的司马迁等等岂不都应被自然淘汰掉？

至此，达尔文不仅将物竞天择、优胜劣汰的进化论引入人类社会，形成社会达尔文主义，并将其推演到一个无以复加的极限，提倡弱肉强食的生存竞争，你死我活的残酷斗争，不讲道义的强权战争，以及病弱残痴必须无情灭绝等等。从而毫不隐讳地暴露了他的理论不是进化论而是倒退论，与真正进化法则天促物进、系统调控、对象组合、协同进化背道而驰。

达尔文的理论由于揭示进化现象，有其反宗教迷信、进步的一面，在世界广泛传播，但其错误的方面，也随之传播开来。首先在意识上，它与牛顿的力学相呼应，影响了一百多年来几乎所有的哲学、经济学、社会学、人类学，竞争的哲学、斗争的哲学，天定论的宿命哲学，人不为己天诛地灭的人生哲学、弱肉强食的处世哲学等等竞相泛滥。著名的社会达尔文主义者斯宾塞就极力宣扬：放任自由的个人奋斗与生物进化的规律是一致的，物竞天择，优胜劣汰，也是人类进步的方式，自由贸易和经济竞争都是自然法则的社会形式，篡改这些，便会阻碍人类进步的车轮。二次大战时澳大利亚的解剖学家达尔文主义者雷德·达特便提出了人类从远古就是用暴力对付自己的

---

① [英] 达尔文：《人类的由来》，第 201 页，商务印书馆，1983 年。

② 众所周知，野蛮时代是要生吃俘虏的。这只是人类的初期现象。随着人类的进化，人类总是从非知到自知，不断地促进协同进化。在开始时是人吃人，后来则是奴役，再后来是剥削"自由人"，最后是人类性的彻底的解放。越来越走向协同进化，而不是竞争越来越激烈。

③ 《人类的由来》，第 206 页。

同类而进化的。他提出"人——凶杀的猿"这一概念。① 当代学者道金斯则从分子生物学来阐述达尔文的观点，在其名著《自私的基因》的首页就这样写道："在一个高度竞争性的世界上，像芝加哥发迹的强盗一样，我们的基因生存下来有的长达几百万年，这使我们有理由在我们的基因中发现某些特性。我将论证，成功的基因的一个突出特征是其无情的自私性。这种基因的无情性常常会导致个体的自私性。" ② "我们生来是自私的，如果我们生活在一个单纯以基因那种普遍无情的自私法则为基础的社会，那将令人厌恶之极……然而这是事实。" ③ 他高唱自私天成、个人至上的伦理准则。

实际上这是荒谬的。基因是 DNA 的一种组因，是低一层次的协同单位，它不仅总是无私地与其他基因协同，而且与非编码区协同，DNA 才得以进行系统的控制和反馈，与生物整体系统协同，不断接受整体系统的控制指令和反馈信息而生存和进化。没有基因为生物的生存和进化无私地与其他基因和非编码区的协同、与 DNA 的协同、与生物整体系统的协同以及间接地与环境与宇宙的协同，哪来的生物的存在和进化？哪来的人类的生存和进化？还应指出的是，在这一过程中，基因不仅协同其他基因和非编码区而创造新基因，还无私地为新基因腾出位置，与新基因协同调控和运作，形成新的渐进和突变。

达尔文的竞争论不仅在意识上，而且在实际上也给人类造成灾难性的负面影响。在资本主义初期的发展阶段，竞争论一度刺激经济的发展和个性的发展，但另一方面，却日益导致生态平衡的破坏，残酷的资本积累和殖民掠夺，甚至发展到法西斯疯狂的战争。

达尔文作为一个学者为什么这样不遗余力地鼓吹残酷的竞争、强权战争，似乎是很费解的。但，试想生活在世界上最强大的殖民国家，并直接乘坐轮船远航至非洲的他，得出这类的想法也就不足为怪了。其竞争论成了剥削、压迫、非法掠夺等等肆意破坏大系统协同调控的理论依据，不仅如此，由于把战争看成是天经地义、优胜劣汰的自然法则，它还被一些法西斯分子用来作为侵略和"消灭劣等民族"的理论武器。

① 《人类的起源》，第 9 页。

② [英] 理查德·道金斯：《自私的基因》，第 2 页，吉林人民出版社，1998 年。

③ 《自私的基因》，第 3 页。

可以说，两次世界大战，特别是第二次世界大战，与他的理论的传播不无关系。有人说："一个普通的德国遗传学家，比十个盖世太保罪都大，因为100%的德国遗传学家当时都支持希特勒的优生理论。"这是非常恰当的对比，甚至还有过之而无不及，因为他们是酿成几千万人死于无辜的侵略战争的鼓吹者。

马尔萨斯人口论的要害不是统计上的不合理，而是他不懂得宇宙的第四代人类自知创造的意义和价值，不仅未考虑人类在自知控制人口增长上的能力，也未考虑人类科技的进步在推动和改变生产上的能力。他把宇宙的第四代自知自组织系统人类看成是只能听任自然的发展和控制的被决定者。用战争来解决人口问题是对人口控制处于非知状态时的揣测。随着人类自知的发展，世界不仅普遍采取和平协商的方式来解决争端，日益走向世界一体化，而且也普遍采取有计划地节制生育的办法来控制人口的增长，发达国家由于文化素质的关系很多人不要孩子，人口更是自然地下降。把战争看成是天经地义的调控办法，无异于鼓吹侵略。

竞争不是进化的规律，弱肉强食更不是法则，实际上决定胜负的准则是哪方对协同进化有利，胜利总是属于那些有利于社会协同发展的一方，即使在开始时它是弱者。美国微软公司就是一个例子，当初它是个小公司，乘反托拉斯法制裁IBM的东风，在推动互联网协同发展的竞争中坚持不断创新，降低成本，提供最佳的售后服务，用最新颖、最便宜、最优秀的产品供给社会，节节挺进，从而超越了那些强者成为世界最大的公司。可后来微软一度与进化的协同法则相背，将"探险者"浏览器与Windows98在技术上捆绑在一起变为Windows2000来垄断市场时，便受到舆论的谴责和反托拉斯法的审查。协同才是进化的法则，决定胜负的不是达尔文所说的优和劣、强和弱，而是是否有利于社会协同进化。战争也一样，正如人们通常所说的，不是以强弱来定胜负，胜利必定属于正义的一方，即有利于世界协同进化的一方。无数的史实说明，想称霸世界的非正义的竞争和非正义战争一方，由于违背了协同进化的法则，最后都以失败告终。希特勒是这样，萨达姆也是这样。侵略一词已成为可耻和失道的标志，有的侵略者即使过了半个世纪也不敢承认自己曾侵略他国，总是千方百计地掩饰和抵赖，原因正在于此。

强和弱、大和小，并不能表面地、静止地来看，真理在刚开始被发现时，总是掌握在少数人手中，今天的少数将来会成为多数，今天的多数将来会变为少数。有些国家表面静止地看的确强大，但他代表的是退化、破坏协同，结果却被弱小的战胜了；有的公司表面静止地看是很强大的，但它代表的是破坏社会进化，有害于协同的一面，结果反而被表面静止地看是小公司，但实质上是代表进化方向的所代替。

单纯以强弱来论定胜负，是反科学的；不讲协同的竞争只能造成退化，是一种退化法则。达尔文的竞争论显然与地球上38亿年来生物的进化史相背离。协同才是进化的法则。人类社会与生物界也一样，进化是各层系统协同调控的结果。

自知自组织系统人类之所以比第三代进化，正在于能通过努力将非知变为自知。随着历史的发展，人类逐渐揭示协同的法则，并通过创造努力促进协同的发展。当然也包括种牛痘一类的协同预防。只有各方面越来越协同，人类和人类社会才能存在和进化，同时，也才有可能在协同的前提下竞争和通过竞争促进协同。人类从原始的、较小的自知自组织系统群体，逐渐发展为递大、递佳的自知自组织系统社会、国家，并日益走向国际联合，正是人类运用协同进化法则的发展过程和结果。自知自组织系统人类的历史，就是越来越走向递高层次的协同，已走过和必将要走的是一条从原始人杀吃俘虏，到奴役人、剥削人、人类性的彻底解放，世界协同一致建成宇宙第五代人球系统的进化道路，而不是越来越倒退，走向你死我活的毁灭战争、弱肉强食的残杀。

自知自组织系统人类之所以是不同于生物的宇宙的第四代，正是在于能揭示法则和运用法则。由于揭示了协同和促进协同发展是生存和进化的法则，人类便从各方面保证和促进这一法则的运行。

竞争不是目的，它只是大系统调控的手段之一，要服从协同，通过竞争达到新的更好的协同。如前所述，有利于协同的竞争能从局部突破，带动整体发展到一个新层次。小公司要与大公司竞争，就要开发公众所需要的新的产品，占领市场，从而也促进了大公司的进步。竞争本身就要建立在协同的基础上，例如，公司之间的竞争，就需要通讯、运输、资源、市场、法律、舆论以及提供经济与商业知识、饮食和其他生活必需品等等的协同。离开了协同，哪还有什么竞争？协同是竞争的法则和分水岭，只有促进协同发展的竞争才是进化所需的。如果某项竞争有利于协同，就会得到赞赏和支持。如诺贝尔奖的角逐，奥运会的竞赛，以及数不清的其他种种为促进协同的竞争、竞赛，竞相为社会做出更大的贡献，竞相协同起来为人类创造出更佳、更多的新事物，竞相超越前人的创造和记录……这些都是实际地运用协同法则来促进人类的进化、进步、友谊、和平、发展的活动（奥运会的口号之一就是"和平、公正、友谊"）。如果相反，某项竞争有害于协同，就要被斥之为不正当竞争而被禁止、取缔。为了衡量竞争是否有利于社会的协同，人类不仅每个时期制定种种有关的法律，如国内法、国际法，而且形成了相适应的道德准则、美丑规范、社会舆论、监督方法等等。为私利而竞争，为垄断而竞争，则会破坏协同，带来毁灭，增长熵值，制造紊乱，引起倒退，小则要遭到社会舆论的谴责，重则要受到法律的制裁，被大系统的协同调控所淘汰。

竞争必须服从于协同，而不是相反。近年来的互联网竞争，加速了进入信息时代的步伐，出现电子生态系统、商业生态系统，促进了全球的协同和一体化。

竞争不是进化的法则，不仅是因为竞争必须要服从协同的需要，为促进协同服务；还在于，大量的协同并不必须通过竞争，例如，线粒体与原核细胞的协同、生物体各个局部之间的协同、核子与电子的协同、原子与原子的协同、思维场中显意识与潜意识的协同等。把竞争作为进化的动力，则会要求一切服从竞争，破坏协同；只看到或只讲竞争则会破坏和阻碍系统的调控和协同。竞争必须纳入促进大系统协同和进化的轨道。

达尔文一以贯之地提倡还原论，否定系统，立足个体。强调个体的变异是新物种形成的源头。将这一认识引入人类社会，则强调个人高于系统的作用和价值，并与其提倡的与协同对立的、你死我活的竞争联系起来，成为西方个人至上的伦理准则。但还原论应回到整体、系统的立场上来，竞争的法则和哲学应回到协同的法则和奉献哲学上来。个体的自我实现应赋予新的内涵，只有实现人在宇宙进化中的地位和作用，包括通过自知的自我努力促进协同进化，通过自知创造，推动人球系统的建立和发展的自我实现，才是科学的、有价值的。的确应尊重个人的价值和作用，但只有从协同、系统出发，以宇宙进化为导向出发，个人的价值与地位才能得到真正的、科学的印证和实现。离开宇宙进化、系统协同，个人的价值就无从谈起，失去了尺度。进化是不可阻挡的，而进化就必须协同。超出了系统协同法则的做法迟早会被历史纠正。

日益递佳的协同调控，使人类的进化加速前进。和平、合作、进步、走向一体化已成为世界的主旋律。

补　遗

社会达尔文主义把宇宙、星系、地球、人类、国家、社会等等各层系统协同调控的时空质连续统，还原到个体、种族，提倡个体与个体之间弱肉强食，种族与种族之间优灭劣，并把它说成是进步、进化的动力。然而，自知自组织系统人类，今天越来越认识到这种理论的问题，并从实际上扬弃了还原论，不但国家各自制定国内法、国家间形成国际法，将竞争和冲突纳入系统调控、协同进步的轨道，而且正在建立世界一体化格局。人类应该也只有全体协同合作，才能进步和进化，并进而认识到生态系统的重要、生境系统的重要，不只爱人类，而且爱动物、植物，爱地球，正在努力创造一个将地球上一切——人类、生物、物能等组成一个协同运作的、崭新的宇宙第五代人球系统。

大系统的自调控是大前提，子系统都要在大系统的调控下来生存和发展；竞争只是大系统调控的手段之一，而且是一个过渡，目标是达到新的、更好的协同；自组织系统共同的进化方式，是对象性地去寻找、识别对象，或是与对象结合，或是与对象共生，或是创造新对象，从而进化为新协同的系统，并促使整个生境系统也发生改变和进化。

新华社利马1998年1月17日电："去年以来因厄尔尼诺现象使秘鲁海水温度升高，从而迫使鱼群南移，结果造成以鱼类为食的海豹因食物匮乏而不断死亡。"生态环境被破坏，再强的海豹也不可能生存下去。为什么呢？一种生物的兴衰，不是仅仅从它和别的物种谁强谁弱，用物竞天择、优胜劣汰所能概括的。

系统是在天促之下通过自控自调进化的。生态环境就是一个系统，在系统的调控中会促进一些生物和物种的发展，也会造成一些生物和物种的灭绝，这就要看是否有

利于生态平衡、多维协同。

在 6500 万年前的恐龙时代，为什么爬行类反而统治着世界，而比恐龙高级的原始灵长类反而只能在黑夜活动？按天择优汰劣说，则不应是这样的。这是生态平衡使然。只有当恐龙灭绝后，才形成新的生态系统，灵长类才得以发展进化为人类。所以不能只还原到从两个物种来认识进化，要从生态系统，从多维系统来揭示。

高等动物也同样继承和发展了相互寻找、识别、结合为高一层次协同调控系统的进化方式。例如蜜蜂，单独的个体在寻花、采蜜、筑巢、御敌、进化等方面都有许多困难，它们便结合到一起，成为一个协同调控群体，这个群体经过漫长的自调自控的过渡期，便发展为今天更利于协同调控而分工合作的群体。

人们还往往拿诸如蜂群一开始有两个雌蜂，其中一个杀死另一个，成为蜂王的例子说明竞争是进化的动力。而恰恰相反，这一机制，正是系统以进化的需要为指向而进行协同调控的产物。它充分说明：即使某些现象是属于个体竞争，但从本质上来揭示，却不是个体的竞争而是系统的协同调控的产物和过程，带来的是新的、更佳的协同调控。

如果社会的控制系统进行的协同调控不但不促进进化，反而阻碍进化，那么就会导致社会控制系统的变革和更换。

协同与竞争是两个层次的概念，对子系统来看是竞争，而从母系统来看是协同，即通过竞争更加协同，促进母系统的进化。尤其要着重指出的是子系统主流不是竞争，而是协同和合作，否则就会分崩离析。

为什么会以竞争来消灭"先驱者和原先的祖先"？达尔文说是由于所需的生存条件相似，这一回答是因为达尔文将其进化论建立在渐变的猜测上，他不承认突变。但突变是不可否认的，其中有些是非常明显和典型的。例如，总鳍鱼变为两栖类，爬行类突变为能飞的鸟类，它们与"先驱者和原先的祖先"的生存环境各不相同，并不存在必须消灭之的理由。这又做何解释？

七、达尔文的疑虑和却步
——不可知论剖析

如前已述，达尔文的进化论由于每一环都是建立在另一环上的，而其每一环都是失误的，所以他越是想做到逻辑严密，就越是形成了一个多米诺骨牌式的阵列，抽去其中任何一个，全盘就会坍塌。

达尔文理论遇到的首要一环是，生物的进化是怎样开始的。他作出的回答是：生物的变异是随机的、偶然的，只是由于天择，优胜劣汰，才有了发展方向，不断地进化。那时连基因都尚不知，他作出这一论断只是以黑箱方式的思辨猜测和以天优选良种来类推的，并没有科学依据。

有人说得好："达尔文说变异源于偶然时，仅意味着变异的原因还不可知。"

达尔文虽然指出了进化是生物的方向和过程，这是他对人类最重要的贡献，但由于未能揭示生物进化的真正原因，他便把"变异"说成是无缘无故的偶然，这不仅无法自圆其说，而且使其理论拓展起来也举步维艰。连他自己也深感不妥，曾以一个科学家应有的求真胸怀，坦诚地表示："如果作出结论说，每一事物都是无理性的盲目力量的结果，这无论如何也不能使我满意……"[1] 他陷入无法自拔的苦恼："我深切地感到，就人类的智力来说，这个问题太深奥了。"[2]

人类的认识是对象性的，仁者见仁，智者见智，不是事物全部的真实；但另一方面，人类是宇宙的第四代自知自组织系统，经过努力能从非知逐渐地转化为已知，这是不可违的总趋势，已为人类不断创新发展的科学史所证实。人类对象性认识的发展，并非一帆风顺。当由非知向已知转化遇到挫折，暂时不能实现时，一般采取四种不同态度：一是，相信这只是一时的，经过努力迟早能够突破，即使这代不能，只要做好

---

[1] 《物种起源》，第12页。

[2] 同上。

铺垫，后代也能实现；二是，把它推给上帝，说是上帝的事务和力量；三是，按自己的猜想来推论，有的猜想后来被证明是对的，有的猜想是错的，若把错的猜想说成是自然的规律，则会贻误世人，带来不良的后果；四是，把它看成是不可知的，人类的智慧达不到。

达尔文是个无神论者，他的学说的价值正在于发现了生物是由原始生物逐渐进化而来的，从而否定了上帝造物说。他认为相信必然的设计和规划的存在，就等于回到神造论；然而将一切都归因于盲目的、偶然的、随机的，他又觉不妥。于是，他把自己的猜想说成是规律，同时又指出，这是个就人类的智慧来说不可知的问题。

在探讨眼睛的进化时，他就公开地承认："我看不出有什么必要去相信眼睛是特为某种目的而设计的；另一方面，每一事物都是无理性的盲目力量的结果，这也不能使人满足……万物肇始的奥秘不是我们所能解决的，人们必须满足于作一个不可知论者，我就是其中的一位。"[1]

他一方面猜想"变异"是偶然的、随机的，另一方面又宣布生物为何"变异"是人类智慧所不能解决的。不论达尔文是出于有意还是无意，对自己认定是人类不可能解答的命题，不仅用连自己都怀疑的猜想来解答，而且把它说成是生物和人类都应遵守的自然法则，这至少是科学探索中不负责的态度。

如前已述，当代物理学揭示的基本法则之一就是因果律，世界上不会有无因的果，也不会有因无果。无因哪来的果，有果必有因。

宇宙的进化是既定的、不可逆的，进化就是非知的目标和计划，有非知的目标和计划，并不等于说有上帝的存在，而是宇宙以精确的系统工程数据进行调控的过程和结果。可能有人会说，从哪来的精确的系统工程数据，一定是上帝赋予的。如第一章已述，人择原理对此作出了回答。如果调控不精确、有差误，那么，就不可能有今天井井有序、不断进化的宇宙和它的子孙，包括正在对它进行研究的人类。正因为它是精确的，所以才有宇宙的有序的调控和进化，才有能自知思索的人类，才能作出非知的目的论并非上帝论的回答。

人类科学的发展永远是有限的，是对象性的，永远有不认识的方面，未知的方面。

---

[1] 《达尔文生平》，第54页。

达尔文说"就人类的智慧来说，这个问题太深奥"了，这说明他已感觉到这一点。但另一方面，他说"人类的智慧"不可能解答诸如生物为何进化的问题，告诫人们满足于做个不可知者，则是错误的。人类总是在不断地由非知往已知发展，昨天不知的，今天可能就变为已知。达尔文的人类智慧有限论，则与此相违，是画地为牢，认为有些问题人类是永远也不可能认识的。

宗教正是在人类尚不认识的领域发挥自己的"功能"，把一切人类尚不知的现象，说成是上帝的旨意和创造。但随着人类对象性认识的飞跃，宗教不得不更正他们已作出的判断。例如，宗教说圣母所在地——地球是宇宙的中心，但当科学家哥白尼第一次揭穿这"皇帝的新衣"时，本应落到宗教头上的灭顶之灾，竟反而落到哥白尼的头上。具有讽刺意味的是，直到400多年后，连哥白尼提出的日心说也被新的发现代替时，宗教才认了错，给他平了反。宗教说生物和人是上帝创造的，当达尔文进化论问世后，他们并无改变，直到今天仍然坚持上帝创造论，把它换了个名字叫"科学创造论"。虽然贴上了科学字样，仍遭到人们强烈的抨击。但，他们仍列举出种种现象来驳斥达尔文的进化论。因为达尔文的进化论是那个时代的产物，是那个时代人类的对象性认识，还有许多没有揭示和解决的问题，有许多重要的失误，所以，就被科学创造论者们用以反对它。这就像日心说出现后虽然比地心说进步了，但仍然是不正确的，太阳并不是宇宙的中心。宇宙是一个各向同性的宇宙①。人类的认识是无限的，可以永远发展下去，没有不可能认识的问题，只有尚未认识的问题。

宗教情绪可能会永远纠缠着一些人，他们总是把尚不知的现象，包括对不可完全预测的未来说成是神的力量所致。人只能听从神意，求神的保佑。然而，科学却一次次提醒人们，今天所不知的，明天科学会使它变为已知，未知被说成是神，用神代表未知，不仅无济于事，而且有碍于科学的发展。"由于缺乏科学知识的人类起初将自然现象，例如，天气与疾病，皆由超自然所控制；当人类会控制及预测自然力量时，便将较小的神明放在一边，而相信有一位统管宇宙的造物主的高度进化之宗教。"②这段

---

① 对此尚有不同的看法，如，有人认为宇宙有一个引力中心，它也是斥力中心。如果将来发生大坍塌，宇宙便会收缩到这一点来。

② [美]詹腓力：《审判达尔文》，第158页。

话出自一个劝人相信上帝的作者之手，但它恰恰从另一个角度说明：宗教对人们不认识的事物，就把它说成是上帝的力量和意志。随着科学的进步，一个又一个地被神化的不知已转化为已知，宗教的立足之地已逐渐丧失殆尽。

不可否认，人类到任何时候对自然的揭示都是对象性的，但由于宇宙的第四代人类将来要进化为宇宙的第五代、第六代……宁宙的进化的时间据有的科学家推算可能是 1000 亿~10000 亿年。宇宙和宇宙的子孙们在不断地发展进化，人类和宇宙的第五代、第六代……的认识能力相对来说可以是无限发展的。

且不说以后人类及其后代智慧的无限发展，就以今天的人类来说，也不可低估其智慧的能力。以自知创造为标志的人类 600 万年来不断开拓探索，从不知到有所知，从知之少到知之多，从知之不深到知之较深，从知之失误到知之较准……不断揭示自然的奥秘，尤其是其速度成几何级数增长。以生物学为例，距达尔文《物种起源》初版不到 150 年的时间，已从对生物的细胞结构和生物遗传机制毫不了解，发展到揭示生物分子结构的层次上。写到这里是 2000 年 6 月 26 日，正值人类基因组草图宣布绘制完成。可以预期，经过全世界科学家的协同努力，在指日可待的未来便能破译人类的基因组以及其他两种生物大分子——RNA 和蛋白质，揭示生物三种大分子与生物整体相互的信息传递关系、种群 DNA 的进化与生态系统的关系等。在此基础上，还会势如破竹地破译所有生物的密码和进化过程。在迅速发展的交叉科学，如生物信息科学、生物系统科学、生物协同科学，以及不断创造发明的新工具、新方法，如代脑工具、破译方法、思维方法的配合下，人类已经并正在揭示达尔文时代根本不可知的和不曾接触的种种问题。

拿生物的"变异"——DNA 的改变来说，就已证明其并不是不可知的，也绝非无因之果、无源之水。如前剖析偶然论时已述，今天的科学已经探明，其原因可分为三大类：一是，因种种物理、化学、生理或病毒入侵等原因而带来的病变；二是，正常的多态性变化，这种变化一般不会通过积累进化为新物种，只是诸如不同颜色的皮肤，不同的长相等；三是，天促物进，在天促下，种群产生新需要，以新本能需要为指向、以信息为前导，长期主动地满足新需要的主动活动，带来的正常信息反馈，导致 DNA 的渐进和突变。

提倡不可知论，表明达尔文对自己研究成果的疑虑和对揭示生物进化奥秘的却步。这既是达尔文的遗憾，也是他的坦荡之处。

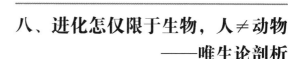

八、进化怎仅限于生物，人≠动物

——唯生论剖析

唯生论有两重意思，一是，达尔文只认为生物才进化；二是，达尔文界定人也是生物，所以，他认为人类也要遵循生物进化的"法则"，便把生物进化论引入人类社会，发展了社会达尔文主义。

达尔文虽然没有说只有生物才进化，但他的进化论所提到的进化现象只限于生物。在他看来，这是个不言自明的问题，进化当然只存在于生物界，也就不必对此作什么论述了[①]。但，为了说明人与生物没有本质的区别，他用了不少笔墨。

达尔文认为：人是从生物逐渐进化而来的，在各方面与动物无根本的区别。他说："人和低于人的动物之间尽管在程度上有着极其巨大的差别，但在性质上却是相同的"，"程度上的差别无论多大，不能构成一个理由，使我们把人列入一个截然分明的界，或使他自成一界。"[②]

为了说明人与动物没有根本的区别，达尔文牵强附会地说动物也有类似人类的萌芽状态的心理、语言，甚至宗教信仰和道德感等。他说："人与其他动物的差别只在于，在人一方面，这种把各式各样的声音和各式各样的意念连接在一起的本领特别大。"[③]

他强调，只要是生命体就都是一样的，遵循一个规律和方式进化。

他认为动物同人一样不仅拥有某些诸如爱、食、性本能，甚至还会有复杂的情感，如妒忌、猜疑、感激、争胜等，并且也有抽象的概念、一般的意识、心理的个性，如

---

① 从物能系统来看生物，就弄不明白生物为何具有灵性、活力；从生物去看物能系统，就认为物能系统没有基因、不能遗传，因此，绝不会进化。

② 《人类的由来》，第229页。

③ 《人类的由来》，第127页。

好奇、想象等。他猜测狗吠月，是因为月夜的朦胧激起了它的想象力；狗看一个人就像人看上帝一样具有宗教的色彩。至于在这些方面动物达到何种程度，他认为由于人与动物之间难以沟通，无法准确把握。但他认定："人和其他动物的心理在性质上没有什么根本的差别，更不必说只是我们有心理能力，而其他动物完全没有了。"[1]

动物的确与人类有共同的方面，都有脑，是以信息为前导来进行主动活动的，从表面看人类有人类的思维、情感、心理等，高级动物也有动物的思维、情感、心理，甚至简单的传递信息的发声和体态语言，但是，人绝不等于动物，宇宙第四代人与宇宙第三代动物有着代的区别，发生了进化的进化。人类是自知自组织系统，能进行自知的创造是人类的标志；动物是非知自组织系统，只能进行非知的创造。人类能自知地创造自身和自身之外的一切对象，动物只能通过主动的活动，非知地创造后代。正如马克思所指出：

> 动物是和它的生命活动直接同一的。它没有自己和自己生命活动之间的区别。它就是这种生命活动。人则把自己的生命活动本身变成自己的意志和意识的对象，人的生命活动是有意识的。有意识的生命活动直接把人跟动物的生命活动区别开来。[2]

人类能把自己作为自己指令的对象，自知地指令自己开动智慧，根据情况、条件和需要去确立创造的目标、计划、步骤、方法，并指令自己通过努力去实现它。而动物却不能将自己分为指令的"我"和被指令的"我"，它的需要是本能的需要，它的思维、情感、心理、行为等是以本能为指向来进行和开展的。人的思维、情感和心理，与动物有着跨代的不同，是自知地超本能进行的，例如，因为道德感、美丑观念等，人普遍是再饿也不随便去拿食品店里的食物吃；为了促进协同进化，人亦可抛弃生命，自觉地牺牲自我。第四代自知自组织系统人类的进化，与第三代相比，已发生了"代"的进化，突破了需要环境的促进和迫使才能进化的历史。不再是通过漫长的岁月，由非知的渐进而突变，进化为新的物种，而是通过自知的创造，与创造对象结合而进化。

---

① 《人类的由来》，第98页。

② 《1844年经济学哲学手稿》，第50页。

人类的脑是世界上唯一的自知创造信息源，能自知地、创造性地发现新的超本能的需要和目标，以新的自知需要和目标指令自己的言行。人类创造了弓箭并与之结合，从而比任何动物都更有力量和速度；人类创造了飞机，与之结合，从而比任何鸟都飞得高；人类创造了望远镜，与之结合，使人类的眼睛进化到比任何动物都看得更远；人类创造了电脑，使本来就已是自知的大脑更是如虎添翼。人类会随时随地因自知的创造而进化。今天生物工程、纳米技术等科技的发展已宣告人类在不久的未来不但会像"上帝"一样创造新人类、新物种，而且会像"上帝"一样创造新物质。

为了说明人类与动物没有根本的区别，达尔文列举了大量的事实证明人与动物在结构、生理功能上存在着密切关系，他认为尤其是人与灵长类，更有着惊人的一致性。坚定的达尔文主义者赫胥黎就认为："人和猩猩或猩猩之间的差别，要比后二者甚至各种猴子之间的差别还要少，而黑猩猩的脑子和人脑之间的差别比起前者和猿猴的脑子来说几乎是微小得没有多大意义可言。"[①]达尔文完全赞成这一观点，他指出许多疾病，如天花和梅毒等，人与猿猴都能相互传染，表明两者的细胞组织及血液都有极其相似之处。今天的达尔文主义者也从分子水平来予以印证，指出黑猩猩与人类的基因相差不到2%。

黑猩猩、大猩猩，与人类的先祖的确有亲缘关系，但后来却走向不同的分支。前者仍然停滞在第三代非知自组织系统上，而人类的先祖却因天促物进，进化为宇宙的第四代（下章详）。中国有句名言：失之毫厘，差之千里。人类的先祖正因为基因2%的差别，由渐变而突变，进化为人类。虽然尚未揭示这2%的差别究竟为何，但可以肯定，它主要是脑，特别是前额联合区的差别。这2%的毫厘之差，却是宇宙开始进入自知创造的划时代的新里程碑。此前宇宙的第二代只能以力为前导，以进化对象性为指向进行非知的创造，如创造原子、分子、星云、星球，等等；第三代，也只能以本能为指向、以信息为前导，由渐变而突变，非知地创造后代，进化为新物种。达尔文只承认渐变，否定突变，所以只从某些量的增长来看人与动物的区别，而认识不到人与动物跨代的区别。

人是宇宙的第四代自知自组织系统，他不仅能通过自知的创造无限地延长和变革

①　《人类的由来》，第110页。

自己的五官、四肢、大脑、意识等等而不断地进化，不断地创造递佳、递大自知自组织系统，而且能通过创造逐步将世界上的物能系统、生物系统和人类系统组成一个以人类为中心的人球系统。达尔文反对人类中心说，认为这是宗教意识。但实际上，以人类为中心，不存在什么赞成与反对宗教的问题，因为人类是宇宙的第四代自知自组织系统，只有人类才能自知地去发展生态系统、生境系统，创造人球系统，这和宗教意识是两回事。宗教认为以人类为中心是神的旨意，而从宇宙的进化来揭示人球系统以人类为中心，却是自然规律的必然。

达尔文的唯生论与他的前几论相互呼应、配合，给人类的意识和行为带来了严重的后果。

由于将人与动物等同，达尔文错误的进化论也逐渐对人类社会产生影响。例如，著名学者斯宾塞就提倡：放任自由的个人奋斗与导致生物体改善的严峻的自然法则是一致的，"最适者生存"也是人类进步的方式。尤其是，他为当时英国的殖民政策找到了一个正当的借口，认为殖民是一种自然选择的社会形式，篡改它便会干扰宇宙进化的过程，使人类进步的车轮发生故障。他们不仅将放任自由的个人主义、你死我活的自由竞争、残酷掠杀的斗争视作进化之必需，也为种族灭绝的强权战争制造了理论的论据。

将人与动物等同，无异于否定宇宙的进化，否定宇宙第四代人类的自知创造的功能，否定人类在宇宙中的地位和价值，促使听天由命、弱肉强食、本能至上等人生观的泛滥。

小结

以上是对达尔文进化八论的分别剖析。

理论是人类对自然的对象性的揭示，是受时代限制的，但理论的价值正在于又能超前于时代。

达尔文的进化论正是这样，一方面受到其时代的限制，另一方面他又的确走在时代的前沿，揭示了前人从未认识到的进化这一命题。但，理论自身也是要进化的，如上所述，达尔文进化论也存在着严重的问题。

将达尔文时代与当代作一对比，对认识理论的时代限制及必须进化不无意义。

达尔文进化论是建立在原子论和牛顿三大定律基础上的；而当代的进化论要建立在量子论、相对论、信息论等基础上。

达尔文的进化论是建立在宇宙是静态的日心说上；当代进化论要建立在宇宙是动态的、各向同性的新宇宙学上。

达尔文的进化论研究的范围限于生物；而当代进化论要面对全部对象，研究宇宙的进化。

达尔文进化论是建立在还原论上，今天的继承者主张研究个体的基因；当代进化论要建立在时空质连续统理论上，研究宇观、宏观、中观、微观自组织系统的系统调控和多维协同的时空质连续统。

达尔文进化论是建立在细胞学上的；而当代进化论要建立在分子、基本粒子、量子、夸克上。

达尔文进化论是建立在黑箱猜测、思辨方法上的；当代进化论虽然也采用科学的猜想，但这猜想须建立在前沿科学的依据上，采用前沿哲学和横断科学的方法。

达尔文进化论的哲学是机械唯物主义；当代进化论要建立在新的哲学如对象学基础上。

虽然不能苛求前人，在那个时代达尔文的创造性成果的确具有划时代的意义。他揭示了生物界不但是动态的，而且是进化的，总由低等向高等，由简单向复杂发展着；万般物种，并非上帝创造，而是进化的结果；人类就是由单细胞生物进化而来的。但是，不能不看到，达尔文所提出的"自然法则"，却是偏执的、极端的、错误的。而当时并不是只能作出这样的判断和结论，就在他的同代人中有不少曾提出过一些不同的见解。例如，达尔文主义的卫士赫胥黎就认为社会达尔文主义是不对的，他说："人类社会与其说是在于使适者生存，不如说是在于使尽可能多的人适于生存。"与达尔文同时提出生物进化论的华莱士也认为人与人猿在智能方面的差异比达尔文所认为的要大得多。但由于达尔文的偏执，听不进不同的意见，以致沿着自己思辨的推测越走越远。

有些人认为达尔文的进化论驳倒了神创论，维护达尔文进化论就是维护科学，批判达尔文进化论就无异于维护神创论，他们甚至把达尔文神化，认为达尔文进化论是毋庸置疑的绝对真理，谁批判达尔文主义，谁就是伪科学。达尔文进化论虽然对人类认识的发展有重要贡献，但不等于说他的进化论是终极真理，不需要再进化。日心说就是个例子，它的确使上帝无地自容，但后来的科学揭示说明，太阳亦非宇宙中心，日心说只是人类不断攀升的对象性认识中比地心说高一级的台阶，今天它已被新的学说所代替。牛顿的三大定律也是一样，在它统治的 300 年里，人们把它看成是神圣不可怀疑的，但爱因斯坦的相对论打破了这一神话。科学发展史充分说明：把任何科学理论看成是绝对真理，无异于扼杀创造，反对科学的进步。

正如马克思指出的：非对象性的存在物是根本不可能有的怪物。存在就是对象，万事万物都有对象性，无物非对象，无事无对象。对象与对象是 1+1=1，万般对象与全部对象是 n1+n1=1，都是时空质连续统的现实。而达尔文主义的进化八论：物能论、偶然论、还原论、渐进论、天定论、竞争论、不可知论、唯生论等，恰与生物进化的历史和现实相违，只承认此而否定彼，偏执残缺。它只讲偶然，否定必然；片面讲天的作用，不讲物进；只强调竞争，不提进化的根本法则协同；只讲渐变，不讲突变；只讲基因，无视层层的系统；只讲分析、还原，反对综合整体；只讲物能的作用，否定意识的作用；只讲生物，不讲前后的宇宙各代……尤其应指出的是：在只讲此否定彼时，所讲的此也是极端的、非正确的此。例如，天是宇宙的同义词，它是动态的，起到的作用是"促"，而不是像达尔文主义说的那样"择"。又如，渐进是种群在天促下产生了相同的新的需要，在新需要支配下共同主动活动的"因"而带来的"果"，而不是个体的 DNA 偶然的、随机的"变异"。再如，还原应是分析，而不是还原论所说的用微观代替宏观。

与达尔文偏执、残缺的理论相反，生物进化之因，不是物竞天择，而是天促物进；进化也不是起始于边缘个体，而是一个种群；不是只有渐变，而是由渐变到突变；DNA的渐变不是偶然的、不定的，而是（宇观、宏观、中观、微观）系统调控的必然；不是优胜劣汰的法则，而是多维协同、对象结合的法则；进化不是器质性状的改变，而是进化的进化；生物不是物能系统，而是宇宙的第三代，物、能、信息三者一体的非知系统；人类不是生物，而是宇宙的第四代（能进行自知创造的）自知自组织系统；"万物肇始"的奥秘不是不可知的，而是能通过人类的努力不断从非知转化为对象性自知。

达尔文进化论由于揭示了生物的进化，弘扬了科学精神，突破了神创论，150年来，为世人认同和推崇，并一直得到延续和发展，成为传统生物进化论的主流。但是另一方面，由于它所建立的理论环节是残缺、偏执、谬误的，从而不仅给人类的认识和学术带来严重的负面影响，而且在实践上也给人类带来不利的后果。今天随着科学的进步、文明的发展，达尔文进化论的错误越发清晰地显露出来，已到了非进化不可的时候了。

补　遗

以上是对达尔文进化八论的分别剖析，可作一简单的概括：（1）否认了生物以信息为前导，以本能为动力的本质特征；（2）把DNA看成是封闭系统，它的"变异"是偶然的、不定的、随机的；（3）无视宇宙是进化的，及其几代的差别；（4）把人的进化与生物的进化混为一谈，扩展为社会达尔文主义；（5）否认生物的主动活动对进化的作用，是机械决定论产生的根源；（6）是还原论的集大成者；（7）提倡不可知论，主张要满足于不知；（8）以个体来代替整体，用基因来代替生物系统；（9）不论是理论上还是实际上都带来了严重的不良影响和后果。

首先引导理论界走入决定论、还原论、偶然论、天择论等误区而不能自拔，甚至越陷越深；其次是给人类的思想观念也造成许多不良后果，导致机械唯物论、宿命悲观哲学盛行；再次是提倡要进化就得进行优胜劣汰的竞争，生存就是斗争的信条泛滥，弱肉强食成为合理的人生哲学，为"优等"民族灭绝"劣等"民族的侵略战争提供"理论依据"，造成惨绝人寰的灾难。

有人认为：彻底的还原论精神，使达尔文认为人与动物没有根本的区别。依此逻辑推论，人也是物能系统，因为人和物能系统都可还原为原子，他们之间还有何区别呢？

第六章

万物之灵的第四代的进化及其创造的第五代

人与动物的代沟是什么?

人在宇宙中的地位和作用何在?

人类向何处去?

宇宙第五代以及更遥远的后代会是什么样子?

万物之灵的第四代的进化及其
创造的第五代

　　人是宇宙的第四代——自知自组织系统，当代宇宙最先进的一代。由非知的自组织系统进化为自知自组织系统，是宇宙进化史上的一个里程碑。此前宇宙及其子孙只能进行非知的创造，而从第四代诞生伊始，宇宙史翻开能自知创造的新一页。

　　进化是进化的进化。万物之灵的人类与动物有何代的区别？动物怎样进化为人？人类在宇宙中的地位和价值何在？人类正在做什么？未来向何处去？第五代正在由人类创造吗？宇宙的第六代、第七代、第八代……又会是什么样子呢？

　　这些便是本章所要探讨的命题。

一、人类与动物相比为何是
发生了进化的进化的新一代

人是什么？这个问题涉及人是否是不同于生物的宇宙第四代、人在宇宙中的地位和作用、人究竟有何类性等等一系列需要回答的重要的命题。

达尔文曾将猿与人进行比较，认为人与动物之间只在心理能力的程度上有所差别，但在性质上却是相同的，都是生物。人类的诞生只不过是动物又一次的进化。果真如此吗？答案是否定的。那么，人与生物有何代差呢？

有人认为人与猿的重要区别是在于人的脑比猿的脑发达，因而能进行种种复杂的思维和行动。英国营养生化权威克劳福教授为了证实这个观点，经研究进而认为："人的大脑是吃鱼而进化来的。"脑虽然非常重要，但人类之所以成为宇宙的第四代，不仅仅是由于脑的发达。正如恩格斯批评的："有的人错误地把人类的一切成就归功于脑。"其实吃肉吃鱼的动物很多，有的脑甚至重于人脑，如海豚，它有两个脑，但它们并未进化为宇宙的第四代。

也有人认为："人的动力器官大概也是最先具有人化性质的器官。"还有的认为类人猿具有战胜凶禽猛兽的膂力，所以能称雄世界。然而，自然的体力，或者说孤立的"人的动力器官"不可能让人成为超越生物的新一代。在这方面不少动物例如狒狒、大象、犀牛、狮子、巨蟒等都超过了人类。

有的哲学家说："人的双手使用工具……这种行为才是人的超生物存在的基础。"[①]这也缺少充分的理由，因为在人将与猿分化时，黑猩猩、猩猩等也都具有类似的手，但它们并没有演化为地球上的万物之灵。

以上种种生理条件中某一孤立的方面，都不成为人类优于万物、成为宇宙第四代的原因。但超越它们相加之和的组成的动态的整体，才是人类为何进化为与生物有代

① 李泽厚：《批判哲学的批判》，第 426 页，人民出版社，1984 年。

差的宇宙的第四代的原因，即所有组因的协同组合，人类才发生了进化的进化。例如，由于有直立行走的腿脚，促进了脑的进化，解放了双手，人类才能创造信息工具和物质工具；由于具有不断进化的体型、扩大的肺活量，脑才能有充分的氧的供给而增长；由于有自知意识的脑，五官和手脚才成为人的五官和手脚，整体的人才能进行属人的信息输入、加工、创造思维和信息的外化物化活动……

人与第三代生物的代差并非只表现在性状上，譬如，猿与其他动物在生理上也有明显的区别，但并不能成为宇宙的新一代。人与其他生物之所以是两代，是由于人具有区别于生物的代性，即人类性。人类性是建立在人的脑、五官、四肢、躯体、内脏等生理系统上，但又高于生理的层次。

人类性不同于人性，人性的反面是兽性，属于伦理道德的范畴，而人类性是科学的范畴和概念，是第四代自知自组织系统不同于第三代的共性，是宇宙第二代进化为宇宙第三代，再由宇宙第三代进化为宇宙第四代的结果。人类性的研究不能只限于生物学，误以为离开了生理层次，就与进化无关。相反，只有进行前沿多学科的交叉研究，运用诸如信息论、系统论、控制论、协同论、混沌论等横断科学，及人类学、思维科学、宇宙学、社会学、经济学、创造学等，才可能科学地揭示人类性和具有人类性的人类为何是不同于第三代的宇宙的新一代。

人类都有哪些类性呢？从宇宙进化史的长河和宇宙几代的对比可以看到，自知是人类不同于动物的首要的类性，以它为主导的还有创造新信息系统的智能性、将创造的新信息外化的物化性、将个体组织成递大、递佳自知自组织系统的群体性和各有天分、各有所长的个性等类性。五种类性是一个完整的系统，是协同而不是分别起作用的。人类从诞生起到现在虽然有着共同的类性，但人类性绝不是静止的、先验的，而是具体的、发展的。

1. 具有自知的类性

具有自知性是人不同于非知生物的首要类性。动物的活动是以直觉的信息为前导、以非知的本能为指向的，而人类的活动是以自知的信息为前导、以自知的需要为指向的。

非知自组织系统动物虽然也有信息功能，但却不能创造语言，使脑进化为脑工具系统，不能自知地将自己分为控制的"我"和被控制的"我"。没有自知意识，对自己的活动处于非知的状态，不知道自己在干什么，更不知道自己应干什么。它的信息对象，只是本能直观的对象，加工是以本能需要为转移的。它只能如此，也只需要如此，仅此就足以使它生存和进化。正如马克思所说：

> 动物是和它的生命活动直接同一的，它没有自己和自己生命活动之间的区别。它就是这种生命活动。①

动物的生命活动是非知的，是以直觉信息为前导的本能活动，它不能够自知，也不需要自知。例如，牛的胃是在吃草的漫长岁月中发展形成的，给它肉，它是不会吃的，吃肉会生病，甚至死亡。这种对象性选择是本能的调控，是自然而然进行的，是经过漫长岁月先天调控积累遗传下来的本能，不需要有意识地去进行，就正符合于它的生存和进化的需要，这是非知的、自然的本能对象性调控的优越性。但另一方面，这也是它的局限性，它不能自知地把自己作为自己认识和控制的对象，因而也就不可能指令自己去把外界的对象进行自知的控制、改变和创造。它只能通过非知的、本能的调控来生存和进化。

但，宇宙的第四代人却能创造语言，使脑进化为脑－工具系统，所以人能超越动物的非知而自知，把自己分为两个，一个是控制的我，另一个是被控制的我，"把自己的生命活动本身变成自己的意志和意识的对象"。当人第一次说"我"的时候，就已开始把自己作为自己认识、指令、创造的对象。人在思维时，是以内语言为工具的。内语言虽然不像外语言那样实际地振动空气，但在脑中仍然是可以听到的声音，它像是另外的一个人，在向被控的我说话，从而使人能够做到认识、控制和创造自己，就像在认识、控制、创造另一个对象一样。动物的脑是自然生理脑，虽然也以信息为前导，但正如民谚所说："草地上长满鲜花，牛羊只看见青草。"它们只输入本能需要的、直觉的对象性形象信息，对其他则视而不见，听而不闻。

自知不等于自发也不等于自觉或自由，而是一个过程，是随着观念、理论、概念、方法、符号、图表等的发展以及人脑－信息工具系统、人－物质工具系统的升级而不

---

① 《1844年经济学哲学手稿》，第50页。

断地进化。由自知到自觉，由自觉到递自由。

2. 具有自知创造新信息系统的智能的类性

人能进行自知的创造，而自知创造的第一步是运用智慧创造新的所需的信息系统。动物却只能进行非知的自身的创造，它没有自知创造的智能性，只能以自身的存在和进化改变自然。

今天动物中最进化的灵长类，虽然具有比任何动物都进化的脑和四肢等，但仍不能自知地把自己作为自己的对象，只能非知地在先天本能的驱使下，利用一些习惯的声音做符号，凭形象的直观利用一下现成的自然物，如石头、棍子。黑猩猩与人的基因最接近，甚至在面对镜子时能认出其中的影像是自己。但实验证明：即使通过人的训练，它也不可能指令自己去自知地确立创造的目标，创造新的信息系统和物质工具。

人与黑猩猩相比，虽然基因只有 2% 的差别，但"差之毫厘，失之千里"。正像水到 100℃ 就沸腾一样，由猿进化而来的人发生了代的飞跃。

一是，人的脑量和脑的生理结构发生了飞跃。

如前已述人类的先祖从猿分出来时，输入、贮存、加工、外化信息的脑已发生了必需的飞跃。猿的脑量是 400~450 毫升，只能凭形象的直觉利用声音作符号和利用现成的物质作工具，不能指令自己去自知地确立创造的目标，远离形象的直觉采取计划、方法、步骤，创造信息工具和物质工具。人类先祖的脑量约 600 毫升，而且结构上也发生了代差；非洲大裂谷的形成、新的自然环境，使其开动脑筋，主动活动（如直立）告别了南方古猿，后期脑量达到 770 毫升；随着声语和手语的创造和运用，物质工具的创造也随之发展，进化为能人时，脑量增至 900 毫升；智人创造口语和新的石器，脑量进一步增为 1100 毫升。

现代人的脑量则进化为 1400 毫升，是猿的 3 倍，有 140 亿个神经元，突触茂盛，又多又长又粗。布满沟回的大脑皮层，体积虽然不大，但面积竟达 2200 平方厘米，它是人类进行自知创造思维的基础；占皮层 4/5 是联合区，种系发展说明，联合区所占的比例越大越智慧；猿主管反射的枕叶大于额叶，人正好相反，从先祖开始，额叶联合区就越来越大于枕叶，额叶联合区是婴儿最后发展起来的，髓鞘化也最晚，可确认是自知思维的自知控制和中心加工区；猿的左右脑基本是对称的，人由于左脑主管语言，要大于右脑，一方面具有更高的自控能力，另一方面也解放了右脑，更便于进行形象的整体的思维去进行创造。脑的飞跃，是由非知自组织系统进化为自知自组织系统的关键因素，如前已述与脑的进化相关的其他种种因素如四肢、五官、内脏、躯体也相应演变进化。

二是，人类运用由猿进化而来的脑创造和使用了思维工具——语言，使脑由渐变而突变为非单纯生理的脑，进化为超生物的脑－工具系统。人们一般只注意物质工具，因为它是可看到、可触摸、能见其可视效果的对象，而忽视了思维工具——语言。内语言是无声无息的，它虽然看不到摸不着，但却比物质工具还重要。不能自知地创造和使用思维工具，就不能自知地创造和使用物质工具。猿正是这样，所以是第三代。

只有形成了脑－语言工具系统，人才能明确地进行自知自控。当人第一次说"我"的时候，就已把自己作为一个对象来对待，才开始能远离形象的抽象、远离抽象的形象去思维，逐步深入到事物的本质和规律层次，把握整体事物，去进行更高层次的自知创造。例如，说"刀"这个词（或曰概念）的时候，不必去描述刀的形状、功用等，就能知道它为何物。这不仅可以使思维简化，而且可以将风马牛不相及的事物联系、碰击而加工为新的事物。例如，"可以用刀去削出一根锐利的矛来"，对原始的能人来说，这一想法不啻是一项发明。它在思维中便可以先设想这一发明的多种方案加以选择，而不必一一实际地去做。语言是人类对象性寻找、识别、吸纳、创造对象的产物，它反过来也正是为此而服务，并随着人类这些方面的发挥而不断发展。人类把发现的对象的本质和规律也用语言（概念）把它固定下来，从而不仅使思维的工具不断地发展、升级，而且便于思考、交流和传播，个人能利用群体的智慧，群体能利用个体的智慧，形成越来越进化的超越个人智慧的群体、社会、人类智慧系统。

人类的智能性在其他类性的协同下则能突破第三代的本能对象性，自知自己的需要，指令被控的我根据自知的需要对象性地输入信息，进行策划、对比、判断、选择，确立创造目标、计划、方法，并不断进行反馈改进，创造出世上尚无、进化所需的新信息系统。人脑－工具系统能不受现实世界时空质的束缚，对信息进行无限制的碰击加工，出其不意地爆发灵感，将风马牛不相及的种种信息越过逻辑的桥梁组合为所需之创造信息。人能进行自知创造，改变了自然的进程，宇宙从此翻开自知创造的一页。

正如恩格斯所说：

> 一句话，动物仅仅利用自然界，单纯以自己的存在来使自然界改变；而人则通过他所作出的改变来使自然界为自己的目的服务，来支配自然界。①

人类告别了动物那种只能靠本能去生存，通过自调自控、自身的进化来改变自然的非自知状态，进化为通过自知的创造来改变自然，把整个的自然界都作为自己创造的对象，自然界开始不再靠缓慢的非知的创造来进化，而可以通过以人类的自知的创造来突飞猛进地发展。

3. 具有不断发展着的物化的类性

创造出新信息系统只是第一步，将新信息系统外化、物化，并与人结合为人脑－工具系统和人－物质工具系统（两者简称人－工具系统），才最后完成了一项创造的目标。

如前已述，人之所以成为超宇宙第三代的第四代，在生理基础上不只是因为具有超动物的脑，而且具有超动物的四肢、五官、躯体、内脏等，是整体的自知自组织系统。人类不仅创造了不断更新换代的人脑－工具系统，自知地输入和加工对象信息，创造目标性新信息系统，还创造了不断更新换代的人－物质工具系统，指令受控的"我"将创造出的新信息系统进一步目标性加工，外化、物化为新的事物。信息流带动物能流，人总是先创造新的人－脑信息工具系统，然后才创造相应的人－物质工具系统。牛顿的三大定律，为人类创造种种解放体力的机器和能源铺平了道路；爱因斯坦的相对论为人类向微观世界和宏观世界进军，创造人造卫星、原子能等准备了理论基础；量子论打开了微电子世界并在这一过程中又创造了新的人－工具系统，使人类不断地进化。

4. 具有不断发展着的群体化的类性

人类的群体化与动物的群体化是不同的，动物即使是高级的灵长类，所组织的群体，仍是非知的组合，是一种本能的需要；而人类的群体却是自知组合群体，是所有

---

① 《马克思恩格斯选集》第三卷，第517页。

成员人与工具系统、生态系统组合的递佳、递大的自知调控、不断进化的系统。

人是宇宙的第四代，是最智慧的，但还有比人更智慧的，那就是人类创造的递佳、递大的自知自组织系统群体、社会、国家、国际联合体以及未来的人球系统。这是一个由小到大、由低自知调控到高自知调控的过程。它的反馈和调控是向着这样一个方向发展的：即群体的发展是以个体的发展为前提和目标，而个体既需要也可以利用群体的智慧、力量和对象性进行创造。

在长期的历史进化中，人逐渐形成了递佳的群体化类性。群体化的发展能递佳地发挥个体的智慧和力量，个体也能递佳地使用群体的智慧和力量。自知群体化使人类摆脱了第三代非知自组织系统那种凭借个体的智慧和力量来求得生存和发展或非知地组合为群体的本能的自然生息状态，而能自知地发挥和发展群体和个体的智慧和力量去对象性地创造对象、生存和进化。从而使自知自组织系统人的类性得以递佳地实现和越来越充分、自由地发挥和发展。

5. 具有不断升华的个性化的类性

人和动物不同，狗生下来是狗，到死也是狗，只能以先天遗传下来的本能为指向行事，后天的差别不会发生质的变化。而人和人后天的差别却有着天渊之别。人生下来时，脑要经过约 7 年的时间才能长成与成人基本相似的脑，这就为人的个性化发展创造了重要的条件。人的个体在不同的地位、境遇中，不同地发挥和发展其自知性、创造性、物化性、群体性，与新旧、多少、广狭不同的信息工具和物质工具结合为不同层次的人－工具系统，形成千差万别的兴趣、目标、性格、心理、情感、意志、理论、方法、风格等等动态的个性。由于人是自知自组织系统，自知的正确或谬误、前沿或陈旧、发挥或停滞，使其个性的发展会产生天渊之别。有的似野蛮人，有的是现代人；有的沦为残害他人的非人，有的成为造福人类的圣人；有的变为丧失人智慧的狼孩，有的成长为聪明过人的创造者；有的成为科学大师，有的成为金融巨人……林林总总，不一而足。学有专攻，人各有志，个性最佳的发挥和发展，是进行不同自知创造的必需。不同的个性的创造是人类全面地自知进化的根本。

就像木桶不能失去任何板块，否则就不再是木桶一样，以上人的类性的系统组合才是人不同于万物的类性。五个类性集中的表现，则是人区别于生物的标志，那就是：

自知性——人脑-工具系统的创立和发展，使人类能递佳自知地把自己作为自己认识、指令、控制的内对象，从而能递佳自知地去认识、控制、创造外对象；智能性——能按自知的需要去输入信息，激发灵感，将风马牛不相及的信息碰击创造为目标性新的信息系统；物化性——由于人-工具系统的创造和不断发展，从而能递佳地将自知创造的新信息系统外化、物化为所需之新事物；群体性——人类创造的递佳、递大的自知自组织系统，使群体能递佳地发挥和发展个体的人类性，个体能递佳地运用群体的智慧和力量，从而能方便地在前人和他人创造的基础上进行新的自知的创造，加速进化的进程；个性化类性——千差万别的人与信息工具和物质工具的结合，形成和发展了丰富多彩的个性，使人类的自知创造和进化得以在各个不同的方面全面地展开。具有人类性的宇宙第四代的进化发生了代的进化，不再像生物那样，依靠非知的以本能为指向、以信息为前导的主动活动，促进 DNA 的反馈，由漫长的渐变到突变，非知地创造自身和后代而进化，而是发挥和发展人类性，进行自知的创造，与创造对象结合为新系统而进化。人类性中缺少任何一个都不可能进行自知的创造。人类性的全面有效的配合、发挥和发展，使人类日益通过自知的创造向着建立宇宙的第五代进发。

人类性不是先验的，而是一个在施展中不断由低向高，由不完善向完善，由自在到自知、自觉，再到递自由的发展过程。每个时代每个社会的人类性有其不同的内容和尺度。例如，在人类之初，划分人类性与反人类性的分水岭是：自知地创造和物化人之所需、进化所需、世上尚无的事物，还是相反，扼杀和破坏这种创造和事物；而在后来，则逐步发展为是否认识和创造社会所需、人类所需、人球所需、进化所需、世上尚无的事物。其尺度和内容均在不断地发展着。

人类性的发挥和发展受到两方面的制约，一是自然的制约，人在通过创造征服自然的过程中，逐渐发展和解放人类性；二是社会的制约，人类创造了社会、国家等递大自知自组织系统。直到国家未消失前的历史中，虽然社会、国家等递佳、递大的自知自组织系统一方面可以不断促进某些人的人类性不同状况的发挥和发展，但另一方面，也压制、束缚、扭曲人们的人类性。[①] 只有走在每个时代前列的先知和人杰，才能突破限制和束缚，对象性地发挥和发展人类性，推动大自知自组织系统的发展。随着

① 《对象学——大爆炸与哲学的振兴》，第 208—223 页。

大自知自组织系统的自知调控的发展和时代的进步，能充分解放和发挥人类性的人越来越多。人球系统建成之日，便是全体人类都能普遍地充分发挥和发展人类性去认识、控制、利用、改造、生产、创造对象和对象世界之时。那时人类自知的创造将推向一个新的进化阶段——自觉地创造。

人类的自知创造随着人－工具系统的升级换代和递大、递佳自知自组织系统的进化，700万年来，进化速率越来越大。自知过渡期人类的进化是以百万年为计算单位，朦胧期为十万年，萌动期为万年，自发期为千年，近代则为百年，现代为十年，并正在向五年和一年的速率发展。人球系统建成后则将真正实现日新时异。

补　遗

人类学者根据化石的证据推论人与猿的分化至少在1500万年前就已开始，但是分子的证据却支持500万~1000万年的数字，大部分学者接受人与猿是在700万年前从同一祖先分化进化而来。

有人认为3.5万年前旧石器时代晚期普遍出现的创新和随心所欲的加工物质工具，特别是阿里热地区的拉斯科洞内保存的富有表现力和精巧技术的关于野牛和马的绘画，才是从智人进化为现代人的最好证据。但，智人与现代人的真正界河是：从朦胧自在自知走向自发自知。

有人认为人与动物的本质区别是因为脑不同。例如埃里克·詹奇在其著作《自组织宇宙观》一书中就这样认为："在人类有机体的情况中，除了大脑这个重要的例外，实际上就不再有任何进一步发展了。"他忽视了人是一个整体系统，除了脑，人的各个方面如耳、手、肺、心、下颌、腿、脚、体型、头型，都在几百万年里发生了不同程度的进化。

语言具有比物质工具更重要的作用：（1）交流信息，社会协同；（2）利于远离形象的抽象和远离抽象的形象的思考和创造；（3）记忆；（4）传播、教育（对人类来说教育有着特殊的重要意义，人类的幼儿依赖期特别长，这是他需要和可能进行学习的时期，脑在这个时期也随之长大）；（5）最重要的是利于自知创造；（6）利于人类性的发挥和发展；（7）促进了脑的迅速增长，特别是联合加工区的扩大。进化为智人时，人的脑量已是非洲猿的 3 倍。

人类的人类性不是不变的，而是在不停地发展；人类性也不是一致的，每个时代、每个人的人类性都有不同的发展和变异，它是个性的、现实的。

创造是要从无到有建造一个新的系统，它是世上尚无、进化所需的对象，是比原来的同类更高级、更复杂、更严谨、更有序、更有能量、功能更大、对象性更进化的事物。

人和动物没有本质区别论（简称无本质区别论）的主要依据是不成立的。

1. 该论认为高级灵长类也有自我意识，比如能认识面对的镜中影像是自己，表现出些许的自我意识。但实际上高级灵长类并不具有自知意识，它不能自知地指令自己去创造语言和工具。所以动物的"自我意识"，无济于改变其非知的代性。

2. 无本质区别论的另一个依据是，有些动物也能使用工具，如，猴子用竿子去取香蕉，水獭用石头来砸开蚌壳。但，这和自知自组织系统人类有着本质的差别，动物所能做到的，只是在本能驱使下，直观地利用现成的东西，而人类却是将对象按人类自知的需要进行加工和创造。有的动物如切叶蚁，利用树叶来培养真菌作食物，表面看与人类的生产非常相似，但，这是其先辈遗传下来的天性，而不是自知的创造发明。它只会此而不会创造另一种生产方法。

3. 无本质区别论还有一个论据是，动物也有种种心理表现，如撒谎、将食物藏起来。这也不能成立。一是，这些表现是围绕本能需要而进行的，就像骆驼平时多吃，贮藏脂肪以备后用；二是，这些表现是非常简易的本能心理活动，并不能构成动物的自知，即为生存和进化而进行的自知的创造。

4. 动物也有信息功能，但只输入和加工本能需要的直觉的形象信息，而对其他信息则视而不见、听而不闻。而自知自组织系统人类的远祖便开始突破了第三代的对象性，发生了代的进化。人能把自己分为两个，自己把自己作为认识、控制、创造的内对象，能指令自己把一切对象作为认识和创造的对象。

人自知的对象性创造虽然一般是由个体来完成的，但它却是因群体的作用和推动，通过教育、大众传播、互助等系统的协同调控促成的。人类的群体性是非常重要的。

最近，一支国际科学考察队在非洲的一个洞里发现一块 7.7 万年前的赭石，上面刻画有平行线的花纹，从而把非洲初期现代人能进行抽象绘画的时间向前推移了 4 万年。2002 年初，美国《科学》杂志刊出了这一实物的照片。

二、宇宙第四代自知自组织系统的诞生

地球上的第三代生物是怎样进化为宇宙第四代人类的呢？[①]

首先，是天创造了可能进化为第四代的大环境。

天促之一是，远在 6500 万年前，地球上发生了一次大的变迁，究其原因，有的科学家推测是一个小行星碰撞地球所致，也有的说是气候突然由全年恒暖变为有四季之分的缘故。当时称霸地球的恐龙灭绝了。

在天促之下，新的需要使某些生物发挥其进化的对象性，主动活动起来。长期处于洞穴或夜间生活、体型很小的哺乳动物，开始繁荣。灵长动物与其他的哺乳动物分道扬镳，但迄今只发现了其中的几种。在迁居到树上的动物当中，有一种原始的灵长类，它们的面貌和体型就像现在的松鼠，能灵活地屈腕和屈踝，双眼视觉还不完全，名叫更猴，大约生活在 5000 万 ~6000 万年前。

不久之后，随着地球上气温的回暖，哺乳动物在新需要指引下的对象性活动使其体型日渐大型化，出现了进化水平与现在的"原猴类"相当的灵长类。大约在 5000 万～4000 万年期间，这样的灵长类很繁盛，分布很广。有人认为：大约 4800 万年前，

---

① 有人认为人类的基因是由外星人带来的，即使这一说法成立，也不能改变第四代是第三代进化而来的。

主要分布于北美洲的假熊猴，可能是其中最早的一种猿类。[①]它们的体重约5公斤，体形和大猫差不多，容貌则酷似狐狸，此外，它们还有钩爪和能缠在树上的尾巴，适应树上的生活。

那时，北美洲和欧洲陆地相连，比现在温暖得多，对各种各样的哺乳动物来说就像是天堂。但不久地球的气温便开始下降，猿类迁往非洲，身体变得更大。

天促之二是，1500万年前，灵长类所生活的非洲由于地壳运动，突然沿着今天的埃塞俄比亚、肯尼亚、坦桑尼亚等地一线裂开，两边隆起，形成一个270米深的大峡谷，成为东西无法跨越的屏障。西部仍是猿类生存的乐园，东部环境大改变，成为少雨区，丧失了森林，变为疏林和灌木林，促成了猿类新的需要，主动向着人的方向发展。

一个重要的、必然的偶然是，当大峡谷形成之际，某种类人猿已进化到具有雏形的自知自组织系统的生理条件，有比猿发达的脑，适当尺度的躯体，分工的四肢，发达的手、五官，有一定直立行走的能力等。也就是说他们已是人猿，具备了向人类进化的一定基础。

天时、地利，加上类人猿在新环境中新需要的激励下积极活动，使非洲南部成为人类诞生的摇篮。这不仅通过地质的考察和化石的发现得以证实，而且近年利用线粒体DNA分子钟对分别来自5个不同地理地区的147人测试的结果也证实：人类的确有一个共同的母性先祖，她生活在大约20万年前的非洲。20世纪末，来自世界8个国家的科学家，通过对世界不同地方的1000余名男子Y染色体基因图差异的研究，也同样找到人类男性的共同先祖是一名生活在5.9万年前的非洲男子[②]。

宇宙第四代自知自组织系统的自知不等于自发、自觉，更不等于自由，它是个泛称，处于不断进化之中，由弱到强，由低到高，由自在、自发、自知、自觉到递自由。

类人猿虽然具有不同于一般灵长类的脑和肢体等先天生理条件，而且非洲大峡谷

---

① 也有的学者认为，高级猿类的起源可能在中国大陆。依据是，我国古人类研究所童永生等研究员在山西垣曲盆地，发现了数量可观的4500万年前曙猿牙、额骨化石。但有些学者认为曙猿不属猿，应称作曙猴，从进化的层次来看，比猕猴、金丝猴等还要低。
② 《科学时报》，2000年11月2日。

又给人类的诞生创造了极为重要的大环境，但和婴儿一样，类人猿要成长为实际的自知自组织系统人属，还需经过一段很长时间的过渡期。

人类是从何地、何种猿进化而来的，尚无定论。20 世纪 70 年代，有人认为 1000 万~1400 万年前类人猿有个共同祖先——非洲的腊马古猿，但后来被否定；我国有的学者认为在云南发现的禄丰古猿或元谋古猿有可能是类人猿的先祖，不过对此也有不同的看法；美国有的学者经研究和考察认为现在的大猿类早期在 2000 万年前由非洲向欧亚扩散，而在 1000 万年前以内又从欧亚返回非洲。起源问题虽然仍在探索中，但普遍认为与人类接近的三种最进化的猿：猩猩、大猩猩和黑猩猩中，猩猩与人类的差距最大，黑猩猩与人类最接近。根据分子生物学的研究表明人与猿（可能是黑猩猩）最后的分化大概在 700 万年前。

然而，近些年来，不断发现一些远古人类的化石，年代越来越向前推移。2000 年底，法国国家自然历史博物馆的 Pickford 和 Senut 宣布当年 10 月他们在肯尼亚的图根山区发现距今 600 多万年前的人类股骨、下颌骨、近端指骨、齿等化石。他们对股骨分析表明这些化石成员已习惯直立，甚至完全直立，是最早期人类的成员。由于时值世纪之交，他们便称"原始人图根种"为"千禧人"，并推断人猿分化早于 700 万年前，很可能发生在距今 900 万年至 700 万年前。

如今流行的区分猿和人的标准是：直立行走。认为只要能直立行走就是原始人。但这一标准比过去曾普遍认同的创造是人与猿的分界差多了，实际上难以成立。已有研究显示，发现于意大利托斯卡纳-萨丁地区 900 万~700 万年前的古猿已经具有直立行走的能力。直立行走只是猿中某些分支能进化为人属的一个条件，或者是某些猿与人并有的一种活动方式。[①]

动物的意识和行为主要是由脑来控制的，脑的发展和发挥在进化中起到极为重要的作用。神经生物学家哈里·杰里对脑的增长进行了研究：最早的哺乳动物，比爬行类平均脑量大 4~5 倍；而灵长类的脑比哺乳类最进化的脑还大 2 倍。在灵长类中，猿的脑量最大，是灵长类平均脑量的 2 倍，而人的脑比猿平均脑量还要大 2 倍。许多人

---

① 刘武等著：《中新世古猿研究进展及存在的一些问题》，《科学通报》，2002 年第 47 卷第 7 期，第 492—500 页。

类学专家对原始人脑与猿脑的差异的研究非常重视，开始认为两者的分界是 750 毫升，后来有人指出是 600 毫升。[①]

正如马克思所说："正是头脑的解放才使手脚的解放对人类有重大意义。""于脚只是由于它服务的对象——头脑——才成为人的手脚。"人类先祖与南方古猿两者的主要差别并非某一单项技能——能行走，而是脑以及脑支配的手脚等构成的进化程度发生了飞跃。形成大峡谷后东边失去了森林，几支南方古猿由于脑和脑支配的四肢未发生进化的进化，仍是非知自组织系统，它们没有学会奔跑，同时没有食肉的牙，不会捕获动物食物，而植物食物又有猴、狒狒等的争夺，所以，不久便灭绝了。人类先祖则与南方古猿不同，发挥其进化的对象性，动用智慧，进行主动的活动，开始在无森林的丛林和平原顽强地直立奔走，获取新的食物，不断进化。

换而言之，人类的先祖之所以能在森林失去后生存和进化，是由于人已是不同于猿的具有了多种由渐变而突变的先天条件组合的自知自组织系统。这些条件起初虽然还很原始，但已具有由朦胧自知向自发自知发展的基础。概括起来大致有：（1）进化了的扩大了的脑，从而具有了可以向自知创造信息工具（如语言）和物质工具（如石器）迈进的潜力；（2）具有了由原始人脑支配的进化了的较灵活的手、五官，以及能支持脑和手等活动的内脏、躯体等，从而能逐步学会与脑配合，物化自知的创造；（3）过去在森林中生活的时候，就已有直立行走的锻炼和习惯，失去森林后便放弃了在树上攀缘，采取直立行走，这也为向自发自知迈进，创造了重要的条件。

自知自组织系统的自知是由脑来控制的人类先祖的直立行走是由脑支配的，反过来也促进了脑进一步增长，带动了各方的进化。

1. 人脑血管的构造说明由其流出的血能使脑有效地冷却。直立行走有利于脑热量的扩散，使总在不断工作的脑保持一定的温度，从而有利于脑的使用和增长。

2. 由于直立行走，改变了内脏和体型，扩大了肺，增大了肺活量，从而促进了需要大量氧气的脑的活动和进化。

3. 直立行走解放了手，使手能听从脑的指挥，物化人自知的智慧结晶，将想到的创造用手做出来。手从而进化为人类的手，成为脑的延伸，促进了脑的进化。

---

① 《人类的起源》，第 22 页。

4. 直立行走使腿和脚得到锻炼，体型和内耳结构等发生了重要的变化。南方古猿不会学习也不适合于奔跑，而人类的先祖变得更灵活，奔跑得越来越快[①]，从而能与手配合，去执行人自知的指令，实现脑思维的结果，成了脑的非脑的部件，从而促进了脑的增长。

5. 猿主要是吃植物，而人类的先祖由于智慧的脑、灵巧的双手、奔跑的腿脚、扩大了呼吸量的肺和心脏以及其他一系列的生理全面的进化，促进了发挥主动活动的对象性，逐渐摸索创造切割兽类的工具，捕获大的猎物，摄取过去不曾有过的递多、递佳的动物的脂肪和蛋白，从而为脑提供了进化所必需的营养，促进了脑的活动。早期人属的牙齿和上下颌骨的构造与南方古猿不同，可能正是与食肉有关。

人类的先祖在向能人过渡中的种种活动都是由脑来指挥的，为了应付新环境，寻找新的食物来源，先是采集，后来逐渐有原始的狩猎活动。狩猎是这样开始的：一是，环境的改变，食物缺少，饥饿和求生欲引发他们去捕获猎物；二是，没有了森林的保护和遮藏，他们需要抵御猛兽的侵害。智慧使人类的先祖开始用声音和手势等传递信息，创造性地用拾到的石头、棍棒来袭击动物，后来就想到事先准备石头、棍棒，再进而制造石器和棍棒。是脑指挥采集、狩猎，处理日益复杂的分工协作的社会关系，教育下一代等对象性活动，而种种对象性活动又促进了脑的增长和相关的其他肌体的进化，使人类的先祖在过渡后期不仅脑量比类人猿增长了近一倍，达750克，而且在结构上也有很大的进化。从表面看，人类的先祖的脑与古猿的脑组成的类型是一样的，也有两半球、四个不同的叶，但其发达状态却产生了质的飞跃，后者主管反射的枕叶大于额叶，前者正好相反，主管加工信息的额叶大于枕叶。输入、贮存、加工、外化信息的脑的突变，是非知的自组织系统古人类进化为自知自组织系统的关键因素，如前已述，与脑的进化相关的外化、物化信息和保证与促进这些外化的四肢、神经系统、血液系统、呼吸系统、躯体等等，也相应地进化，从而使他们发展了从事自知创造的条件。

跨越过渡期朦胧的自知，首先进行的是信息工具的创造。

[①]　罗德曼和麦克亨利比较了人类的两足行走与黑猩猩四足行走，证明前者的效率要高得多。原始人类的先祖的直立行走和大步奔跑为狩猎创造了极为有利的条件。

人类的先祖在对象性生活中，由于记忆、加工和交流信息的需要，他们开始创造信息工具，在进化了的脑、手和其他生理器官的协同下，具有将这一需要变为现实的条件，而创造又促进了他们的脑、手等等的发展，两者互为因果，由无到有，由粗到精，由散乱到有序，创造了递佳的信息符号、工具。最先创造的是声语（即运用不同的自然发声）和手语。在过渡期中，这两种信息工具的创造，相互推动，特别是手语的高度的发展，对生存和进化起到重要的作用。

> 在那时，手与脑是这样密切联系着，以致手实际上成了脑的一部分，文明的进步是由脑对手以及反过来手对脑的相互影响而引起的……'手语概念'就是由此而来的……用手说话在某种程度上，就是用手思维。[1]

手语使人类的先祖的脑成为一切生物所不具有的脑 - 手语工具系统。声语和手语不断进化的后期，开始了口语的创造。能否创造和与创造的信息工具结合为新的系统，是能否进行有效的自知活动的前提。对信息符号的产生，人们只注意到它是传递信息的需要，忽视了它是自知自控的需要。自知自控是通过思维来进行的，具有了思维的工具后，自己才能有效地向自己下达指令，把自己作为自己的对象。信息工具也正是思维的工具。初期的信息工具，已开始能够使人属用以在脑中自知地加工信息，形成实现新需要的指令信息。这种指令信息虽然看不到，但在脑中的确能有效地再现。它是一种由脑加工出来但又脱离了脑的可内视的手语形象，是"我外之我"，能指令受控的内对象去进行种种内外对象性活动，使人类的先祖终于进化为能人，成为自知自组织系统。当能人第一次用手语说"我"的时候，便开始有效把自己作为自己认识、控制、创造的对象，指令自己去进行种种创造、生产、社会活动。所以，能人被称为是最早正式创造和使用工具的人类。在物质工具上，他们最初创造的是能切割兽类的石片，用以代替已退化得很小的撕不开肉的犬齿。

一个有趣的问题是：先有信息工具，脑才增长的，还是先有脑的增长，才创造了信息工具？这里似乎又是个"鸡生蛋，蛋生鸡"的问题。但，可以肯定，是信息流带动物能流，这条规律在早期人类进化中也已明显地表现出来。而信息工具的创造只能

---

[1]　[法]列维·布留尔：《原始思维》，第154—155页，商务印书馆，1988年。

出现在脑量大于南方古猿的人类的先祖。450毫升到600毫升类似水由七八十度达到沸腾，是南方古猿与人类的先祖由不能创造信息工具到能创造信息工具的临界。信息工具的创造和运用又反过来带动脑结构的进化和脑量的增长，以及物质工具的创造和运用。

笔者在1991年出版的拙作《大智慧——思场流控制学》一书中曾提出过AB原理[①]来表述信息流与物能流的关系。如果用A代表人脑中的物能流，用B代表信息流，那么就可表述为：A是为B而运转的，是传递和加工B的载体和工具；B是靠A的运转而流动的，是A传载和运转的内容和本质。B若离开A便无法流动和加工，A若离开B就失去了价值和目标，由于信息流是主体随时都可以加以控制的，所以主动权在B。当脑与初期的信息工具手语和声语结合为新系统时，递佳信息流则能递佳地促进脑物能流的发展。人类的先祖大约在440万年前进化成为能人，原因也正在于此。能人的脑量比猿增加了一倍，约750~800毫升。考古学家对能人留下的石器上的打磨痕迹进行研究发现，在最早的工具制造者中使用右手的人多于使用左手的人。这是运用信息符号来指令自己创造石器的结果，也充分说明信息符号的运用使人脑已初步进化为自知自组织系统人的脑。同时由于进化的脑工具系统指令的种种主动生存和进化活动，也促进了四肢（特别是手）、内脏、五官等的进化。

据考古学家对头骨化石的研究，发现手语和初期口语的创造和运用使能人发生的具体进化有：（1）主管语言的左脑大于右脑；（2）左颞叶附近凸起布罗卡氏区，它与语言的运用有直接的关系；（3）颅底开始弯曲，这有利于发出人类说话特有的某些普通的元音，人类具有50种音素从而能组合成10万个词汇和无数的句子，而猿类颅底是平的，只能发出12种音素；（4）人类的咽在喉上，而猿的喉却在喉咙的高处，今天人类婴儿出生时仍重复这一过程，喉位于喉咙的高处，18个月以后才开始向喉咙的下部靠拢。根据化石推断能人喉的位置等同于现在6岁的儿童，已具有初步的语言能力。从而，带动了生活各个方面的显著的发展，宣告了由原始人属向人过渡期的结束。

随着手语、声语的发展，能人的智慧越发进化，自控水平越来越高，并积累了丰富的创造信息工具的经验。据考证，在250万~300万年前，人类的先祖便开始创造口

---

① 详见《大智慧——思场流控制学》，第57页。

头语言。这是一个漫长的创造过程，大约在 20 万年前，能人才初步完成了这一创造，成为与口语工具结合的智人。这主要表现在：一是，智人的脑量和头形有很大的进展。智人的祖先脑大约为 900 毫升，头骨厚，长而低，前额小（额叶联合区小），颌骨有些突出，眉骨也突出。到智人时，便发生了显著的变化，如额叶联合区突出增大，枕叶变小，颅底获得充分弯曲，脑量猛增到 1100 毫升左右。二是，他们已能随意创造石器，能自知地确立目标，并指令自己去实现目标。那时遗留下的阿舍利手斧是明显的有效自控的产物，而不是早期只能靠碰巧才打出的石器。

由智人进化为能有效自知自控的现代人，又经过了约 10 万年。智人虽然已创造了较丰富的词汇，但尚无语法可循，人类的思维和对事物的表述仍然处于低层次。比如，看到一个人打死了家兔，朋卡族印第安人就这样说：

> 人，他，一个，活的，站着的（用受格），故意打死，放箭，家兔，
> 它，一个，动物，坐着的（用受格）……[①]

散乱的语言是无法进行有效的自知创造的。语法的创造和形成，又经历了艰苦的过程。

在这一时期中不断创造词汇和发展语言技巧，使人类的自知自控和自知创造水平发生了重大的进化。口语，即声音语言的发展，使人类有了准确、丰富和抽象的信息载体和工具。内语言虽然是脑物、能、信息共同加工的产物（后详），但却表现为一种能内听到的"声音"，成为超物能并能指令受控的我的他者——另一个人，也即"我外之物"，向自己发出指令。自知自组织系统的人类从此才能更有效地、自知地把自己分为两个：一个发出内语言声音的施控的我，一个听取内语言声音的受控的我。从而完成了由自在的自知自控、朦胧的自知自控进入初步清晰的自知自控。

人类的自知活动都是以自知的目标信息为前导的，信息工具是自知自组织系统第四代人类全部生存和进化活动之必需。由于口语比手语更能方便地随意组合，远离具象的抽象，远离抽象的具象，对所指事物有稳定的共同的概念和理解，有利于自知的我指令被控的我输入信息、贮存信息、分类、认识、总结经验、摸索方法、加工信息、

---

① 《原始思维》，第 132 页。

进行创造、传递信息、外化信息、物化信息、交流信息、教育和宣传、促进社会协同……从而促使人类各方面的生活发生了重大的变革，突飞猛进。迄今已发现的那时的石器多达一百多种，还有迹象表明早在 80 万年前人类可能就已造船渡海。[①] 人类的先祖从而进化为有各种工具结合的新系统，延长了自己的手和脚，在与动物的对峙中，有了比兽类奔跑的速度更快、比兽类的牙和角更锐利的木制标枪和投石。采集，特别是狩猎的发展使人类日益超越生物，正如南非人类学家鲁宾斯所说："狩猎以智慧和文化的相对巨大张力，将一个新领域和一种新的进化机制引入进化的图景，而其他动物的进化图景就相形见绌。"早期人类已显现出宇宙的第四代的自知是多么先进的代性。

自知的创造使人类的进化，远不止于此，还包括确立目标，策划狩猎，摸索方法，组织分工，语言和文字工具的创造和发展，食物的分享、加工，捕获物其他方面（皮、骨等）的开发利用，疆域观念的形成，等等。系统协同的需要，促使早期人类不断创造递佳、递大的自知自组织系统——群体、部落。自知活动的发展，又促进了人脑 - 工具系统的进化和自知水平的提高。大约在 10 万 ~14 万年前，非洲朦胧自在自知的智人终于进化为自发自控和自知创造的现代人，然后向世界各地扩展。

补 遗

约 140 万年前的奥杜韦文化的工具具有随意性的性质，现已发现人类可能在 80 万年前就已造船，人类已突破需要环境的促进和迫使才能进化的历史。艾萨克研究 200 多万年前旧石器时代晚期革命时制造的工具，已有制造规则的施加，是自知进行的表现。如果没有语言，那时的人类就不可能任意地将规则施加在其所制作的工具上。

---

① 澳大利亚新南威尔士州新英伦大学考古学家从印尼弗洛勒斯岛发掘出 84 万年前一些可用作猎杀动物及切割木头的石器工具，而这里的土著人的历史只有 5 万～6 万年，说明人类可能早在 84 万年前已从亚洲大陆抵达这个印尼小岛群居。由于从东南亚到这里必须横越非常危险的海峡，不仅需要船只，也需要有复杂的操舵及航海技巧。

人类为什么会创造语言？因为人是由高度发达的脑、五官、四肢、躯体组成的自系统万物之灵；那么，为什么这种自系统就能创造出语言呢？一方面是新环境的需要，另一方面人具有了能创造语言的能力。

只有语言才使人类从直觉生存中解放出来，发挥左脑的理性、逻辑思维的作用。但同时，也只有语言的运用，才使右脑得以愈益发挥其直觉的综合功能。人类的直觉想象在今天高度进化的语言工具的支持下，愈益具有创造先导的功能。

爱因斯坦有一句名言：想象比知识更重要。为什么呢？因为想象是创造的翅膀，没有想象就不会有创造。

《科学时报》2000 年 5 月 16 日第三版《现代人起源又起争执》："如果以能直立行走为标志（人类的标志是自知的创造），那么古人类最初出现于 500 万到 700 万年前，并于 20 万年前进化为早期智人，大约 10 万年前进化成晚期智人。我们现代人属于晚期智人，或称为解剖学上的现代人。"

动物只有本能的需要，不会有非生理的需要，而人则不然。人的非生理的需要随着社会的进化，日益增长。"一个病态社会，其特征是极其简单的，这就是它为生物学需要提供得太多，但同时却处于精神饥饿状态。"

三、自知创造：人类的标志

人类还能进化吗？当代生物学界和生命科学界对此有种种说法。有的认为在人类社会生物的那种进化的条件（达尔文所说的条件）已不复存在，人类的进化已经到了尽头，不会再进化 [①]；也有人认为，人类运用智慧来生存，只有脑仍在进化，其他的方

① 权威基因学专家、达尔文主义者、英国伦敦大学基因学教授琼斯便是其中的代表，他认为人类进化已经结束：一是，不论是强者或是弱者的繁殖能力都一样有效；二是，生育年龄提前，这意味着子代突变的因子减少。另外，社会的进步、新药物的发现、交通与生活素质的改善，使人类混合的基因越来越趋于平均，即使是杰出的基因也会在混合过程中消失。

面已不再进化了……诸种说法，都是由于受到达尔文把生物与人看成无本质区别的影响，并认为进化是器质性的改变，人类器质性既然无重大的改变，人类的进化也就停止了。

如前已述，人与生物的代差是在于，生物是在天促之下，以本能为指向、以信息为前导，进行主动的活动，通过非知的生物三种大分子的双向交流，由渐变而突变，非知地创造自身而进化，其进化只能表现在后代。但人的进化却发生了代的飞跃。就像不能用第二代的进化来认识和分析第三代的进化一样，也不能用第三代的进化来分析和类推第四代自知自组织系统人类的进化。具有人类性的人的进化的进化是：通过自知的创造，与创造对象结合而进化。人随时都可以通过自知的创造而进化，不像动物只能非知地长期慢慢地改变基因而进化。不仅如此，动物留给后代的只是遗传密码，而人类留给后代的是创造的一切"软件"——语言、科学文化、意识、观念，以及"硬件"——种种物质工具。后人不仅仍能与之结合，而且还可以在此基础上再创造、再进化。

一句话：生物是通过非知地创造自身而进化，人类则是不仅将自己而且把整个的自然界作为自己创造的对象和无机的身体，通过自知的对象性创造一切而进化（这是宇宙进化的重大的里程碑，它是人类在宇宙中的地位和作用的重要体现）。

人为何能进行自知的创造呢？

虽然，人脑是超生理的脑－工具系统，在自知创造中有着极其重要的作用，但人不等于脑。正如恩格斯批评的："有的人错误地把人类的一切成就归功于脑"。人之所以超越动物绝不单是靠脑，原始人的脑也不可能孤立地进化为人脑。人是个系统，是个自知自组织系统。人之所以能进行自知的创造，正在于它是一个各种组因协同为一个整体的系统。和人类性一样，不论是脑－工具系统还是人的其他组因如四肢、五官等，都不可能孤立地存在，更不可能单独地起到自知创造的作用。

人是个系统，缺少系统中任何一个组因都不能成为自知系统，这是首先需要认识的，但另一方面，在所有系统组因中，脑在人的进化中的确具有举足轻重的作用。一般说来，一个人与另一个人的区别，主要不是在长相、性状，而在脑、思维。有的人即使身残，只要脑是健全的，仍能进行自知的创造，如我国古代被宫刑的司马迁，现代伟大的科学家、患肌萎缩性侧索硬化症、只有一个指头能动弹的霍金。这是因为自知创造首先要创造的是信息系统，然后才能外化、物化，而创造信息系统，则主要是由脑来完成的。

脑与语言工具结为系统，所产生的作用远非分别从语言的作用和人脑发达的功能所能估计的。为了揭示脑－工具系统的实际工作原理和效果，有必要先探讨人思维的现实——思场流，它是建立在脑－工具系统之上而又高于脑－工具系统的动态系统。

过去人们认识思维时，总爱把一个整体的思维分割，或是从思维的对象出发剥离出几种思维形式，如，形象思维、抽象思维、动作思维等；或是从思维的效果出发划分出一些思维类型，如，普通思维、灵感思维、特异思维；或是从思维的层次出发划分出一些阈限，如，潜意识、显意识、下意识……脑科学研究也是这样，越来越深入到脑的每个局部，指出人脑不同的局部有不同的功能，例如，大脑两半球的分工，"左脑是处理语言信息，进行抽象思维或逻辑思维的神经中枢，它主管人们的语言、计算和逻辑推论，具有连续性、分析性、论理性等特点……右脑则为处理图像信息、进行非逻辑的形象化、直觉式思维的神经中枢，它主管人们的视－空间知觉、形象记忆、模式识别、身体感受、情绪反应等，具有不连续性、弥散性、整体性、操作性和空间依赖性等特点。"对其他如间脑、中脑、脑桥、延脑、小脑、脊髓等也指出其各有不同的分工。

对思维进行分析，开一代先河的是弗洛伊德。他不仅首次提出意识有潜意识与显意识之分，而且也首次提出人有多个自我，从而使人类对意识、思维的研究打开了一个全新的视野。他的学说在世界上广为流传，影响很大，这是他对人类重要的贡献。但另一方面，不能不看到他的学说存在着严重的失误，而人们往往把其正确的方面与错误的方面一并接受。首先，他对潜意识与显意识的界定是不符合思维实际的。其次，潜意识与显意识并非分别进行活动（例如，认为灵感是在潜意识中酝酿成熟后突然涌现于显意识），而是共时性地围绕思维的目标而进行场效应。另外，人虽然有多个自我，但人之所以是不同于第三代的第四代自知自组织系统，主要是由于能将自我分为控制的我和被控制的我。他的学说不仅影响到精神学，而且对以后脑科学、神经生理学、心理学、思维科学等对思维和神经一分再分的研究方式，也起到推波助澜的作用。

思维和脑被分解为不同的部分，虽然从历史角度来看是人类对于思维研究从整到零的深入，但分解的结果却不符合实际。正如德国著名物理学家普朗克说的那样：

> 科学是内在的整体，它被分解为单独的整体不是取决于事物的本质，而是取决于人类认识的局限性。实际上存在着从物理到化学，通过生物学和人类学到社会科学连续的链条，这是一个任何一处都不能打破的链条。

分析是为了进一步把握事物的系统、整体，而不是停留在分割的局部。对人思维和脑的认识也是这样。思维实际上是一个动态的整体，在同一时间里脑中的各个局部都在同时起作用，而不是脑的某一局部在起作用，或脑中信息分别先后起作用。将物理学中"场"的概念引用过来，称脑为思维场，是非常恰当的。场的显著特点就是，在有效范围内有关的力必共时性起作用。思维时目标信息是显意识，而其他全部非目标信息是潜意识。脑作为一个思维场，场中贮存的全部潜意识信息都在共时性地围绕思维的显意识目标信息进行场效应。思维的任何一闪念都是整个思维场场效应的结果。一般人饿了在食品店见到很多好吃的东西为什么不拿来就吃，因为吃不吃是显意识，是兴奋点，而脑中贮存的潜意识不只是饿本能，还贮存有超本能的其他潜意识，如道德观念、美丑观念、法律观念等等。在此时虽然主体并没有去思索显意识之外的意识，但诸种潜意识都通过脑中的神经通道，同时围绕显意识中心在起作用。[1]潜意识中有的支持思维的目标，具有向心力，有的起阻碍作用，具有离心力，在不同程度的向心力和离心力共时性地相互碰击下，则会形成不尽相同的、涓涓不息的场效应结果——思场流。

人的脑是思维场，动物的脑也是思维场，但人的思维场和思场流与动物的思维场和思场流却有着代的差别。

动物，即使是最进化的猿，虽然具有比任何动物都发达的脑和四肢等，但仍不

---

[1] 达尔文认为人与动物的感情只有程度上的差别，但情感也是思维场场效应的结果和过程。脑局部研究认为，下丘脑管情绪反应，但实际上它并不是孤立地运转，如果将其与大脑有关部分的通道切断，它就要失控，无缘无故地表现出张牙舞爪的愤怒的感情。

能改变其非知的代性。由于不能创造语言，没有语言工具，思维仍然是非知的脑－本能系统，没有自知意识，对自己的活动处于非知的状态，不知道自己在干什么，更不知道自己应干什么。思维的目标只是非知的本能所指，场效应的信息只是直观的信息、本能的信息和在新环境中产生的新的本能需要的信息，它的思场流就是这些信息不断碰击加工的产物和过程。黑猩猩与人的基因最接近，甚至在面对镜子时能认出其中的影像是自己。有的黑猩猩似乎还会耍花招，例如，发现了一串香蕉，正想去吃，这时它发现了另一只黑猩猩走来，便将香蕉藏起来，等那个同类走后才独自享用。表面看好像也具有人类的思维——运用欺骗手段，但实际上它是动物思维。这一行为是其思维场中食欲本能信息、直观的经验信息、发现另一同类过来的形象信息等相互碰击——场效应的结果，使它将香蕉藏起来。这和其他动物，如野狼将食物贮藏起来，只有程度上的差别。它永远不会越过代差，指令自己确立创造目标，实现创造目标，只是在先天本能的驱使下，直观地利用一下现成的自然物，如石头、棍子。实验证明，即使通过人的刻意训练，它也不能重复人类先祖创造工具的活动。动物非知的思维指令的活动，只能满足本能的生存需求和进行非知地创造，促成 DNA 的反馈由渐变而突变，以自己的存在和进化改变自然，而不可能进行自知的创造。

而人的思维场是不断进化的脑－工具系统。人脑工具除了语言符号外，还有不断发展的超本能目标、知识集合、种种观念、各样方法等等，所形成的思场流与猿单纯生理的脑－本能系统的思场流具有巨大的代的差异，集中表现在能主动发挥人类性无限地去进行自知的创造。这是因为：

1. 只有不断发展的人脑－工具系统的思维场，才能进行递佳地自控，把思维的我作为自己自知控制的对象，指令被控的我确立何种创造目标、计划、方法，进行何种创造，以及如何将创造的信息系统外化、物化，反馈改进，预测创造的效果。

2. 只有人脑－工具系统的思维场，才能进行高效的自知自控，在潜意识和显意识相结合、语言和形象相辅相成的场效应过程中 ①，排除本能的干扰，不顾短浅的需要，

---

① 人脑在长期的过程中已形成了潜意识桥，潜意识在自动意识桥的通道上已能进行无声音内语言的场效应，感觉不到，而只能内听到自知的显意识的语言流。不难想象，在共时性的场效应中，如果一切潜意识信息的传递都有内语言声音，那么脑就会被嘈杂混乱的内语声弄得无法承受。

超环境、超机遇、超已知地去实现创造目标，进入有我无我的创造境界。

3. 只有不断发展的人脑－工具系统的思维场，才能不断创造和发展诸种软件工具，如新的观念、知识、目标、数学绘图等符号、方法、情感、性格等，使人既有远离抽象的具象，又能远离具象而抽象，超表象地运用对象、加工对象、传播对象、分解对象、综合对象；使人不仅能递佳、递广地发挥和发展对象性，输入宇宙中一切对象性信息，而且能突破现实世界时空质的限制，深入到事物的本质和规律的层次；还可以使人在思维场中随意地对对象性信息进行种种加工试验，并对比选择最佳的蓝本，而不必（也难以）繁重地对对象的实体进行实际的加工试验，从而使人类的自知创造能一往无前，轻松自由地驰骋。

4. 创造是以已知求未知，而能突破已知怪圈的，只有宇宙第四代不断进化的脑－工具系统的思维场。只有它才能爆发出突破怪圈的创造灵感。正如爱因斯坦所说："创造往往并非逻辑思维的结果，而是直觉和灵感的产物。"在前沿层次的显意识与潜意识协同运作的超本能、超具象、超时空质的场效应中，就会出现情思飞扬，意接千载，视广宇如咫尺，听百代于须臾，稍焉动容，视通量子，举指之间，神游宇宙，窥万般对象之奥秘，探时空隧道之有无，在无垠的信息海洋中自由地驰骋，调动起场中的观念、理论、概念、方法、符号、图表等种种风马牛不相及的工具信息，围绕创造目标而共时性地运转碰击，出其不意地豁然顿悟，突破既知的怪圈，越过逻辑的桥梁，组成一个超原层次的进化所需的目标性新系统信息，据此外化、物化，实现创造。这便是长期以来人们感到困惑和神秘的灵感之奥秘所在。因限于本书的主题，不赘述。

需要指出的是，人脑不只是像一般人所认为的那样只是信息加工的场所，脑还是控制全身生理、指令全身活动的司令部。例如，网状结构的延脑，能调节循环、呼吸、消化等基本生命活动，促进和抑制肌肉紧张，控制睡眠和觉醒等。下丘脑调节体内的代谢、内脏神经系统活动、内分泌，控制食欲、体温等。人脑－工具系统的形成和发展也递佳地促进脑自知地控制和指令的功能。

人的潜力大致可分为两个方面，一是智力——创造和加工信息的能力，一是体力——将创造和加工的信息外化、物化的能力。人自然状态的体力的潜力是很有限的，经过特殊训练的运动员的体力也不过超出常人的几倍；但人的智力却是无限的，人刚生下来时脑发育不完全，要到 7 岁时才基本达到成人脑的标准 [1]，这就为人脑的发展创造了无限的可能。人脑由于是与工具结合为系统，所以，因后天在生活和学习中掌握的工具的性质（前沿性、滞后性）、数量、结构（是多学科的交叉、还是隔行如隔山）等不同而有天渊之别，具有不可估量的可塑性。动物生下来就是动物，而人却不同了[2]，若能形成高度发达的前沿思场流，则能频频爆发灵感，成为时代前沿的创造者，开创人类的新生活，促进人类的进化。

人类的自知创造使宇宙的信息源发生了划时代的飞跃，除了物能、生物等天然信息源，又增加了一个自知创造信息源。自知思维在于创造，从人脑里源源不断地创造出种种进化所需、宇宙尚无的新信息系统。自知自组织系统人的脑打开了一个新纪元，它不同于此前所有非知自组织系统的脑——不仅是自知生存对象性需要的信宿，而且是宇宙自知进化的信源。

今天，自知创造作为人类的标志显现得更加突出。

过去人类以认识事物作为自己的主要任务，因为那时人类对事物尚无所知，或知之甚少，但今天人类已进入智力解放的第二次飞跃，积累了许多对事物的认识，这是一；另外，智力解放的主要任务是充分发挥第四代自组织系统人类的自知性去创造事物，创造是人类的标志，认识事物是为了创造，只有创造才能更好地生存和进化。今天人类自知创造的需要和力量已超过历史上的任何时代，只能认识对象而不能创造对象的人将为时代所淘汰和遗弃。

从 21 世纪开始，人类已进入全新的由自知创造向自觉创造迈进的时代。据悉，西方对未来是信息社会还是知识社会有争论，其实信息社会之后不是又回到 17 世纪培根所提出的知识就是力量的社会，而是比信息社会更进一步的创造社会。在这方面，社会的发展是从崇拜直觉的社会（经验社会、权力社会）到崇拜知识的社会再到信息社会，现代则进入崭新的创造社会。信息社会为创造社会创造条件，要创造首先要有信息，要解决信息源的问题，即能方便、迅速、准确、随意地寻找、识别、获得人类创

---

[1] 动物大脑的神经细胞发育在胎儿期即已完成，出生后不会再有分裂。然而对于人来说，神经细胞的分裂要一直延续到出生后，直到发育完成才终止。

[2] 《大智慧——思场流控制学》，第 31 页。

造的信息。今天人们正在为此而努力，并已迅速取得出乎预料的进展。信息网络像人的神经一样遍布全球，人们在信息平台上能方便、迅速、准确、随意地寻找对象性信息，信息共享正在成为普遍的现实。每个人都是信息网络的参与者，又是信息网络的受益者，全球的信息都可随意地对象性地利用。一个人的智慧将伸向全球的每一个角落，成为自知创造的巨人。

不远的将来，整个世界有多少人就有多少这样的巨人，都以自知创造为天职，那时，人球进化的速度和成效，将会令人惊叹。

补　遗

思场流是由连续的语言串接起来的，但在场效应时，语言似乎并不出现，它可能是一种潜语言，或是一种无声的综合语言。试想如果场效应时各路潜意识语言都有声形，那脑子会嘈杂得无法忍受。而若无各种贮存的意识同时起作用，又怎能随意形成一个统一的思场流呢？那种潜语言，是熟能生巧而形成的一种潜层次。

创造是人类的标志：（1）人的思维总是不重复地对新情况进行新的分析、认识和预测，并以这种分析、认识和预测来行动，所以总是处于创造过程中；（2）人类总是通过自知的创造而进化；（3）宇宙只有到第四代才开始有自知的创造，这是宇宙进化的重大的里程碑，它体现了第四代在宇宙中的地位和作用。

为什么不叫知识而称信息，这是两个时代的概念。培根在17世纪提出知识就是力量，是因为当时人类的主要任务是认识事物，谁认识的事物越多越深，谁就有力量，谁就被人尊重。但随着时代的发展，人类的第二次飞跃首要的已不是认识事物，只认识事物已远远不能跟上时代的需要。信息是消除不定性的因素，只有信息才能提供创造的负熵。创造才是历史的火车头，才是进化的原动力。知识有新旧之分，错误的、过时的知识，是熵，只能起到阻挠、干扰、拉后腿、无序的作用。那些只能记取知识，而不能进行创造的所谓的学贯中西、博古通今的"知识篓子"，只能是旧时代崇拜的偶像。今天贮存信息已不再只依靠人脑，仅仅能记取知识，已毫无价值，起不到任何作用。

而信息，按维纳的解释是消除不定性的因素，是新的有价值的，是能促进进化发展的负熵。信息不等于知识，而是对创造有用的负熵；知识包容不了信息，它是既有的已知，有的甚至是阻碍进化的熵。

信息流带动物能流（见书后的注释），这只是表面现象。信息流要带动物能流，必须经过人的思维对象性的作用，即自知的创造。没有创造，信息还是信息，是不可能去带动物能流的。只强调信息的作用，忽视人的思维在其中的根本性作用，就不可能全面地理解信息时代。信息共享只是手段，信息时代要解决的根本命题是如何充分发挥思维的作用，去寻找、识别、加工对象性信息，创造有利于进化的新信息，物化为新物能。信息本身并非就是力量，创造才能使信息化为力量。

思维的对象是信息，它能使思维从物质世界中解放出来，在符号世界中进行创造。人们在思维中创造实践，在实践中创造思维。

人类也不再像生物那样，是由环境引起新的需要，而是自己发现和创造新的需要，以新的需要为指向来进行创造。

人是开放性自知自组织系统，其控制和反馈都是自知的。虽然 DNA 的非知反馈会带来进化，但人更能进行自知的反馈和创造，通过生物工程来改变 DNA 而进化。

分散的因素组合为一个新的系统，便发生了飞跃。自然界是这样，所以人类的思维也具有这种同构性，或者说人类的思维逐步趋向这一规律，即总是对象性地寻找、识别、组合进化的对象，跃进到一个新的层次。这样的例子不胜枚举，如，波－粒二象说，正－负美说，碱基、氨基酸共生说，由静、动到时空质连续统，n1+n1=1 等等。一般来说，分析属于认识，组合属于创造。

四、人是怎样通过自知的创造而进化的

人往高处走正是人类进化对象性的表现，人之所以要往高处走，正在于宇宙为人类创造了向高处走的进化大环境。人是通过自知的对象性的创造而向"高处"走的。

何谓创造，历来有种种不同的解释，例如认为从无到有就是创造。但从宇宙进化的角度可以清楚地看到，从无到有并非就是创造，比如想出坑人的新招，只能称作负创造。另外，从无到有的事情很多，例如，比谁酒喝得多，即使打破了世界纪录，也不算是创造。创造必具三条：一是，进化所需；二是，世上尚无；三是，一个系统。作为理论创造，它是一个进化所需、世上尚无的理论系统；作为物质创造，则是物化为一个进化所需、世上尚无的新的物质系统。新系统比原系统更高级、更复杂、更有序、功能更大、更能促进进化。

创造并非从人类开始，进化就是创造。宇宙第一代、第二代、第三代，也能进行创造，只不过是非知的创造。只有到了第四代人类才能进行自知的创造。万物之母宇宙的诞生之刻，就是开始创造之时。宇宙就是通过创造而进化的。宇宙的诞生创造了物、能、时、空；质子与中子结合，创造了核子，电子与核子结合而创造了原子，原子相互对象性地寻找、识别、结合而创造了分子，分子相互对象性地寻找、识别、结合而创造了星球、星际；某些星球上的某些分子对象性地寻找、识别、结合而创造了三联体、氨基酸大分子，三联体和氨基酸对象性地寻找、识别、结合，逐步创造了原核细胞；原核细胞与线粒体相互结合创造了真核细胞，接着逐步创造了多细胞生物、腔肠类动物……这些在前四章已论述。虽然都是创造，但，宇宙的第一代、第二代和第三代的创造都是非知的，只有到了第四代人类，才开始了自知的创造，自知的创造是人的标志，是人类的第一需要。

创造是进化的火车头，自知的创造是人类以及宇宙第四代之后代进化的火车头。

自组织系统总是对象性地寻找、识别、结合（噬食、摄取等）对象来增长、补偿自己所需之负熵。人类之初把敌人作为自己获取负熵的来源——食物；后来是扼杀他人的人类性，榨取他人来补偿增长自己的负熵；再后来是发挥和发展人类性的高低之别；再后来是平等地发挥和发展人类性。这本身也是一个进化的过程。人对动物、植物也是如此，先是滥用、滥食，然后是养、植，后来是改良。现代是努力有计划地保持和发展生态平衡。宇宙会不会因此而增长熵呢？不，宇宙在不断走向更有序，其中局部的负熵和熵的消长，是进化之必需。

140亿年里，前三代的非知创造的历程比较容易理解和把握，因为进化虽然是进化的进化，但也可见其本身的性状的改变。而人类700万年来也一直在进化，却被人们或是只看成进步，或是被忽视，甚至认为人类的进化已经终止。因为人类的进化已突破可视的自身的演进（虽然这方面也有一定程度的渐进，如脑量的增大、体型的变化等），通过自知的创造，形成种种人与所创造的对象结合的更高层次的新自知自组织系统（下面简称人－创造对象系统）。人类的进化是人－创造对象系统的进化。而人们却习惯于用第三代的进化来研究第四代人类的进化，只是观察其自身是否有改变。特别是初期人－信息工具系统，是肉眼无法见到的。以人们熟悉的人－机系统为例，单独的机器，等于一堆废铁，但与人结合则进化为新的自知系统，能发挥单独的人或单独的机器所不能具有的巨大功能。人与其创造的对象相结合的系统正在并将会无限发展升级。自知的创造，不仅使人创造对象的系统不断地进化，而且其进化的频率越来越快，呈几何级数加速度发展着。

人类一直是并随时都可以通过进行自知的满足各种需要的创造而进化，不像动物只能非知地长期慢慢地改变基因而进化。过去靠两腿行走，现在与自知创造的车结合为人－车系统，则进化为比任何兽类都跑得快、跑得远的新人；昨天还是只具有生理所赋予的眼睛，今天用电脑上网，便具有进化了的"万里眼"，可以对象性地浏览世界上各地的情景和各个领域的信息。不仅如此，动物留给后代的只是遗传密码，而人类留给后代的是创造的一切"软件"——语言、科学文化、意识、观念，以及种种"硬件"——各种各样的物质工具。后人不仅仍能与之结合，而且还可以在此基础上再创造、再进化。

人类自知创造的人－创造对象系统，大致分为四类。

1. 自知地创造脑－信息工具系统

人类的自知创造，首先是自知地创造自身。人自知地递佳、递多地创造信息工具，并与工具结合为不断进化的人脑－工具系统。

人类创造的信息工具也分为软件信息工具和硬件信息工具，前者直接与人脑结合，后者是与人结合的脑外的工具。人类首先创造并与之结合的软件信息工具是语言。从人类的先祖到能人创造的脑－声语、手语工具系统，特别是能人到智人创造的人－口语系统，使人类从朦胧的自知过渡到清晰的自知，从而真正地成为自知自组织系统，能有效地自控，指令自己去进行种种自知的活动。人类在语言的基础上不断创造和发展种种知识、概念、观念、理论、方法、技术、符号等软件工具。软件信息工具，不像硬件信息工具那样容易为人觉察，它是无形的，但它的功能和进化却像人脑－物质工具一样是实实在在的。软件信息工具就像可视的物质工具系统那样从用石头作工具，到用陶器、铜器、铁器，再到用手动机床、电气机床、自动化机床、数字机床……不断地进化发展。人－信息软件工具的创造和进化，与人－物质工具系统的创造和进化相联系，但，信息流带动物能流，人－信息工具系统的进化是首要的，是它促进和带动物质工具的创造，使人－创造系统不断地发展进化。

今天人类在这方面已取得了辉煌的进化，新理论、新学说、新概念、新方法，推进了人－信息工具系统的迅猛发展。据不完全统计，当代科学已经建立了4000多种学科，人类对宏观领域的揭示已从乡土到地球、太阳系、银河系，直到整个宇宙乃至多个宇宙，在时间和空间上分别达到100多亿年以上和100亿光年以上，初步揭示了宇宙的形成和历史；对微观领域从金、木、水、火、土到原子，再到质子、粒子、夸克，已可探索放大1亿倍的原子世界，牛顿的力学已成为古老的经典，物理学经过相对论，继而量子的革命，正在向量子论和相对论结合的新的高度迈进；人类认识的方法已从思辨的二律背反、三段论法等走向以科学实证为基础的新方法，具有广泛应用性的横断科学已从老三论发展到新三论、后三论，先后建立了以混沌科学为代表的多种横断科学。凡此种种成就，使人脑－信息工具系统发生了前所未有的进化，使人类的自知创造迈入一个全新的高度。

人类不断递佳地创造信息硬件工具，递进为人－文字系统、人－印刷系统，接着是人－广播系统、人－电影系统，不仅使人类能递佳地、广泛地积累和传播信息、知识、经验、智慧，而且能将递大的社会系统、国家系统联系为一个有"神经"相通的整体；不仅延长了个体的神经和脑，而且将分散的群体成员联系为递大、递佳的自知自组织系统，越来越做到信息及时共享，使个人可以利用群体智慧的成果，群体可以利用个人智慧的成果。特别是当代创造的人－电视系统、互联网系统，使全球布满递佳的传递信息的"神经网络"，变成了一个"小村庄""大电脑"，从个体脑－工具系统逐渐地向全人类脑－工具系统进化，从而为建立人球系统创造了重要的条件。最近，由电脑、投影设备、立体眼镜和传感器组成的虚拟现实等技术的创造和发展，使人类在原人－脑工具系统的基础上又增加了新的创造工具，不仅可以在脑中构想蓝图，而且可以通过虚拟技术看到蓝图，使创造更随意、简便、高效。信息工具的创造先于其他的创造，也比其他的创造更重要。每一次在这方面的重大创造都会带来人类各方面创造的飞跃。

还须指出的是，人类从结绳记事到甲骨文、竹简、兽皮书、纸笔手抄书、雕版印刷、活字印刷、机械印刷、无字印刷到电报、电话、电影、电视、互联网等人－信息硬件工具系统的进化与人—信息软件工具系统的进化是相辅相成的。20世纪40年代，人类创造了部分代脑工具——电脑，这是又一个重要的创造开端。它是硬件和软件结合的人脑－工具系统，极大地扩展了人的智力。电脑的升级发展，以及未来可能创造出的纳米计算机与人脑联结的系统，通过生物工程创造更智慧的人脑等，都将加快人－信息工具系统进化的速度。正在研制中的种种有机电脑与人脑相接的技术，将会把人脑与所创造的对象联为一体，推向更高的智慧层次。

2. 自知地创造人－物质工具系统、新人类、新物种

自知自组织系统的人类不需要等待天性的非知的自调控来慢慢改变自己的物种，更不需要等待环境的促进，而是能根据自知的需要和可能去发明创造种种工具并与工具结合，突破自然赋予的五官、四肢、躯体、内脏等种种功能的限制，创造新我和新环境而不断地进化。

人类改变了必须通过非知的、对象性的调控和创造来进化的自然史。

在人类进化史上，可清晰地看出，每当脑－信息工具系统进化，便会带来物质工

具的大发展。

当人类创造了脑－手语、声语系统，人类开始自知地创造石器，延长了四肢，增强了体力和速度，进化为人－石器系统，同时创建了比群体更大的自知自组织系统原始社群。当人类创造了脑－口语系统时，便进行了石器创造的革命，进化为人－新石器系统，创造了陶器，发展了农业，逐渐定居，并创造了人－部落系统。当人类创造了人－文字、书籍等系统时，便进化为人－铜器、铁器系统，逐渐建立了村镇、城市，创造了更大的自知自组织系统——国家，形成了商业、手工业及政治、宗教、军事中心，大多数人逐渐由奴隶成为受土地和地主束缚的"自由人"，人类性得以递佳地发挥，自知创造力进一步发展，相继出现了东方百家争鸣、西方文艺复兴的盛况。当人类创造了人－印刷系统时，便出现了以牛顿为代表的近代科学，创造了蒸汽机、汽车、轮船、飞机等，形成了人－工业系统，黑奴获得解放。当人类创造了人－电报、电话、电影系统时，人类性获得更大的解放，以爱因斯坦相对论为代表的现代科学和以电子、原子能为代表的现代工业繁荣起来，对象性地揭示宇宙宏观与微观的奥秘，创造了人－原子系统、人－电机系统、人－现代天文工具系统。特别是在创造了人－电脑系统后，人类的人类性和智慧得以进一步的发展，创造了人－卫星系统、人－机器人系统、人－宇航工具系统，登上月球，并向火星进发，把世界变成了一个"小村庄"。当人类创造了人－微电脑系统，进而创造了人类－互联网系统时，初步实现了信息及时同步共享，把世界变成了人类－大电脑系统，人类自知地创造了人－克隆技术系统、人－生物工程系统、人－纳米技术系统、人－机器人－星际工具系统，并开始揭示"人类基因组"的奥秘，运用新的基因疗法。在未来人类必将研创进化所需的新物种以及大智慧的新人类，向着人类性的完全解放、全球一体化、建立人球系统加速迈进。虽然，在开始时某些方面的发展会引起所谓的伦理问题的争论，但伦理是系统协同的道德制约，当系统进化后，新协同的需要便会促进伦理进行相应的改变。正如霍金所说，先是禁止，后来又必然要取消禁止。

人类打破整个生物界通过自调控来逐渐地对象性演进和突变的进程，地球上物种的进化将发生质的变化。人类自己就是"上帝"，可以通过生物遗传工程来创造新物种，还可以通过纳米技术创造新物质。万物都是人递佳调控和创造的对象。自知创造翻开了宇宙史崭新的篇章。

700 万年的历史说明，人类已经并将进一步把整个的自然界作为自己无机的脑、四肢和身体。那种一讲进化，就认为必须是表现在生理性状上的认识是唯生论的演绎。

3. 自知地创造环境，形成人 – 环境系统

环境是产生人的对象，环境又成了人自知地主动地调控和创造的对象。人与环境构成了一个对象圈。

人通过调控不仅能适应和利用环境的物、能、信息，而且更能按照人自知的需要来创造环境，使环境适应自己的需要。人类对环境调控和创造的结果是把洪荒的自然界变成了一个繁荣、美丽、文明的世界，并自知地创造递佳的，包括大气、海洋在内的生态平衡、生境协同系统。早在 150 年前，马克思就指出：

> 人的万能正是表现在他把整个自然界——首先就它是人的直接的生活资料而言，其次就它是人的生命活动的材料、对象和工具而言——变成人的无机的身体。自然界就它本身不是人的身体而言，是人的无机的身体。[①]

整个自然界都是人自知调控和创造的对象，人和自然是 1+1=1 的整体。人创造了世界，世界创造了人，两者互为创造对象。

人不但能自知地调控自己和对象，而且更能根据自知的需要和可能去创造新的对象。今天，布满物质文明和精神文明成果的世界，就是人的对象世界，就是人自知调控和创造的外化和物化。它就是人类自知对象性创造的表现、发展和印证。人创造了世界，世界也创造了人，两者互为创造的对象，构成了今天的世界的现实。

4. 自知地创造递佳、递大的比人更聪明和有力量的自知自组织系统

系统功能是部分相加之和的层次或代的飞跃。创造高一级的系统，是"进化的进化"。人类总是自知地创造递佳递大自组织系统。递大自知自组织系统是人 – 社会系统、人 – 信息工具系统、人 – 物质工具系统、人 – 生境系统等整体的组合。

① 《1844 年经济学哲学手稿》，第 49 页。

前面谈到随着人－信息工具系统、人－物质工具系统的进化，人类不断地创造相应的递大、递佳的自知自组织系统，从原始的群体系统到部落、国家，再到今天人类自知建立的联合国，并正在向创造人－球系统迈进。天促物进、系统调控、对象组合、多维协同，是进化的动力和法则，递大、递佳自知自组织系统的进化，正是这一动力和原则的体现和结果。

部落、社会、国家等称谓，一般只注意到群体关系的升级，忽视了人已不是自然人，而是人－创造对象系统，即人－信息工具系统、人－物质工具系统、人－生境系统等的组合和协同。用通常的话来说这类的称谓忽视了递大、递佳的自知自组织系统，即人类须臾不能相离的自知创造的种种文明、物质工具、生态环境、生境系统等，它们是单纯的人类群体系统所不能概括的。

递佳、递大是指，自知自组织系统的范围由小到大，种种组因越来越进化，调控与协同的程度由低到高，人类性的发挥越来越充分和自由。其中人类性的越来越充分地发挥和发展，是各种因素进化之果，又是促进各种组因进化之因，它是递佳、递大的集中体现。

递佳、递大自知自组织系统的调控的主要特点是自知，自知是自知自组织系统的关键，大自知自组织系统的调控是在对社会对象性认识的基础上来进行的。而对社会的认识是要受社会中的人－信息工具系统、人－物质工具系统进化的状态，以及由此形成的派别、民众的系统状态的支持和限制的。一般递大自知自组织系统的自知调控是通过领导机构、政府来进行的，而领导机构、政府又是通过领导个人或领导集体的指令来进行的。虽然他们的决策要受当时的递大系统进化程度的制约，但，人是自知自组织系统，自知可以使人进化，也可使人异化，领导集团自知的目标和决策，会促成人类性的解放或压制人类性的发挥。

人类性既受到大自知自组织系统对象性调控的限制，又随着递佳、递大自知自组织系统的调控和进化而获得不断的发挥和发展，人类的自知创造也随之由低到高、由少到多、由简单到复杂地不断地施展和发展[①]。人类性有着无限发展的时空，正如马克思所说："自由自觉的活动恰恰就是人类的特性。"当国家、民族、人－工具系统等的

① 《对象学——大爆炸与哲学的振兴》，第202—222页。

差别消失，人类将创造一个宇宙的第五代人球系统时，人类性的发挥和发展才能进入相对自觉和自由的时代。那时人类的自知创造将获得空前的发挥和发展。

世界到了人类普遍地——即几乎是每个人的人类性都能得到无限施展和发展，人人都能同等自由地与人类创造的对象结合为系统的时候，人类的对象和对象世界将呈几何级数加速度地扩展，人类才能真正进入递自由地认识、控制、利用、创造对象的阶段。那时人人都将创造世上尚无、进化所需的对象系统作为第一需要。创造成为一种需要的满足，而不是为了达到创造之外目的的手段。为自己也就是为人球，为人球也就是为自己。世界的文明将高速地持续地发展，人类将变成比现代人智慧千百倍的新人类，国家、法律、道德等均成为过时的东西。那时人球系统将获得高度的自知的发展，处处都是美的，人人都是美的。

补　遗

提起创造，人类总是以自己为参考系，认为只有事先有目标和计划、满足人类所需、从无到有的飞跃的活动才能称得上是创造。这只是宇宙第四代自知自组织系统人类对创造的某种对象性理解。然而，在人类自知创造之前，宇宙早已在进行从无到有的飞跃的创造，只不过它是非知的，或者说它是自在进行的，它事先并无自知的目标和计划。宇宙的第四代人类之所以能对宇宙的这种非知的创造进行观察和研究，正在于我们生存于其上的宇宙它能这样非知地自在地进行创造，它恰巧具有这种非知的本领和功能，因为它是以整套的精确的系统工程数据来进行自调控的。所以，虽然对创造可以有许多种不同的对象性理解，但由于宇宙的进化统率万象，故而对创造的正确界定应是三条：（1）世上尚无；（2）进化所需；（3）形成的是一个新系统。

创造时代轰轰烈烈地来临，许多发达国家都敏锐地意识到它强大的革命威力。学者们高呼创造是"未来繁荣的发动机""革新是经济增长之本""空前的创造高潮已经到来""在21世纪的经济中，能给我们带来我们所需要的那种快速增长的是革新，而不是节俭和预算盈余，各种证据都表明支持革新的政策会带来很高的收益""我们处在技术迅猛发展的起始阶段""大量的发明创造以及由此引起的增长速度的加快，可能使21世纪一些令人烦恼的社会和环境问题变得容易得多"……各国竞相将创造的投资作为最主要的投资，把创造、创新当作兴国之本。

创造作为人类的标志和历史的火车头，从来没有像现在这样突显出来。只有创造才能走在时代的前列，只有创造才能推动历史的发展，只有创造才能促进人类的进化。创造时代就是要以自知创造开路，带动一切滚滚向前。

五、人类性的解放：
宇宙第五代人球自组织系统诞生的前提

人类刚从动物分化出来时，人类性是非常微弱的，受到自然和社会巨大的限制，但又具有突破历史和环境限制的创造性。局限性和创造性、束缚和突破，构成了人的人类性发展的动力和过程。随着历史的进步，人类性逐步解放、发挥和发展，显示出越来越大的威力。今天已创造了一个空前繁荣的世界和文明的人类，正在创造一个宇宙的第五代人类－地球系统。世界上种种对象按照人类的尺度呈现于人类的面前，又日益按照人类的尺度在不断地被创造变化。随着人类性的不断解放和施展，人类的对象和对象世界在不断地扩大和优化。未来更美好的阶段，是人类性获得彻底的解放。正如马克思所说：

自由自觉的活动恰恰就是人类的特性。

发挥和发展人类性是人类天然的要求，是超过一切的第一需要。人的超万物的类性受到束缚，达到一定的程度，对象就会变为非对象，对象世界就会异化为非对象世界，人就会变异为非人，就会感到被压抑和侮辱，就会忧郁、痛苦、激愤，这是人生最大的不幸。只有人类性得到解放，能自由地施展和发展，人才会感到作为人的尊严和自豪，才会感到作为人对象性生活的幸福和愉悦，才能印证和实现自己作为人——自知自组织系统的力量和作用，因为只有这样的人才是真善美的，才是真正名副其实的自知自组织系统。人是推动大、小自知自组织系统发展的第一位重要和活跃的因素，只有那些充分发挥和发展了人类性的人们，才是促进和带动人类个体和大自知自组织系统发展的动力。

人类性都受到哪些限制？人类性如何才能解放？人类性解放后会起到哪些作用呢？

1. 人类性都受到哪些限制

人类性的限制，不仅使人不能真正成为人，生活痛苦，内心忧郁，而且使人不能充分发挥宇宙第四代的作用和功能，去进行自知的创造，促进进化。

700万年来，人类性的发挥和发展都受到哪些限制和束缚呢？

（1）自然的限制

自然分两个方面，一是，人就是自然的一部分，人就属于自然；二是，人以外的自然。

人的脑、五官、四肢、内脏等等，是人之所以成为宇宙第四代不可缺的组成，是人之所以能发挥人类性进行创造的生理基础，但也正是限制人的"自然"对象。人的脑能进行递佳的、自知的信息加工、创造活动，但它又是有限的。同样，人的四肢、躯体等能物化脑创造的信息，但它也是有限的，缺少理想的力量、功能、灵活性等，其他方面亦如此，受到自然的限制。人以外的自然也是限制人类性发挥和发展的对象。

人之外的对象提供人类信息和物能，但也是束缚人类性发挥和发展的障碍。例如，时间、空间，就限制了人类性，太古之人想了解海洋彼岸的事情，但却没有渡海的工具；今天的人想了解太古时代的事情，但却隔着时间的鸿沟。事物的本质和规律总是隐藏在现象的背后，揭示就遇到许多障碍。人的自身自然和对象自然的限制，以及对这些限制的突破，正构成了人类性得以不断发挥和发展的现实和过程。

（2）不同时代人－工具系统的层次和普及程度的限制

人的进化是靠与自己创造对象结合为系统而实现的。人类之初人脑是自然状态的产物，没有与任何创造工具结合，人只能以自己自然的五官来直观地感觉和认识世界。信息流带动物能流，对宇宙第四代自知自组织系统的人类来说，首要的是信息工具，通过自知的创造，递佳地形成了人－声语系统、人－手语系统、人－口语系统，从而不仅使人类有了明确表达和传播信息的统一工具，而且能有效地进行自知活动，促进和发挥创造性、物化性、群体性和个性化类性。

人－信息工具系统的发展是一个由少到多、由低到高、由粗到精的过程，除语言外还不断发展了知识、观念、方法等工具，人－信息工具系统是人与其创造对象相结合的系统中的前导系统。每一阶段的人－信息工具系统的层次、种类的进化和普及，都能拓展人类性施展和发展的天地。

形成了人－语言工具系统后，信息工具的升级和人类的进化大致可分为四个时期。

①　人类之初的人－经验系统时期。建立了人－语言工具系统后的较长时间，人类虽然摆脱了朦胧自知期，但仍只能积累、运用和传播直觉经验，较长时期停留在人－经验工具系统状态，限制和阻碍了人类揭示事物的本质和规律。

②　人－知识系统时期。后来，人类创造了能更方便传递信息的印刷术，进入创造、运用和积累知识时代，逐渐形成递佳的人－知识系统，谁能与最新最多的知识结合为系统，谁就能创造新的工具，促进进化。培根从而提出了知识就是力量的信条。17世纪后人类的知识加速发展。20世纪40年代，创造和掌握不断迅猛发展的知识的新需要促成了电脑的诞生。但由于体积巨大、难以设置，未能普及，知识时代一直延续到20世纪80年代。

③　人－信息系统时期。由于人类的创造越来越快，仅仅掌握既有的知识已不能跟上时代的需要，如何及时吸取新创造的信息才是时代面临的问题。20世纪80年代，能快速运算、大量贮存信息的微型电脑的诞生和普及，使人类进入人－信息系统时代。谁掌握的信息越多、越快、越新，谁就能走在时代的前沿，不断进行新的创造。

④　人－创造系统时期。20世纪末，人类的创造日新月异，人－互联网工具系统的创造和普及，使信息开始实现共享，普遍利用、及时掌握全球的新信息已不是问题，而能否运用信息来创造才是关键。创造越来越普及，速率越来越加快，人类由信息时代进入创造时代。创造、创新成为压倒一切的使命，只有不断进行创造，才能不断与

新创造对象结合而不断进化，持续走在时代的前沿。自知创造已成为人类自知地带动一切的火车头。

从某种意义来说，人－工具系统的创造和发展史也正是人类突破自身限制和束缚的进化史。

（3）不同层次的人－群体系统、人－社会系统、人－国家系统的限制

人的进化集中地表现在人创造的人－群体、人－社会、人－国家等递佳、递大自知自组织系统的发展上（简称大自知自组织系统）。它是群体－生境系统向宇宙第五代人－球系统迈进的过程。

系统的功能是部分之和的突变。递佳、递大自知自组织系统将人组织成越来越高级有序的自知自组织系统，是人类进化的必需和必然。

建立在不同层次的人－工具系统和人－生境系统基础上的人－递佳、递大自知自组织系统，只能具有相应的进化层次。不同阶段的递大、递佳自知自组织系统对人类性的发挥和发展既具有相应的递佳的推动作用，又具有相应的不同程度的阻碍限制作用。人类性就是在不同阶段的大自知自组织系统的推动和限制下，不断突破障碍和束缚而发展的。

人类的生存和进化必须获取负熵。不同阶段的大自知自组织系统将人－工具系统和人－生境系统组织起来，能有利于获取更多的负熵。但人类性除受到自然的压制外，还受到人的压制。蛮荒时代，创造和生产对象的能力很低，原始人－部落大自知自组织系统，将敌人作为食物来源。后来随着人－口语系统和人－石器系统的发展，人－递大自知自组织系统逐渐进化，组织起来狩猎、生产，向奴隶社会过渡，工具虽然有了新的创造和发展，但效力仍很低下，从人吃人变为人将人作为获取负熵的工具，形成了奴隶主－奴隶工具系统。这是人类性受到人－社会系统束缚和扼杀最严重的时代。那时一方面广大的奴隶失去了人的自由，因而失去了发挥和发展人类性的可能；另一方面"自由"的奴隶主的人类性也已异化，成为剥夺和扼杀人类性的反人类性，反人类性成为他们扭曲的快乐和追求。他们人类性的扭曲的发挥和发展，不仅是以绝大多数人的人类性乃至生命被剥夺和扼杀为代价的，而且还是以扼杀和限制社会反馈为代价的。后来随着大自知自组织系统的进化，逐渐演进为剥削者－剥削对象系统、统治

者 - 被统治工具对象系统等。这是一个漫长的进化过程。

能进行自知调控是大自知自组织系统的特点，大自知自组织系统的调控是在对社会对象性认识的基础上来进行的，而对社会的认识是要受社会中的人 - 工具系统、人 - 生境系统进化的状态的支持和限制的。一般递大自知自组织系统的自知调控是通过领导机构、政府来进行的；而领导机构、政府又是通过领导个人或领导集体的指令来进行的（在有的国家，这些指令要受党派和民众的制约）。一般来说领导人对大系统的控制难以超越人 - 工具系统和人 - 生境系统的现状。自知是人类高于第二代、第三代的类性，但扭曲的自知会阻碍进化，例如独裁专制就会扼杀人类性，破坏人 - 工具系统和人 - 生境系统。领导人对大自知自组织系统的调控的正确与否、优劣的程度的确能相应地解放或扼杀人类性，促进或促退大系统的进化。和所有的具有信息功能的系统一样，进化不只是靠控制，还要靠反馈。一个航行的船如果没有反馈机制，就会被打翻或触礁。递佳、递大自组织系统与生物系统一样，必须有正反馈和负反馈，才能不断进化。一个大自知自组织系统的领导，如果搞一言堂，只允许有正反馈不许有负反馈，听不得反面意见，畏民意，封锁消息，"一条道走到黑"，就必会走向自毙。几千年的人类史说明，从独裁到民主，从扼杀到解放，从奴役到自由，是递佳、递大自知自组织系统逐步进化的必经之途。

既往各个阶段的递佳、递大自知自组织系统，在建立时，均是因解放大众的人类性，因而得以成功开始；因束缚发展了的人类性，最后被新的更佳的大自知自组织系统代替而告终。在这一过程的开始有部分人幸运地获得机遇与前沿层次的工具结合为先进的人 - 工具系统，能较佳地发挥和发展人类性，进行创造，推动进化。在过程的后期，由于人类性束缚的日益加重，也激发了一部分人勇敢地突破限制，发挥和发展人类性去改变现实，创造更佳的大自知自组织系统。递佳、递大自知自组织系统的这一进化过程，实际上正是逐步降低人类性被摧残、扼杀的程度的一种手段和途径，达到的效果则是逐步解放人类性，促进大自知自组织系统的演进，使越来越多的人的人类性越来越得到自由地施展和发展，向着完全解放人类性、建立宇宙第五代人 - 球系统迈进。

2. 人类性怎样才能完全解放

人类作为一个大的自知自组织系统，通过自知调控不断上升和进化是历史的必然，束缚和压制人类性或促进和解放人类性，是破坏历史必然和促进历史必然的分水岭。群体性亦称社会性，今天随着人－球系统的逐渐形成，正向着人球化类性发展；也就是说万物之灵的个体的群体性，正在发展为以人球为目标和对象的高度，亦即以人－球系统的全体、个体的对象和目标的高度。以个别个体或少数人局部的利益、目标和对象为转移而对绝大多数人的人类性进行压制和打击的反人类性，必将遭到飞速进化的人－创造系统的反对和抵制，在日益发展的大系统的自控自调之中被淘汰。

这一趋势还有待于以下几方面进化的必然。或者说人类性彻底解放除递大自知自组织系统的调控外，还必须基于以下几方面的进化。

（1）人－工具系统和人－生境系统是人－社会、国家系统的基础，人类性的解放必然有待于人－工具系统和人－生境系统的高度发达。

以 20 世纪 40 年代大工业为分界，之前可称作体力解放时代，人类除了创造一些思维软件工具外，以主要的时间和精力创造了大量代替体力劳动的工具；之后，人类开始创造智力工具——电脑，人类进入了智力解放的时代。用电脑代替计算、代替翻译、代替记忆……每秒计算亿万次的、不知疲倦、基本准确的电脑，使人－信息工具系统飞速地进化。仅以电脑本身的进化来说，60~70 年代是大型机的时代，70~80 年代是工作站的时代，80~90 年代是个人计算机逐渐普及的时代。专家们预计个人计算机群即将成为潮流，超级计算机将进入寻常百姓家庭。21 世纪，计算机将进行一个接一个的革命，例如比现有电脑快 10 亿倍的量子计算机，不需要导线、每秒互联数接近人脑的光脑，只有数百个原子大的纳米计算机等将蜂拥问世。特别是能植入人脑的芯片的研制，将会是一场信息硬件和软件系统并行的革命：一是能直接提高人脑思维能力；二是可以将一些信息输入芯片，使人的记忆发生突变，百科全书在脑，现代科学方法俱备，从而可以代替今天某些艰难的学习。特别是人脑－芯片系统可以与互联网对接，则随时随地都可寻找到自己所需信息。人则可以腾出时间和精力用于创造，将既有的信息碰击加工为新信息、新工具和新事物。据悉这种人机对接方面的研究，以色列、英国等国家的科学家都在积极地进行。

　　世界将进入隐含计算的时代。计算无处不在，每样东西都可能嵌入人－智能系统。人－信息工具系统的飞速进化为解放人类性创造了极为重要的条件。过去的少数人占有信息、控制信息、发号施令的金字塔式的社会，将被信息共享、人人都是平等自由的动态网点的网络式社会所代替，人人都可以即时地获得他必需的有关信息，并发挥自己对信息进行自知加工和物化等人类性，创造人球所需、世上尚无的信息和事物，促进递大的人－自知自系统的进化。借用一个日本专家的话，一个将自己的各方面的发展建立在智能系统发展基础上的人和国家必将具有前沿进化的速度和魅力。

　　人类性的解放还有待于提高人类的健康水平，优化食物的结构和来源等，这些都有待于生物工程的大步跨进。克隆技术仅仅是开始，正在竞相研制的转基因的农作物不仅具有前所未有的抵抗恶劣天气和病虫害的能力，而且能翻倍地提高产量，使人类的食物来源和供给发生革命性变化。同样，转基因动物不仅能长得硕大，而且其乳和肉能按人的需要设计和形成种种相应的医疗功能，且不会有副作用。特别是破译基因组后，将研制的基因注入人体内，能从根本上治疗和铲除种种疾病，从而使人类的健康和体质得到空前的保证和提高。生物工程的发展使人类能自知地按人球进化的需要和人类食物结构的需要而创造新的动物物种，它们富有营养，便于饲养、种植，产量高。不仅能为人类提供新的食物源，而且可以根据生境系统的协同需要而创造和扩大某些新的物种，使人类可以在递佳的生境系统中集中智慧和精力去发挥和发展人类性。

　　纳米技术的突破性进展，使人类将能像"上帝"一样在原子水平上创造新物质和新物质工具。例如，把传感器、电机和微数字智能设备集中在同一硅片上的价格低廉的微型电机系统"将取代计算机硬件、汽车引擎、工厂装配线和其他许多生产上较为昂贵部件"。微型化和分子电子装置将引发一场令人瞩目的大规模的物质工具创造变革。微型技术的创造有着不可估量的广阔前景，今天仅仅是开始，能疏通血管的机器人、手掌雷达、昆虫大小的侦察机已令人目不暇接。它将使人－工具系统爆发史无前例的革命，使人－工具系统变得更为方便快捷，有利于普及和应用，而且能做许多今天不能做的事情，创造今天尚无法想象的对象，从而使人类的创造性、物化性等等类性的解放获得有力的物质保障。

　　人类根据自知对象性需要，通过生物工程创造新的大智慧人类。新人类的脑和体质发生革命性的进化。与光脑、生物芯片、智能机器人等工具结合而形成的普及性的大智慧人－工具系统，能超越现代人的水平发挥和发展人类性：首先自控水平发生突破性的进展，能科学地支配自己的智慧、时间、精力，脑中的神经网络与意识桥四通八达，电脉冲高速运行，潜意识与显意识高效协同，场化信息极大丰富，场效应随意进行，思场流的控制进入自由王国，能连续攀登高峰，将风马牛不相及的信息全部调动起来，顺利地进行目标性的创造发明，事事都能出现顿悟，时时都会产生灵感；其次还能通过与强健的体魄和灵巧的四肢结合的新物质工具系统，将创造的信息外化、物化为新事物。自控水平和智慧的突破性进展，使个人与群体无间地协同，个性化也必将得到充分的发挥和发展。

人－生境系统的进化也是一个解放人类性的过程：从开始的非知到自知，到递佳、递高级的控制；从对动物、植物滥用滥食，到养、植，再到改良，到今天则是保护和发展生境系统的平衡。生境系统的进化为人类性的发挥和发展，一步步消除障碍，拓展更广阔的天地；而人类性的发挥和发展，又能创造更新的人－生境系统。两者互为促进的因果。

任何方面的进化都将最终促进人类性的解放。

（2）人－球系统的"神经"——联网无所不到、无所不及，使人人都能成为人－联网系统的一员，信息共享，及时利用人类的所有智慧和创造，从而能充分地发挥和发展人类性去生存和创造。

如果说人－工具系统是人－球的细胞，那么联网就是人球系统密布的神经。在指日可待的时日，全球将普遍建立起多媒体视、听、翻译全面结合，打破时、空、语言和其他障碍因素的联网系统；加以纳米技术的发展和应用，高速无线传输的方式与卫星结合，不仅使联网高效发达、轻便灵活，而且通信费用几乎可降为零，人人都能建立和运用前沿的人－工具系统，空前的普及和自知地协同，使信息及时全面的共享将真正成为现实。日本的索尼公司总裁说："联网就像是一次小行星撞地球"。不进化者都死去，而哺乳动物却发展起来，最终导致人类的诞生。联网和高度进化的智能系统最终将促成高度自觉系统调控、多维协同的宇宙第五代的诞生。那时，才能真正做到"每个人的自由发展是一切人的自由发展的条件"，自由地发挥和发展人类性成为普遍的事实。人人都能自由使用全球创造的所有信息，全球都能充分调动人人的智慧和创造。人类性从而最后突破束缚的临界线，上升到递自由地发挥和发展的阶段。

（3）人球系统建成。

人－智能工具系统和人－物质工具系统、人类－联网系统的高度发达和普及，以及人脑－微型芯片系统与无线联网的对接，人类－生境系统的完善和发展等等，不仅使世界消除了贫困和差别、剥削和压迫，而且使人人都成为大智慧者，人类之间高度有序地协同。信息全球化、创造全球化、资金全球化、资源全球化、价格全球化、生境全球化，人－社会系统因发展到顶峰而消失，世界走向制度、思想、经济、物质、道德、法律等全面一体化，或者说道德、法律、社会制度等已成为过时的东西。国家消亡，联合为一个统一的世界组织——人－球系统的控制中心，统一地、充分地调动全球的人、物、能、资源。

科学已经并将进一步揭示宇宙进化的规律、人类的未来、人类在宇宙中的地位和作用。全球具有共同的价值标准，即以是否有利于宇宙第五代人球的进化以及向太阳系的其他星球进发，走出太阳系，向着创造更大更佳的自组织系统宇宙的第五代前进为标准。人人把发挥和发展人类性作为第一需要和快乐。为自己就是为人球的进化；为人球的进化也就是为自己。人为地扼杀和阻碍人类性的发挥和发展，已成为过去。人类性得到空前的解放。

3. 人类性解放后会起何种作用

从人类诞生起，宇宙便揭开了自知创造的新篇章。但由于人类性的解放是个漫长的过程，人类并未能充分实现自己在宇宙中的地位和价值。只有等到人球系统建成，人类性彻底地解放，人类才能自觉地、全面地真正实现其在宇宙进化中的地位和价值。到那时：

（1）人人才能普遍自由地、愉快地开发和科学地控制内对象，走在时代的前沿，与最佳最适工具紧密地结合为先进的系统。人－智能工具系统、人－机器人系统、人－新生物系统等系统的自知控制是由人来进行的，人是系统的控制者。高度发达的系统，使人的人类性日益显现出其重要的地位和作用，不须再做智能工具和机器人能做的工作，而是发挥自知的创造性和物化性等人类性去不断创造和发展工具、机器人、新生物等，不仅能充分发挥人－工具系统、人－机器人系统等的作用，而且在这一基础上将不断空前地创造开发星际的新系统，推动人球的进化。

（2）人类性的自由充分的解放，使人类告别信息时代进入自觉创造时代。人人都将实际地成为信息对象的主人、万般对象的主人、自身对象的主人，自觉地认识到自己在大自知自组织系统以及宇宙进化中的地位和作用，把自己看成是历史动态网络中的一个"接力赛"的网点，能在我之外测量我，把握宇宙的我、历史的我、现实的我，对自我进行最佳的控制和反馈。人人都能与前沿性的对象结合为人－智能系统、人－物能系统、人－机器人系统，充分发挥系统的潜力去进行自觉的创造。

由于发挥和发展自知性、创造性、物化性、群体性和个性等人类性的个人活动势序，是与人类大系统的自组织以及宇宙进化的动势序是一致的，其活动不是为了另一目标而运转，不是为不得已的目标所控制和支配，实践和目标是一致的，在活动中不是否定自己，而是肯定自己。人自知地认识到自己智慧的力量、生命的意义，把发挥和发展自己的人类性进行创造和物化等活动，作为人生的第一需要；自觉地寻找和建立最适合自己个性发挥和发展的人类性的目标，把前人的终点作为起点，人人都能吸取全球前沿成果，站在大自知自组织系统人球的高度，具有高目标、高心态、高功能，不断提出时代前沿课题，在高层次的对象和对象世界中驰骋。一心追求真善美，而无须顾虑其他，思场流的控制钮能因需要而随意地扳动，脑子里的神经网络自由而畅通，不断爆发灵感，摆脱旧的观念的束缚，越过逻辑的桥梁，突破怪圈，创造出世上尚无、进化所需的物、能、信息对象。由过去只有少数人能偶然进行创造到人们能普遍经常进行创造；从某些领域发展到所有的领域齐头并进，引起一次又一次的创造革命；由以前只能总结过去，到能掌握现在，逐步递佳地预测和控制未来。人球系统的进化将时新日异，成几何级数增长发展。

（3）世界到了人类普遍地——即几乎是每个人的人类性都能自由地施展和进化时，不再受到人为的即社会的束缚，从根本上消除内耗和冲突，人间充满着和谐、协同和爱。国家消失，全球形成一个有效的统一的系统中心，进行网络化管理，实现高效的、畅通的控制和反馈，充分地调动人球系统的一切潜力，不断突破自然的对象性，创造越来越美、越进化的人、事物、环境。信息网络像神经一样遍布全球，人们在信息平台上，将能方便、迅速、准确、随意地寻找对象性信息。每个人都是信息网络的创造者又是信息网络的受益者，全球的信息都可为其对象性地利用。世界的文明将加速地、持续地发展，人类将变成比现代人智慧和健美千百倍的新人类，自知地、持续地向星际进军，并将逐步创造更大更进化的自知自组织系统——人–星际系统，促进宇宙自知演进。

补 遗

传授知识的教育，不懂得人类的标志是创造，自知的创造才是人类进化的原动力；不懂得知识是为创造而服务的，填满知识的头脑就会被知识所束缚，从而扼杀创造。只有第四代人类才有自知创造的对象性，它是在先祖探索的本能、学习的本能基础上发展起来的。

世界正走向一体化，建立人球系统。首先是解放人类性，使人成为真正的人，人的对象成为真正人的对象。创造是人类的标志，目标是促进人的创造、加速创造，创造就是进化的火车头。进化就是创造，宇宙第二代、第三代都是如此。只不过人类是自知创造，而前三者是非知创造。

美国国家高性能计算机中心主任丹尼尔·里德教授认为：20世纪60~70年代是大型机的时代，70~80年代是工作站的时代，80~90年代是个人计算机时代，90年代是互联网时代，21世纪是隐含计算的时代。

人看不到的光线、听不到的声音太多了，这似乎是缺陷，但这也正是需要。试想如果人什么光线都能看见，什么声音都能听见，那耳朵和眼睛就会受不了，不仅是一个混乱可怕的丑陋世界，而且是一个根本不可能生成感性的对象世界。人的五官正好组成了一个适合人需要的对象信息输入系统，它正好适应人生存和发展的需要，已足以输入其生存和进化需要的种种对象信息。人正是以此生活在他能够和适合对象性生活的宇宙度。

世界是按照不同动物的宇宙度对象性地呈现在它们的面前，它们均对象性地生活在各自宇宙度的感性的对象世界中。但是在宇宙度方面，万物之灵的人类除了和其他动物有相似之处外，还与它们有着根本的区别。人虽然感受不到其宇宙度之外的信息载体所承载的信息，但人能突破自然感觉器官限制的宇宙度，创造无机的感觉器官，来收集眼、耳、鼻、四肢等感觉器官所输入不了的信息。

自觉与自知相比较：前者是前馈，后者是后馈；对前者来说，进化是普遍的、自觉的目标，不断创立新的自觉的目标，实现进化；后者只自知地去获取负熵，进行创造，但并不知道这是进化的需要和手段。

六、宇宙辉煌的未来——5 万年后人类的后代将遍及 1250 亿个星系

人们总是生活在正在消失的现在和即将到来的未来之中。处在现在和未来交接中的自知自组织系统的人类，总是不断回忆和总结过去，努力预测和展望未来。但不论是现在的回忆还是现在的努力，都是为了未来。所以，人们总把预测和展望未来作为生活的方向、动力和精神的支柱。远古时代，人们对自然一无所知或知之甚少，希望能通过求神和算卦来预知未来，后来随着科学和社会的进步，特别是现代，人类建立了未来学预测未来。

前面已经谈及作为宇宙第四代自知自组织系统的人类，将进化为宇宙的第五代自觉自组织人－球系统。那么，人－球系统未来会怎样呢？这也许是人人都关心的一个重要的问题。

对未来的展望，今天已具有许多有利的条件。

一是，已知的宇宙进化的过程，使我们能有一些依据去推测未来。

宇宙万物都是对象性的，进化是进化的进化，亦即对象性、对象等的进化。宇宙母系统的进化，是系统工程调控的对象性所促成的。第二代物能系统的进化表现在：对象性地寻找、识别、结合对象而上升为新的更高层次的新系统。第三代生物的进化

的进化表现在：以本能为指向、信息为前导，对象性地寻找、识别、吸纳对象，经过主动的努力改变自身，由渐进而突变，演进为新物种。第四代人类的进化的进化表现在：自知地对象性地寻找、识别、吸纳、创造和物化对象性的信息，与物化的信息结合为一个更高层次的系统而进化。宇宙第四代人类的诞生，是宇宙进化史上划时代的大事。以此为分界，宇宙由非知的创造开始能进行自知创造。但这仅仅是开始，随着第五代、第六代……的进化，宇宙的自知创造将日益飞速地发展。换而言之，对未来的预测，是可以也需要建立在已知的宇宙进化的历史和进程上的。

二是，今天科学对宇宙和种种对象本质、发展过程和规律的揭示，提供给我们许多预测未来的依据。

例如，霍金曾发表这样的看法：

在未来100年（即21世纪）甚至在未来20年，我们也许会发现一个关于宇宙基本规律的完整理论（即所谓的"大统一理论"），但是，在这些规律下，我们可以建立的生物或电子系统之复杂性，是无限的。[①]

"大统一理论"应是哲学、相对论、量子论、生物学、宇宙学、进化论、横断科学、人类学等等相结合的产物。大统一理论已近在咫尺。基础理论的飞跃，为预测未来创造了可依的根据。此外，工具正以超预料的速度进化。新型计算机研究和生物工程对创造新人类的作用、纳米技术的进步等以及许多尚不知的未来科学技术，包括与外星球超时空联系的研究等等，均提供了对第五代进化可能性预测的依据。

三是，对进化加速度的预期。

宇宙从大爆炸伊始就在进化，但经历了110亿年左右，第二代才进化为第三代，又经过了约38亿年，第三代才进化为第四代人类，人类经过700万年，即将进化为第五代人–球系统。700万年里人类进化的速度更呈加速之势。开始是以几百万、百万年一次为进化的速率，后来是千年一次，再后是百年、十年一次，现在已是五年一次，并正向一年一次和更快的速率进展。依此速度来预测，未来则会呈几何级数加速进化。在展望未来时不可用现在的速率，更不可用过去的速率，那将大错而特错。

---

① 《发明与革新》，2000年5月，第32页。

对人类未来的预测除了建立在以上实际的依据上，也建立在迫切的需要上。今天宇宙的第四代人类，正面临着许多挑战和压力。

一是，要与本星球的寿命竞赛。

有关研究人员指出：自从 1670 年以来，地球磁场已减弱了 15%。再过大约 2000 年，地球的磁场可能消失。太阳已存在 45 亿年，据测算还可能存在 50 亿年，它的生命后期，所能供给的阳光和热能越来越少。人类必须抢在可能发生的大灾难前迁居到别的安全适宜的星球上去，未来应努力寻找这些星球，创造搬迁的通道和技术。

二是，要与不断进化的科学技术竞赛。

科学技术的发展，使工具越来越进化，随着人工智能的创造和运用，计算机向人的智慧进行挑战的日子已经来临。人类必须比计算机智慧，才能创造、运用、支配智力工具，否则将被机器远远抛在后面。同时，机器人的进步，也是对人类的一个挑战。最近，可以自行设计、自行换代的机器人初步研制成功。虽然这是较为简单的、原始的类型，但可以预期在 100 年后，将会有不需要电源的模拟人类智能和创造力的机器人问世。[①] 它逼迫人类必须走在前面，在智慧和体力上要超越一切可能出现的高级机器人。如果人类进化的速度不能革命性地加速，就可能像有的科幻小说描绘的那样，被自己创造的机器人打败和控制。

三是，生物工程技术和纳米技术等高度发展后，如果得不到高效的控制，则可能发生滥用的现象，导致人造物种大泛滥，新技术灾害横行。

实际的可能和迫切的需要，两者的结合便是以下对未来进化预测的依据。

（1）150 年后人－球系统建立，人类性得到完全的解放，创造力空前地发展，工具必将高度发达，人类创造新的物种，生物工程解决了人类的营养和保健；人类创造新物质解决了人类的各种工具的普及，缩小时空的距离。

人－球系统的建成，将是宇宙星际史上的一件大事，它突破了自知自组织系统仅限于人类的范围，而能由各种存在物——物能自系统、非知自系统与自知自系统共同组成，从而成为宇宙的第五代——一个以星球为单位的自觉自组织系统，也就是说人

---

① 美国 IBM 公司瑞士苏黎世实验室与瑞士巴塞尔大学的科学家正在研究利用 DNA 的结构特性为微型机器人提供动力的新方法。利用这一方法可能制造出不用电池的新一代机器人。

球将以新的自知自组织系统的面貌与其他星球、星系发生对象性关系，其创造力将空前爆发。

人－球系统的建成，使宇宙开始进入自觉创造的阶段。对未来的预期首先应是对能进行自知创造的人类进化的预期。过去人类的进化，是通过创造促进人－工具系统的进化。而今后在不远的未来的某个时期，重点将是通过对人自身的创造而进化。可以预期，在150年左右人类便将进化为大智慧的新人类。这可从几个方面来预测。

一是，人脑－工具系统将发生质的飞跃。

人类生下来后，首先要成为各种必须的人－工具系统，并成为人类－社会、生境系统协同的和促进协同发展的个体。也就是说需要一个较长的成长为合格当代人的阶段，并非一蹴而就。如何通过对象性的创造，缩短这个过程，对未来人类的进化是至关重要的。

人的诞生在生理上要重演38亿年从大分子进化为人类的过程，人生下来后也要重演精神软件进化上的过程。从只会直观地观察到牙牙学语，从不会识字到识字，从只会模仿到会总结经验，从学习知识到能进行独立的自知创造，都重演了人类进化的过程。虽然这一过程并不那样典型，但也基本类似。个体只有通过重演达到人类的前沿，才能在人类以后的进化中起到作用。进化不能只从还原到最初的分子来考察，也不能只从既有系统来研究，只有时空质连续统的认识方法才能真正描述对象的发展和进化。还原论和静止的系统论均是陈旧的、残缺的方法。

人诞生的生理重演不是从精子卵子开始，而是重复了38亿年生物进化的历史，即大分子如何集结为蛋白质和核酸，形成单细胞生物，进化为两性细胞（精子、卵子），再进化为多细胞生物、鱼类、兽类、灵长类、人类。虽然并不全面和细致，但其中的一些细节，如，从有鳃到无鳃、有尾到无尾等均有表现。38亿年能压缩在一年左右的时间里，那么未来人类几千年的文明发展史在人的成长中是否也能不再需要几十年，而能压缩在一两年，或者更短的时间，如几个小时内便可完成呢？随着科技的发展，这完全可能做到。

现在的电脑与人脑相比还有很大的差距，霍金认为电脑的复杂性还不抵一个蚯蚓的头脑。这是不足为奇的。如前所述，脑是一个共时性的思维场，人思维时脑中贮存的所有潜信息，不是先后而是同时支持或干扰显意识。而现有的电脑，却做不到诸种信息共时性起作用。人类正在着手解决如何模拟人脑思维场共时性处理信息的特点，仅就正在研究的几种计算机来看，便可以预期，在 21 世纪中叶这方面就将有重大的突破。例如，比电脑运算速度快 10 亿倍的、能进行可逆性操作的量子计算机，接近人脑能并行处理大量数据、系统互联数和每秒互联数高于电脑 500 倍的光子计算机，以及体积不过数百个原子大小、能量却远远大于电脑、几乎不需要能源的纳米计算机等都已初露端倪。

特别值得注意的是正在大力研制的能植入人脑的生物计算机。这种计算机是通过蛋白质分子和周围物理化学介质相互作用，由酶的转换来充当开关的。预计在 21 世纪便能普及运用。与人的思维速度相比，它要快 100 万倍，完成一项运算所需的时间仅为 10 皮秒。由于它是以蛋白质为原料制成的，不仅可按需要随人意愿设计和制造，而且可以植入人脑，自我修复。从而实现了由无机工具向有机工具的转化，使工具实际地成为人脑组织的一部分，与人脑结合为一个有机体。特别是它能与纳米技术相结合，实现无线联网。人脑即是联网的终端，网络变成人脑实际的延伸，人人都能方便地即时地进行信息共享。此前的人类幼体要成长为能独立生活和创造的成人，需要进行漫长的甚至半生的时间教育和学习，一个博士毕业时已经年近 35 岁，一个博士后可能已上 40 岁，还剩下多少年华去进行创造呢？从分子到精子卵子再到幼体脱离母胎，是生物 38 亿年进化史的缩影，压缩在 9 个月的时间里便可完成。那么，在智慧软件方面，人类的后代能否将人类几百万年进化的成果，也压缩在一两年，或者更短的时间便掌握呢？届时，学校、图书、当代概念的电脑等将不复存在。这方面的研究已取得显著的成效，科学界预期 21 世纪中叶广泛实用的生物计算机便会问世，由于设计技术进步和价格便宜，很快便能在全球普及。此后，由孩子成长为能独立生活和创造的成人，将可能压缩在很短的时间内完成，使人类突变为大智慧的新人类。新人类的大智慧还特别表现在能自觉地、科学地控制思场流，唤醒智慧的巨人①，高效有序地进行种种思

---

① 现代人的思场流由于尚未能进行有计划的高效的控制，所以大都处于无序的状态，人每天的内语言记录下来约为 20 万字，内形象流约为 8 小时，一般人的思场流几乎都是重复、无聊、无效的，其中如果能有几百字是创造性的、对进化有益的，就很不错。智慧的巨人在沉睡。未来大智慧的巨人则会彻底改变人类思场流的失控和无序的状态，唤醒智慧的巨人。参见《大智慧——思场流控制学》，第 27—36 页。

维活动。人类的智能将获得空前的解放，创造力将无限地扩展，从而使人－球系统的进化超过今天的预期。

二是，人类与第三代生物相比，其进化的进化在于不是通过漫长的、非知的主动活动促成基因改变而进化，而是通过自知的创造而进化。人类基因组在不远的将来即将破译、分析、识别人类的所有基因，绘制出四张图——遗传图、物理图、序列图、转录图，从而弄清30亿对核苷酸的顺序，搞清每一个的位置和作用。估计在21世纪中叶人类便可运用生物工程技术按自知的需要和设计改变人类的DNA，创造比现代人类更强健、长寿、智慧的新人类。这不只是一种可能，更是一种迫切的需要。生物工程将在这方面发挥作用。虽然今天，有许多人为创造新人类而担忧，诸如伦理问题、现代人的出路问题等，但就像谁也阻挡不了人类在地球上出现一样，任何事情也阻挡不了大智慧新人类的诞生。伦理应是促进进化的保证，如果是相反，它就要被新的伦理道德所代替。新人类出现后也不会造成对现代人生存的威胁，正像人类自知地去保护和发展生态平衡，不会灭绝其他生灵一样，大智慧的新人类也会保护新的生态平衡。种种顾虑都是多余的，随着时间的推进，都会迎刃而解。正如有的科学家预言的那样：先是禁止，然后，又得解禁。霍金说得好："除非我们的世界秩序变成专制的世界秩序，否则总会有人在某个地方改进人类。"

创造大智慧的新人类是宇宙进化的必然和必需。预计过150年左右，这一计划便可实现。

（2）200年后人－球系统能充分调动全球的智慧、力量和资源。

150~200年后，人脑－芯片－联网系统普及，将发挥无法估量的巨大功效，加速进化的进程：一是，实现了由非有机体工具到有机体工具与人结合为系统的进化，从而使人与工具完全形成一个有机的系统，工具成为人的有机体的一个组成部分，损伤时可以进行自我修复；二是，能无线联网，使人脑与互联网直接沟通，人人都能极为方便和全面地实现信息共享；三是，人幼体的成长将会因此而发生革命性的进化，不需要再用半生的时间去进行学习，而可以迅速成长为前沿的当代人；四是，由于其运算的速度远远超过人脑，从而使人类的思维能力和创造能力发生突变式的进化。

人类将以大系统的协同调控为己任。就像单细胞生物进化为多细胞生物一样，人－

球系统完全建成后，人类的每一个个体，都紧密地结合在系统中。高度发达的无线网络，就是人－球系统的神经，把普遍植入了生物计算机的具有大智慧和高度创造力的每个人联系成一个整体，并通过创造将地球上的一切结合为一个自觉创造的系统。用今天的话来解释，就是可以有效地调动地球上的一切信息和物、能来进行自知的创造，向星际发展。

（3）在500年后能开始在太阳系其他星球上居住，1000年后能到达其他星系。

霍金预测："我们下世纪（21世纪）很可能实现由人类驾驶飞船抵达火星，但是地球是目前太阳系里最有利的星球。"

物理学家弗里曼·戴森在其《想象中的世界》一书中预测：1万年后人类可能只是以分散的群落存在于整个的太阳系中，不再有共同的特点或形体；10万年后，人类将分布到整个的银河系；100万年后，我们现在知道的人的形状，将不复存在。他的这个预测是很保守的，是用今天发展的速度来衡量未来。

有趣的是，美国的某些商人已把眼光盯到未来，兜售月球地皮，价格是，只要付50美元再加上"月球税"就可以拥有月球上一块1800英亩的土地。包括美国电脑软件富商詹姆士·本森也准备发射火箭到含有水、白金、黄金等宝藏的行星上，谋求制定相关法律，发行行星资源股票，将开发所得的资源卖给其他太空殖民者。不要小瞧这些行动，它说明一些人敏锐地预感到星际时代即将到来。

大智慧的新人类如果在150年左右诞生，能调用一切信息和物、能的人－球系统也将在他们的手中完全建成，他们的创造必将是惊人的飞跃。距今500年后，人类将解决在别的星球上生存的一些难题，开始在太阳系别的星球上居住。

（4）20000年后人类将走出太阳系，进驻别的星系。

15000年后，宇宙的第六代——太阳系系统将诞生。第六代能利用太阳系系统的一切功能，向外星系进发。

外星球与地球条件可能千差万别，有的甚至相差悬殊，生命存在的形式各异，超出科幻小说的想象。外星生命研究国际小组，根据美国航天局和其他国家提供的天体研究资料进行地球外生命的科学推测。例如，他们对太阳系中的一颗绰号为"硫磺人"的星球进行研究，推断在那种环境中生存的生命形式是像气球那样的漂浮体，这些像活的气囊似的生命，通过"肉柱子"将自己与营养丰富的地面连在一起，凭借太阳能生长和繁殖，彼此摩擦身体，相互交换 DNA。

第五代走向别的星球前，为了能在新生境系统生存，有必要通过生物工程去改变 DNA，创造能在不同条件下生存的第五代。至于到太阳系以外的星球去，就更有必要创造对象性的新的第六代了。这是势在必行的。

但是，若要去太阳系外更远的星球，却存在着尚无法逾越的距离，要解决这个问题可能主要的办法是能利用时空隧道。1915 年德国的物理学家德维格·弗拉姆根据爱因斯坦的公式找到了"虫洞"存在的线索，在宇宙中很可能布满了穿越空间和时间的通道——"虫洞"。但这种蠕虫洞只能以微量子的形式存在。有的科学家指出大型的虫洞形成与一些物理学的基本法则相悖，似乎利用时间隧道是不可能的事。但是，2000 年俄国圣彼得堡帕科夫天文台的相对论专家塞吉·卡斯尼科夫宣布发现了一种"虫洞"，不仅与人们所知的物理学法则协调一致，同时非常大，具有足够的稳定性。其最大的特点是能够提供自身所需的"异物质"，并且由于这种异物质数量充足，因此使虫洞无论是从体积的大小还是持续时间的长短都足以被利用[①]，可能成为第六代突破时空距离的通道。例如，在地球附近有一条虫洞与天琴座的织女星相连，那么第六代就可以通过这条捷径来往于两个星球之间。塞吉·卡斯尼科夫的发现，可能使开发其他星系的时间大为提前。超大智慧第六代对穿过时空隧道的相关技术问题的解决估计在 1 万年后便可实现。即使时空隧道不存在，随着不断地创造和突破也会解决穿越时空的问题。2 万年后甚至更短的时间里，第六代就可能开始超越时空向遥远的星球进发。

未来的宇宙第六代生命已不是我们自然遗传的基因所形成的，而主要是通过自知的创造产生的。一方面创造新的适应不同星球的后代，另一方面改造可能生存的星球的生境系统。美国一位从事宇宙、天体和星球理论研究的著名科学家阿列克桑德·亚伯提出过一个炸毁月球保护地球的方案。他认为，地球运行的轨道有 66.5 度的倾斜，从而造成地球上的环境恶劣，如果在月球运行到地球南极时利用现有的核武器库中的一部分将其炸毁，便可使月球的土壤和碎块落入太平洋，地球的倾斜度就会消失，气候就会改善。许多人认为他这是疯话，因为那样去做，地球首先是受害者——生物会

---

① 　《科学时报》，2000 年 4 月 17 日。

全部死亡，而不是获益。但他的设想却道出了一个未来的方向——对一切星球的条件进行创造，以利于第六代生存。就像无法去想象改造星球一样，今天人们害怕改变自己的 DNA，非常珍视自己的遗传，而那时人们的意识将发生难以理解的变化，那就是努力去创造与自己 DNA 不同的新的宇宙后代。今天人们出于既有的道德观，反对克隆人，但克隆只是保持原来的样子，而未来创造新的大智慧的后代以及适应不同星球条件生存和发展的后代，才是生物工程真正重要的历史使命，它不仅不是不道德的，而且是迫切需要的。

第六代将与银河系中的外星人协同结合，产生更惊人的进化。也许第六代，就会像阿基米德幻想的那样：能把一个星球撬起来。这一天一定会来到。

（5）5 万年后第七代－银河系系统将诞生，他们将走向其他星系与其他星球上的文明汇合。

当然，宇宙膨胀期相对于宇宙中的生命来说，是无限长的，技术的发展也是无限的，人类遥远的后代随着科学技术的发展，会根据不同星球的状况而采取不同的"移居"方法。例如，初期可能将目标指向与地球环境差别不大、有空气和水的星球；当可以达到的这类星球都开发后，则可能针对一些新星球的特殊环境，改造新星球上的生境系统，并通过生物工程创造新一代。

宇宙史越向前发展，后一种的可能性就越大。因为那时的技术已获得相对全面的发展。

（6）十万或几十万年后，宇宙的第八代或第十代——宇宙系统诞生。那时，宇宙的很多星球上都有高度智慧的后代在活动和创造。宇宙第四代人类已成为古老的化石。从第六代起，形体和机能就越发不同，但有一点可以肯定的是，他们都具有递高的大智慧和创造力。那将是一个无比自由、繁荣、进化的宇宙。

今天每个人都努力发展自己的人－工具系统，而未来则不仅是个体与工具的结合，还是全体与工具的结合，首先形成的便是人类－地球系统。它是一个整体，具有单个人－工具系统所无法比拟的力量和作用。它是把单个人－工具系统组合为高度有序的巨系统，将以太阳系作为自知利用和创造的对象。从此宇宙的进化就从人类－星球系统到第五代——星系系统，再到更大的第六代——多星系系统……未来的某一天全部太空的星系都生活着各种类型的第八代或第十代，整个宇宙成为一个自由（仍是递自由）创造的系统。这是一个多么激动人心的进化过程。

那时他们的对象性认识会发展到什么程度呢？他们能穷尽宇宙的奥秘吗？会不会把制止宇宙坍塌或迁移到别的宇宙上去，作为生活的意义和目标呢？自由地创造对每个个体来说，已像对空气的需要一样普遍了吧！

补　遗

2000 年 12 月 4 日，美国航空航天局发布了一张由探测者号卫星拍摄的火星沉积岩照片，有关专家认为它非常像地球上的沉积岩，推断数十亿年前火星上曾有过湖泊存在，在这里可能找到生命的遗迹。我国紫金山行星研究专家王思潮表示，如果此说证实，人类完全有可能激活火星上的生命环境，使它变成第二个地球。[①]

宇宙中的其他星球上肯定有宇宙第四代自知自组织系统，因为宇宙的进化是普遍的，而不是只在某一个地方。在同一过程中产生类似地球这样能产生生物和第四代条件的星球不会是绝无仅有的。宇宙就是以自己的熵增来换取其子孙们的进化，创造进化的大环境和条件，在同样膨胀和自组织系统进化的内外因的推动下，宇宙会同等地给予其子孙们进化的可能。宇宙有 1250 亿个星系，每个星系又有多层星系，我们生存于其中的银河系统就有 4000 亿个恒星，就像星云和星系在宇宙中是均匀分布的一样，在宇宙中会有不少同样可以产生第四代自组织系统的星球。

有人可能会问：既然宇宙中有许多星球都有智慧生命，为什么他们不与地球上的同类取得联系？其实这只是时间问题，随着智慧生命的自知的进化，这迟早会实现的。也许还有人认为外星人早已与人类取得了联系，例如飞碟。其实关于外星人已经来到地球上的说法是很难成立的，因为如果外星人的智慧已达到能跨越时空的距离，那么，他们就没有必要在来到地球时还躲躲闪闪，他们完全有办法理解人类的一切，包括语言，他们是不会怕地球人伤害他们的，能很容易地与人类沟通。不同星球上宇宙第四代之

---

① 《发明与革新》，2001 年 3 月，第 42 页。

间的交流，是任何一方都求之不得的，是宇宙进化的必然和必需。

虽然外星人是什么样子还需要进一步研究和证实，但可以设想其中有一些会与地球上的人差不多，因为宇宙在创造其第二代子孙时的环境和条件是相同的，第二代从夸克进化到星球的元素、过程和进化的动力是大同小异的。可以这样认为，宇宙中的第四代均尚无能力突破时空限制，相互通讯联络的形成条件尚不成熟。如果一旦到了能与外星人联系的时候，那就是宇宙进化史翻开了向第六代演进的新篇章，拉开建立宇宙网络的帷幕。

第七章

宇宙进化的动力系统

宇宙为什么会进化？

为什么说创造就是进化？

为什么说人类的进化是超进化？

为什么说宇宙的进化是不可逆的？

宇宙进化的动力系统

　　世界上没有无因之果，也不会有无果之因，前几章在描述宇宙进化的实际过程中，曾在一些相关的地方或多或少地谈到宇宙进化的动力，本章拟集中对宇宙进化的原因及动力进行探讨。

　　在宇宙第四代人类出现前，宇宙是不会思维和自知创造的，也就是说它不会有目标性的活动，它的发展是非知的。那么，是什么动力驱使它不断地进化呢？人诞生后，虽然具有了脑和手，但与整个庞大的宇宙相比人类不仅是很微小的，而且他的能力也是极有限的。虽然人的各种能力在不断地发展，今天人已能使宇宙的局部进行某种自知的进化，但在可预见的较长时期内，宇宙第四代自知自组织系统不可能影响和促进整个宇宙的发展，那么是什么动力推动着宇宙不断进化呢？

　　牛顿因不得其解，把宇宙创生和不断运转的原因说成是上帝的第一推动力。霍金虽然建立在科学实证基础上揭示宇宙是由无通过量子跃迁而诞生的，但也透露出某种宗教意识，他说："宇宙的定律也许原先是上帝颁布的，但是看来从那以后他就让宇宙按照这些定律去演化，而不再对它干涉。"并认为热力学第二定律能用于宇宙。这当然也谈不上揭示宇宙进化的原因和动力。

　　宇宙进化的动力问题，是一个科学问题，也是一个重大的哲学问题。它涉及神学和科学的本质区别，以及宇宙观、动态观、人观等一系列的认识和观念。科学和哲学必须相互协同才能对此作出正确的回答。

　　任何自然系统的发展必然有其动力，宇宙之所以能进化，正是由于它具有进化的动力系统。进化的动力系统是什么呢？未具体阐发前，不妨先用四个短句提纲挈领地谈一下：天促物进、系统调控、对象组合、多维协同。简要地说，对象组合是，宇宙从大爆炸之始便赋予其子孙一个不断进化的基因——进化的对象性，在天促之下它们总是发挥其进化的对象性去寻找、识别、组合进化的对象而进化。系统调控是，对象组合的系统，都是开放系统，它们一方面通过调控保持自身的稳定和生存，另一方面通过调控发挥进化了的对象性寻找、识别、组合高一层次（或代）的对象再进化。多维协同是，一个自组织系统之所以能存在和进化，不仅在于其自身的各个组因协同调控，而且在于各层各代系统、系统工程数据，各种力、能等等的协同调控。从宇宙的诞生到质子、原子、分子、星云、星系以及今天少数星球上的生物、人类，任何一自组织系统的存在和进化，都是它多维协同调控的过程和结果。天促物进是，宇宙的子孙之所以能发挥进化的对象性不断地进化，是由于宇宙运用系统工程数据的调控，不断地冷却、膨胀，创造进化的大环境，提供负熵源，或者说，宇宙总是在不断地进化，其子孙们与大环境的差落关系，促使他们必然沿着进化大方向，发挥进化的对象性去寻找、识别、组合进化的对象而不断地进化。天促是外动力，物进是自组织系统的内动力，两者的协同组合构成了进化的动力系统。宇宙的进化也就是其子孙的进化，其全部子孙协同运作、系统调控，就形成了宇宙宏伟的进化图景。

一、宇宙赋予其后代进化"基因"
——对象性组合

　　宇宙的进化时时刻刻也离不开对象性。作为自组织系统母体的宇宙，便是在量子跃迁中将无变为有、静变为动的对象性转化过程中诞生的。它最初产生的时、空、质，就是互为对象而存在的。时、空、质都是在对象性联系中演进发展的。宇宙产生的最早的物质便具有正负对象性，每当一种质子诞生，便伴随着对象性的另一种反质子的出现。

　　正如马克思所说："非对象的存在物，是世界上根本不可能有的怪物。"存在就是对象，万物皆是对象，万物皆有对象，万物都是万物的对象。对象是指此存在物之外的彼存在物，相异就是对象，对象性是指此存在物对彼存在物的倾向性。同一存在对不同的对象则具有不同的对象性，同一存在对同一对象，因时间、空间等的变化也具有不同的对象性。例如，有的是相互排斥的对象性，有的是相互吸引的对象性；今天是敌对的对象，明天成了团结的对象。宇宙之所以不断地进化，除了它自身不断地促进、创造进化的大环境，提供新的负熵源外，还在于它赋予了其子孙进化的对象性。或者说，宇宙之所以进化，除天促外，还在于其子孙一代代相传的基因是进化的对象性，进化的对象性是自组织系统演变发展的主流对象性。

　　这是为什么呢？别的对象性为什么退居非主流的地位了呢？

　　让我们先回顾一下有关这方面探讨的历史。

　　普里戈金曾致力于这方面的研究：自组织系统进化的动力是怎样产生的，即自组织系统的自调控为什么就具有一种进化的动力呢？他猜想生命从不能到能够与外界交流信息，是由于其前身物能系统与外界交流物与能的活动所带动和引发的。他列举了水加热后便产生了自组织的环形对流的例子，认为氨基酸、酶等有机物，在与环境交流物能的过程中，逐步组织化，到一定的时候也会因此而带动其交流信息的活动。这个猜想不仅缺少证实，而且也缺少说服力。进化总不能只靠外因。

1970年，马图内纳在这方面的研究进了一步，他认为开放的自组织系统之所以能从外界输入必需的物与能，输出废弃的物与能，从而不仅能保持自己的生存，而且还能进化，是因为它与其环境的反馈关系构成一种认知域，即耗散结构确实"知道"，为了维持和更新自己必须输入什么和输出什么，它只需要以自身作参考①。马图内纳将自组织系统与其需要什么联系起来考虑，的确是一个进步，但，物能耗散结构并无神经系统，不会输入信息、加工信息，说它"知道"必须输入什么和输出什么，只是一种比喻，而事实上它并不"知道"，所以仍未揭示宇宙为什么能进化的真正原因。

进化的对象性之所以成为万物的主流，是由于宇宙是以系统工程的数据来调控的，也就是说宇宙总体是进化的，不断地走向递序，不断创造进化的大环境，提供新的进化的对象、负熵源。进化是不可逆的大方向，在天促之下，其开放性自组织系统的子孙们必然是从进化的环境中去对象性地寻找、识别、组合进化的对象而进化。它们的有序性与不断进化的宇宙的有序性的差落关系，使其他的对象性都退居或消失了，唯有进化的对象性成了主流。具体的过程大致如下：

质子诞生之初具有生产的对象性。在充满辐射的极热的条件下，质子的能量非常之高，不停地冲来冲去寻找、识别对象。当其相互对象性碰撞时，便会产生出许多不同的粒子和反粒子对。但这一生产的对象性只有在宇宙之初极热条件下才会存在，以后便不存在了。

质子之初还有湮灭的对象性，即对象性地寻找反质子，两者相碰便立即湮灭。但这一湮灭的对象性随着质子-反质子对的消失而消失。只是因为正质子产生得比反质子快，最后便剩下了十亿分之一的正质子。正是它们一步步对象性地进化，发展为今天宇宙中的各种自组织系统。

质子还有转换的对象性。宇宙最初产生的中子有3种（电子型的、μ子型的、γ子型的），在宇宙大爆炸后不到1秒钟的时期，由于弱互相作用，质子与中子能对象性地转化，并使它们的数目保持平衡。但超过1秒后，膨胀的速率变大，弱相互作用已不能保持质子与中子相互转化的对象性。中子比质子重一点，产生中子就要更多的能

---

① 《自组织的宇宙观》，48页。

量，速度就要慢些，所以当弱相互作用停下来时，留下的中子与质子已不是相等的数目，而是 1:6。质子与中子的相互转化的对象性也从此消失了 ①。

稍后质子具有了进化的对象性。随着宇宙不断地膨胀体积、扩散热量，大约在大爆炸后 100 秒至 3 分钟，温度降到了 10 亿度，即相当于最热的恒星内部温度，质子和中子冲来冲去的速度降低，开始在核力的吸引下对象性地寻找、识别、结合，进化为氘核、氦核和锂核。此三者不仅聚集了比质子更多的能量，而且也继承和发展了进化的对象性。它们能对象性地去寻找高一层次的对象，结合为高一层次的自组织系统——原子。

在宇宙运用系统工程数据调控之下，质子寻找、识别和组合对象的进化对象性，一代代延续和发展，成为自组织系统进化的内动力和与生俱来的天性。

进化对象性的特点是：

（1）对象性地寻找。

进化的对象性驱使着自组织系统去寻找能使它进化的对象，即能与它对象地结合，进化为新的高一层次自组织系统的对象。

（2）对象性识别对象。

物能系统是以力为导向而相互识别的。质子为什么会识别其进化的对象呢？在宇宙创造的进化大环境中——温度降到 10 亿度，它与中子相互通过发射携带强核力的胶子，而相互识别、结合为核子。生物的识别是以本能为指向、信息为前导的。警犬闻了坏人的气味，便能寻踪找到他。到人类则发展到自知的层次。

（3）与对象进行对象性的组合。

对象性地寻找对象、识别对象、结合对象，是自组织系统进化的基因；宇宙不断膨胀，创造进化的大环境，提供新的进化负熵源，是自组织系统进化的外因。天促物进，两者相互结合，形成一种不可逆的动力系统，使一代一代的自组织系统总是面向

---

① 请注意上面的一些数据，如以 1 秒钟为分界、中子恰恰有 3 种、膨胀率大到何时弱相互作用便不起作用了等。这些数据倘若有丝毫差别，例如，中子有 4 种，那么宇宙早期的膨胀率就会增大，当弱相互作用停止时，相对于质子而言就会留下更多的中子，宇宙中得到的氦丰度也会相应地增加，宇宙就不会像今天这个样子。宇宙的系统工程数据是多么的奥妙和重要！

不断进化的新环境新条件，对象性寻找新物、能（第三代后还包括信息），组合演进，增长负熵，从而不仅能生存，而且能打破停滞和复制的怪圈，进化为具有新组织结构和新对象性的新自组织系统。

由于具有进化的对象性，自组织系统才能在天促之下，对象性地去寻找、识别、结合进化的对象，从低到高，由微小的质子一步步进化为能量、体积递大，结构越来越复杂，不断发生进化的进化的核子、原子、分子、星云、星球、星系，宇宙才能从大爆炸之初的混沌无序的状态，逐步进化为非平衡的递序状态。

对象性地寻找、识别、组合对象（简称对象合组），就是低级的自组织系统相互对象性地结合到一起成为高一级的过程，将无序的、分散的组因结合为有序的系统。它与热力学第二定律熵值不断增加恰恰相反，是从低序向递高序发展的过程。仅从能量来看，对象性的组合，就是将微小的能量组合为递大的能量。恒星是怎样形成的，是从微小的质子一步步对象性组合进化而来的；核爆炸的威力为什么那么大，是由于原子对象性组合了比质子更大的能量。对象性组合打破了运用热力学第二定律推断宇宙不断走向熵寂的说法。"进化便是创造"的原因和动力正在于此，每当某一层次或某一代自组织系统对象性地寻找、识别、结合对象，进化为新的、更高级的自组织系统时，宇宙便因此创造了新的子孙而又进化。正如一个西方的学者所指出的："我们越是深入地分析时间的自然性质，我们就越懂得时间的延续就意味着发明，意味着新形式的创造，就意味着一切新鲜事物连续不断地产生。"如果没有创造新的自组织系统，还谈何进化呢？亚里士多德在两千年前就指出：系统大于各部分总和。对象组合便是创造。当分散的组因对象性地组合时，便进化为新的、更高级的系统，其功能不仅在量上大于全部组因之和，而且已发生了进化的进化，跨越了自组织的一个层次或代。

作为第一代母系统的宇宙，具有最初始的也是最基本的进化动力——以系统工程常数为基础的进化对象性。它调控的对象是其自己，也就是宇宙中所有的存在。它就是一切，它就是存在。宇宙虽然没有信息功能，但它是以恰到好处的精确系统工程的数据来进行对象性的调控的，使整个的宇宙既保持井井有序的平衡，又不断地突破平衡态而适时循序地进化。不仅不断创造进化的大环境，提供新的进化对象、负熵源，而且赋予其子孙进化的"基因"，促使其子孙不断地发挥进化的对象性去寻找、识别、组合对象而不断地进化。宇宙全部子孙的进化就是宇宙的进化，宇宙的进化就是其全部子孙的进化。它适时地寻找、识别、调控，不断地进行创造，形成一个大一统的宇宙进化的时空质连续统。

第二代物能系统，虽然仍没有信息功能，但它对象性地寻找、识别和联系对象的进化动力和机制，发生了进化的进化，它具有了外对象。在宇宙的促进下，它不失时机地以力为前导、以进化对象性为指向去寻找、识别组合对象而进化。例如，大爆炸后 100 秒 ~3 分钟，宇宙的温度降到 10 亿度，质子和中子等运动的速度减低，它们开始相互发射携带核力的胶子而对象性地寻找、识别、结合，进化为聚集更多能量的高一层次的系统氘核、氦核、锂核等原子核。物能系统是在宇宙的促进下，适时地通过发射不同力的粒子相互对象性地寻找、识别、组合而进化的。

宇宙第三代非知自组织系统生物对象性的动力则又发生了进化的进化，虽然也保持和发展了第二代与对象直接结合的方式，但它不再是以力为前导、以自在的进化对象性为指向，而是以信息为前导、以本能为指向去对象性寻找、识别、组合信息和物、能等进化对象，通过这一主动的努力，引起 DNA 反馈，促进遗传密码由渐变到突变而进化。第三代的进化对象性虽然比物能系统进化了，但其对象性活动自己并不知道，处于非知的状态。

宇宙的第四代自知自组织系统人类进化的动力、对象性又发生了进化的进化，摆脱了自在、自发的状态，上升到自知的高度。也就是说人类的进化对象性是自知的对象性，根据自知的需要去寻找信息和物、能，并自知应如何去进行创造递佳的工具、递大的自知自组织系统和生态环境、生境系统，与其结合而不断进化。与前两代不同的是，人通过信息的创造加工，明确地知道自己的对象性应指向什么，目标是什么，如何发挥、施展和实现，采用什么方案、步骤、方法等，从而划时代地改写了自然进化的历史，由非知的进化变为自知的进化。

进化的对象性是有限的，对象性就是有限性，只能以自己为参考系去对象性地寻找、识别、组合对象，而不能寻找、识别、组合所有的自组织系统。但另一方面进化的对象性又不是固定不变的，它不仅一代代地传下去，而且不断地突破有限而进化，使宇宙进化得越来越快，越来越高级。

二、组因之和的飞跃——系统调控

在天促之下，凡是自然界低一层次（或代）的系统对象性组合成的新系统都是自组织系统，宇宙是自足自组织系统，宇宙各层各代的子孙不论是质子、原子、分子、星系、星球、生物、人……也都是自组织系统。本节探讨的"系统调控"，是紧接上节"对象性组合"来谈的，指的仍是自组织系统的系统调控。在探讨自组织系统的调控为什么也是进化的动力因素前，有必要先界定什么是自组织系统？自组织系统及其调控与一般系统及其调控有何异同。

系统论的创始人贝塔朗菲，曾对一般系统下过定义：相互作用的若干元素的复合体，或者"是处于一定的相互关系中的与环境发生关系的各组成部分的总体"。通俗地解释，系统是一些分散的组因，通过改变、加工、组合，而形成的一个新的整体。与原来的组因相比，它的有序度更高，结构更复杂、严谨，功能发生了飞跃。

一般系统不仅涵盖自然系统、人工系统，而且也涵盖开放系统、封闭系统、静态系统、动态系统等。其共同特点是，组成系统的各个因素不是各自为政、互不相干，而是相互联系，协同实现系统的调控、功能和走向。系统论中有一个著名的木桶论：几块经过加工的木板再加上箍便可以形成一个系统——水桶，它们共同通过木的性质、木桶的结构、力的作用等的调控，产生了可以盛一定量水的功能。木桶的走向是一天比一天坏下去，坏的速度当然与使用者对木桶的调控好坏有关。某一天木桶破散了，任何板块就不再是能协同盛水的木桶的板块了，而是破木头。系统中的各个组因必须通过调控协同发挥其在系统中的作用，系统才能存在和发挥其功能，否则系统就不成为系统了。由于协同调控，木桶系统的功能与分散的组因相加的总和相比，则不只是量大于组因的总和而是发生了飞跃的突变。

宇宙进化是自然自组织系统的进化，为什么说系统调控是自然自组织系统进化动力的组因？自然自组织系统的系统调控有何特点和作用呢？

1. 自然自组织系统具有自我调控的动力。非自组织系统没有自组织系统的内动力，是靠外界的作用来形成的。木桶就是非自组织系统，它是靠人的力量组织起来的，没有内动力，所以也不能重新组织自己，只能一天天地坏下去。而自组织系统不是只靠外力促使其组合为系统的，它具有内动力，在天促之下，总是通过自调控，发挥其进化的对象性，去寻找、识别、结合进化的对象而组合成的。也就是说它虽然需要外动力——天促，但又具有自身进化的内动力，总是在天促之下，通过自调控，发挥其进化的对象性进行主动活动而生存和进化，并在进化过程中不断地发展其自调控和进化的对象性。

质子与中子等在天促之下大爆炸后 100 秒，宇宙温度降到 10 亿度时，便通过自调控，发挥其进化的对象性，发射胶子而相互寻找、识别、组合为核子；原核单细胞生物进化为真核单细胞生物，是由于生境系统的进化挡住了紫外线，并产生了更多的氧，让它们得以通过系统的调控，发挥进化的对象性，以本能为指向、信息为前导，移到浅海，与线粒体相互寻找、识别、组合而成的。

2. 宇宙的子孙们都是开放性的非平衡态的自然自组织系统。自组织系统之母宇宙是自足自组织系统，但它的一代代子孙都是向宇宙开放的系统。它们的自调控，都向宇宙创造的进化大环境、提供的新负熵源开放，故而能不断地通过自调控，发挥其进化的对象性去寻找、识别、组合进化的对象，增长负熵而进化。而非自组织系统一般是不能向外界获取负熵的封闭系统。

3. 非自然自组织系统由于没有内动力，除能自我更新的机器人，以及将来人类通过生物系统工程创造的生物外，都不能进化，只能走向毁坏。而自然自组织系统，由于有天促之外因和进化的内动力——进化的对象性，所以，总是一层比一层、一代比一代进化。它们的调控，便是以此为方向，一方面通过调控保持系统的稳定，另一方面则通过调控发挥进化的对象性去寻找、识别、组合对象而进化。自然自组织系统都是进化的结果和过程，既是前一代（或层）自组织系统在天促之下，通过自调控，发挥其进化对象性组合的结果，又是进一步通过新的调控，发挥新进化对象性组合为更高级自组织系统的组因。

宇宙是其全部子孙们对象性组合的，它的子孙们均是其前一层次或代的自组织系统对象性组合，组合并不等于拼凑，而是形成新的、更高级的自组织系统。新系统的进化不是表现在形态上具有更复杂、更严密、更高级的组织结构，集聚的能量更上一个层次或代，有序度更高，而是集中地表现为发生了进化的进化，具有了进化了的对象性和新的进化对象，以及进化了的系统调控的方式和效果。在天促之下，新系统会通过新的系统调控，发挥其新的进化对象性按照新方式去寻找、识别、组合新的与其同一层次的新对象，再进化为更高层次（或代）的自组织系统。

4. 系统的调控都必须有其目标和方向。水桶的目标和方向是盛水，其系统的组合和调控都是以此为目标和方向的。自然自组织系统宇宙的子孙们调控的目标和方向是什么呢？

运用精确系统工程数据调控的宇宙，在有序膨胀的前一段，进化是不可逆的。所以，在天促之下，宇宙的子孙们任何一层、一代的自组织系统自调控的方向和目标，都是进化，通过力、能或信息等进行自调控，使系统的所有因素都协同为进化而运转。

自组织系统通过自调控一方面对象性稳定自己的性状，一方面开放自己去对象性地寻找、识别、组合对象而进化。自组织系统自调控的正负反馈机制正是为维持稳定和进化服务的。负反馈直接与系统既有的目标保持联系，抵消着系统运动中的随机、偶然的因素，抵消着环境对于系统随机的、偶然的干扰；而正反馈却推动系统偏离原有的目标、离开既有的稳定性，它将系统运动中的随机的、偶然的因素加以放大，也可以对环境的干扰作出积极的响应，从而把随机性和偶然性的作用突出出来，使得系统的运动表现出应变性、灵活性。这是系统发展进化的需要，使系统突破既有的存在方式、结构、有序度、对象性，不断地表现出新颖性、创造性。宇宙的子孙各代各层自组织系统没有负反馈，就不能稳定存在；没有正反馈，则不可能在环境的促进下，不断地进化。

以第三代生物为例。单细胞生物的控制中心是 DNA，高级生物则是神经中枢。高级生物细胞中的 DNA 虽仍然执行其应有的控制功能，但离不开系统的控制中心——神经中枢的调控。它们对每时每刻面对的成百上千的对象性信息进行识别和整合，决定自己的行动，这本身就是系统调控。高级生物决定了自己的行动后，控制中心神经系统便会下达指令给相应的细胞组织，相应的细胞虽然面对成百上千的信息进行整合调控，但它的首要任务是识别和接受系统的指令信息，决定自己的行动。例如，生物的神经系统发现自己饥饿时，便指令全身各子系统相互协同，去寻找食物；当发现食物后，又指令各子系统相互协同去捕获对象，并噬食之；食物进入胃后，便会通过自主神经的运作分泌消化液，进行胃蠕动；胃消化食物后，血液将它们输送到身体各个部位，细胞吸取了送来的营养，经过蛋白酶的催化，变成肝糖原，肝糖原就会和细胞吸收（或从血液中或从空气中）的氧气结合，制造出供给活动的体能。这一能量摄取的过程就是一个系统协同调控的时空质连续统。生物的主动的、长期的活动，则能通过调控和反馈而引起 DNA 改变，进化为新物种。例如，长颈鹿为了吃树上的叶子而伸长脖子，这一主动的、长期的活动，通过信息反馈，促成其 DNA 由渐变而突变，形成了长颈。生物主动活动的任何一步都需要控制和调动各个子系统，围绕同一个目标进行活动才能完成。没有系统的调控，生物就不可能协同运作进行种种主动的活动，就不能正常地生存和进化。

5. 非自组织系统自身，一般遵循的是一段律，从诞生起便逐渐走向毁坏。而自然自组织系统宇宙的子孙们，却是遵循兴衰二段律。由于具有内动力，一般从组合、诞生、发展（生长）约接近生存的 1/3 至多半时间，是在兴盛、进化；而后一段时间却是不断地走向熵增和衰亡。母系统宇宙便是这样，在其未失控膨胀前，一直在进化；进入失控膨胀或开始坍塌后，则进入衰落期，直至熵寂。宇宙的子孙们虽然在宇宙的有序膨胀期，通过自调控一层比一层、一代比一代进化，但就其自身来说与母系统宇宙一样，都遵循着二段律，即前段是发展的，后段则是不断退化，直至衰亡。自组织系统遵循二段律进行调控，可以说正是为了一代比一代进化所做的必要的奉献。

没有对象性寻找、识别、组合，就不会有自组织系统；没有自调自控，自组织系统就不可能在天促之下，发挥进化的对象性。发挥进化的对象性是果，自组织系统的自调控是发挥其进化的对象性之因。

进化的本质是进化的进化。自组织系统的自调控，是不断进化的。

第一代宇宙尚未发现有外对象，它的全部子孙就是其调控的对象，子孙的进化就是其有序膨胀阶段的目标，它是以自然赋予的精确的系统工程数据来进行调控的。系统工程数据是一个自然系统，质子的重量、四种力的数据、引力与斥力保持系统工程平衡等等，都恰到好处，这是大爆炸赋予的。所以，第一代宇宙的内对象是自然的对象，它的自调控是自然自调控，使其在生存的第一段不断有序地膨胀、进化，为其子孙创造进化的大环境，提供新负熵源。

第二代是物能系统，其调控是依靠自系统的力和外系统的力的相互协同的作用而进行的。换而言之，宇宙不断地、有序地膨胀，创造进化的大环境，提供新的负熵源，第二代物能系统便通过自调控，适时地发挥其进化的对象性以力为导向去寻找、识别、组合对象而进化。第二代物能系统没有信息功能，不能通过信息去寻找、识别对象，它的对象是在它之外自在存在的，它不需要自知地去把握对象，对象就成为它的对象，它的自调控是自在调控。

第三代生物具有了信息功能，能通过信息去寻找、识别、组合对象。特别是高等动物，具有了自调控的中心——脑，通过脑对对象信息的输入、贮存、加工来指令自己、调控自己。例如，自然创造了新的进化环境，总鳍鱼被置于岸上，求生的本能指引和催促着它的脑主动发挥其进化的对象性，调控自己的行为，拼命地用在水中使用过的鳍爬行，用雏形的肺呼吸，经过长期的努力，终于由渐变而突变进化为两栖类的新物种。但是，它尚不能自己把自己作为对象，只是非知地以本能为指向、以信息为前导来进行调控。就像它不需要也不可能有意识地去把握自己，它的生命活动是本能自发地以自己的对象为对象的活动。所以，生物的调控是自发调控。

第四代自知自组织系统人类的自调控则又发生了进化的进化，人类具有发达的脑和与脑配合的四肢、五官、躯体，能把自己作为自己的对象，按照自知的需要和目标进行自调控，发挥进化的对象性去吸收、贮存、加工、创造、物化信息，与创造对象组合为新系统。例如人类的先祖因非洲大峡谷的出现，天创造了新的大环境，他们便开动脑筋，调控自己，在开阔的地带直立行走，创造声语、手语和石器，与之结合为人－声语系统、人－口语系统和人－石器系统而不断地进化。随着不断地进化，人类逐渐把这一创造以及创造对象组合的调控行为和过程看成是人生的第一需要。也就是说人类的自调控非第三代可比，已进化为自知调控。

第五代人球系统的调控则又发生了进化的进化。人类性的解放，软工具和硬工具的大普及、大提升，不仅让全球普遍地懂得自组织系统自调控的规律，而且自觉地研究和掌握如何通过调控，调动系统的一切有利因素，发挥进化的对象性去进行加工、创造、物化信息，向太阳系和别的星系进军。系统的每个成员都自觉地为促进系统的调控而协同工作，系统也自觉地通过自调控发挥系统每个成员的作用。第五代人球系统的调控，是自觉调控。

宇宙第六代以后由于不断发现规律和不断广泛地创造，自调控将发展为递自由调控。宇宙将进入递自由进化的阶段。

补 遗

生物之所以具有生命，是因为它是一个能进行自调控的整体，一个系统，一个时空质连续体。高等动物的自调控中心是脑，它是整个系统调控指令的下达者，通过神经网络将生物系统的各个部分联系为一个整体，协同运作，去进行种种主动的对象性活动。

动物神经系统中有一子系统是原始的自主神经，它掌管一些机体的调控，如心跳、肠胃蠕动、分泌腺体、调节体温等等。它既有其独立性，又与大脑相联系，协同调控生命活动。例如，大脑指令动物奔跑，体温上升，为了平衡协调，便发出流汗的指令；需要更多的氧，便加快血液的流动。

进化的本质是进化的进化，是进化动力、进化对象性等的进化。自组织系统通过自调控组合为新系统后，便具有获取负熵的更高级的动力、对象性、对象、方式、功能等。

系统调控一例："通过细胞间的复杂的信号系统，使多细胞生物中的每个细胞能够决定在体内的位置和特异化的功能，并确保每个细胞的分裂只有在得到它的'邻居'发出的命令之后才发生。一旦细胞分裂的这种'社会调控'失灵，将导致癌症。"每个系统都是一个"社会"。

生命的产生说明，进化是系统调控、协同运作的过程和结果。从宏观来看也是如此，生命的产生也是宇宙有序的平衡协同调控的产物。

没有系统调控，就没有宇宙中的一切。

三、宇宙之所以是系统——多维协同

本章第一节探讨的是对象性组合，即两个以上的自组织系统对象性协同进化为新系统；第二节探讨的是系统调控，即系统通过调控将系统的各个组因调动起来为生存和进化而协同运作。不论是对象性组合，还是系统调控，都必须由相互协同才能实现。分散的对象相互协同，才对象性组合为新的、更有序更高级的系统；系统中的组因一致地协同才能进行目标性的调控。协同是自组织系统生存和进化必不可少的因素，没有协同就不可能存在，更不可能进化。但自组织系统的协同远不是上述简单的几个对象之间，或系统自身全部因素之间的事，而是无所不包的多维相协同。

多维相是当代认识事物的一种新方法。人类认识事物，开始是静止的、孤立的、片面的，后来逐步发展为动态的、联系的、全面的。近来出现全方位认识方法，但也只是在同一空间从不同的角度去认识事物，是全面认识事物的另一提法，并未有性质上的突破。人类的科学发展也是这样，以牛顿的力学为代表的经典科学对事物的认识是线性的，把事物分为零维——点，一维——线，二维——面，三维——立体，四维——时空。事实上事物是非线性的，是多维的。所以，随着科学的进展，多维相的认识方法诞生了。要按事物本来面貌来对象性认识事物，就应掌握多维相的方法，从多维相去认识事物。多维相地认识事物，则是要打破时间、空间、性质的局限，从不同的维相去分析认识事物。世界的本质是非线性的，多维的，自组织系统的协同也不例外，是多维的。

美国学者埃里克·詹奇曾描述过大小系统共同进化的现象，他说："演化在宏观世界和微观世界同时地、相互依赖地形成结构的意义上进行着，复杂性来自分化和综合过程的相互渗透，来自同时'自上而下'和'自下而上'进行的过程的相互结合，它们从两个方面造就了等级层次。微观进化产生出自身连续性的宏观条件，而宏观演进产生了保持自身过程进行的微观自催化因素。这种互补性标志着一种开放的进化，它不断揭开了新奇性的新维度并与环境交换。这不是对于标志着某种统一的全面演化的特定环境的适应，而是系统和环境在所有层次上的共同进化，是小宇宙和大宇宙的共同进化。"[①] 可惜他没有上升到多维相协同的高度来认识。

什么是多维相协同呢？前面一些章节中已有过论述，下面以人为一个例子来深入地探讨一下。

人作为宇宙第四代，生活在多维相协同之中。

首先，自组织系统的确有许许多多层次。人自身就包含多个层次，比如脑、五官、四肢、内脏、躯体等。每个组成部分又有不同的子系统，如脑有大脑、脊髓、脑干、延脑、脑桥、中脑、间脑等子系统。脑的各个子系统还可分为更小的系统，如大脑又可分为不同的功能区。再进一步，还可以将细胞分为不同的层次，细胞若作为母系统，细胞膜、细胞核、细胞质等是第二层次的子系统，三者的不同组成，如细胞核的核膜、核仁、染色质、核基质，细胞质中的原生质、内质网、细胞器等是第三层次的子系统。再往细分则可分为不同的生物大分子，如蛋白质、RNA、DNA、多糖等，以及更小的层次如分子、原子、粒子……一个细胞就是一个相对独立的多层次子系统协同调控的小宇宙。由多细胞组成的人体，则是一个多层次系统协同调控的巨系统，一个 $n1+n1=1$ 的时空质连续统。由于人这一自组织系统多维协同地调控，才使得层层自组织系统协同一致地为人的生存和进化而运作。

人其实并不算是什么巨系统，与宇宙相比，只是一个小系统。人之外大于人的自组织系统，还有许许多多层次。如社会系统、生态系统、生境系统、地球系统、太阳系自组织系统、银河系自组织系统、宇宙自组织系统。没有宇宙运用系统工程数据进行调控，不断创造进化的大环境，提供新的负熵源，就不会有今天 1250 亿个井井有序的星系；没有井井有序的 1250 亿个星系协同一致的调控，就不会有银河系；没有银河系井井有序的协同旋转，就不会有太阳系；没有太阳系各星球井井有序的协同一致的运作，就不会有地球；没有地球的有序的协同调控，就不会有能产生生物的生境系统；没有生物协同一致的调控就不会有生物的繁衍和进化；没有人类社会系统各种因素向着进化的方向协同的调控，就不会有人球系统的诞生。人的生存和进化正是层层自组

---

① 《自组织宇宙观》，第 87 页。

织系统协同一致调控的结果和过程。但，人类的生存和进化，还远不只是多层次系统协同调控的结果和过程。除多层次系统协同外，还有其他多维相协同：时间维相的协同，空间维相的协同，性质维相的协同，时空质整体维相的协同，信息、物、能的协同，多种力相协同，宇宙膨胀与引力作用的维相的协同，多种数据维相的协同，多因素协同调控维相的协同等等。例如，数据维相的协同，宇宙是运用精确的系统工程数据来调控的，它的子孙无一能离开系统工程数据的协同调控，人也不例外。地球的体积的大小程度、自转和公转的速度、地心吸引力的强弱程度、陆地与海洋的比例、大气中氧与其他气体的比例、地球上水的面积和数量、地质的进化速度、地球周围的行星和卫星、月亮的大小和状况、20 种氨基酸与 64 种碱基等等一切数据的井井有序地协同调控，才能使人得以生存和进化。

自组织系统不论是对内还是对外来说，既具有独立性又具有协同性。对内来说，其所有的组因协同一致的调控，才使其成为系统，独立地生存和进化；对外来说，它能通过自调控与多维协同，从而在井井有序的宇宙中占有一定的位置，起到一定的作用，成为不断进化的宇宙系统的一个组成部分。

广义来说，协同就是共生，共生就是协同。多维相协同，多维相的组因才能存在和演化。

第一代宇宙就是多维相协同共生的宏观系统，宇宙系统工程常数的协同共生，时空质的协同共生，物、能、信息的协同共生，1250 亿个星系的协同共生，少数星球上生境系统的协同共生，生态系统的协同共生……宇宙才能成为一个不断进化的时空质连续统。一旦多维相中某一维发生改变，或者星系井井有序的共生毁灭，宇宙就不复如此存在和进化了。

第二代物能系统也是这样，核子是质子与中子两者对象性协同共生体，原子是核子与电子对象性协同共生体……某一天，它们一旦不协同，反目为仇，如，发生热核聚变反应，就会在惊天动地的轰鸣中分崩离析。

广义的协同共生方式在生物中到处可见。例如，真核细胞中的 DNA 自身就可以说是一种对象性结合的共生小系统，它的结构是（用发现者詹姆斯·沃森和弗朗西·里克名字命名的）双螺旋式的，构成双螺旋的两条多核苷酸链都是以特定的方式配对的，例如，腺嘌呤总是和胸腺嘧啶结合，鸟嘌呤总是和胞嘧啶结合。DNA 这种协同调控的共生系统，不仅有利于细胞的分裂，也有利于细胞的进化；不仅有利于积累负熵，也有利于进一步获取负熵。对象性结合共生、协同发展，是进化的普遍方式。不难想象，一旦双螺旋的共生方式遭到破坏，地球便会一片死寂，复归洪荒。

微观系统 DNA 与生物宏观系统也可以说是广义的共生。DNA 和脑协同调控，生物才能存在、发育、生长、活动和进化。双亲遗传给子代的 DNA，调控和确定了子代的性状，而子代在其脑指令下进行的种种对象性进化活动，通过神经、血液、分泌腺等将信号传递给细胞，引起 DNA 的正反馈。同种群的普遍而持续的活动则能使 DNA 由渐变而突变。有不同的分工才需要协同，有协同才能生存和进化。

信息是对象性的，没有信息对象，就没有信息。在三联体没有寻找到信息对象时，仍不具有信息功能，不是实际的信息大分子。只有当它寻找、识别、结合了具有对象性信息编码的氨基酸，两者协同组合的那一瞬起，地球上才开始有了对象信息，它们也就具有了与未结合前全然不同的信息对象，具有了识别对象空间——编码的信息功能，成了超物能的信息大分子，进化为信息、物、能三者全息一体的准生命，进化的对象性、对象、协同方式、进化的结果都发生了进化的进化。总鳍鱼由于多维相的协同才能进化为两栖生物；人头脑的进化不仅仅是用脑的结果，而且是宇宙和多维相的系统包括人自身全部机体协同运作的结果和过程。

多维相协同是宇宙及其子孙生存和进化的必然和必需，离开了多维中任何一维的协同，就不会有宇宙的大爆炸、存在和进化。只有多维协同调控，系统才是有序的，只有多维协同调控，系统的运转才是高效的。

传统主流进化论达尔文主义的认识与多维相协同恰恰相反，他们只看到个体之间的"吃"和"被吃"，认为世界是处于相互对立、你死我活的状态，把弱肉强食、优胜劣汰说成是生物进化的规律和动力，看做是必须遵循的人生哲学。但事实恰恰相反，进化是宇宙有序膨胀阶段不可逆的方向，天促物进、对象组合、系统调控、多维协同，才是进化的动力和规律。

如前所述，没有 1250 亿个星系的协同，哪来的银河系？没有银河系里全部星系的协同，哪来的太阳系？没有太阳系里各星球的协同，哪来的地球？没有地球上生境系统的协同调控和进化，哪来的生物？没有生态协同平衡，哪来的生物的生存和进化？大鱼吃小鱼，是生态系统调控的一种方式，目标是保证生态的协同平衡。鱼产卵率很高，如果小鱼都成活，水中就挤满鱼，不仅鱼都得死去，而且陆地上的生物也会因生态的破坏而遭殃。生态系统的调控不仅使生物能平衡协同地生活在一起，而且自身也得以不断地进化。到第四代自知自组织人类，则能通过自知的努力，递佳地调控生态平衡协同。在人类诞生之初，为了获得食物，人类无限制地破坏植物，掠杀野生动物，但今天人类不仅自知地保护和促进生态平衡协同，而且逐渐懂得多维协同，自知地保护和促进包括大气、海洋等地球上生境系统的平衡和协同，将局部的混乱变为有利于进化的协同。

一个自组织系统不能单独地从其自身或与某一个对象系统来考察它的生存和进化，要把它放到大系统中来观察分析其为何诞生、进化、灭绝。宇宙第四代人的诞生和进化就是这样，除了由于由生物先祖进化而来的猿人，具有一定发达的脑（容量、功能等）、躯体、四肢等，使其既能保持生存下去的能力，又有能进化为具有新的自知对象性的宇宙第四代的基础；还因为多维协同使地球上创造了由猿进化为人的生态环境，不仅提供了一切生存必需的食物、空气、温度，以及进化所必需的动物、植物、矿物资源，而且由于造山运动促成非洲大峡谷的形成，提供了引起人发挥智慧直立行走的新环境等。在这样的多维协同的具体生态中，人类的先祖，才能凭借其具有的生理基础，发挥其进化的对象性，以自知的需要为指向，以创造的信息为前导，通过长期主动的努力，普遍地而不是个别地逐渐进化为自知的第四代人类。

系统之所以叫系统，正在于其成因是协同运作的，高级自组织系统还会通过合并、联合而成为更能开发和吸取负熵的大系统。如，人类系统就是不断从群落进化为社会、国家，并正在向人球系统迈进。这一过程正是人类协同共生的进化过程，也是人类逐步走向与生境系统、生态系统协同共生的过程。没有多维相协同，个人、企业、社会、国家，就不会存在和进化。

宇宙之所以是一个不断进化的时空质连续统，就是因为它是一个以精确的系统工程常数进行多维协同调控的宏观系统。只有多维协同，系统才能调控，才能对象组合，才能天促物进。

多维相协同中最令人崇仰的是跨越时空的协同。即前一层次（代）总为后一层次（代）的诞生和进化，在主动努力走完第一段——生长、发展、进化，增长负熵后，便走向第二段——熵增、退化直至毁灭。宇宙就是这样，不断地通过系统工程的调控膨胀、扩散热量，创造进化的大环境，促进其子孙们不断地进化，直至后一段失控膨胀或坍塌，走向熵寂。超新星也是这样，走完第一段增长、发展后，为下一代恒星的诞生，提供未来第三代必需的重元素爆炸了自己。太阳等恒星是这样，生物也是这样，人类更是自知地为后代的诞生和进化奉献自己。协同已逐渐成为人类处理包括人类之间争端必须遵守和发展的规则。当今世界已普遍自知地提倡和采用诸如平等互利、优势互补、友好协作、结为伙伴、重组联合、签订公约、制定协议等种种形式进行协同。只有到了整个世界无一不是通过自知的系统调控，进行多维协同的时候，才是人球系统真正建成之日。

当然，协同也要发生进化的进化。当新系统诞生后，旧的协同已不适宜新的生存和进化的需要，新系统的对象性已发生了进化的进化，进化的对象已是新的对象，它必然也必须形成新的协同调控才能生存和进化。

由旧协同到新协同一般有两种类型。

一种是，两个以上的自组织系统对象性组合，它们需要通过磨合的过渡期才能达到新的协同。原核细胞生物进化为真核细胞生物就是一个例子。线粒体刚进入单细胞生物时，造成局部的不平衡，打破了原系统的协同。首先表现在线粒体能够通过氧化方式分解有机体，提供生命体所必需的能量，包括氧。这就打破了原核细胞原来的平衡，促使它以氧为生存的重要能量，产生了呼吸的代谢机制，从而为进化为需要更多氧的真核细胞生物创造了条件。同时线粒体具有自己的DNA，而原核细胞生物只有多核苷酸链，这一不平衡，通过信息反馈促使细胞通过调控，形成细胞核，来保护和发展遗传信息，从而形成了细胞核和核内有别于线粒体的DNA。局部的不平衡通过磨合，最终引发整个系统的飞跃，进化为能通过新协同调控，既亲氧又能更好遗传进化的真核细胞。

另一种是，系统从某一两种因素开始突破，引起不平衡。母系统原协同被破坏，便通过调控促进其他因素产生相应的飞跃，使母系统由渐变而突变，进化为新系统，形成新的协同。例如，总鳍鱼在水中时已发展了两个适应陆地生存的因素：能爬行的鳍和能呼吸的肺。上岸后，它便以这两个因素带动其他因素协同由渐变而突变，进化为两栖生物。新协同是旧系统进化为新系统、由低序到高序的必要和必然。

物进天促，进化为新系统时，不仅具有更大的能量和负熵，而且由于新系统的新的组因、新的协同运作使其有序度上升到一个新的高度和层次，进化的动力和机制从而发生了质的飞跃。

宇宙一代代在协同方面的进化更为明显。在天的多维相协同作用下，第二代物能系统是以力为前导、进化对象性为指向，非知地调控自己的组因，协同一致保持组织的稳定，并适时地去对象性寻找、识别、组合，协同进化。第三代生物是以信息为前导、本能为指向去调控自己的组因，协同一致地为生存和进化而主动活动，宏观系统与微观系统 DNA 协同运作，通过信息的控制和反馈而生存和进化。第四代人类却是自知地调控自己，创造新的工具系统、递大的自知自组织系统、环境系统、生境系统等，并与创造的对象协同组合而生存和进化。宇宙的进化从某种意义来说正是多维协同的进化。

补　遗

多维相不同于全面，也不同于全方位。多维不只是打破空间层次，而且是打破性质、时间等层次。例如，宇宙的系统常数的协同，天促和物进的协同，引力与斥力以及其他几种力的协同，宇宙的膨胀与引力作用的协同，膨胀与创造进化大环境的协同，自调控与发挥进化对象性的协同，全部星系的协同、银河系的协同、太阳系的协同、太阳系中各星球之间以及月亮和地球之间恰到好处的协同，地球上大气、海洋等的协同，20 种氨基酸、64 种碱基的协同，亲代与子代的协同……多维协同中如果缺少其中之一，就不可能出现生命和进化。

某些因素对象性地组合为一个新系统后，不能仍以原因素来判断该系统的变化，

因为新系统的子系统，已与原因素在性质上发生了质的变化。也就是说，不能简单地把它看成是原因素的总和。

正当竞争是竞相协同，促进进化；非正当竞争则是破坏协同和进化。

蓝藻、绿藻等是生态系统与生境系统协同调控不可缺少的组因。地球出现具有充分氧离子的大气层，正是环境与生物相互作用，协同调控的结果。

四、缺一不可的动力——天促物进

在前几章中曾多次提到天促物进是宇宙进化的动力系统。

什么是天促物进？

天促的含意是：宇宙总是不断地膨胀体积、扩散热量，创造进化的大环境，提供新的负熵源，促进其子孙们的进化。

物进的含意是：宇宙的子孙们都具有进化的基因——进化的对象性，主动地去寻找、识别、组合对象而进化。宇宙及其子孙们的生命遵循着兴衰二段律，前一段是组合、诞生、成长、演进，后一段则是衰退、熵增直至消亡。二段律的本质是奉献律，前一段主动地发挥进化的对象性去寻找、识别、组合、成长、演进，使后代更佳地生存和进化；后一段逐渐耗尽了自己的生命，便走向衰落、熵寂。

天为什么会促，物为什么会进呢？

宇宙的子孙们都是开放性自组织系统。既具有内负熵源，也具有外负熵源。内负熵源就是"物进"，外负熵源就是"天促"。宇宙之所以能具有系统工程的数据，进行井井有序的自调控而不断地进化，正在于其独特的大爆炸，赋予其一套精确的系统工程数据。人择原理能说明，宇宙之所以有这样精确的系统工程数据，是由于它本来就是这样，或者说在众多的宇宙中这个宇宙恰恰是这样。有些人不得其解，便将它说成

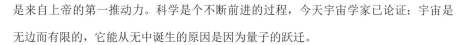

是来自上帝的第一推动力。科学是个不断前进的过程，今天宇宙学家已论证：宇宙是无边而有限的，它能从无中诞生的原因是因为量子的跃迁。

毕达哥拉斯说："万物皆数。"宇宙中的一切无一能离开数，其中有一些数如温度、密度等，是在不停地变化，但另一些数如引力、弱力、强力、电磁力等的强度，基本粒子的质量，真空中光的速度等等，却是恒定不变的常数。变动的数据是由不变的数据来调控的。宇宙正是以一套精确不变的常数来进行调控，在前一段才得以不断有序的进化。之所以说这些常数是一套精确的系统工程数据，是由于：

1. 宇宙的种种常数，缺少其中的任何一个，宇宙的调控就会失效，就不会有不断进化的时空质连续统，就不会有宇宙的第二代、第三代和第四代以及以后的第五代、第六代……的进化。

2. 每一常数的数据都恰到好处，若改动种种常数中的任何一个数据，也同样不会有像今天这样不断进化的宇宙。

3. 种种数据必须协同一致地来进行调控，它就像是一个高手所设计的循序渐进的系统工程，宇宙从而得以在前一段成为一个进化的时空质连续统。

宇宙由于运用（也只有运用）这套精确的系统工程数据来调控，才能不断地有序膨胀、扩散热量，创造进化的大环境，提供新的负熵源，促进其子孙们持续地进化。人类到21世纪才进入数字时代，而宇宙在140亿年前大爆炸伊始就已运用数字来进行调控。

物为什么会进呢？

物是指宇宙的子孙：各层次、各代自组织系统。它们之所以具有进化的主动性，总是对象性地去寻找、识别、组合进化的对象，甚至具有奉献的精神，是由于它们是运用精确系统工程数据进行自调控而不断进化的宇宙的子孙。宇宙运用系统工程数据进行自调控也正是对其子孙们进行调控，通过自调控而进化是宇宙及其子孙们多维协同运作的目标和过程。

一层层、一代代物进的动力虽然是宇宙赋予的，但就像孩子脱离亲代后具有独立生活能力一样，它们可以发挥其进化的动力，而主动进化。宇宙是在对象性的过程中诞生和演进的，即在静与动，无与有，熵与负熵，低序与高序，低结构与高结构等等对象性过程中诞生和进化的。它所诞生的子孙也都是对象性的：反质子与质子，负电子与正电子，物质与反物质，大与小，强与弱。无物无对象，无物非对象。存在就是对象，有多少对象就有多少对象性。宇宙运用准确的系统工程数据进行调控，不断地创造进化的大环境，提供新的负熵源，使其具有种种对象性的子孙们普遍以进化的对象性为主流，主动地去寻找、识别、组合进化对象而进化。这就是为什么宇宙的子孙具有主动进化动力的原因。进化对象性是天赋予其子孙的又一进化基因，它也随着自组织系统一层层一代代的进化而不断进化。

天促物进，使宇宙的子孙既具有源源不息、不停演进的内负熵源，又具有不断创新的外负熵源。或者说既具有进化的内动力又具有进化的外动力。

天促，对宇宙的子孙来说就是外负熵源。以精确的系统工程数据调控的宇宙，不断地膨胀、扩散热量，循序渐进地创造进化的大环境，提供新的负熵源，促使其子孙不断地进化。物进，就是自组织系统的内负熵源。宇宙的子孙都有进化的动力，当宇宙创造了进化的大环境，提供了外负熵源时，某层（代）自组织系统便会发挥其"内负熵源"，对象性地寻找、识别、组合，而进化为新的自组织系统。天促物进本身也是一个进化的过程，天和物都在不断地进化，天促和物进的机制、方式等也不断地进化。虽然天促物进并不能保证所有的自组织系统都必然进化、进化必然完美，但却确定了进化不仅是方向，而且是不可逆的。在前几章中描述过在天促之下各代进化的过程，下面不妨简略地回顾其中的一些例子。

大爆炸之初，宇宙的温度极高，提供了负熵源，创造了有利的大环境：在高温下质子处于自由状态，促使它得以发挥物进的动力，相互碰击而不断地产生大量新的质子，宇宙的体积迅速膨胀。宇宙的体积增长一倍，温度下降一半。大爆炸后100秒钟，温度降到10亿度时，为质子的进化创造了大环境，提供了负熵源，质子、中子等发挥其物进的动力，摆脱了强斥力的影响，通过发射携带强力的胶子，而相互对象性地寻找、识别、组合为核子。100万年后，宇宙再进一步创造进化的大环境，提供新的负熵源，温度下降到几千度，核子与电子等便适时地发挥其物进的动力，通过发射携带弱力的重矢量玻色子而相互对象性地寻找、识别、组合而进化为原子。宇宙进一步创造进化的大环境，提供新的负熵源，在继续膨胀过程中，促使密度略微大点处的原子、分子发挥物进的动力，相互对象性地寻找、识别、组合而集聚。外区域的引力使其在收缩中逐渐旋转起来，收缩得越小，集聚的物质越多，旋转得就越快，从而进化为碟状的旋转的星系。从质子到星系，虽然一个层次比一个层次发生了进化的进化，但却具有共同的代的进化对象性，即以力为前导、以进化对象性为指向，寻找、识别、结合对象而进化。它们都是宇宙的第二代——物能自组织系统。

当宇宙创造了井井有序的 1250 亿个星系，在某些星系中某一大小适当的星球上，进一步创造了新的进化大环境，提供了新的负熵源以及阳光、水、大气等。某些分子便发挥进化的动力，对象性地寻找、识别、组合为碱基、氨基酸，再进化为更大的碱基三联体、多肽氨基酸。当碱基三联体与氨基酸发挥其进化的动力，对象性地相互寻找、识别、组合，地球上便产生了信息和信息大分子——准生物。它们发生了进化的进化，不再以力为前导，而开始以本能为指向、以信息为前导，去对象性寻找、识别、组合对象而进化为原核细胞生物。宇宙进一步创造进化的大环境，例如，地球上出现了强磁场挡住了太空中有害的射线，原始生物产生了大量的氧，改变了大气等。深海中的食物匮乏时，原核细胞生物发挥其物进的动力，以本能为指向、信息为前导，浮到浅海，与亲氧的线粒体等相互寻找、识别、共生，进化为真核细胞生物。生物不是坐等天促，而是主动发挥物进的动力参与创造进化的大环境，使地球上形成了越来越适宜生存和进化的生境系统、生态系统。

700 万年前，生物中最先进的物种类人猿进化为第四代人类，物进的机制、方式、结果又发生了进化的进化，不再是以本能为指向、信息为前导进行活动，通过长期的、非知的反馈缓慢地吸纳新信息，由渐变而突变进化为新物种，而是自知地把自己作为自己的对象，发挥进化的动力，去自知地创造工具、生境系统、生态系统、递大自知自组织系统等，与创造物结合而进化为人－软工具系统、人－硬工具系统、人－生境系统、人－生态系统、人－社会、人－国家、人类－全球系统。人类的进化才几百年，虽然与宇宙的生命相比，只是一瞬，但人自知地参与了创造进化的大环境，并将创造宇宙的第五代，使宇宙进化开始由非知进入自知，速度越来越快，人类的后代还将自知地创造第六代、第七代……天促物进的协同将越来越紧密。

宇宙运用系统工程数据进行自调控也正是对其子孙们进行调控，其子孙们也都纳入系统工程数据的调控中。换而言之，宇宙的子孙们都是宇宙运用精确系统工程数据调控的对象。但另一方面由于宇宙的子孙们有进化的内动力，所以，它们能主动地因条件不同而进行各种各样的进化。主动地通过自调控而进化是宇宙及其子孙们协同运作的目标和过程。它们是 n1+n1=1 的加速进化的时空质连续统。

达尔文主义的天择论却与此相反。第一，它把宇宙看成是静止不变的，所起的是"择"的作用。达尔文创立天择论时，他根本不了解宇宙是一个动态系统，在有序膨胀期会不断地进化。第二，它把生物看成是被动地被选择，而无视生物（以及宇宙的所有子孙）都有进化的内动力，在天促之下会主动地自调自控，发挥进化的对象性主动地去寻找、识别、吸纳对象性物、能和信息，或结合共生而进化，或改变其 DNA，由渐变而突变，不断地进化。生物（以及所有宇宙的子孙）的进化不是偶然变异的结果，而是天促物进的必然。

天促、物进，是宇宙进化的两大动力，但作为一个完整的动力系统，它与系统调控、对象组合、多维协同是不可分割的。由于宇宙运用系统工程常数进行系统调控，天才会促，物也才会通过自调控而进化。由于宇宙的子孙们发挥物进的动力，对象性地寻找、识别、组合，才能不断地进化为更高层次（代）的新系统。由于时空质整体、不同的力、宇宙膨胀与热扩散、不同数据、不同层次系统等多种维相的协同调控，宇宙才能不断地进化，创造出新的更进化的自组织系统。天促物进、系统调控、对象组合、多维协同，共同组成了一个互为因果、缺一不可的完整的进化动力系统（简称天促物进）。本章在分节时不分顺序，先从对象组合来谈，也正是基于此。

对象组合、系统调控、多维协同、天促物进的集中表现和结果是不断地进行创造。进化就是创造。随着时间的推移，宇宙总是不断地展现新奇的创造成果。

宇宙所有的子孙系统调控、多维协同、对象组合，形成一个天促物进的 n1+n1=1 的时空质连续统，不断地创造新的进化大环境，创造新负熵源、创造新的自组织系统，不断地演进，从无序到递序、从低到高、从无结构到递复杂的结构……没有天促物进、对象组合、系统调控、多维协同，就不会有创造；没有创造，哪来的由低到高不断进化的自组织系统，哪来的递序，哪来的进化？

创造和改造、改变等不一样，后者只不过是在原基础上作些变动，性质并无变化。

而创造出来的却是进化所需、世上尚无的新的系统。天促物进、系统调控、多维协同产生的新系统，虽然是原有低一级系统对象组合的，但它的进化动力已发生了飞跃，具有新的进化对象性、新的组合对象、新的进化机制、新的进化效果。

在宇宙第四代诞生前的创造都是非知的创造。质子、核子、原子、分子、星球、星系，一个接一个新的更进化的自组织系统都是非知创造的产物和过程。宇宙的第三代生物，虽然是以信息为前导，进行长期的主动活动，对象性地寻找、吸取新信息，通过DNA的反馈，由渐变而突变创造新的物种，但生物的所有的生命活动是由本能支配的，全部创造活动仍然是非知的。只有到了第四代自知自组织系统人类，由于能自知地把自己作为自己的对象，指令自己去对象性地寻找、识别、采用新信息和物、能，有目标、计划、步骤、方法地去创造，与自己创造的对象结合而不断地进化，才划时代地翻开了自知创造的新篇章。

宇宙的非知创造可能告一段落，自知的创造却开创了一个新的进化历程：第五代将由人类自知地创造出来。这一天已为期不远。当人类能运用生物工程创造新的大智慧的新人类，人类创造的信息硬工具与信息软工具可以结合在一起，用生物芯片植入人脑与人组合为一个时刻不分的系统，并能与世界所有的网络联系。当人类创造的递大、递佳自知自组织系统进化为全球大同，人类性得到完全的解放，人人都能同等地与新工具组合而进化之日，便是第五代创造完成之时。宇宙将由此进化到自觉创造的时代，并向着递自由创造的时代迈进。

自知的人类虽然与宇宙相比还很微小，但星火可以燎原，随着自知、自觉、递自由地运用和发挥天促物进、系统调控、多维协同、对象组合的进化动力系统，创造将突飞猛进。在可预期的未来，全宇宙中适宜的星球上都会有自知的人类后代，届时必会将整个宇宙创造成一个更加有序、新颖、繁荣、美好的巨系统。

补 遗

天促是指总的方向，而不是指每一具体的环境。因为有时具体环境变坏了。

以精确系统工程调控的宇宙在膨胀阶段的时空质连续统虽然总是不断由低序向高序进化，但它的调控并不能管到宇宙时空质连续统中所有细节，有的局部的确存在退化，但从全宇宙来说，进化的必然性是任何力量也改变不了的。

地球生境系统虽然可能遭到意外的毁灭性破坏，但从地球几十亿年的历史来看，生境系统的自调控能渡过难关，生物仍然在不断地进化。甚至每渡过一次难关，生物就发生了一次巨大的飞跃。

天促物进是生物进化的动力系统。这是生物之所以能进化的根本，而不是什么竞争。竞争是指自身与他物的关系，而不是自身的动力。

生物与第二代物能系统的确不同，它的诞生有其偶然性的一面，只出现在恰好具有条件的星球上。这一偶然性，容易使人忽视其必然性。那就是，无数的不诞生生物的星球，正为能诞生生物的星球提供了必需的环境。

第八章

宇宙进化的哲学和人文意蕴

为什么哲学不是即将终结而是在走向振兴？

多维协同是否包括四千多门类的科学？

为何各种观念正面临大变革？

人类后代的未来是悲惨无望的，还是令人激动和心醉的？

宇宙进化的哲学和人文意蕴

人类的科学几千年来特别是近百年来已发生了多次革命，而哲学却似是停滞不前，迄今仍然把古人对宇宙毫不了解时提出的世界的本原作为哲学研究的基本命题，并由此而分为唯心论、唯物论和二元论三大哲学流派。走在人类认识前沿的科学家对哲学的现状最为敏感。伟大的科学家霍金就是其中的代表，他在其世界畅销书《时间简史》的尾段，对哲学贫困的原因、程度和境况提出了极为精辟的看法：

> 迄今，大部分科学家太忙于发展描述宇宙为何物的理论，以至于没功夫去过问为什么（指哲学）的问题。另一方面，以寻根究底为己任的哲学家跟上不科学理论的进步……科学变得对哲学家，或除了少数专家以外的任何人而言，过于技术性和数学化了。哲学家如此地缩小他们的质疑范围，以至于连维特根斯坦——这位本世纪最著名的哲学家都说道："哲学余下的任务仅是语言分析。"这是从亚里士多德到康德以来哲学伟大的传统的何等堕落！ [①]

霍金的批评虽然欠全面，但却是很中肯的。一个多世纪以来，在马克思、恩格斯之后，哲学对科学最新成就望洋兴叹、视而不见。在西方，"哲学的终结"已成为热门话题。

时代呼唤着哲学的振兴，哲学要高瞻远瞩，走在时代的前沿，吸取科学最新成果，

---

① 《时间简史》，第156页。

更新观念，建立新的哲学框架和流派，讨论新命题。正如恩格斯所说：

> 随着自然科学领域内每一划时代的发现，唯物主义就不可免地一定要改变自己的形式。

科学伟大的发现和创造，如日心说、相对论、新宇宙学大爆炸说，都一次次打破了传统的认识和观念。今天陷入困境的哲学与突飞猛进的科学悬殊的落差，正预示哲学崛起时机的到来。

人类的科学经历过从"整"——原始笼统地把握对象，到"零"——分析再分析对象的两个阶段。分析的方法虽然重要，却使科学形成了 4000 多个分支，陷入孤立的局限研究，陷入只见水珠不见大海、破坏对象原貌的弊端。今天随着认识的提高，人类的科学已进入"新整"——综合交叉的阶段。人类种种对象中最大的整体，莫过于宇宙，研究宇宙诞生和发展的学问无所不包、无所不及，它是科学最高的使命。霍金估计："在未来 100 年，甚至 20 年，我们也许会发现一个关于宇宙基本规律的完整的理论（指'大统一理论'）。"虽然人类的认识永远是对象性的，不可能穷尽一切规律，但，人类性的空前解放，人－工具系统的高度进化，人类智慧的深广开发，使人类对宇宙的研究和认识发生了巨大的飞跃。从静态到大爆炸，从一段论的熵增到兴衰二段律，从局部到系统，从割裂到对象，从孤立到多维相协同，从时、空、质到时空质连续统……不断地朝"新整"方向迈进。对包罗万象的宇宙时空质连续统的对象性、进化历程、进化动力、进化规律等的探讨，使哲学以及人文科学不能不思考，其中是否有涵盖一切、指导一切的观念、法则、方法可寻。科学的综合交叉已跨越自然科学、社会科学、横断科学各自的范畴，宇宙的研究将可能成为哲学、人文科学与当代自然科学、横断科学融合交叉的一个契机。

一、对象：哲学研究的新对象

从宇宙的诞生和进化可以得知，宇宙是对象性的产物，宇宙的进化无一时能离开对象，任何时候它都是对象性地存在和演进着。宇宙没有外对象，它的内对象是其全部子孙构成的自身。大爆炸对象性地赋予宇宙精确的系统工程常数，它以此来对其自身进行对象性的多维协同的调控，对象性地创造进化大环境，提供对象性的负熵源，促其子孙发挥进化的动力、进化的对象性，对象组合，不断地进化。无的对象性产物是有——时间、空间、物质；斥力的对象是引力；宇宙体积的膨胀与温度的下降二者是比率为 2:1 的对象；时间是空间和物质的对象，物质是时间和空间的对象，空间是物质和时间的对象。大爆炸后正质子与反质子互为湮灭的对象，中子与质子相互为进化的对象，两者对象性寻找、识别、组合为核子；电子、核子等互为对象，寻找、识别、结合为原子；原子再互为对象结合为分子……生物进化的对象性发生了进化，以本能为指向、以信息为前导，对象性地进行种种主动的活动，对象性地吸取新信息，引起 DNA 的反馈而进化。而第四代人类的对象性则又发生了进化的进化，以自知的需要为指向，去对象性地寻找、识别、采用信息和物能，自知地对象性地创造进化所需、世上尚无的对象，与创造的对象结合为新的人－工具系统和更大更佳的自知自组织系统而不断地进化。天促物进、系统调控、对象组合、多维协同的进化史就是一部对象和对象性的发展史。进化是进化的进化，主要是进化对象和对象性的进化。

正如马克思所说：

> 非对象的存在物是一种（根本不可能有的）怪物。[①]

只要仔细地观察和研究，寰宇之中无物无对象，无物非对象，对象的普遍性处处可见。如果用一句话来概括，那就是：存在即对象。对象是哲学研究的基本命题。

---

① 《1844 年经济学哲学手稿》，第 121 页。

超光速是存在，时间是存在，空间是存在，粒子是存在，原子是存在……存在之所以存在，正在于它有对象的存在，又是存在的对象。碱基三联体是氨基酸的对象，它们相互对象性结合而逐步进化为准生物、原核细胞；线粒体是原核细胞的对象，它们对象性寻找、识别、组合，进化为真核细胞生物。有适当游离氧的大气是单细胞生物进化为需要神经的多细胞生物的对象；太阳是植物的对象，是供给其阳光，从而能进行光合作用的对象；植物也是太阳的对象，是印证和表现太阳本质力量的对象。对象还是多方面的，如，苹果是地球的对象，是被其吸引住而不致飞离的对象，同时也是人的食物的对象，是食品厂制造果酱的原料对象。无存在无对象，无存在非对象，任何存在物的发展、演化，都是与其种种对象发生对象性关系的过程。

对象是指此存在之外的彼存在，对象性是指此存在对彼存在的一种倾向、指向[①]。万物是万物的对象，每一存在对万般对象则具有万般的对象性。但在宇宙有序膨胀的进化阶段，由于宇宙不断地创造进化的大环境，提供负熵源、差落关系，使其子孙们的进化对象性得以发展起来，成为主流，总是对象性地寻找、识别和结合（吸纳、加工、创造）对象而进化。并且一代代延续和发展下来，成为自组织系统进化的动力和天性。

对象之所以成为对象，正在于它是对象的对象。它们是一个不可分割的整体。马克思对此作过哲学的概括，他说：

> 一切对象对他来说成为他自身的对象化，成为确证和实现他的个性的对象，成为他的对象，而这就等于说，对象成了他自己。[②]

对象之所以成为对象，是因为它是此之外的另一个存在物，它不同于此，所以万物都是此的对象，一言以蔽之，非此即此之对象。但仅这还不够，彼是此的何种对象呢？正质子是中子之外的另一个存在，所以是中子的对象，但，质子又是中子，是中子与之结合能进化为核子的印证和实现者。所以，对象的定义完整地说，应是：非此小此，或非彼小彼。

---

① 《对象学——大爆炸与哲学的振兴》，第79页。

② 《1844年经济学哲学手稿》，第78—79页。

对象是此之外的彼存在，但却是此存在之表现和确证。正质子虽然不是反质子，但却是反质子与之相互湮灭的表现和确证。氢虽然不是氧，但却是氧与之化合进化为水分子的表现和确证。俗话说得好：草地上开满了鲜花，牛羊只看见青草。草虽然不是牛羊，却是牛羊生存和进化需要的对象和确证。闪电打雷，原始人以为是天公发怒，膜拜求饶；而今天人类知道那是阴阳电相击而形成的，或用科学方法躲避其危害，或欣赏其美。人虽然不是雷电，雷电却是畏惧者或欣赏者的对象化的确证；雷电虽然不是人，但却是人进化状况的表现和确证。此进化不可离开彼，了解彼不可离开此，对象与对象构成的是 1+1=1 的整体的现实。

对象是普遍的，对象性也是普遍的，无存在物对其对象无对象性，存在的发展变化都是与对象发生对象性关系的过程和结果。对象和对象性是宇宙最初始最原本的命题。不同的学科研究的是不同的对象，不同对象和对象性的共同本质和规律，正是涵盖一切、指导一切的哲学研究的基本命题。

万流归大海，分割为各种门类的科学前沿，今天已开始汇合，从不同的角度说明对象的普遍性和研究的必要性。

例如，霍金在其名著《时间简史》中指出："任何粒子都有会和它相湮灭的反粒子。"[①] 揭示了宇宙最初的物质便具有对象性。

相对论的创立者爱因斯坦对对象这一宇宙的基本命题也有精深的论述，他对相对论作过一段透彻而通俗的解析："'相对论'这个名称是与如下事实相关的，即：从可能的经验来看，运动总是表现为一个物体对于另一个物体的相对运动（例如汽车相对于地面的运动、地球相对于太阳的运动）。运动绝不会作为'相对于空间的运动'——或者，像有人所表述的——'绝对运动'而被观察。'相对性原理'在其最广泛的意义上为如下一句论断所蕴含：所有的物理现象都有这样一个特点，它未给'绝对运动'概念引进提供任何依据；或者较为简洁却不怎么精确的表述：不存在绝对运动。"[②] 这就是说运动都是对象性的，而不存在无对象的运动。他还进一步指出："绝对的东西（如绝对时间）是不可观察、无法认识的，只有相对的东西（如相对的时间）才是可以

① 《时间简史》，第72页。
② 《爱因斯坦晚年文集》，第41页。

认识的。"在此爱因斯坦将物理学上的相对性原理上升到普遍的对象性的高度，是科学与哲学交融的典范。

宇宙万物都是对象性的。存在就是对象，发展是对象性的发展。

无对象无存在，存在都有对象。宇宙的任何一代不仅都因有对象而存在，而且也因宇宙不断创造进化的对象而进化。因有进化的对象才能有对象性地寻找、识别，或是将其吸纳，或是与其组合，才能上升为高一层次（或高一代）的自系统，才能表明和实现它的存在和进化。大和小、快和慢等任何一样离开了对象就失去了意义和衡量的可能，也就是说没有对象，就没有大和小、快和慢的存在。

物理学家惠勒说得好："现象非到被观察之时，决非现象。"[①]孤立的存在是不存在的，存在是因有对象而存在。观察时才有了对象，才构成了一个 1+1=1 的现实。存在物究竟有多大，若无对象则无大小。对蚂蚁来说，面包是座山，对人来说，是只能吃上几口的小玩意儿。红外线是蚂蚁的可见光，而人却观察不到。事物只有与人发生关系时才是人的对象，才可能被观察认识，才有意义，才是人所谓的事物，才与人构成了一个现实。科学已证实：一个物理上的"可观察量"（如 x 或 px）并非原来就存在，并非不依赖于观察者（包括观察工具）而独立地存在。可是有些人至今仍然坚信"客观存在"不是以人为转移的。其实马克思早就指出："正像人的对象不是直接呈现出来的自然对象一样，直接地客观地存在着的人的感觉，也不是人的感觉。"万物从其诞生的那一刹那起，它的一切都是对象性的，它就是一个对象性时空质连续统。失去了对象，就不存在。

以光速为例，孤立的光速毫无意义，但它有了超光速和低于光速的对象时，便具有了实际意义。有光速作为一种对象性的尺度，就可以说明时、空、物的存在的确有一个最小的域限，在小到任何速度也不能起作用的奇点时，便是时、空、物分解之时。同时，也有个最大的极限，如果将来宇宙坍塌，外速度超光速时，它可能会像个按钮，引发大爆炸。宇宙除了坍塌到最后一刹那的速度和暴胀时的速度超光速外，可能再也没有超光速的时候。光速是宇宙诞生和进化的一个对象性的限度。

量子力学的创始人玻尔和海森堡用科学试验证实了这一道理：光子不是波也不是

①　《新华文摘》，1997 年期，第 26 页。

粒，而是相对于观察者的目标和工具而定。玻尔说："假如一个人不为此而感到困惑，那他就没有明白量子论。"可见单从认识来说，存在并不决定意识，意识也不决定存在，对象与对象的整体关系才构成了现实。海森堡对此作了重要的概括："习惯上把世界分成主体与客体，内心世界与外部世界，肉体与灵魂，这种分法已不恰当了。"量子力学实验有力地印证了：

1. 存在之所以存在，正在于它有对象。无对象，是不可能存在的。

2. 现实是对象与对象发生关系的过程和结果。

3. 对象与对象不可分割。量子呈现波象，是因为其对象存在的缘故，量子呈现粒象也是因为它存在一个具体的对象。

对象与对象发生对象性关系时，此是彼之对象，彼亦是此之对象，对象与对象构成了一个不可分割的整体 1+1=1 的现实。由于有了 1+1=1 的现实，才有存在和进化。

牛羊在长满鲜花的草地上只对象性地去寻找它本能需要的青草，从而构成了一个整体的长满鲜花的草地上牛羊在吃草的 1+1=1 的现实。而自知自组织系统的人却喜爱青草陪衬的鲜花，欣赏它的美丽和芳香，构成的不是欣赏者和被欣赏的花，而是一个 1+1=1（人在草地上审美，或花在被人欣赏）的整体现实。除了草和花，牛羊和人生存和进化需要的对象还有很多很多，它们不是分别构成不同的现实，而是一个动态的、包罗一切对象的 n1+n1=1 时空质连续统的现实。

宇宙是万般对象之母对象，万般对象是宇宙以准确适当的系统工程数据调控的对象。宇宙的进化，正是在其调控和促进下，一切对象与对象发生对象性关系的过程，是一个包罗万象的 n1+n1=1 的时空质连续统。

人是当代宇宙中最先进的第四代自知自组织系统，能通过自知的需要创造新的对象，与新对象结合而进化。从人类开始，宇宙翻开了自知创造的新篇章。今天人类正在创造宇宙进化的新对象——第五代人球系统。对人的对象和对象性不能不重点探讨。笔者在拙著《对象学——大爆炸与哲学的振兴》中曾作过系统的论述，这里且作掠影式的简介。

人之所以是自知自组织系统，就在于他与对象的关系不是非知的、自在的关系，而是具有自知的对象性关系。人能把自己作为自己的对象，当人说我的时候已把自己作为自己的对象，从而能自知地把外界的对象作为自己的对象。换而言之，正因为人能把自己作为自己的对象，所以，才能自知地把外界的对象作为自知的对象。万物都是人的对象，人是万物的对象，自知的对象性关系是人与对象实际的关系。

非知的自系统动物，只能因本能的需要而非自知地与对象发生关系。而人类，不论是本能的需要还是非本能的需要，均能形成对对象的一种具有自我意识的即自知的对象性。人能自知地向自己发出指令去进行对象性活动，有意识地去寻找对象，与对象发生自知的关系。自知创造的对象性是人类进化对象性的集中的表现，创造的对象性因自知的需要而产生和确立。动物不知道自己有何本能的需要以及在本能之外还有什么需要；而人却不然，人能把自己分为两个，施控的我不仅能审视到受控的我有何本能的需要，而且还能指令受控的我去发现本能之外的其他需要。为了满足需要，则会形成创造新对象的对象性：确立创造目标、计划、方法等，指令内对象去进行创造，从而得以不断通过自知的创造与创造的对象结合而进化。这是宇宙第四代与第三代根本的区别所在，亦进化的进化所在。

对象对人来说，是非我亦我。我的对象都是我的本质力量的表现和确证。

人不仅在认识对象，也能从对象认识自己。一旦站在这个对象的角度来看自己和宇宙，就会感到一种由模糊变为清晰的感觉。

人看到的、听到的、闻到的、触摸到的，诸如月亮、星星、鸟语花香、冷暖、长短等等对象，均是人的感觉世界。它们不是自在的本体，而是人的对象，是非我亦我，是人的本质力量的表现和对象化。仁者见仁，智者见智，仁者从对象上能见到自己的仁，智者从对象上能见到自己的智。人认识对象、使用对象、创造对象，均是在与非我亦我的存在发生关系。

非知自组织系统动物的对象是其非知的本能对象，所以一般不会异化。草是羊的食物对象，羊不会将肉作为吃的对象，吃肉它会生病的。但人是自知自组织系统，具有自知性的人能创造世上尚无、进化所需的对象，造福人球；也能异化对象，把人的对象变为非对象，把非对象变为对象。暴政、强权、金钱等均能将人变为非人，非对象变为对象。而在这种改变对象的活动中，改变者自己也同样变成了反人类性和非人类性的非人。但是随着递大、递佳大自知自组织系统的调控，异化的现象和行为，即

使能一时得逞，亦必将为进化所淘汰。

人与对象相互结合的时空质连续统，在不断地扩展、变化着。昨天不是自知的对象，今天可能成为自知的对象；昨天是以自我与周围的环境为对象，今天则是以人类与全球为对象；昨天没有的对象今天可能创造出来……具有能进行自知创造的人类不但能发现新对象，发现已有的对象与自己的新联系，利用和改变对象，而且能根据生存和发展的需要，创造新的对象，从而得以不断地进化。人的本质力量是什么样的就会创造出什么样的对象，这是一个方面；另一方面，正因为对象是非我亦我，所以，人创造对象也正是在创造自己。随着人－工具系统的进化、人－生境系统的进化、人类－地球系统的建成，人将会创造越来越高层次的对象，使人类越来越向递高的层次进化。展望未来，越来越进化的人类的后代将布满宇宙的众多的星球，自知创造将代替非知创造，成为宇宙无可估量的进化主流。

对象观是进化所需的新哲学观。

补　遗

人类认识事物总是对象性的，由于进化的程度不同，在不同的阶段认识事物的方法也不同。人类从灵长类分化出来的早期，对事物一无所知，又没有思维的工具，只能形象地、直觉地感知事物，处于混沌未开的状态。当人类进化为人－语言工具系统时，不仅能远离形象地抽象，而且能远离抽象地形象地认识事物，对事物进行拆卸分析，深入表象的背后。近代，由于人类认识水平的限制，不能科学地、整体地把握事物的本质和规律，所以分析的方法成为科学的主要方法。正如笛卡尔所总结的："如果一个问题过于复杂以至于不能一下子全部解决，那么就将原问题分解成一些足够小的问题，然后再分别解决。"这一方法延用至今，但其缺陷是显而易见的：分析产生的是越来越割裂为独立的、细小的局部，以至于牙痛治牙，脚痛治脚，只见水珠不见大海，破坏了事物原本的面貌。如今人类的科学已分为4000多个学科。未来学家阿尔文·托夫勒一针见血地指出："我们还常常用一种有用的技法把这些细部的每一个从其周围环境中孤立出来……与宇宙及其部分之间的复杂的相互作用，就不去过问了。"

存在就是对象，对象是无垠的，但在一切对象中进化的对象是主要的对象，因有进化的对象，才有进化，才有今天的一切。虽然进化是进化的进化，但各代、各层在寻找、识别有利于进化的对象这点上则是一致的。

第二代是以力为前导，对象性寻找、识别、结合物能对象而进化的。第三代动物以信息为前导、本能为指向，去寻找、识别、结合对象。动物虽然是非知自组织系统，不具有自知的意识，但它却具有动物的思维，能本能地将脑中贮存的种种直观的经验信息与面对的对象的形象信息进行直觉的对照，作出种种判断，来决定自己的行动。所以，它与第二代比较，则发生了进化的进化，具有非知的主动对象性，能随机地进行种种主动的活动，通过这些主动的活动，对象性地吸取新信息，引起DNA的反馈而进化，非知地对象性创造新的物种。而第四代人的对象性与第三代相比，则又发生了进化的进化。人是自知自组织系统，能以自知的需要为指向，去对象性地寻找、识别信息，从无到有地创造进化所需、世上尚无的对象，与创造的对象结合为新的人－创造对象系统而不断地进化。一代比一代的对象性更进化，对象更高级更丰富。尤其是第四代人类已打破非知的对象和对象性的限制，不仅将对象性指向物质需要对象，更指向信息对象，以自知的信息流带动自知的物能流；不仅指向使用的对象，更指向加工的对象；不仅指向眼前的对象，还指向想象的对象、创造的对象……随着人－创造对象系统的进化，人类可以突破自己的宇宙度，越来越将对象性指向一切宇宙度的对象。

二、传统哲学的几个命题

哲学是人的哲学，是人对象性认识的产物。人类是随其创造的工具和递大、递佳的自知自组织系统而进化的，不同时代的人－工具系统和人－社会系统，会有不同的哲学认识。

两千年来，哲学派别甚多，但使人不能不惊异的是，它们所研究的基本命题都指向同一个，即，心与物何为宇宙的本原（简称本原论）。围绕这一命题展开了许多探讨和争论。然而，随着人类科学的进步，如，新宇宙学的进展、物理学的革命、工具的进化，人们正在考虑这一基本命题是否符合宇宙的实际。

新宇宙还很年轻，有些问题如大爆炸后一秒的情形尚未搞清楚，"大统一理论"尚未建立，但另一方面，与两千年前相比已非同口而语，科学已进行了多次革命。本节对传统哲学的探讨，是以当代科学前沿学说和理论的假设为前提的，例如宇宙是由无通过量子跃迁而诞生的，有过急剧膨胀，发生过大爆炸等。

科学的前沿成果让今天的世界哲学陷入了空前的困境。在西方，"哲学的终结"已成为人们关心的话题，其实并非哲学本身有问题，而是传统哲学所确立的"基本命题"能否成立，发生了根本的动摇。

本原命题是两千五百多年前人类对宇宙毫不了解时，希腊最早的哲学流派米利都派率先提出来的。他们猜测静态的宇宙有一个统一的本原，纷纭繁杂的万物都是这个本原演化而成的。这个学派的创始人泰利斯认为本原是水，另一个学者认为是气，还有的认为是"无定形"的物质。从此探讨万物本原便成了古希腊哲学的主要命题。后来的哲人，由此提出了心与物哪个是世界的本原的命题。那时人们对"心"也毫不了解，由于人的自知活动是通过语言符号来进行的，可以内听到，脑内似乎有一个我之外的他者在和自己不断地说话，便认为存在一个与物质身体不同的非物。凭这般猜测，人们先验地确立世界的本原应在心与物两者中来选择，或心、或物、或是两者兼是，遂逐渐形成了唯物论、唯心论和二元论等哲学流派。

两千年来，传统哲学把探讨世界的本原看成是哲学最高的使命。然而，对宇宙的探讨并非是靠猜测和思辨所能做到的。正如有的科学家说的那样："那时在科学未能达到的地方，哲学便去填补人类认识的空白。"由于远离自然科学的认识和方法，传统哲学关于心和物哪个是宇宙本原这一命题的本身，就存在两个明显的问题：一是把宇宙看成是静态的，只是某种固定不变的东西构成的，而不是发展变化的；二是对人类生存的宇宙采取了先验式的猜测，认为本原必须在心与物两者之中来考虑。

近代以来，特别是当代，科学发生了一次又一次的革命。但，遗憾的是，哲学家对科学的进展似乎听而不闻、视而不见。新宇宙学、物理学、生物学、思维科学、人

类学、横断科学等对宇宙和"心"的揭示，取得惊人的成果，已充分地说明：物与心哪个是宇宙的本原，这一命题是违背科学的，不能成立。

1. 仅从心与物的诞生时间来看就相距 140 亿年

宇宙是由无通过量子跃迁而诞生的，大爆炸后一直在膨胀，它是一个动态的时空质连续统。应按宇宙的产生和发展的实际过程来了解宇宙。人是在宇宙大爆炸后 140 亿年才诞生的，心、意识、思维是人的一种信息加工功能和这一功能在人的其他功能的协同下活动的过程和结果。心与物不能同日而语，仅从时间来看它们的产生就相差 140 亿年，怎能放到一个层次来探讨"宇宙的本原"？如果说宇宙之初就有心，那么这心是什么呢？是绝对理念？它又是从何而来的呢？是上帝的意志？新宇宙学和进化论的发展，宣布了"上帝的死亡"，基督教体系的崩溃，改变了传统的宇宙观，也使传统哲学失去了研究世界本原的命题。如果仍然去探讨心与物何为宇宙的本原，不啻说地球是宇宙的中心一样，是违背科学的，属于人类初期蒙昧的认识。

有人认为大爆炸还只是一种假说，不足为凭。但是事实上，大爆炸理论，是全世界科学界公认的 20 世纪最重大的科学成果之一。它的理论基础是相对论和量子力学等，同时，是以实证、实验和数学运算为依据的。在开始时它的确只是一种粗略的假说，是俄国物理学家和数学家弗里德曼在 20 世纪初用广义相对论推导出来的。

由于传统的认识长期统治着人们，所以科学新发现的假说，几乎在最初都遭到过漠视和否定。宇宙是动态的假说，也未逃脱这命运，包括广义相对论的创始人爱因斯坦也对它作了否定。当弗里德曼用其广义相对论推导出宇宙是动态时，他认为自己的理论中一定有不完善的地方，竟错误地引进一个常数来予以"修正"。本应是他提出的宇宙是动态的，或是在膨胀，或是在收缩的假说，却被别人首先提出。

后来弗里德曼的假说被发展为大爆炸说，不仅招来批评，而且被有的人加以讥笑。但是，曾几何时，随着新宇宙学的发展，它获得越来越多的科学实证、实验等依据，已得到世界上绝大多数科学家的认同。

宇宙学以 20 世纪爱因斯坦广义相对论为分界，划分为旧宇宙学和新宇宙学。旧宇宙学包括在传统哲学里；新宇宙学与传统哲学对宇宙的研究和解答，有着根本的不同。而是采取：一是，建立在科学的实证基础上。例如，建立在发现遥远星际红移和红移速度的实证上，科学地论证了宇宙仍在膨胀，以及在 140 亿年前，有一次宇宙诞生的大爆炸，现在发现的最古老的星系也不超过此年限。大爆炸的另一重要的实证是宇宙背景辐射场温度的测算。伽莫大等科学家计算，如果真的有大爆炸，膨胀到现在，辐射场的温度约为 5K。1964 年美国宇航局用探测卫星准确地测出该辐射的微波分布，认定辐射场的温度约为 2.7K，而且宇宙不同方向的数值一致，与科学家的预测非常接近。特别是 1999 年至 2000 年，两次宇宙气球带回的宇宙图像，再次印证了宇宙是在膨胀。二是，采取了科学的实验来证实和检验。例如，早在 1933 年卡尔·安德森就在实验室里的受控实验中，从无创造出来了物质——正质子和反质子。三是，正如马克思所说的"一门科学只有成功地运用数学时才算达到了真正完善的地步"，科学家们对宇宙形成的探索，广泛地采用了数学演算。例如，通过红移现象，计算出宇宙的大爆炸和大爆炸距今的时间；通过对大统一对称性破缺后基本粒子的相互作用，推算出产生的正质子比反质子多出十亿分之一，正是这剩下的正质子构成了今天的宇宙万物，等等。

大爆炸说已成为家喻户晓的科学知识，科学家们正忙于对大爆炸做进一步的了解，例如，世界五十多个国家的著名科学家曾云集英国做了一次电脑模拟大爆炸的试验。真理是不能用统计来确定的，但大爆炸说之所以得到公认，正在于它是建立在当代科学前沿理论的基础上，并具有大量令人信服的实证。

要否定大爆炸说，不是只用思辨就能做到的，必须建立新的不同于相对论和量子力学的理论，并作出新的能否定大爆炸说的实验和数学演算来予以实证。

也有的人认为，大爆炸理论尚有些问题没搞清楚，例如大爆炸前是什么样子尚无定论，因此不能引用。

对此，马克思曾明确地指出：

> 思维的至上性是在一系列不至上的思维着的人们中实现的，拥有无条件真理的那种认识是在一系列相对谬误中实现的，两者都只有通过人类生活的无限延续才能完全实现。[1]

---

[1] 《马克思恩格斯全集》，第 20 卷，第 94 页。

"客观真理是一个过程，永远处于相对到绝对的转化发展中。"[①] 人对对象的认识和揭示，永远只能是对象性的，只能越来越接近而不可能对事物本体时空质完全彻底了解。正如玻尔所说："物理学家（亦即所有的科学家，人类自己）只是告诉人们我们能就宇宙了解些什么。"人类认识的结果都是对象性的。人类揭示的真理都是相对的，从它一开始就包含有谬误，永远处于一个无限的由低到高、由简单到丰富、由片面到全面、由单维到多维的发展过程中。既要反对把人所揭示的真理看成是绝对正确、万古不变的，也要反对以科学的新发现、新理论不完善为借口否定它的价值[②]。我们不能坐等永远也不可能发现的绝对真理出现后再去运用。牛顿的三大定律、爱因斯坦的相对论，以及量子论无不是有限的真理，但绝不能因此而拒绝运用它们。相反，人类不仅运用这些相对真理促进了理论上的探讨，而且也运用这些理论在科技的发展上取得实际性的进展。例如，牛顿的经典力学不仅在推算天体运动，预见海王星、冥王星的过程中起到重要作用，并且在发射人造卫星的科技发展中也发挥了巨大的指导作用。

达尔文的进化论今天看来存在许多严重的问题，但另一方面在科学的进步上的确又具有重大的意义，是人类揭示自然进化过程中的一个里程碑。它问世时曾遭到强烈的讥讽、否定、抵制和抨击，这是历史保守的方面；但另一方面，它却受到站在历史前沿的人欢迎。马克思当时曾兴高采烈地写信给恩格斯说："我读了各种各样的书。其中有达尔文的《自然选择》（即《物种起源》——引用者注）一书。虽然这本书用英文写得很粗略，但是它为我们的观点提供了自然史的基础。"马克思尊重、学习和运用了当时具有很大争议的进化论。

科学学说，如果已有科学实证、实验和数学推算为依据，而又提不出超越它的有更新的科学实证、实验和数学演算为依据的新学说，就要尊重和学习它，否则我们永远也不能运用科学的学说和理论，只能永远地等待无数相对真理总和构成的绝对真理出现。

---

① 《中国大百科全书·哲学卷》，第 1157 页。

② 有的人对新发现不理解，就说它是伪科学。反对伪科学是必要的，但切忌把科学探索和伪科学混淆起来。正如宇宙学家萨根所说，"科学与非科学、伪科学的界线有时并不分明，因此需要谨慎地对待，保持一种创造性和怀疑论之间的张力"。科学需要胆识，至少要有一种怀疑传统观念的胆识，否则就无异于反对真理的发展。不能因反对伪科学，错误地压制和扼杀科学的探索。

大爆炸学说是实证科学新宇宙学的前沿成果，我们应当去学习和运用它，按宇宙发展的过程去认识宇宙，而不是在 21 世纪，仍然去探索两千年前毫无科学依据，仅凭猜测而提出的心与物何为世界本原的命题。

2. 宇宙中不存在人之外的非物的心

世界上存在着物质，也存在着意识，这是任何人都不会否认的。但，传统哲学所提出的心与物的关系命题中的"心"，并非人们平时说的心——意识、思维、精神。平时人们所说的心是指万物之灵的人的一种功能和这一功能的过程和结果，从属于人，与人分属两个层次，这是无可非议的。但传统哲学所指的"心"却是在物质之外的，其确立的心与物关系基本命题包括这样几个意思：①宇宙万象划分为两大范畴；②这两大范畴是并列的，互不相同；③从宇宙本原来看，有一派认为这一范畴是第一性的，有一派认为另一范畴是第一性的，还有一派认为两者兼是。仅从逻辑来看这也是不成立的。既然是唯物主义一元论为什么还说在物质之外还有个非物质的心呢？既然是唯心论为什么还说在心之外还有个非心之物呢？而要说心与物都是世界的本原，也同样荒谬，宇宙大爆炸时并无人之心，也无有心之人。

有人可能说，传统哲学所谓的心、意识、思维，当然是指人的一种功能。如果，本原论中的心的确是指人的一种功能，那还有什么唯物论与唯心论之争呢？

如本章第二节所述，科学已充分证明：感性的、思维的脑，是自知自组织系统、万物之灵的人的一个组成部分；思维、意识，是人的一种功能，而不是人之外的非物。物之外的与物并列的非物的心，它是人构想出来的，是只存在于人意识之中的抽象的、形而上学的概念（观念），而不是感性的实在。万物之灵的人与万物之灵的功能，包括心、意识、思维，是同时产生的，是生物对象性进化突变的结果。不能把有自知思维的人和人的自知思维割裂，割裂了就不是有自知思维的人和人的自知思维了。心与物谁是世界的本原，这一问题的提出，正是传统哲学割裂地认识对象的产物，是无视整体（只见水珠不见大海，只见基因不见生物等）的现代还原论鼻祖。

3. 宇宙进化史告诉我们：万物之灵的信息、物、能三位一体的肉体与万物之灵的心是同时产生的

人是从第三代生物进化而来的，是信息和物、能三位一体的自知自组织系统。人

有心、意识和思维，也有身体、四肢、五官等物质肉体，它们不是先后产生的，而是同时产生的。人类的基因与类人猿的基因相差不到2%，但正是这差别，使人具有了信息和物、能三位一体的人的躯体和与躯体不可分的发展着的自知的心、思维和意识，成为宇宙的第四代，能进行自知创造的自知自组织系统。

人的心、思维、意识是一种自知的信息加工功能。人的自知的信息加工功能，是由第二代、第三代进化而来的。早在第二代物能系统就已具有某种"前意识"，为物理作用所引发，其显著的特点和表现是，在宇宙创造的不同进化的大环境中，是以力为前导对象性地寻找、识别、结合进化的对象。意识，通常是指信息活动，第二代物能系统寻找、识别对象的"意识"并非信息活动，所以只能说是前意识。第二代进化为第三代便开始具有信息功能，不再以力而是以信息为前导对象性地寻找、识别、输入、贮存、加工、输出、物化信息，但，其自身对其意识活动却是非知的，不能自知地把自身作为控制的对象，指令自己去进行目标性的思维活动，而是由本能来支配的，所以叫泛意识功能。只有第四代人类才能进行自知的对象性意识活动，具有真正自知的意识。那已是宇宙进化了140亿年后才发生的。

如第二章第二节所述，前生物的信息功能与其能进行信息加工的大分子是同时产生的。信息都是有对象的。如果地球上的核苷酸没有信息对象，生物仍然不可能诞生。而核苷酸恰好具有并找到了其信息的对象，那就是氨基酸。三联体和氨基酸在没有相互寻找、识别、结合之前，它们仍然是第二代物能系统，并无信息功能，世界上也不存在对象性信息。只有当碱基三联体和信息对象氨基酸相互对象性结合的那一刹那起，地球上才开始有信息，才有雏形信息功能（泛意识）的前生物。信息对象性存在物与信息、信息功能的产生不分先后，是宇宙已进化了约100亿年后的事了，不存在孰先孰后的问题。

4. 物虽是最先在大爆炸中诞生的，但也不能说是宇宙的本原

也许有人会说，心与物的诞生相差140亿年，不能并列，但宇宙从一开始就是物质的，而且永远是物质的，这总没有错。然而，也不能这么说。

在人的宇宙度范围，一切都是物、能、信息三位一体的，但从宇宙的宇宙度范畴来认识就不同了。如前已述，当代宇宙学揭示：宇宙的正能量与负能量相加之和为零，

宇宙是从无通过量子跃迁而诞生的。如果这一理论成立，怎么还能说宇宙从一开始就是物质的呢？至于宇宙的结局，可能有两种，一是，后一段坍塌收缩，又回到无体积的奇点；另一种是，后一段失控膨胀，首先是信息和物、能三位一体的宇宙的子孙死亡，接着宇宙的第二代也逐渐衰变，最后是"宇宙中的普通物质已经消失，所有的黑洞都已蒸发"。"这是荒凉而又空虚的宇宙，它已经走完了自己的历程，但所面临的仍是永恒的生命，或更恰当而言是永恒的死亡。"[1]请问这两种结局，哪一种能说明物质是宇宙的本原呢？另外从量子度来认识，波和粒二象是随观察者而改变的，波也不是平常所说的物质波，而是信息波，因此有些科学家对物是世界的本原也提出了质疑。如理论物理学家保罗·戴维斯，就尖锐地指出："很多人觉得，只要大自然只限于在微观世界里淘气，那么就用不着为微观世界硬邦邦的实在消解了而感到很不安……一把椅子仍旧是一把椅子，不是吗？这说得对，不完全是……人们对世界常识性看法，即把客体看成是与我们的观察无关的'在那里'确实存在的东西，这种看法在量子论面前完全站不住了。"[2]

传统哲学中还有另一派——二元论，他们认为心与物是独立的互不相干的两个元。前面已论及世界上并不存在什么物、能、信息三位一体的人之外的非物之心。另外从时间来看，人的心与物的产生也相隔140亿年。二元论的命题同样陷入了非真实的臆想。认为物外有非物的心的唯物论和认为心外有非心的物的唯心论，其实都是二元论的另一种表现。

人们对几千年来心与物的关系的探讨和争论，随着科学日益发展越来越失去兴趣，其根本的原因正在于人们两千年前对宇宙毫不了解时提出的本原命题是不成立的。宇宙是一个过程，应按宇宙实际的过程去理解和对待宇宙。人类正在、也应该为揭示宇宙的实际过程而努力。

传统哲学关于心与物何为宇宙的本原的探讨，还引发了一些相关的问题，例如，心与物谁决定谁等。由于本原论命题是非科学的，所以其引发的问题也是非科学的。例如，关于"存在决定意识，还是意识决定存在"的问题，传统哲学三派有着根本的

---

① 《宇宙的最后三分钟》，第73页。

② 《上帝与物理学》，第114—115页。

分歧，但如果本原论是站不住的，其派生出来的问题的探讨，也是站不住的。

唯心论认为一切都是精神的外化——意识决定存在。

心作为本原命题的提出，是由于在那个时代，人类除了对宇宙毫不了解，而且对思维的生理机制、过程和规律，也不清楚，特别是对信息这一存在的第三种形式一无所知，对精神、思维、意识感到非常神秘，加以万物之灵的人类的自知性日益显现出其重大的作用，于是，唯心论便产生了。他们不仅把人类所取得的成就仅仅归之为自知的思维意识，把人自知的思维对象看作是一切对象，而且加以进一步的升华抽象，说什么"宇宙便是吾心，吾心即是宇宙。"（陆九渊）"存在就是被感知"（17世纪英国大主教贝克莱）。

按此推论，人的意识对世间万物必然全都认识了解，但事实上并非如此，人非知的对象和已知对象的非知方面太多了。科学早已证明人的精神、思维、意识是物、能、信息三位一体的自知自组织系统万物之灵——人的一种功能，它不能先于人，或离开人而存在。客观唯心主义者为了弥补这一漏洞，把精神改为"绝对精神"。如果真有一个绝对精神，试问它是从何而来的呢？这就不得不归于有一个上帝。可新宇宙学充分说明："上帝已死"。何况，在大爆炸的起点，任何理念和科学原理都是不起作用的。

思维，的确是人自知性的关键，没有人的思维，就不可能有人的自知性，思维的对象也体现了人自知的对象。但是：

（1）人的对象并不一定都通过思维，并不一定自知，比如，人体需要什么对象性食物，应拒纳哪些食物，都不一定是主体所自知的。在思维的对象外还有非思维的对象；在自知的对象外，还有非知的对象。人自知的对象是有限的，非知的对象却是无限的。有的植物有毒，它并不能决定人的意识，让人知道它有毒，原始人一旦吃了就毒死。已知的对象也还有非知的方面，有时人即使知道植物有毒，也不知道它为何有毒。对象的发展是无垠的。而唯心论所提出的"存在就是被感知"，正在于把存在等同于自知，不仅把一切都看成是自知的，不知道在被感知的对象之外，还有非知的对象，而且也不知道自己对对象的感知还有高低、深浅、正误之别，思维的对象有时却是异化的对象。主体应具有的对象和他自以为需要的对象，常常是矛盾的，这就构成了一对可推动人不断前进的动力。如果一意按自认为的需要进行，认为心外无物，只注意到已知的对象性方面，而忽视了非知的对象性方面，就必然会带来非知对象或对象的非知方面的惩罚。恩格斯就曾告诫人们：

> 不要过分陶醉于我们对自然界的胜利，对于每一次这样的胜利，自然界都报复了我们。

人的尺度不是万物的尺度，人的对象性虽然具有创造性，但就每一次实现来说，它并非万能的，而是有限的。

（2）对象性就是有限性，人的自知对象性是一个无限由自在向自发、自觉、递自由发展的过程。不论是人的自知对象，还是非知对象，人都是只能与其对象性方面和层次发生联系，对象的非对象性方面和层次，则是人对象性之外的。思维的对象只能是主体有限的对象性，而不是对象的终极、本体。我们对对象的认识可以逐步接近，但永远不可能与对象的实在一致，因为认识对象的人本身就是一个有限的时空质的对象。正如皮亚杰所说：

> 客体被看作是一种极限，永远也不能完全达到。

人类永远不可能把握对象（不论是固有的还是新创造的对象）的所有方面和层次，只能越来越接近事物的"极限"。"认识是不断创造的无限过程"，事物对人来说永远都只是对象。从人诞生的那一刹那开始，人的一切都是对象性的。人的长短大小、思维的水平和五官特点与功能等等，无一不是对象性产生，组成了一个具有对象性的整体。事物无时无刻不在对象性地存在和发展着，我们所看到的、认识到的、发生自知与非知对象性关系的一切，都是对象化了的存在。存在就是对象，这是毋庸置疑的。但，另一方面，对象并非存在。对象的确是"我"的确证和表现，是"非我亦我"，但绝不能因此就认为"我"就是一切，我心就是事物。例如，物质都是原子构成的，但，人凭感知却看不到，也摸不到，但不能因此就加以否定。

思维不能完全掌握对象，我们所认识的事物只是我们的对象化，由于我们是有限的，所以往往把对象异化了。例如，古人说世界是金、木、水、火、土构成的，这是对世界这一对象的异化和误解。我们所认识的世界只是我们可能认识的世界，而不是世界的全部。特别是，思维是物、能、信息三位一体的流，脱离了传递与贮存信息的载体物和能，思维就根本不可能存在和运转。人死后，信息的载体物能破坏，意识、思维也就消失了。如果一定要说有非物的心、意识、思维，那么它只能是迷信的鬼魂——是根本不可能存在的臆断。

（3）心不能离开其存在的必需对象——物和能而运转。作为自知自组织系统的人，易为其自知性感到迷惑：施控的我是通过内语言来指令受控的我，可以内听的内语言流会使其误认为心、意识、思维是超物质进行的，是与物质不同的另一种东西。唯心论哲学家不知道，思维运作的本身，是超思维进行的，是在人自知之外进行的物、能、信息三位一体的活动。他们仅根据内省和思辨，便把思维和物质割裂开来，把它看成是世界的本原，不仅心决定自己，"我思故我在"（笛卡尔），也决定宇宙中一切："天上的一切星宿，地上的一切陈设，总之，构成大宇宙的一切物体，在心灵之外都没有任何存在。"（巴克莱）

自知并不只是人心——脑孤立活动的结果，人脑只属于人整体大系统的一个小系统。自知是通过整体的人自知自组织系统的运转而取得的。例如，鲁班造锯是和他上山砍柴、草划破肉等等活动，以及他长期从事木匠工作萌发要制造一种截木工具的思维和目标等等分不开的。但另一方面，自知是必然要通过人脑的，人在对象性的思维和思维外化、物化的种种活动中，对象性输入和创造性加工为实现某种自知的需要的方案，然后再付诸行动。思维在自知自组织系统活动中具有无可置疑的重要作用。然而，这也引发了一种较有代表性的谬误。由于人的自知活动是通过语言符号来进行的，可以内听到，脑内似乎总有一个我外的他者在和自己不断地说话，所以，有些人便认为在物、能之外还有一个非物能的灵魂，它在支配自己的肉体，不会因人的死亡而消失，从而产生了唯心论的鬼魂说。科学充分说明：这种认识显然是错误的。内语言似是超物能的，但它却是物、能、信息三位一体的产物，所以一旦信息的载体物能停止运转，那个超物能的内声音也就消失。哪里还有什么"物之外的非物的心"？

人与万物的关系，不是心与物的关系，而是信息、物、能三位一体的万物之灵与万物的对象关系。

也许有人会说，传统哲学所指的心是思维的产物——意识。人已把它外化到书本上、胶片上、录音带上……不是人的一种功能、活动，而已成为脱离了人独立存在的意识。的确，人的思维的产物可以外化到种种媒体上，但这并不能说意识能脱离信息、物、能三位一体的人而存在。因为：

（1）传媒所载的信息，是物、能、信息三位一体的自知自组织系统人与对象相互作用的产物，离开人，就不会有意识。

（2）这些意识仍需要物、能、信息三位一体的人创造的载体来传载，离开了人，就不存在什么传媒和传媒所载的信息。

（3）传媒所载的信息，必须以物、能、信息三位一体的人为对象，才有意义和作用。

（4）人类社会以及未来的人球系统，是比万物之灵更佳、更大的物、能、信息三位一体的自知自组织系统，其通过传媒传递信息的过程，恰如人脑中通过神经网络、电脉冲传递信息的过程，属于大系统的物、能、信息三位一体的信息传递活动，不能划到非物质的意识活动。

总之，意识是物、能、信息三位一体的自知自组织系统人的意识，离开了人，就不存在意识。又怎能说意识是宇宙之本原，宇宙是意识之外化？

唯物论与唯心主义的立论"心决定物"相反，认为物质存在是第一性的，存在决定意识。虽然批判了唯心论，更接近"人与万物的关系是存在与存在的对象关系"这一认识，但由于仍陷入唯心论的老命题，将"物是心的外化"反过来说，所以，不自主地陷入了一个物之外还有一个非物的心的泥沼。他们主张：存在决定意识，意识是存在的反映，只能反作用于存在。事实果真是这样吗？不！人不仅能反映世界，更能自知地创造世界。而自知创造首先是用思维创造出新的信息，然后才去外化、物化。人脑是信息加工试验场，是世界上唯一的自知创造信息源，将风马牛不相及的信息按目标碰击组合加工为新的进化所需、世上尚无的信息系统。它已不是原有的信息。如果去追溯新信息的本原，说它来自存在，是存在的反映，这种追原论的认识如果成立，无异于说人不是自知的第四代，是原子、夸克构成的。这种认识方法是今天严重阻碍科学发展的还原论的认识方法。

作用与反作用，是经典力学时代的产物，且不说在意识上运用这一论断是否正确，单从存在与意识是作用与反作用这一命题的提出，就存在着概念上的紊乱：物质存在怎么能决定心呢？物质存在不能输进非物的"心"，只有物质存在的信息才可能对象性地输入信息和物、能三位一体的人脑；但没有眼、耳、手等物质的感官和供给五官躯体以能量的心脏、肺等各个组成部分，信息又怎么能输入脑呢？没有人的活的物质的脑，输入后的信息又怎么能分类贮存和创造加工呢？再说：心可以反作用于物，这个心是指什么呢？如果是指物之外的非物的心，岂不又陷入了唯心主义？如果说是指物质的心，又怎么能反作用于物呢？它就像一个没有五官、四肢、躯体的，或五官被封闭、四肢被捆绑的人，是不可能对外界的物质起什么作用的。可是如果加上了四肢、五官、躯体，岂不是成了"人"——"心就是人，人就是心"了么？但心与人并非同义语。为什么不说"人"而说成"心"，这显然与事实以及人们的常识相违。恩格斯就曾指出不能把人类创造世界的成就归功于心；马克思更尖锐地批评过把心等于是人的认识。他说：

> 既然被当作主体的不是现实的人本身……而是人的抽象，即自我意识。所以，物相只能是外化了的自我意识。[1]

不要说物之外的非物的心不等于是人，就是有血有肉的心，也不能等于信息和物、能三位一体的具有头脑、四肢和五官等的整体的活的人。唯物主义一元论本意是世界上只有一个元，那就是物，可其作出根本性论断的前提却是，在物外有一个与物并列的非物的心，据此推断出物决定心，心反作用于物。这不仅造成了概念上的混乱、逻辑上的自相矛盾——反对把精神看成是物，但又恰恰是把意识当成了万物之灵的人；而且也不自主地从另一方面陷入了否认物质存在是世界唯一的本原的二元论及唯心主义的立论。

由于把"心"等同于"人"，提倡和坚持"物质存在于人的意识之外，并且是不依赖于人们的意识"的某些经典唯物主义一元论的著作，干脆把意识换成了人，说什么："物质、世界、环境是不依赖于我们而存在的。"但是，人决不等于意识，因其不仅具有脑而且具有五官、四肢、躯体等，是世界上最先进的自知自组织系统。不能

---

① 《1844年经济学哲学手稿》，第119页。

把人划到存在之外，人之外的对象是存在，人也是存在，而且是当今宇宙中最先进的存在，是宇宙进化的前沿力量。人不仅能指令自己按自知的目标思维，而且能指令自己将思维的结果通过言行实践外化、物化，与创造的对象结合而不断地进化。世界上的种种物质文明和精神文明的成果，都是自知自组织系统宇宙第四代人进行自知创造的结果。高楼是人盖的，电视是人发明的……怎么还能说物质存在不依赖于具有头脑、四肢、五官、躯体的人们的思维——准确地说是思维的人们呢？人类的文明史已充分地说明，"物质、世界、环境"不仅是人类认识的对象，而且是人类创造的对象，蛮荒的地球正逐步被人类创造成一个到处都可见到人伟大的功能和作用的繁荣的世界。人类不仅自知地参与创造进化的大环境，而且正在创造宇宙的第五代人球系统，人类的后代还将创造更加繁荣、发达的星系，以及无比进化的美好宇宙，还怎么能说"物质、世界、环境是不依赖于我们而存在的"呢？

存在决定论，既把人与意识割裂，又把人与意识混同。由于把人的意识和人割裂，被定义为"物质之外的非物的意识"，自然只能反映存在；由于把人与意识等同，没了躯体、四肢、五官等的人自然只能被存在决定。这一自相矛盾的认识，无异于彻底否认了信息和物、能三位一体的能进行自知创造的第四代人类在宇宙进化中划时代的作用。

思维虽然是人自知地与对象相互作用的产物，但并不等于是人。万物之灵的人与万物的对象性关系，不是心与物的关系，而是万物之灵与万物的关系。人与物除了自知的关系，还有非知的关系，不仅能认识对象还能改变和创造对象。把心＝人，而且又说存在决定心，实质就无异于说存在决定人。

决定论建立在牛顿的力学上。牛顿认为一切自然现象都应该用力来解释，他在其《原理》一书的序中指出："哲学的全部任务在于从运动现象来研究［归纳出］自然力，而后从这些力说明［演绎出］其他现象。"他为哲学的因果关系确立了一种模式，认为自然事物的因果关系就像力学事件之间的关系一样确定、一样精确、一样具有必然性。这种认识到18世纪发展到顶峰，认为宇宙的初始状态，决定了以后每个粒子每时每刻的位置和运动。人自然也不例外，也是宇宙精确机器上早已确定好了的螺丝钉，是宇宙大机器上的小机器部件。牛顿的决定论只讲必然，不承认有偶然。这种影响一直延续到相对论的创立者爱因斯坦，当量子科学揭示了量子因观察者而异一会儿是波、一会儿是粒，测不准时，他却拒不相信，认为上帝不会掷骰子，从而爆发了20世纪初一次科学大辩论。最后以爱因斯坦的失败而告终。和达尔文的天定论一样，存在决定论正是牛顿科学模式在哲学上的反映和转化。既然万物万象都是决定好了的，意识当然也不例外，是被存在所决定的，就像作用力与反作用力一样，意识只能反作用于存在。

把心与物割裂，与物并列起来探讨世界的本原，是非科学的。21世纪去看这一认识，不啻近代人看古代人认为天圆地方一样。科学家们对此有许多尖锐的分析和批判。例如，罗伊尔就指出：

> 按照一种逻辑说，存在着精神；再按照一种逻辑说存在着肉体，这两种说法都完全正确。但是这两种说法并不是指有两种不同的存在。[1]

当代物理学家戴维斯一针见血地指出：

> （传统哲学）的基本错误在于把肉体和精神看作是一个钱币的正反两面。[2]

> 说"存在着岩石"跟说"存在着星期三"，都是正确的，若把岩石跟星期三并列起来，讨论它们之间的互相关系，那就没有意义了。[3]

> 精神和精神与肉体关系问题上的一切混乱和矛盾……都是这种范畴错置造成的。[4]

世界上存在着物质也存在着意识，这是任何人也不会否定的，但意识是物、能、信息三位一体的自知自组织系统人的一种功能，是人自知地与对象相互作用的过程和产物，和万物之灵的人，不属于一个层次，不能将它们当作探讨世界本原的两大范畴。

---

[1]　《上帝与新物理学》，第87页。

[2]　《上帝与新物理学》，第87—88页。

[3]　同上。

[4]　同上。

唯物论认为宇宙唯一的本原是物,为什么又提出个与物并列的物之外的非物之心呢?唯心论认为宇宙的唯一本原是心,怎么又提出了个心之外的与心并列的非心的物呢?岂不作茧自缚,不仅陷入了凭空臆想的泥沼,也陷入了逻辑混乱的泥沼,把哲学长期引入不可解也不可拔的境地。

传统哲学的苦思冥想,日益显得苍白无力,是脱离感性现实的形而上的臆断,与人们的实际感性经验不相符,难以解答人们所碰到的实际问题。例如,一个杯子用手从这里移到那里,试问这是心决定物,还是物决定心呢?传统哲学可能作出长篇大论也还说不明白;或者是推辞说,提这种问题是把哲学庸俗化了,根本不值得回答。哲学如果连日常生活现象都不能回答,还具有什么涵盖一切、指导一切的普遍性?其实若跳出心与物,就能很容易地作出合乎实际的正确的回答:它既不是心决定物,也不是物决定心的关系,而是信息和物、能三位一体的自知自组织系统存在和物能系统存在的对象性关系。

从对象来看,万物与人是对象性的存在。存在是人的对象,人是存在的对象,它们相互影响发展着,而不是某个决定某个。由于人是宇宙当前最进化的一代,能进行自知的创造,不断地进化,所以,能越来越多地在某些方面决定对象性的存在。(之所以说是"某些对象和某些对象的方面",是因为人类对对象的控制是从无到有、从少到多、从弱到强,逐步发展的,这一过程是永无止境的)。杯子从这里移到那里,原因正在于此。对宇宙的第四代、地球上唯一的自知自组织系统人类而言,杯子只是一个相对很小的可以驾驭的对象,它是既无加工信息又无外化物化、信息机能的低等存在物——无机物。所以,人能决定它的命运:不但能把它从这里移到那里,而且能按自己的需要制造一个杯子,或毁坏一个杯子。第四代人是杯子的控制对象,小小的第二代杯子是被人控制的对象。问题就是这么简单,很清楚明白。传统哲学陷入根本就不存在的非感性的、非物的心与物的联系,所以,在最简单的问题上也把认识搞糊涂了。

存在决定意识,意识反作用于存在的论断,与生活的实际相去甚远。人不是意识,是宇宙第四代自知自组织系统。人类的诞生和发展,使宇宙的进化不再只是通过非知的创造而进化,而开始能通过人类自知的创造而进化。人类是当前宇宙进化的最先进的代和力量,具有重要的地位和作用。人类之所以能自知的进化,是由于他不仅具有人的脑，而且具有人的四肢、五官、躯体，具有第三代和第二代所不具有的自知性、创造性、物化性、群体性、个性化类性，从而能发挥人类性去确立创造的目标、计划、方法等，并指令自己通过实践去实现与创造对象结合而不断地进化。存在决定意识论，否定了自知创造的重大作用和价值，限制了宇宙第四代的人类性的发挥和发展。

古代哲学是包罗万象的，但到近代，实证科学一个个从哲学中分化出来，就像物理学、化学等不再由哲学研究一样。今天，探讨宇宙来源及过程的学问和探讨人的思维的学问已从哲学中分化出来，成了独立的新宇宙学和思维科学。关于思维的本质、规律，宇宙的创生、进化发展、未来终局，以及应确立什么研究命题等，已不需要、也不应当靠哲学家苦思冥想的思辨、猜测来确定，而应是由具体的科学运用当代前沿的软工具和硬工具进行观察、实证、实验、数学演算等，来予以科学的回答。哲学家也应该即时学习和运用新宇宙学、思维科学的新成果，来发展哲学，上升到普遍性的高度，促进各种科学的发展。

补　遗

宇宙的第四代、自知自系统的人，越来越能决定许多宇宙第二代和第三代自组织系统的命运。人可以制造一个东西，也可以毁坏一个东西，在对象性的活动中对象和我都在起作用，而不是只是某一方决定另一方。人和对象都是存在，如果说谁在某方面主宰谁，那就要看作为万物之灵的人，是否已掌握了有关对象的某方面信息并能自知地、有效地控制和创造对象。从历史的发展来看，万物之灵是越来越广、越佳地主宰对象。宇宙的第四代、能创造性加工和物化信息的人类，越来越是发展的主导方面。这是宇宙膨胀阶段发展的必需和必然。正如马克思说的："劳动创造世界，也创造了人类自己。"人类是进化的主导方面，是自知的创造者。人类的后代将创造整个的宇宙。

宇宙之所以能不断走向有序、进化，是由于它是以精确的系统工程数据来调控的，在有序膨胀期它不断创造进化的大环境，提供新的负熵源，因此进化是必然的；然而另一方面，虽然宇宙的各代都具有进化的对象性，但如何在不尽相同的新环境下发展其进化的对象性，则又是不可确定的，具有其偶然性。在多维协同调控中，宇宙并不能管到每个细节。

人也是存在，是高于一切存在物的万物之灵。发挥和发展人类性，是宇宙进化的必然和必需。哲学上的决定论与传统生物学上的天定论，认为人是由存在和天来决定的，无视宇宙第四代人类在宇宙进化中的地位和作用，把人束缚于被决定的地位，不仅有碍于进化，而且会使个体人生的价值、前途、目标迷失，认为生命没有意义，只能听天由命。

三、观念大变革

当有人首次提出人是猴子（准确地说是类人猿）变的时，曾引起哄堂大笑，但后来人类的绝大多数终于理解和接受了。

人们习惯认为物质是稳定的，即使像空气、流水，它们外表形状可能有改变，但，它是由某种相对稳定的物质如原子、粒子构成，这一点却是不会变的。今天随着量子力学研究的进展，突然有人告诉你，构成空气、水以及你身体的基本粒子，是变幻莫测的，它有时是"粒"，有时是一种非普通物质意义的信息波，你会怎样想呢？然而实验证明，事情确实是这样。

宇宙的本原这一命题已经讨论了两千多年，今天一旦有人提出，这一命题本身就是不成立的，探讨宇宙的命题不是哲学家的使命，人们又会作出怎样的反应呢？

我们生活在看得见、摸得着、感觉得到的四维宇宙中，20世纪初有人提出宇宙是在大爆炸中诞生的，后来果然得到许多实证，逐渐成为家喻户晓的科学常识，可如果直至21世纪，仍然有人认为这是"应抵制和批判"的邪说，这就令人不能不奇怪了。

人类的认识永远是对象性的，总是从非知到有知，从知之甚少到知之甚多，过去我们认为是毋庸置疑、天经地义的事情，随着时间的推移，突然发现实际上并非如此。有人说：真理总是掌握在少数人的手里，这是很有道理的，因为真理是一个发展的过程，新的真理首先是由少数人发现的，大多数人仍然沉溺在旧的观念之中。观念不断大变革，是进化的一种必然和必需。我们除了改变过去的习以为常的认识和观念，还要学习、接受和运用，进而参与科学新的对象性发现和揭示，此外别无他择。

人类的进化首先在于工具的创造和运用，形成新的人－工具系统。其中软工具，即语言、观念、知识、方法等是与人结合最紧密的工具，它们的发展对人类实现人在宇宙中的作用和地位尤为重要。

随着进化的加速发展，21世纪，人类正面临一次更广泛和深刻的观念大变革。

下面试列举一些。

1. 宇宙观的大变革——进化宇宙观

自古以来人们都认为虽然万物在变化，但宇宙却是静止不变的，这一观念一直到爱因斯坦也未改变，当有人用他创立的广义相对论推导出，宇宙不是在坍塌便是在膨胀时，他起初还认为这是不可能的，可能是自己确立的理论存在失误所致。

20世纪中叶，由于大爆炸说得到了一些科学的验证，人类终于从静态宇宙观发展为动态宇宙观；今天，则将进一步变革为进化宇宙观。

宇宙诞生后，往哪个方面发展呢？是越来越有序，还是越来越无序？

最流行的是依据热力学第二定律得出的论断：宇宙自大爆炸以来是越来越走向无序、熵增、死亡。热力学第二定律揭示：熵总是从高处向低处流动，一个封闭系统的熵总是不断增加的，这是单向的变化过程，是不可逆的，最后必定会达到热平衡（均匀的温度）。有些人便据此认为，宇宙诞生后一直在不断熵增，直至熵寂。控制论创始人维纳曾做过这样的描述：

> 随着熵的增大，宇宙和宇宙中的一切闭合系统将自然趋于变质并且丧失掉它们的特殊性，从最小的可几状态运动到最大的可几状态，从其中存在着种种特点和形式的有组织和有差异的状态运动到混沌的和单调的状态。

但，这与宇宙诞生后发展的史实是不相符的。

对此，普里戈金提出了自己的创见。开始他认为宇宙存在双向运动，一种是封闭系统包括宇宙，受热力学第二定律的支配，在不断地熵增；另一种是开放的非平衡态系统，在不断地增长负熵，如生命就是这样。后来，他进一步指出：今天的宇宙是进化的结果，宇宙是一个进化的系统。因在与热力学第二定律不同的非平衡态热力学方面所做的研究，他获得 1977 年诺贝尔奖。

宇宙已有 140 亿年的历史，它并不像热力学第二定律所指出的那样在不停地熵增，走向无序；而是相反，在不断地进化，走向递序。

熵，等于被传递的温度除以热量。宇宙在大爆炸后，辐射场的温度开始为 1028K，一直到 30 万年左右，仍高达 4000K，这仍足以使所有的物质汽化，达到热平衡所需的条件。即不仅极热，而且温度非常均匀，不存在热的传递，所以，这是熵值最大的时刻，不可能再熵增。宇宙这个初始平衡状态就不符合热力学第二定律所设定的前提，即系统是非平衡状态。

尤其是，宇宙不单具有热能，还具有力、电磁等多元化产生能的因素，此外，还有时间、空间、物质的相互作用。孤立地用热力学定律来论断宇宙的走向，自然是片面的、错误的。宇宙是一个时空质连续统，从一开始就对各种组因进行系统工程的调控，不断膨胀，降低温度，创造进化的大环境，提供负熵源。第二代适时地发挥进化的动力，以力为前导对象性地寻找、识别、组合，由质子进化为原子、分子、星球、星系，像滚雪球一样，越来越快地将物能集聚起来，创造新的不平衡，形成递序的太空。在这个井井有序的大动态环境的某些星球上，某些第二代物能逐步进化为第三代。第三代以本能为指向、信息为前导，发挥进化的动力，或是对象性地寻找、识别、组合对象，或是通过长期主动的活动，吸取新信息，引起 DNA 的反馈演进，逐步由单细胞生物进化为第四代。在天促下，第四代发挥其进化的动力，通过逐步自知的创造与创造的对象结合而不断地进化，如今，正在创造更先进的宇宙第五代人球系统……从热平衡到不平衡，从无结构到递复杂结构，从无序到递序，并不断扩大非平衡，走向更有序，这就是宇宙 140 亿年来的发展史，并将延续到宇宙不断进化的遥远未来，直到宇宙开始坍塌或是失控地膨胀。而决不像孤立地用热力学第二定律所推论的那样，宇宙从一开始就在熵增，不断走向毁灭、熵寂。

任何自组织系统的发展都遵循兴衰二段律。一个人有生必有死，这是不争的事实，但从某些大分子在男性和女性体内形成精子和卵子，到出生，一直到 20 岁前，却是从物能系统进化为人的历程的缩影，一直处于不断生长、负熵不断增长中，而不是越来越走向熵增、死亡；20 岁后机体才开始衰退、老化[①]。宇宙也一样，虽然它总有一天会达到熵寂，但在其漫长的历史中，前半截却是一直在进化，只是到了斥力越来越小于引力或引力越来越小于斥力，超过临界，失去控制之后，它才开始坍塌或加速膨胀，走向熵增、热平衡，直至缩为无体积的奇点或普通物质全部消失、黑洞也都蒸发掉。宇宙开始退化是未来非常遥远的事，与宇宙从诞生起便一天天走向熵增、毁灭的说法是两回事。

熵寂退化宇宙观变革为二段律进化宇宙观，有着极为重要的意义。许多人由于按热力学定律来推断宇宙发展的方向，对宇宙的未来陷入无所作为、听天由命的悲世哲学。秉承达尔文进化天定论的莫诺就是其中一个，他说："人类至少知道他在宇宙的冷冰冰的无限空间中是孤独的，他的出现是偶然的，任何地方都没规定出人类的命运和义务。"从而迷失了发展的方向和生存的价值。宇宙进化观则认为，人类的诞生是必然的偶然，在拥有 1250 亿个类似银河系的星系中他决不是孤独的，而且，正如物理学家弗里曼·戴森所说："如果不将生命和智慧的作用考虑在内，对遥远未来进行详细的预测是不可能的。"[②] 宇宙进化是以几何级数加速度发展的，特别是自知的创造将越来越发挥无可估量的巨大作用，宇宙第四代的后代未来将通过加速发展的创造，一方面使宇宙中某些星球的环境改变为适宜生存的环境，一方面创造新的适合不同星球环境的后代，从而逐步使整个宇宙进化和繁荣起来，又何谈孤独呢？

以热力学第二定律来推测宇宙发展的人，不仅认为宇宙是在走向熵寂，甚至认为局部的进化只能促进宇宙整体的熵增和退化。里夫金等在《熵：一种新的世界观》一

---

① 此处单从机体来谈的。但实际上，人不是非知的动物，所以 20 岁后虽然机体在退化，但智慧却仍在增长，一直到老甚至有些人到 90 多岁，仍能进行自知的创造。

② 《发明与革新》，2000 年第 12 期，第 37 页。

书中，就认为进化会加速宇宙的毁灭，他说 ："毋庸赘言，生物呈现了很大的秩序。进化本身就代表着日益增长的秩序的不断积累。"[①]他接着说，这只是问题的一个方面，而实际上"进化意味着越来越大的孤岛而必然带来更大混乱的海洋"。宇宙从诞生起直到今天以及遥远的未来都是越来越走向有序而不是走向混乱，所以，才有今天宇宙的第四代在这里探讨宇宙走向何方。宇宙刚诞生时是热平衡态，怎可能再走向热平衡？再说，宇宙如果一直走向混乱，哪来的秩序井然的太空，哪来的太空中的太阳系，哪来的太阳系中地球上生物不断的进化，哪来的地球上今天的繁荣？宇宙系统不断走向更有序，是物能系统生物和人类之所以能诞生和进化的前提和基础。并且，如前已述，宇宙的第四代，将会不断发展自知创造来开发别的星球，促进宇宙的进化和有序。里夫金所担心的"更大的混乱的海洋"是不会在宇宙递序膨胀期，或者说进化阶段出现的，只能在宇宙开始坍塌，或因斥力压倒引力，失控膨胀而走向熵增时才会出现，但那可能是 1 万亿年后，少说也得 1 千亿年以后的事了，不能混为一谈。只要想想在这么长的时间里宇宙和人类将进化到何等的地步，就会使我们对未来充满无限的希望和喜悦。

抱残守旧的宇宙退化观必然使人产生诸如消沉、厌世、自私，乃至冷酷、残忍、玩世不恭、醉生梦死等等人类性的异化。而科学的宇宙进化观，不仅能呼唤人类性的解放，使人类充满信心和希望面向未来，而且会引起一系列其他观念的大变革。例如，在我国有长远历史影响的天人合一观是否因此也应发生变化？这值得反思和探讨。

传统哲学关于基本命题心和物的关系讨论，虽然是非科学的，将人类的哲学引入了一个误区，但另一方面，它也有其历史的功绩，那就是，使人类重视自身自知性的重要性和局限性，引发了对思维的作用及认识和开发对象存在的探讨。而相比之下，我国过去在这方面就显得不够，影响了明清以后的科技和经济的发展。长久以来，在我国关于人与宇宙关系方面的探讨上，具有代表性和影响力的不是心物本原的争论，而是天人合一论的阐发。

天人合一论强调人要顺天意。《尚书·洪范》认为人道是由天帝安排："惟天阴骘下民……天乃赐禹洪范九畴，彝伦攸叙（天帝是保护民众的，把九类大法赐给了禹，

---

① 《熵：一种新的世界观》，第 47 页。

人伦规范才得安排就绪）。"天与人怎样合一呢？其纽带是天子，目标是顺人伦。天子接受天意而统治天下，天人合一也就自然完成了。这虽然是初期把天神化、人化的思想，但后来一直被继承发展，成为巩固中国社会制度的准则。占统治地位的儒家代表人物孔子就强调要"畏天命"，作为四书之要的《中庸》提出："诚者，天之道也，诚之者，人之道也。"孟子还说："莫之为而为者，天也；莫之致而至者，命也。"应当"顺受其正"。天是人间事务的决定力量，天子不能拿天下授予人，只有天才能决定谁来继承王位。世人则要听天命、遵天意。他明确指出天人是"同流"的。庄子则进一步指出"人与天一也"。只有无为才能顺天意。史记中还谈到上天星官或星象是地面人事的反映，星象占卜是了解天意的一种手段。

到明清之际王夫之则认为人道与天道（道德原则和自然规律）是同一的，遵守了道德准则也就是按自然规律办事了；人和天没有什么利害冲突，而人与人之间却有伦理道德的冲突，因而把研究解决伦理道德看成是社会和学问的根本任务。这是天人合一思想的集中表述。而彼时长期以来中国的道德伦理最高、最集中的体现则是三纲五常，即"君为臣纲，父为子纲，夫为妻纲"以及"仁、义、礼、智、信"。天子正是用这些体现天道的人道来统治、维护着封建社会专制制度，并把它称之为天意。这被看成是天人合一的重大发展。正如李约瑟博士所说："中国哲人并不具备西方科学开端所具有的自然观。"古代的天人合一观，把人引入尊重道德的规范，即人与人之间的等级伦理关系，只去修身、齐家、治国、平天下，去统治人、向人身上索取，而不是去认识和发挥人的自知性等，认识自然，创造自然，向自然进军。这导致中国的自然科学、社会科学、工业、商业，乃至体育等各个方面都未得到充分发展。

宇宙进化观的确立则会清洗天人合一观的迂腐。

进化宇宙观认为：宇宙在漫长的膨胀期，是一个不断进化的时空质连续统，她的子孙，都具有进化的对象性，进化是进化的进化，是进化对象性、进化的对象、进化的方式、进化的结果、进化的动力等的进化。自知自组织系统第四代人类，是宇宙进化的结果和体现。宇宙到人类这一代，翻开了划时代的一页，由只能非知创造开始能自知的创造。自知创造是进化的火车头，确立了人类在宇宙中的地位和作用。人类性的发挥和发展是一个由少到多，由低到高的过程。未来宇宙的第五代——人球系统，将由人类自知创造出来。不是要人类性服从伦理道德等，而是要求伦理道德要有利于解放人类性，发挥进化的动力，进行无限宽广的自知、自由创造。

天人合一论与传统进化论虽然具有不同的思想和内容，但它们都有一个共同之处，即违背宇宙和人类天促物进的实际，都一致地要人听命于天。

天定论的公式是 1-1=1，物竞天择的结果两者只留 1；天人合一的公式是 1=1，主张天道就是人道，要唯天子旨意是从等等。两者都无视和束缚人在宇宙进化中的重要作用。但如前已述，实际上人（亦任何存在物）与所有的对象是相互作用的 n1+n1=1 的现实，是一个整体，一个时空质连续统。天人合一只强调了同（同一），物竞天择只强调了异（对立）。进化宇宙观揭示了宇宙运用系统工程数据调控，使一切对象与一切对象相互作用多维协同形成天促物进的 n1+n1=1 的时空质连续统。存在就是对象。对人来说，对象是非我亦我，非我是异，亦我是同；对象不是我但又是我。人是天促的对象，天也是人自知创造的对象。人要实现自己在宇宙进化中的价值和作用，就要在天促之下，不断地进行对象性的自知创造与所创造的对象结合而进化为递佳、递高层次的自知自组织系统。人类不仅要创造宇宙的第五代人球系统，而且其后代将进一步逐一地创造宇宙的第六代、第七代、第八代……创造一个不断进化、无比美好的新宇宙。

2. 人观大变革

人观不等于人生观，人生观是对人的一生而说的，而人观是对人的普遍性，即人的本质、人的类性、人的地位和作用、人的进化等的看法和观念。

传统对人的看法总是与其他事物分离，即孤立地去分析认识人。但从宇宙的诞生和进化可以得知，存在就是对象，对人的认识不能离开他的对象，特别是不能将人与其根据自知需要而创造的对象分开。人是通过发挥和发展人类性，进行对象性的自知创造而进化的。这还只是第一层次的理解，人的进化还表现在他与自己创造的对象结合为新的更高层次的自知自组织系统，从而具有原来不具有的进化对象性、进化的对象和进化的功能。人创了语言符号，从而与语言结合为人－语言工具系统；人创造了石器，从而结合为人－石器系统；后来人创造了陶器、铜器、铁器、机器以及不断发展的自然科学和社会科学，人从而与之结合而成为不断进化的种种递佳、递强的自知自组织系统。对人的认识不能静止地、孤立地从人来认识和分析，而要考察他与何种创造的软工具和硬工具对象结合，已进化为何种系统来认识。与不同工具结合的人，则是不同层次的人－工具系统。不仅与印刷结合的人－印刷系统高于古代人－书写工具系统，而且，一个具有现代科学观念的人－先进科学观念系统也高于人－陈旧观念系统。与什么样的工具结合的系统就表现为什么样的进化层次，便会发挥其不同层次的人类性去生存和发展。

今天人类不仅创造了语言、符号、科学、文化、观念等与脑直接结合的不同层次的脑－软件工具系统，而且创造了电脑、互联网等硬件和软件兼备的与人结合的系统，从而进化为更高的层次；人不仅创造与身体直接结合的种种人－机器系统，而且创造了与人间接结合的人－能系统，如原子能发电、太阳能灶等。人类正向着更深广、更先进的层次加速进化。

除了人－工具系统，人类还创造了将相应的人－工具群与物、能、生物等生境相结合的递佳、递大自知自组织系统团体、社会、国家，并在此基础上正在创造宇宙的第五代人球系统。递大、递佳自知自组织系统的进化的进化表现在不断递佳、递广地解放人类性，使越来越多的人能将自知的创造对象性指向更高层次。今天正在创造人球系统，未来则要向更高层次进化。开创通过自知创造而进化先河的人类，是宇宙进化的划时代的大转折，代表着尚处于儿童时代宇宙自知进化的方向和前沿力量。新人观就是要揭示和实现人在宇宙进化中的重要作用和地位。

有的哲学家认为：人的本质在于可作出自由的选择。自由是人人都向往的，然而由于人的对象性即有限性，人类虽然可以通过自知的创造不断地向递自由发展，但永远不可能达到完全自由。现实的局限性和发展的无限性，正是人类不断进化的历史。人是宇宙的第四代自知自组织系统，其本质正在于能通过自知的创造突破局限而进化。创造是进化的必由之路，没有自知创造就没有人类。

自知创造，就是自己能将自己作为对象，指令自己去发现需要什么，根据需要应创造什么，按什么计划、采取什么方法来创造，等等。

如第六章所述，人类今天已进入创造时代。在人类之初，由于人类性受到自然和社会两个方面的束缚，人类的自知创造能力很差。人根据自知的需要创造了语言工具，进化为人－语言工具系统后，才开始有效地创造了种种初期的物质工具。那时是凭经验的摸索来创造的，是经验创造时代。直到人类创造了印刷技术，大自知自组织系统解放了奴隶，从而能更好地发挥人类性，初步利用人类集体智慧的结晶，才开始逐步创造了近代科学技术，进入知识创造时代。培根从而总结出一个信条：知识就是力量。那时获取知识是很不容易的，谁掌握的知识越多，谁就越能创造，越有力量。到20世纪80年代后，人类创造并普及了能部分代替思维的工具——台式电脑，于是进入信息时代，谁掌握信息越多、越快，谁就越能走在创造的前列。而20世纪末，人类性的解放和发挥在世界范围内得到普遍的重视和关心，人类创造并努力普及互联网和体积越来越小、价格越来越便宜的微电脑，使全球变得像个大电脑。及时地根据自知的需要掌握全球相关的信息已不是难事，而掌握了信息后，能否进行创造，才是决定是否能实现人的价值，走在时代前列的关键；同时随着递大、递佳自知自组织系统的进化，人类性已到了全面解放的前夕，由此宣告了人类开始进入一个崭新的时代：创造时代。

创造是进化的火车头，发挥和发展人类性进行自知的创造是时代的必需和必然，也是衡量、实现人的价值的准绳。变革人观要做的努力之一就是：用"自知创造才是力量"更新17世纪提出的"知识就是力量"。

人的几个类性是一个不可分的系统，要进行最佳的自知创造，并非只需发挥和发展自知性和创造性，还要发挥和发展物化性（将创造的方案实现）、群体性（社会提供个人能方便地运用他人创造信息的条件）和个性化（性格特点，学有专攻）等类性。发挥和发展人类性是人类天然的要求，是超过一切的第一需要。人的超万物的类性受到束缚，达到一定的程度，对象就会变为非对象，对象世界就会异化为非对象世界，人就会变异为非人，就会感到被压抑和侮辱，就会忧郁、痛苦、激愤。这是人生最大的不幸。只有人类性得到解放，能自由地施展和发展，人才会感到作为人的尊严和自豪，才会感到作为人对象性生活的幸福和愉悦，才能印证和实现自己作为人——自知自组织系统的力量和作用，因而只有这样的人也才是真善美的，才能进行最佳的自知创造，才是名副其实的自知自组织系统。人是推动大、小自知自组织系统发展的第一位重要和活跃的因素，只有那些充分发挥和发展了人类性，与先进的工具结合能不断进行自知创造的人们，才是促进和带动人类个体和大自知自组织系统发展的第一推动力。

随着人球系统的进化及人类性的彻底解放，人类进化为大智慧的新人类，人人都将实际地成为信息对象的主人、万般对象的主人、自身对象的主人，能最佳地利用群体的智慧，不断获得负熵；自觉地认识到自己智慧的力量，生命的意义；把发挥和实现自己在宇宙进化中的价值和作用，进行自知的创造和物化等活动，作为人生的第一需要。能在我外来测量我，把握自然的我、历史的我、现实的我，对自我进行最佳地控制和反馈，站在宇宙进化的高度，寻找和建立最适合自己个性的、发挥和发展人类性的创造目标，不断提出时代前沿课题，在高层次的对象和对象世界中驰骋、开拓，具有高目标、高心态、高功能，一心追求真善美而不他顾，思场流的控制钮能随自觉创造而自由地扳动，脑子里的神经网络随意而畅通，不断爆发灵感和顿悟，摆脱旧的观念的束缚，越过逻辑的桥梁，突破怪圈，创造出一个又一个的进化所需、世上尚无的对象。通过自知创造而进化的速度将呈几何级数增长，越来越超过宇宙非知进化的速度。几万年或几十万年后，通过自知创造而进化将代替宇宙的非知创造而成为主流。

新人观不仅要建立在这样的基础上：人类是宇宙进化的前沿力量，在宇宙进化历程中具有重要的作用和地位。而且，要具有前瞻性和方向性：认识到人类的创造将由自知向自觉、递自由迈进。

3. 真善美等人文观大变革

真观的变革

爱因斯坦说："这个世界最不可理解的事情就是自然界是可以理解的。"他之所以感到奇怪，是因为他当时尚认为宇宙是静态的。但，宇宙不仅是动态的，而且自诞生起就一直在进化。经过140亿年，第二代物能系统形成了1250亿个井井有序的星系，在其中一些星系的某些星球上，某些第二代才进化为第三代，第三代逐步进化为第四代——自知自组织系统。如果把井井有序的天体比喻为宇宙的身体，那么第四代则是宇宙的自知的头脑和能将头脑创造的信息外化、物化的五官、四肢等，从第四代起宇宙不仅能反思自己，开始认识自己的过去和现在，预测自己的未来；而且能根据需要进行自知的创造促进进化。没有井井有序的1250亿个星系，就不会有宇宙的头脑、五官、四肢，没有宇宙的头脑、五官、四肢，就不会有宇宙的自知和自知的创造。

对象是非我亦我，它虽然不是我，但却是我的表现和对象化。自知创造的对象也不例外，是宇宙的第四代人的表现和印证。进行自知创造的人是有限的，所以自知创造的每一次实现也是有限的。人类的自知创造是由错到相对正确、由低到高、由狭到广而发展的。

人类自诞生起就一直在根据自知的需要创造对象，并与对象结合为更高级的系统而进化。由于掌握了罗盘技术和初步的航海经验等，创造了航海船只，形成人－航海船系统，人类才能远渡重洋去开拓和探查尚处于未知状态的大洋彼岸；由于创造了哈勃望远镜等，形成了人－望远镜系统，人类才能探测到红移现象。可以肯定，今后随着人－工具系统不断升级以及人球系统的建成和进化，人类将会发现宇宙更多的奥秘。但不论今后人类的自知创造进化到何等地步，其对象性却仍然是有限的。

宇宙为什么这样井井有序，为什么会在膨胀期不断地进化，宇宙今后会怎样等等，必然是因为受某种规律支配。今天对这方面的揭示当然也不是绝对真理，仍是很有限的。而对象是无限的，疑问是无穷的。例如，宇宙是一个还是多个，如果有反宇宙、许多平行宇宙，它们在何处？是什么样子？又是何种规律在支配？等等。对象的无限和对象性的有限，正是宇宙子孙们之所以不断进化的原因。无限相对的真理才能构成绝对真理。而要将这无限相对的真理都揭示出来，显然需要无限长的时间，也就是说，虽然可以一步一步发展真理，接近绝对真理，但实际上永远也不可能揭示绝对真理。

亚里士多德认为自由落体重者先触地，当时被认为是真理，但后来为伽利略斜塔上的试验所否定。近代，人类自然科学发展到能初步科学地把握对象的某些层次规律，特别是牛顿三大定律的诞生，让人们认为已揭示了自然界的"客观规律"，三大定律是不可颠覆的绝对真理，于是得出了"科学即真理"，真理是不以人的意志为转移的结论。但，300年后爱因斯坦的相对论像醒世警钟，使人们终于明白任何人发现的真理都并非不可转移的绝对真理。当人进化为新人－工具系统，则会揭示更高层次的真理。真理是一个时空质连续统过程，也永远处于不断进化之中。后人如果古板地抱着前人的对象性认识，把它看成是不可颠覆的、不以人的意志为转移的真理，则会束缚人们的创造，限制真理的发展，阻碍进化。

说真理是一个过程，也就是说需要不断探索新的真理。真理观的大变革就是要明

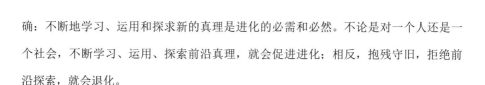

确：不断地学习、运用和探求新的真理是进化的必需和必然。不论是对一个人还是一个社会，不断学习、运用、探索前沿真理，就会促进进化；相反，抱残守旧，拒绝前沿探索，就会退化。

善观的变革

通常认为有德是善，缺德是恶。可人类史上，自古以来关于什么是德却一直争执不休。伦理道德，变化无常，不断随社会变迁以及统治者的需要和好恶而出尔反尔，今天说这是德，明天说这是恶，善恶混杂，道德难辨，没有公认的标准和分界。统治者利用善和伦理道德等观念及准则来作为统治的工具，压制和束缚广大群众人类性发展。旧中国过去几千年中推崇的三纲五常、仁义礼信，无不是如此。胜者为王、败者为寇，谈何准则？顺我者昌、逆我者亡，是悬在民众头上的"尚方宝剑"，巩固统治地位的法宝。在西方也不例外，中世纪时人民说，自由是生命，统治者却说，自由是叛逆。

进化宇宙观，使道德观念发生大变革，具有了科学的界定标准，那就是善恶要以是否有利于进化为分界。宇宙和人类的进化是不可逆的大趋势，是宇宙膨胀期的必需和必然，有利于进化的言行就是善的、有道德的，相反，就是恶的、不道德的。这就是代替旧伦理道德、善恶标准的新的伦理道德、善恶标准。简而言之，就是要以进化为准绳来衡量一切。这是一个不会因人为的因素而随便改变的科学标准，有了这个标准，善恶才能真正成为人类在伦理进化上的反馈信息。

善是一个发展过程，是随进化而进化的，以进化为准绳就能明辨善恶。例如，凡是促进和保护生态平衡、生境系统的就是善，反之，破坏和影响生态平衡的则是恶；凡是鼓励和支持创造新的工具促进人－工具系统发展的就是善，反之，阻碍和限制创造新工具的就是恶；凡是提倡和致力解放人类性，促进大自知自组织系统进化的就是善，反之，束缚和扼杀人类性，阻止人类进化的就是恶；凡是有利于建立人球系统的就是善，反之，阻挡和破坏人球系统建立的就是恶。

宇宙的进化不仅是真，而且是善和美的。宇宙的进化带来的是不停地走向和谐有序，万物生机勃勃，由低级向高级、由简单向复杂发展，一代比一代具有更广泛的协同对象和生命力。真正对象性地揭示了进化规律的真理，既是善的，也是美的；相反则是与善、美冲突的。达尔文物竞天择论违背了进化的实际，不是真正的进化规律，所以，它必然是与善、美相违的。例如，他认为同种的后代必定要消灭它们的先驱和原祖，至于异种之间，不用说，更要你死我活、优胜劣汰了。"真"的失误，使达尔文陷入善、美与真水火不容的苦恼，他不禁自问：小鸟吃掉的正是植物赖以繁殖的种子，生存就是残酷的竞技场，遵循这一必须遵循的自然法则，终极的善又在何方？

达尔文只从个体与个体之间的关系来判断，对小鸟吃了植物的种子这一现象自然是百思不解。

但是，最后他认为善要服从真，既然残酷的你死我活的竞争是生存和进化的法则，就不能顾及其他了。他思索的结果是，必须坚持竞争说，从而沿着它越走越远。他吸收了马尔萨斯的人口理论，进一步将竞争论推到极端，认为生存竞争包括强灭弱的战争是进化的需要和动力。

达尔文进化论认为生物之所以能进化是由于物竞天择，从而开一代自由竞争理论之先河，其解放人性，促进资本主义的发展起到了不可忽视的作用。但竞争不仅是一种分割的认识，把系统中的因素和成分划成一个个的局部，而且把一个个的局部看成是冲突的，个体只有毁坏、消灭、噬食、扼杀对方，才能保存自己，发展自己。用新达尔文主义的话来说就是要获得负熵来控制自己系统的稳定，增长有序度，并逐步进化，就必须以扼杀其他系统作为必要的代价。

达尔文的物竞天择、优胜劣汰说，与宇宙进化的实际规律恰恰相反。进化也并非通过你死我活、相互残杀的竞争来实现，那只会制造对立、混乱、熵增；而是多维协同的结果，协同才能越来越走向有序。

宇宙是一个整体、一个系统。作为万物之母，她之所以能不断地为其子孙们创造进化的大环境，提供新的负熵源，正在于其能不断地调控其所有的子系统协同有序地运作和发展。没有大系统的协同有序，就不会有小系统的进化；同样没有小系统的协同有序，大系统也不可能进化。宇宙赋予其子孙们的是进化的对象性，而不是相互残杀泯灭的对象性。对象性地寻找、识别、结合、创造新系统，是宇宙子孙们进化的基本方式和规律。

核子与质子等不是相互竞争吞噬而形成了原子，而是相互协同、对象结合才进化为原子。星系与星系，不是相互竞争淘汰而诞生和发展，相反却是相互协同才形成了井井有序的宇宙太空。线粒体与原核细胞不是相互竞争残杀，才形成了真核细胞，而是相互协同、对象性结合才进化为真核细胞。细胞与细胞也不是相互竞争灭绝，才形成多细胞生物，而是相互结合协同，才进化为多细胞生物。两性以及两性的精子、卵子，不是相互残杀而形成新生命，而是相互结合协同才形成新生命。森林、种群、生态平衡，都是协同的结果，而不是竞争的结果。第四代也不例外，自知自组织系统人类，是通过创造新工具及新的大自知自组织系统，并与之协同结合而进化的。暂时的、局部的混乱和毁坏将被整个系统的协同调控所扬弃，成为进化的过渡。例如，野狼吃野羊，但从大系统来看，却形成了草原生态的平衡。大自知自组织系统社会，当其控制机制老化、滞后，扼杀和阻碍人类性的发挥和发展，使社会越来越无序、混乱时，系统的自调控机制，便会引发一场改变调控机制的革命或改革，使系统形成新的协同，进化为更佳的新系统。人类社会必将走向有序协调，生境系统也必定走向有序协调，整个地球上的人－工具系统、人－社会系统、人－生境系统等等都将组合进化为一个协同一致的大自组织系统——宇宙的第五代人球系统。

竞争不是进化的真正动力，对象性地协同才是进化之本。其中的道理很简单，系统是全部组因之和的飞跃。分散的组因——小自组织系统对象性地、有序地结合，形成一个新的相互协同运作的大自组织系统，它的功能才会发生突变，大于原有的分散的小系统功能之和，所以就进化了。对象性地寻找、识别、结合而进化为获取更多负熵的新系统之所以是宇宙子孙们进化的普遍方式，原因正在于协同才是进化之本。

竞争只能在协同的前提下竞争，并要为协同服务。如第五章已述，达尔文不讲协同的"物竞天择，优胜劣汰"的认识，带来严重的危害和破坏，从某种意义来讲，造就了希特勒、法西斯、种族主义、生态失衡、极权主义等不择手段的竞争狂及制造毁灭的斗争魔，带来的是与进化相违的退化。

宇宙及其各代的进化不是新灭旧的物竞结果，而是各层系统对象性协同的结果。今天全球发展的现实也充分说明这个道理。世界正越来越走向一体化及互助合作，而不是越来越走向分裂和你死我活的竞争。不仅生态需要平衡协同，而且需要电子生态平衡、商业生态平衡。各方面正日益加强和促进多维协同，向着建成人球系统的方向进化。

进化是善恶的分水岭。凡是促进协同进化的就是善，反之则是恶。只有促进协同的竞争，才是需要的，才是善的。生产和商业的竞争，是竞相创造新的更佳的品种、提高质量、降低成本，更好地为社会服务，而不是相反，投机取巧、弄虚作假、损人利己、牟取暴利。后一种是阻碍社会进步的不正当竞争，会被社会大系统调控，如通过法律、监控、舆论等方法和手段制止和惩罚。

协同进化，不只是在同代对象之间，而且还有更进一步的隔代协同，亦即通常所说为后代无私地奉献。隔代协同不只是自知自组织系统人类独具，早在人类之前自然界就存在。首先，作为万物之母的宇宙总是不断通过系统工程的调控为其子孙创造进化的大环境，提供新的负熵源，她这样做总有一天可能打破引力和斥力系统工程的均衡，而走向坍塌或失控地膨胀。宇宙默默的、无私的奉献精神也传给了子孙，子孙们才不断地进化。例如，超新星自我毁灭的大爆炸，为创造能产生生物的恒星与行星结合的星系和重元素等，献出了自己；恒星燃烧着自己为生命提供负熵，直至消耗殆尽，变为白矮星；生物的亲代不辞辛苦甚至以自己的死亡来换取子代的诞生和生长；自知自组织系统人类的隔代协同更不待说，自知地为其子孙后代含辛茹苦，呕心沥血，死而后已，奉献自己。

善恶是什么，如果给它下个定义，那就是进化的反馈信息。这是道德的科学标准，是从宇宙发展的宏观高度来确立的，它排除了许多人为的、争论不休的诸如政治需要、伦理风俗、习惯认识等因素。凡是有利于促进进化的善就要发扬，相反有害和有碍进化的恶，就要清除。

许多事情，往往一部分人说是善，一部分人说是恶，似乎难以分辨，但只要用进化的准则一看，就不难判断。

例如，达尔文主义者认为基因的显著特征是"无情的自私"，抵制一切进化和变革，总是顽固地复制自身。进化是起因于 DNA 偶然复制的错误，在众多的错误中，由于天择，优胜劣汰，适者生存，才使生物不断地进化。秉承这一统治生物界一百多年的认识，有人竟提出"我们生来是自私的，如果我们生活在一个单纯以基因那种普遍无情的自私法则为基础的社会，那将令人厌恶之极……然而这是事实。"[1] 从而给"人不为己，天诛地灭"一类的人观提供了依据。这显然是错误的。一是，基因总是无私地与 DNA 以及生物整体系统协同合作，努力吸纳新信息，创造更佳的后代；二是，复制是为了保持稳定，避免无谓的、随机的变异，保证对象性的进化。

再如，关于克隆人的问题，一直被认为会破坏现在的人伦道德。但，从宇宙史来看，自知创造是人类进化的必需和必然。克隆只是复制人，尚不是创造新人类，便遭到这样大的阻力，有的科学家拟在破译了人类基因组后，通过对 DNA 的加工、重组，来创造比现代人更智慧、健美、长寿的新人类，更是引起纷纷议论，遭到反对，错误地认为用人的 DNA 来作研究，是不道德的事情。可是，随着电脑、光脑、量子脑、纳米脑以及机器人的创造和发展，人类的智慧和体力不进行革命，怎能去控制这些工具？另外，从长远来说，人类将迁移到别的星球生存，如果不创造适应不同星球环境的新人类，就无法实现。创造新人类是善，相反阻止创造新人类才是恶。就像有的科学家预言的那样，今天制定法律来制止创造新人类，明天又要去解除这一禁令。伦理道德也是一个过程，昨天认为是善，今天可能认为是恶；今天认为是恶，明天可能认为是善。过去中国有"不孝有三，无后为大"之道德规范，但，随着宇宙和人类的进化，今后人类将会是以努力创造不同于自己的更进化的后代为己任。旧的伦理道德必将让位给能促进进化的新的伦理道德。

美观的变革

古往今来，关于美是什么，争论不休。常言道，各美其美。美是因人而异的吗？美有没有科学的准绳？

美观的变革首先是对美是什么的观念的变革。

长期以来，美学自缚在哲学思辨和经验推理的藩篱中，作哲学的附庸和演绎。有关美的本质，有千万种说法，如美是理念的感性显现（柏拉图），美是生活（车尔尼雪夫斯基），美是理念的感性显现（黑格尔），美是意志的充分客观化（叔本华），美是主客观的统一（朱光潜）……但，由于传统哲学分为唯心、唯物、心物二元论三大派，对美的本质的看法归结起来也不外乎三种，即主观论、客观论、主客观结合论。

---

[1] 《自私的基因》，第 3 页。

美是否有科学的准绳呢？宇宙是进化的，人类是进化的，这是不可逆的，而且这一进化过程本身就是宇宙间最大的美。进化就意味着美，进化总是由低级向高级，由简单的协同向多维协同，由初始的对象性向递佳的对象性，由只能狄取和集聚少量的负熵到能递多地获得和集聚负熵，由无序向递高有序发展演进。宇宙所呈现的绚丽多彩、井井有序、不断进化的无比的美，正是天促物进、系统调控、对象组合、多维协同的结果和过程。和谐有序旋转的星系是美的；给万物带来光明和生机的恒星是美的；经过孵化，小鸟从蛋里破壳而出，这一生命的延续和进化的现象，也是美的。人类是通过创造而进化的，而创造需要人类性的解放和发挥，所以，为了解放人类性而前仆后继的英雄，迎得人们无限的赞美；为了创造而呕心沥血的人们，闪耀着智慧的光辉……而与此相反的，诸如，有意遮掩和否认宇宙是进化的、扼杀和禁锢人类性、破坏和阻碍创造等等行为则是为人所痛恶之丑。美的本质是什么？宇宙进化观的确立，使美观发生的根本性改变就是，正负美是进化的形象反馈信息。

这里包含几个相互关联的概念，笔者在《全息正负美学》中作过系统的论述，下面略作剖析。

美与真善既有区别，又有联系。因为宇宙是在进化的，所以，真理的揭示和发展必然有利于促进进化，善和美的发展也必定有利于进化，因为它们都是进化的反馈信息，随着人类的进化和真理的发展而发展。善是人类伦理道德关系进化的反馈信息。美是形象进化的反馈信息。真与善都是通过理性的剖析，逻辑的判断而得出的。但美却不然，它不需要通过分析、推理，仅凭直觉便可获得。这是为什么呢？因为美是形象的，具有整体性、直观性和情感性特点。由于具有整体性特点，所以可以直观对象，进行对照，不仅可以将这一审美信息与另一审美信息对照，而且可以与思维场中贮存的审美信息对照；具有直观性，所以能不假思索地分析、推理，就能分辨美与负美，当即获得审美感受和审美判断；整体性和直观性给主体带来的直接的作用不是对正负美信息逻辑推理的认识，而是感情的波动，也就是说审美形象的感情性表现在，当人面对审美形象时会不自主地对美丑产生诸如爱、憎、崇拜、鄙视、欣喜、忧虑、怜悯、厌恶等不同性质和层次的情感。审美感情不同于理性的判断，却具有与理性判断相似的效果。

　　审美感情是显意识，而思维场中的观念、知识、方法等是潜意识，前者的发生是受到后者，即种种理性观念和认识的支持和制约的。在长期的生活过程中，人思维场中输入、贮存的大量形形色色的审美形象信息，一般在审美前或审美后都自觉或不自觉地按照自己的观念、理论、知识、审美力等对其进行分析、扬弃、判断、变异和组合，按正负美的隶属度进行了分类，什么是美，什么是负美，什么是最美、最丑，什么是较美、较丑，按自知的性质和层次编码。当遇到一个新正负美形象时，便将新形象信息直接与过去分类编码贮存的形象进行对照，所得出的审美情感和判断，虽然是迅速、直观作出的，但也是其观念、知识、理论的体现。超新星大爆炸在我国殷商甲骨文上就有过观察记载，但，那时并不知道这是一种进化所需的现象，可能认为这是不利的星宿变化，涂上了可怕的神秘色彩；但今天人类揭示了它是有利于宇宙进化的，不仅是科学家研究的对象，也成为令人赞叹的审美对象。又如，古代人类不知道日食是怎么回事，以为是"天狗吃日"，非常害怕，作为丑恶的对象；而今天人类知道那是天体和谐有序运动的自然景观，成了人们争相观赏的审美形象。美不等于真和善，但它的确又建立在主体对真与善的认识基础上，其审美观照时产生的情感，相应地表现了他对真、善等理性的认识和判断。从意识来说，人是其与脑中的各种软件组合成的系统。美的准绳，随人的软件系统的发展而发展，随人类的进化而进化。提高审美的水平必须提高脑中软件包括美、真与善的软件。

　　一个人如果没有理性的认识和判断，则是疯子；但若没有审美情感只有抽象思维，那会是什么样子呢？就像个木头人，逢事都不能立即作出正负美的反馈，只得慢条斯理地分析、推理判断。由于人的思维场能直觉地对正负美信息作出及时的审美情感判断，人类才能不仅生活在丰富多彩的美的世界，而且能及时地作出相应的反应，来促进进化。

　　传统美学在给美下定义时是把人与审美对象割裂为主观与客观两个对立面。然而宇宙是大自然，人是宇宙最进化的一代，也属于自然。建立在进化宇宙观上的"正负美是进化形象的反馈信息"的观念，揭示了人与自然是一个系统的真面目。宇宙的第四代人类是自知自组织系统，是宇宙的头脑、四肢、五官，不仅是进化反馈信息的测量元件也是实现反馈、创造美、促进进化的前沿力量。

人类生活是今天宇宙时空质连续统进化的集中表现。进化是人类生活不可逆的主流和主调，人类进化生活的形象是人类最主要的审美对象。它包括人与自然、社会，以及人与宇宙的几代自组织系统的对象性关系。人类进化生活形象的反馈就是，将进化生活中不同的正负美形象进行对照，将生活正负美形象与实际上没有但应有的对照，从而加工、创造、外化、物化为能促进进化的美的言行和艺术品。及时地赞赏、推动和创造进化之美，憎恶、摒弃阻碍进化之负美，是宇宙第四代之所以能递佳地发挥和发展人类性去促进进化的原因之一。

为何提出正负美，而不是传统美学提出的孤立的美呢？因为，进化是美的，但又总是不完美的，美不会是绝对的，正、负美是一个全息的动态系统。

世界并不都是美的，美的也不是就已达到尽美，还有负美。负美总伴随着美，它与美总是结合在一起，相互消长，相互制约，所以，笔者在拙著《全息正负美学》中称之为（±）美。美中总有不美，所有的一切都是全息性的（±）美。（±）美的全息态，正是进化的基础和前提，进化总是使不美变为美，较美的更美，一切越来越美，世界越来越充沛着活力，越来越五彩缤纷。美的递增就是进化，相反则是退化。发展正美、摒弃负美，正是宇宙进化的产物和需要。以人类的诞生为分界，以前宇宙是完全非知地进行，自从有了自知的人类，才开始通过感性的感受而自知地采取对象性的行动去增长美和消除负美，促进宇宙的进化和发展。在长期的人类进化的过程中，人类为适应这一需要而形成和发展了一种整体地感受和判断对象正负美的能力——审美力，它不需要经过理性的、抽象的分析和研究，就能凭形象的感受，直观对象的美和负美的程度，得出它是对进化与发展有利还是有害的审美判断。

宇宙虽然是以极完美的数据来进行系统工程的调控，其大趋势是不断进化的，有序度越来越高，负熵值越来越大，不断创造大环境，但并不等于保证其子孙的进化都必然完美。在千差万别的进化中，有的进化得好一些，而有的则差一些，甚至有的反而有所退化。但天促物进、系统调控、对象组合、多维协同的结果和过程，总的来说却是不断走向越来越美。

例如，第二代物能系统的进化往往带来毁灭性的结果，但由于宇宙大系统的调控，使某些毁灭成为其他进化之必需，如星系中央的黑洞是一种退化，它能吸纳一切，但它却是维系星系围绕中心旋转的必需。又如，人类直立行走是一大进化，可以解放手，促进脑的发展，体型也因而变得越来越美，但另一方面也有其不完美之处，引发了高血压、痔疮等疾病，女性盆骨因适应直立行走而带来生孩子的困难。正美总是与负美全息地结合在一起。人类自知进化的对象性虽然能不断确立新的自知的目标，但仍然是有限的，并不完美。例如，砍伐森林带来水土流失，工业的发展造成了环境的污染。特别是人的自知性有时反而会使对象扭曲，使进化变为退化，或故意破坏进化，造成在进化的总趋势中局部出现以负美为主。例如，人类的某些行为造成了一些民族和物种的灭绝，暴君残害无辜的民众等。但这些都迟早会被递大的自知自组织系统的反馈和调控而纠正、改变。

　　绝对美、完善的进化就意味着终止。进化的不完美和进化的无限性，构成了宇宙进化的必需和必然，宇宙在膨胀期永远向着更进化的方向迈进，世界将变得越来越美。

　　在指日可待的将来，人球系统建成，宇宙的第五代诞生，人类性从社会的枷锁中彻底地解放，不再有贫富之分、贵贱之分、阶级之分、自由与不自由之分，人人都能随意地选择人类创造的软、硬工具，与之结合而进化为新的自知系统，畅快地进行个性的创造，无需再顾及社会的束缚，一心向着打破自然束缚的方向迈进。遍及各地的互联网络形成一个全球性的神经网络，生物计算机、纳米计算机以及尚不知的各种创造的运用和普及，人球系统日益智能化和信息化，人们共享的将不只是信息，而且是共享进化的对象性。整个人球系统都是每个人的机体和头脑，个体的对象性就是人球系统的对象性，人球系统的对象性也就是个体的对象性。全球将共创人球系统对象性的超进化。人对人球系统的对象性的调控就是自己对自己的自知的调控，它们将是一个整体，是一回事。人球系统的对象和对象世界将呈几何级数加速度地扩展，世界的文明将全面持续地突飞猛进，不断突破怪圈，向着更广阔的星际进发。国家、法律等均成为过时的东西。世界上的种种物、能包括种种动植物、资源等等以及地球上的一切都将被人类自知地组织在一个天促物进、对象组合、多维协同、系统调控的大同世界，一个不断高效创造负熵的、高速进化的大系统之中。所以，不仅人人都是美的，处处也都是美的。

　　随着人类硬工具和软工具的空前进化，以及递大自知自组织系统的进化，观念大变革远不止这些，以上只是列举了其中的几个。

补 遗

工具是人创造的，递大、递佳自知自组织系统是人创造的。人是进化的根本力量，而人要进行创造，必须发挥和发展人类性，递佳、递大自知自组织系统的进化就表现在对人类性的解放上。但凡社会进一步解放人类性，使人能比过去进一步实现宇宙第四代的价值和作用，进行创造，社会就能进化到高一层次，民众的物质和精神生活就会进一步提高，这就是善；相反，束缚、摧残人类性，阻碍人类性的发展和发挥，社会就停滞、退化，自然就是恶。

宇宙进化观揭示宇宙是一个进化的时空质连续统。人是宇宙今天最进化的一代，是自知自组织系统，通过自知的创造而进化，是宇宙自知的头脑和手脚，是宇宙进化的前沿力量。宇宙从人类诞生起翻开了自知创造的新一页，人类在宇宙系统调控、多维协同、天促物进中具有重要的地位和作用，而不是被动地听天命。

和谐是有序的一种表现，是进化的一种必要。行星绕着恒星有序地旋转，宇宙四面八方的密度均匀一致，以及生物的生态平衡、协调发展等等，无不是进化所需要的。所以和谐往往被人们看成是一种美，但这并没有揭示美的本质是什么，概括不了美的所有现象。

进化意味着美，进化总是由低级向高级、由简单向丰富、由初始的对象性向递佳的对象性、由只能获取和集聚少量的负熵到能递多地获得和集聚负熵、由无序向递高有序发展演进，由初始的协同向多维的协同发展。以上这些构成的时空质连续统的形象的表现就是：由不太美向更美发展演化。人类出现后，这一演化揭开了由自知的创造来实现的新篇章。万物之灵的人是世界上最美的，他的智慧、他的发展着的人体造型、他的艺术、他的创造、他促使万物不断向更协调发展的思想和行为……总之人通过自知的努力不断地推动进化就是美，美是进化的一种感性的尺度。进化就是美。人类思维的高峰就是要探索和创造美，美是哲学的重要命题。

美与善本质的反馈说正是建立在人类社会是一个能进行控制与反馈的自知自组织系统这一基础上的。

存在就是对象，一切存在物都是人的对象。人类对对象的把握在空间上是从孤立向系统，时间上从静态向动态，性质上从混沌向分类再分类发展。但是，今天却又进入到一个崭新的高度：从割裂的时、空、质等向着时、空、质不可分的整体过程——时空质连续统发展。

时空质连续统是一个既有分析又有综合的概念，它不是人生硬杜撰出来的，而是所有对象固有的实际。宇宙中任何对象都不例外，都是时空质连续统。用不变的、孤立的眼光去对待种种时空质连续统的对象，必将遭到对象的惩罚。

思维是用语言和形象（准确地说是用语言与形象配合）来进行的，是从思维场的语言和形象库中选择组合的，语言和形象库不是杂乱堆放，而是编码贮存，可随意提取加工，目标在这里是提取和组合加工的指令和指向。

宇宙中存在两个方向相反的箭头，这正是由于一切自组织系统都遵循二段律。从宇宙的调控来看，这一个箭头正是另一个的补充和产物，它们互为不可分割的对象，但，主流箭头是进化，宇宙才能发展到今天这个样子，并向着宇宙子孙们更美好的未来运转。虽然宇宙的进化是有尽头的，但在宇宙生命的前段，进化却是不可逆的。

总之，宇宙进化观的确立，是非常重要的，将引起人观、真观、道德观、美观等的一系列的观念变革。

一是，使我们充满信心，明确了方向，对未来有科学的预期和展望。排除种种悲世观以及天定论、人道即天道等违背进化的观念。

二是，明确作为宇宙最先进的一代的人类在宇宙进化中的地位和作用。宇宙非知的进化速度，将越来越落后于通过自知的创造而进化的速度。发挥和发展人类性去进行创造是人类的天性和天职。

三是，一切都应以进化为准绳来进行衡量。人类历史上的伦理道德标准，不断地随时代而变化，甚至是"公说公有理，婆说婆有理"。进化的宇宙观，使道德观念发生大变革，找到了科学的准绳，那就是要以是否有利于进化为分界。有利于进化的言行就是有道德的，否则就是不道德的。要根据进化的需要，更替旧道德，确立新的伦理观。美观的变革亦同此理。

四是，人类认识事物的方法是由静态到动态，由孤立地按热力学定律来分析到对宇宙系统协同调控的全息时空质连续统的揭示，方法论发生大变革。

四、关于宗教和对人类的终极关怀

在一些著作和文章中，常常见到有关人的终极关怀的论述，也有的涉及对人类终极（准确地说应是人类后代终极）的关怀。对人的终极关怀与对人类的终极关怀是两个相互联系而又相异的概念。

死亡对人来说是平等的，每个人都会死。但死前的一生应怎样活着？应怎样对待死？以及死后会怎样呢？凡此种种都是对人的终极关怀所涉及的问题。人类将向何处去？我们的子孙后代最终的命运如何？结局会怎样？凡此种种则是对人类的终极关怀。

死观是与生观紧紧联系在一起的。在这方面，人首先思索和探讨的并不是死，而是为什么要活着，活着干什么，活着究竟有什么意义等等。在遇到挫折或危险考虑如何对待时，都与这些问题联系在一起，影响着自己的精神和情绪，引发欢乐、悲伤、勇敢、畏怯等等，它们往往是生观的感性的反馈信息。

人的生观与死观的确是密不可分的。很多时候人无法选择死亡，例如，突如其来的暴病、意想不到的灾难。但也有很多时候，人可以选择不同的死亡，诚如古人所说："人固有一死，或重于泰山，或轻于鸿毛。"有的人身患癌症，不顾病痛，通过长跑呼唤社会关怀病人；而有的人终日不堪其忧。有的人在生命垂危之际，仍坚持工作，伏案而终，他们鞠躬尽瘁、死而后已，把这样的死看成是一种需要和需要的满足；而有的人卑躬屈膝，苟且偷生，认为好死不如赖活，活一天享受一天。对这方面的认识和做法，人们的看法趋于一致，都尊重前者，鄙视后者。

生观与死观密不可分的原因之二是，人死后会怎样。在这方面存在两种不同的看法，一种是认为人的精神不死。人活一生的时间与宇宙的年龄相比，只是短暂的一刹那，但由于人类是与工具结合而进化的，死后软工具通过传播、教育等能遗留下来；硬工具更能移交给后代，使下一代不仅仍能与之结合，并且还会在原有的基础上再进化，所以人类的进化并不会因个人的死亡而停止，会一代接一代地延续下去。人类的这一进化的规律和过程是个体共同努力的结果，也就是说个体虽去世，但他的影响却永远存在。这是一种看法，而另一种认识是，人的肉体虽然死亡，但他的灵魂仍然活着，还能再投胎。著名物理学家戴维斯曾质问：如果，"人可以投胎而得以再生，但再生的人对他的前世却毫无记忆，那么怎么又能说，这个再投胎的人与另一个截然不同的人是同一个人？退一步说，即使这个人就是前一个人，又有何意义和价值呢？"[①]

灵魂说的产生有种种原因，但最主要的有两个。

一是由于人是自知的。

非知自组织系统不可能去考虑其死后会怎样之类的问题，而人是自知自组织系统，把自己当另一个对象来看待，就会思索"我死后会怎样"一类的问题，追寻终极的去向。特别是在科学不解思维之谜的时代，由于对思场流[②]形成的内语言的来由不明了，便误认为人有肉体之外的灵魂。而今天科学已经揭示内语言流形成的原因。人在思维时脑中的各种信息因素按同一个思维目标共时性地协同运作，从而形成生生不息的思场流。人思维的工具是语言，所以思场流实际表现为涓涓不断的内语言流。它虽然没有声音，但却似乎能内听到，像是另一个人在和自己说话，一个与肉体无关的他者，特别是自己的一切言行似乎都由这个内听到的声音在支配着。从而使不少人误认为有一个人在肉体之外支配自己的灵魂，不会因肉体的死亡而消失。

二是由于宗教。

历史上凡是科学达不到的地方，宗教便会来填补空白。宗教在灵魂说上加以发展，提出人死之后，灵魂会出壳，到另一个地方去。或上天堂，或入地狱。劝人以善为本，慈悲为怀。

宇宙进化史告诉我们，第三代生物是从第二代物能系统进化而来的，第四代人类是从第三代进化而来的，生物的非知信息功能和人类自知的思维功能，是进化的结果，而不是什么上帝先造人肉体而后赋予灵魂。具有信息功能的核苷酸三联体及氨基酸的结合体，是与信息同时产生的。脑科学和思维科学的进展指出：语言是人类先祖从无到有创造的信息工具，内语流是贮存了种种信息的思维场按照一定的目标进行场效应

---

① 《宇宙的最后三分钟》，第 112 页。

② 详见书末"主要概念术语释注"有关条目。

的结果和过程，而不是什么肉体之外的灵魂。人是信息和物、能三位一体的系统，三者中缺少任何一个，人就死了。作为子系统的人脑同样是三者缺一不可的，就像生物和人的物能离开信息就不再是活的机体，信息也不能单独地存在，它必须有物能做贮存和传输的载体。如果物能遭到毁坏，如脑组织毁坏、或供氧中断，信息就失去了载体，不复存在（医学上称为脑死亡），思维场就不可能再进行场效应，内语言流便终止，哪还有什么脱离了肉体的灵魂？

有的书告诫人们，善有善报恶有恶报，前世积德，死后则能升天，前世积恶，后世便会打入地狱。为了传播这一认识，这些书进而指出：如果不相信有来世，人们就会为短浅的利益而活着。然而，什么是善，仁者见仁，智者见智。例如，现代人认为要爱惜动物，保护生态平衡是善，而有的认为不杀生，苍蝇也不能打死，走路一个蚂蚁也不能踩死（那样，岂不是寸步难行），才是行善。如前已述，善观应随着科学的宇宙观的变革而变革。进化才是伦理道德的科学的准则，凡有利于进化的就是善，相反就是恶。伦理道德离开了人在宇宙进化中的地位和作用，就失去了准绳，可能反而成了束缚人们的枷锁。劝人为善、积德，应由激励人努力创造、促进进化来代替。建立在进化宇宙观上的生命观，才能使人活得明白、清醒。人死后思场流就停止了，根本就不再有什么内语言，哪还有什么灵魂。不能为了某种理论的需要而改变科学事实。死亡是进化的必然和必需，旧的死亡，新的诞生。科学可以延长生命，却不能使人长生不老。科学地正视死亡，才能使人珍惜生命，在有生之年实现第四代的人生价值，才能活得有奔头、劲头、乐观进取。人生不能只从自己出发，把希望寄托在根本就不存在的"来世"。目光久远的真正的善应是，为子孙万代开创更美好的未来，越来越进化，过得越来越好。

人是自知的，他正视死亡，知道自己死后"万事空"，但进化却是不会停止的。如前已述，一代代之所以进化正在于它们的前辈都为后代的进化创造了条件。万物之母的宇宙是从大爆炸起便不断地创造进化的大环境，给子孙们提供负熵源。她最后会因此而失控膨胀而退化，趋于消失，或是退化坍塌，复归于无的奇点；超新星为产生恒星、行星以及生物所需的重元素而爆炸；生物亲代为子代的生存和进化含辛茹苦地奉献，甚至包括自己的生命。第一代、第二代、第三代尚且如此，人类作为自知自组织系统，会怎样对待有限的生命，更不待说。经过700万年一代代地奋斗、牺牲、工作、创造，才使后代进化到今天这样的地步，蛮荒的世界变为今天这样的繁荣。正视死亡，才能在有生之年努力地发挥和发展宇宙第四代的人类性去促进自己的进化和子孙万代的进化，才会感到自己生的意义和价值，享受第四代特有的幸福和快乐。

对人类的终极关怀是与对宇宙的创生、发展、终结，人类的由来和未来，人的类性以及人在宇宙中的作用和地位等认识分不开的。在这方面的认识大致可分为三种类型，即上帝说、天定说、进化说。

1. 上帝说

认为人和宇宙都是上帝造的，个人的未来和宇宙的未来自有上帝安排，人不能对自己的命运和未来产生任何作用，一切均由上帝决定，上帝是个人和人类的终极关怀者。人的作用只是听从上帝的旨意，祈求上帝的保佑和怜悯。

人类对象性认识是从无到有、从少到多、从低到高不断发展的。在未开化的古代，由于受当时认识对象性的限制，人类对自然威力产生恐惧和不解，误认为是超自然和超人的神的力量在操纵，有神论的观念便应运而生。例如，打雷认为是雷神所为，日食是天狗吃日等等。宗教也随之兴起和发展，各种经论成为人们在不能解释自然时的一种解释。求神、祈祷、卜卦，是人们解答未知，希求美好未来，慰藉疑虑、恐惧、不安的情绪的一种手段。但，科学的发展逐一地揭示了原来以为是神主宰的未知，这种精神慰藉的作用和需要也就随之逐渐消失。

今天上帝说虽然已丧失了往日的地位，但也不可否认它并未完全消除。这是由于科学虽然揭示了许多自然现象并非上帝在操纵，但还有许多自然现象是未知的，有些人便仍然把它归为上帝的作用。也有人认为，大自然就是这样子，根本就不能用人类的因果律来探究它为什么会这样子。这的确是最省事的办法：把它归于不必知、不可知。上帝创世和不必知其实是一个意思，都是得不出答案时最省事的办法。但，科学的态度是，对未知不应回避，必须予以揭示，只不过时间早晚而已。

人类的认识永远是对象性的、有限的，永远有解答不了的命题，例如宇宙是从何而来的呢？牛顿因不得其解，最后也归结为上帝的第一推动力所致。爱因斯坦也曾表示："我信仰斯宾诺莎的那个在存在事物的有秩序的和谐中显示出来的上帝，而不信仰那个同人类的命运和行为有牵累的上帝。"① 他认为宇宙是一个和谐、崇高、同时也是不可思议的存在。他称科学家的宗教感情为宇宙宗教感情，是"对自然界和思维世界里显示出的崇高庄严和不可思议的秩序"所表达出的由衷赞美和倾慕。霍金在《时间简史》中也流露出类似的思想，他说："宇宙的定律也许原先是上帝颁布的，但是看来从那以后他就让宇宙按照这些定律去演化，而不再对它干涉。"

自然作为果，产生它的终极的因何在呢？科学家尚且如此，宗教感情岂不会永远缠绕人类吗？

不，并不会这样。

人类的认识虽然是对象性的、有限的，但另一方面，人类的认识又是无止境的。昨天因解答不了而推给上帝的，例如，人是上帝造的，地球是上帝造的，天狗、雷神等等，今天有了科学的解答，一个个都被证实是自然之因带来的果，把上帝排除了。随着科学的不断发展，上帝还会从一个又一个的未知中排除。例如，霍金在 1998 年后发表的论文对他的学说又作了进一步的发展，指出宇宙并非上帝所造，而是由无通过量子跃迁而诞生的。长此以往，上帝还可能存在于何处呢？摩根认为："上帝是一种最终的哲学解释，它是对科学解释不足的补充。"上帝被看成是未知的一个代名词。

相信上帝的宗教情结，会逐渐丧失领地，最终将排除得一干二净。这首先表现在科学家群体中，他们通过自己不懈的努力揭开了被神化了的现象背后真实的自然因果律，切身体验到不可知的东西通过研究是可知的。他们的行为本身及其结果都是对神的否定，他们中极少有信上帝的。例如，在美国这样一个有深厚基督教传统的国家，以美国科学院院士为代表的一流的科学家，只有大约不到 7% 的人信神。

上帝说，不仅因科学对一个又一个未知的揭示而日益丧失立足之地，而且因为其本身的确不是终极之因，而陷入逻辑的怪圈。当人们说宇宙是上帝创造的，就不自觉地引出一个问题：上帝又是怎样来的呢？上帝是上帝的上帝造的。上帝的上帝又是怎样来的呢？于是便陷入了一个永无止境的提问中。人类的认识永远是一个从非知到已知的过程，但这并不是说，必须有个上帝。用上帝来代替未知，是不可取的。把未知神化了，就会使人的思维停止，不再去探索。宗教情结不论是以什么词汇替用，都有

---

① 《爱因斯坦文集》，第一卷，第 243 页。

碍于科学发展。

人类和人类后代智慧的发展是无止境的，可以不断地去揭示未知。未知并不是神，而只是可以探求的未知。正因为有需要不断探索的未知，才使人生充满新奇和魅力；如果一切都了如指掌，从开始到结束，从表面到本质，从此处到全局都已经看得一清二楚，那样活着还有什么意思，也就不存在"活"这一概念。不断地获取新知，充满信心地创造更美好的未来，正是生活无穷的情趣和意义所在。

2. 天定说

由于认识是对象性的，所以有些人虽然在研究科学，但由于对宇宙、人、生命等片面的、静止的了解，也不能科学地认识生死，不能正确地认识人类的未来、人类向何处去，天定说就是其中的代表。天定论认为生物自身的努力对其进化毫无作用，它之所以进化，是天从基因随机的、偶然的变异中择优汰劣的结果。

如前已述，天决定进化，生物自身在进化上无任何作用，这一思想反映到人类哲学上则是机械决定论。决定论，既把人与意识割裂，又把人与意识混同。由于把人的意识和人割裂，孤立的意识自然只能被存在决定，所以，也就否认了信息、物、能三位一体的自知自组织系统人的作用；由于把人与意识混同，人自然只能反映存在，而不能对存在有所作为，不能创造对象存在。这种认识不仅否定"物进"——宇宙的子孙有进化的动力，也否定了"天促"，认为天起决定的作用。

天定论与决定论是同一时代的产物，它们相辅相成，有着共同的产生背景和认识基础。天定论认为，进化是由天来定的；决定论认为存在决定意识，人只能反映存在；宗教也否定人自身努力的作用，认为人只是上帝的奴仆，上帝把一切都安排好了，听天由命就是了。

当新宇宙学揭示了宇宙是动态的，天定论和决定论又有新的发展，他们将热力学第二定律引用到宇宙的发展中来，哀叹宇宙是不断地走向熵寂，人类的命运和未来是悲惨的。莫诺就是其中的一个代表，他说："人类就像一群孤独的、毫无归宿的吉卜赛流浪汉，而宇宙对他的歌声是不闻不问的。"罗素更是对人类的未来充满恐惧和悲伤，他写道："人是那些对于其所接近的目标毫无预见的原因的产物；他的出身、他的成长，他的希望和恐惧，他的爱和他的信念，都不过是原子偶然排列的结果；没有任何火焰、任何英雄主义、任何强烈的思想和感情，能够超越坟墓而保存一个人的生命：世世代代的一切劳动、一切虔诚、一切灵感、一切人类天才犹如日行中天的光辉，都注定要在太阳系的大规模死亡中灭绝——所有这些事物如果不是不可争辩的，也是如此接近于肯定。"[1] 罗素在《为什么我不是一个基督教徒》一书中写出了他对人类终极的关怀："一切时代的结晶，一切信仰、一切灵感、一切人类天才的光华，都注定要随太阳系的崩溃而毁灭。人类全部成就的神殿将不可避免地会被埋葬在崩溃宇宙的废墟之中——所有这一切，几乎如此之肯定，任何否定它们的哲学都毫无成功的希望，唯有相信这些事实真相，唯有在绝望面前不屈不挠，才能够安全地筑起灵魂的未来寄托。"

第四代是当前宇宙进化的前沿力量，宇宙从人开始才进入自知创造的阶段，人在宇宙未来的自知进化中具有决定性的作用和地位，人类的未来不是可怕的、悲惨的，绝不会像罗素说的那样束手无策与太阳系一同毁灭，相反是光辉灿烂的。太阳虽只能再存在 50 亿年，而人类却只要用几千年或者更短的时间便可能创造在别的星系生存的方法。几万、十几万年后，人类后代随着日益迅速发展的科学技术力量，必定会扩展到宇宙所有星系的许多星球上，人类和人类的后代不仅是创造自己命运的主人，也是创造世界和宇宙的主人。人类也不是孤独的，不仅未来宇宙会布满第四代的后代，就是现在，在同样的天促物进下，太空中的 1250 亿个星系中，与地球条件相似的行星上也一定有其他的第四代生存着[2]，在可期的未来相互便会交流、汇合。

3. 进化说

进化说认为，宇宙从诞生创造时、空、物起就一直在进化。天促物进，从大爆炸后一个极热的熵值最大的状态，不断地走向递序，由质子进化为核子、原子、分子、星球、星系，再由第二代物能系统进化为第三代非知自组织系统生物，由生物进化为第四代自知自组织系统人类。人类的诞生使宇宙划时代地翻开了自知创造的新篇章，

---

① 《多元化的上帝观》，第 202 页。

② 美国天文学会 1999 年 1 月 7 日宣布，根据哈勃太空望远镜观测发现，宇宙大约含有 1250 亿个星系，比该镜 1995 年探测的 800 亿个星系又多出 400 多亿个。有关专家认为：只要找到了大小接近于地球、距恒星约 1 个天文单位、其上有适当温度和大量液态水及稠密大气的类地行星，就可能找到地外生命。

自知的人类，已创造了一个繁荣昌盛的星球，其更进化的后代必能创造一个个更加繁荣的星系，直至一个今天我们无法想象的无比繁荣、昌盛和美好的宇宙。

只有揭示了宇宙的发展过程，以及人的本质和在宇宙中的地位和作用，才能真正解决对人类的终极关怀，科学地预测人类和宇宙无限美好的未来。

宇宙是进化的，人类揭示了这一事实，其自知的生活和创造才是有意义和价值的，生活才充满了生机和愉悦，生命才光彩夺目。

确立进化的宇宙观，人类才能站高望远，对未来进行科学的预期和展望，充满信心，继往开来，览万象之生机，品人生之奥趣，建立科学的生死观，正确回答对人和人类的终极关怀问题。

由于能科学地展望遥远未来的后代会进化到何等高级的程度，具有何等高度的文明和创造力，何等的智慧、长寿、自由、幸福，就能使今天的我们充满信心地创造未来；由于揭示了作为宇宙的第四代人类在宇宙进化中的地位和价值，能通过自知的创造而促进宇宙的进化，就会感受到作为人的难能可贵的幸福、快乐和自豪；由于能科学地规划未来，不再为一些迷惘而恐慌，不再因不解人类的前途而困惑，不再因不解自然现象而听天由命，具有科学的人观，就自然生活得清醒而有远大的目标，为越来越加速、越来越高级的自知创造而赞叹人类的智慧、勇气和力量，为宇宙光明灿烂的未来而欢欣鼓舞。生命从而就会在自知的创造和奉献中闪烁着绚丽的光辉，在充满新奇和进化的节拍中奏鸣着美妙的旋律。

进化是无止境的，一个目标实现了又有一个新的目标，所以进化永远充沛着希望和魅力。不可否认，在 1000 亿年或 1 万亿年后，宇宙可能走向衰退，但就像人人都知道自己要死，谁也不会因此而悲观失望、唉声叹气、坐以待毙，相反绝大多数的人都在努力奋进，争取美好的未来，朝气蓬勃地生活着、创造着，发挥和实现着宇宙第四代人类的类性和天职，享受着创造和生活的乐趣，珍惜生命和时间。何况宇宙最后会怎样，就像爱因斯坦说的：还应等着瞧呢！即使明知宇宙是周期性的大爆炸与大坍塌，或永远衰亡下去，人类同样也不会因此而沮丧，相反会努力奋进，创造更美好的未来，使未来子孙万代能过得更好，愿他们能延缓宇宙末日的到来。几百亿年、一千亿年后，无限高度发达的科技，使人类的后代在宇宙未走向熵增、毁灭前可能已搬迁到另一个

新生的进化的宇宙，那里极少的星球上才刚刚有生物诞生。杞人不必也不应忧天，进化的前景是不可估量的。

人类性不是一个静止的概念，而是随递佳、递大自组织系统的进化而进化的。今天的人类应当做的是，满怀美好的憧憬和预期，把科学的、理性的认识化为血与肉、感情和力量，去创造更大更多的对象来促进人类的后代的进化，使未来通过一代代的努力，能建造一个包括一切生命和自组织系统在内的和谐、协同、繁荣、美好高度进化的宇宙家园。

瞻望无限进化的人类的后代和无比光辉灿烂的未来，还有什么比这更能令人向往和心醉呢？

补 遗

一些科学家当解答不了宇宙是如何诞生时，便将它归为是上帝所起的作用，并随世俗将上帝看成是执掌善恶奖惩的化身。

自组织系统都遵循兴衰二段律。死亡也是进化的一种需要，后代会创造更美好的未来。

科学与宗教的区别：

① 科学以实证为依据，用事实和数学演算说话；而宗教以幻想代替实际。

② 科学是一个发展过程，永远没有终极。而宗教从一开始就确定了终极，那就是上帝和天堂。

③ 科学的目标是造福人类，为真理献身是科学重要的品质，主张人类美好的未来要通过创造才能实现。而宗教是为自身，认为通过自身修炼就能坐等升到（根本就不存在的）天堂。

琳琅满目的改变人类生活的手机、电视、汽车……无一不是科学创造的结果，而不是求神拜佛所带来的。

主要概念术语释注

进化的进化　是界定进化的定义。宇宙子孙的进化不是表面性状和结构的改变，而是发生了进化的进化，即进化对象性、进化对象、进化方式、进化机制、进化效果等较之前一代（或层次）发生了进化。

超进化　是指人类的进化发生了超越第二代和第三代的进化。既不是像第二代以力为前导去对象性地寻找、识别、结合对象而进化，也不是像第三代通过自身长期的非知地努力，使DNA非知地通过反馈，由渐变而突变使后代发生进化，而是通过自知的创造，与创造对象结合而进化，因而进化不是表现在后代，而是自身随时随地都可进化。

创造　界定创造成果的标准有三：一是进化所需，二是世上尚无，三是一个系统。

自组织系统　是指能自我自组织起来的系统。它具有自我调控的动力。自组织现象从无生命世界到有生命世界广泛地存在着。它是自发地从无序到有序形成具有充分组织性结构的现象。而非自组织系统却是依靠外界的作用来形成和调控的。木桶就是非自组织系统，它是靠人的力量组织起来的。由于它没有自组织的动力，所以，它的走向只能是一天天增长熵值，直到毁坏。

自系统　自组织系统的简称。

自组织系统理论　是现代物理学和生物学相结合的产物。1945年薛定谔作了"生命是什么"的著名讲演。1947年艾什比引入"自组织系统"这个术语，它的提出受到薛定谔、贝塔朗菲等人的巨大影响。1969年比利时的布鲁塞尔学派提出自组织理论第一个完整的理论——耗散结构理论。接着，哈肯的协同学、艾根的超循环理论、托姆的突变理论等在不到4年的时间里相继建立。自组织系统理论是一门综合性的前沿横断科学，它已经获得了一些普遍性结论。

天促物进　宇宙不断为其子孙创造新环境，提供新的负熵源。在天促之下，宇宙的子孙们都有进化的动力，总是发挥其进化的对象性去寻找、识别、结合对象而进化。宇宙子孙们进化的对象性、进化的对象、进化的方式、进化的机制等在不断地进化。例如，宇宙的第四代人类是按照自身创造性的目标去寻找相关的信息，进行加工，创造新的对象，与新对象结合而进化。

蛋白质　细胞中的重要的生物大分子，它是由多个氨基酸通过肽链连接而成的多肽链。

三联体　DNA 分子中的 4 种碱基是以 3 个为一组来编排遗传密码的，这种组合称为碱基三联体或密码子。一种氨基酸通常具有一个以上的密码子。DNA 上不代表任何氨基酸的密码子，被解释成是在蛋白质合成时指挥过程的开始和终止。

线粒体　被称为是"细胞的发电厂"。制造细胞所需要的氧，在将食物转化成所需的化学能量过程中，具有重要的作用。

兴衰二段律　自组织系统一般都有两个历史阶段，前一段是不断发展负熵、递序，后一段是熵增和衰亡。这便是自组织系统演化二段律。在其兴盛阶段，一方面自控自调使自己稳定、生存，一方面通过调控使自己能有稳定的进化对象性去寻找、识别和获得负熵而演进。

有序膨胀期　即宇宙的兴盛阶段。在此期间，宇宙引力与斥力处于系统平衡有序状态。

反质子和质子　质子、反质子的质量、寿命等是相同的，但前者带正电荷，后者带负电荷。两者相碰便立即湮灭。

基本粒子　以前人们认为，原子是物质最小的结构。1897 年汤姆逊发现了电子，从而突破了这一认识，有关科学家进而发现了质子、中子、光子。这样，许多人认为微观世界的"勘探工作"已完成，将质子、中子、光子、电子并称为基本粒子，认为不可再分了。著名物理学家费米明智地批评道："基本这个术语，与其说表示粒子的性质，倒不如说表明我们认识粒子的水平。"后来，科学家不仅继续发现了其他类型的基本粒子，到现在已达几百种，而且，发现了组成物质更小的单元——夸克。

    染色体   由一条 DNA 分子组成，它是线性的，是遗传信息的载体。DNA 像两条链，平常绞成麻花状，叫双螺旋体，拉直了像一级级的阶梯，每一阶梯有 4 种核苷酸中的一种，按不同的顺序排列，决定着遗传信息。DNA 上的一段核苷酸链，如果决定一个"单位"的遗传信息，或者说决定一种蛋白的生成，就称为一个基因。

    生境系统   指生命与其生存的环境形成了一个相互作用的调控系统。生境系统区别于生态系统，生态系统一般是指生物与生物之间组成的不可分割的动态的整体关系；而生境系统是指生物、人类与非生物地质、大气、海洋，以及星系、宇宙等等一切所构成的不可分割的时空质连续统。它是人类和生物赖以生存的条件，也是自知的人类和非知的生物创造的对象。生命不是坐等天促，而是主动地、不断地参与创造进化的大环境，与阳光、大气、海洋、地壳等相互对象性结合为一个不断自调自控、平衡协同、不断优化的生境系统。有关专家指出，地球环境之所以见之于地球而不见之于与地球相似的金星，也要归结到地球上出现了生命和生命的活动。有的甚至认为，出现生物后的地球本身就是一个活动的"生物"，一个不断进化的自组织系统。

    生态系统   是生物与生物、生物与人类协同组成的系统，通过系统调控，地球上的生态系统总是向着有利于进化的方向发展。过去人类对此并不清楚，常常为了一时的利益破坏生态的平衡，而今天却努力保持和促进生态系统的平衡和发展。

    进化动力系统   天促物进、系统调控、对象组合、多维协同，是进化的动力系统。简称天促物进。

    多维协同   简称协同。自组织系统的进化不是孤立的运作的结果，而是天促与物进、时间与空间、宇宙所有子孙之间等等多维协同、系统调控的过程和结果。

    普克朗时空   普克朗时间 $=10^{-44}$ 秒，其含义是不可能制造一种钟可以测量比其更小的时间尺度；普克朗长度 $=10^{-33}$ 厘米，其含义是不可能制造一种尺子可以测量比其更小的长度。

    宇宙的子孙   是指第二代物能系统、第三代非知自组织系统、第四代自知自组织系统，以及未来的第五代人球系统、第六代、第七代……自组织系统。它们是天促物进的结果和过程。

    非知自组织系统、宇宙的第三代   简称非知自系统。人以外的不论是宇宙的第二代物能自组织系统或宇宙的第三代生物自组织系统，都可泛称为非知自组织系统。它们并不晓得自身的存在和活动，不能把自己作为自己认识和有意控制的对象。但，非知自组织系统生物比之物能系统却发生了进化的进化，不仅能与外界交流物与能，而且能交流信息；第二代只是以进化的对象性为指向、以力为前导，而第三代却是以本能为指向、以信息为前导去进行种种非知的主动的生存活动，能加工遗传信息，不断演进。

自知自组织系统、宇宙的第四代　简称自知自系统。是对自己的思维和行为具有自我意识的自组织系统，地球上的人类是唯一的自知自组织系统。自知自组织系统的自知性表现在：能把自己分为两个，即一个施控的我，一个受控的我，能把自己作为自己认识、控制、创造的内对象。因此，人不仅知道自己在干什么，而且能按照自知的需要、方法和步骤指令自己去干什么。从而，摆脱了动物按照本能的需要去生存的状态，而能递佳地认识、使用、控制、改变、创造对象。自知创造是人类的标志，人类不仅能自知地通过自控自调来改变自己去适应环境，而且能自知地创造环境，创造种种新对象，包括创造递佳、递大的自知自组织系统来满足自知的需要。

暗物质　是看不见的极轻的粒子，如中微子，它们只受弱力和引力的作用。如果其质量真的不是零，而是如苏联在 1981 年进行的一次没被证实的实验所暗示的，自身具有小的质量，可以间接地探测到它们，它们就和明物质一起具有足够的引力去遏止宇宙的膨胀，使之到一定时候便开始坍塌。

暴胀　宇宙诞生 10^{-44} 秒之后，便急速展开 10^{-33} 厘米的超微小宇宙在 10^{-35} 至 10^{-33} 秒内迅速膨胀 10100 倍，这称为"暴胀"。有的科学家认为，宇宙诞生时具有真空的高能量，它就是暴胀的动力。随着暴胀的结束，宇宙所拥有的真空能量全部以热能的形式释放出来，引发了充满光的至热的宇宙大爆炸。

红移　是宇宙继续膨胀的一个实证。美国天文学家埃德温·哈勃于 20 世纪 20 年代发现宇宙中各星系在颜色上的异常现象。这一现象说明，宇宙中的星系不是固定不动的，而是在急速地倒退。它就像一列急驶的火车，开过我们的身边时，其鸣笛的声音会迅速地降低。远离的星系颜色也一样，其颜色也会急速地变暗，从而得出了宇宙中的星际在迅速地离去的判断。这一现象就被称为红移。星际红移的速度越来越慢，

据此推算宇宙在 140 亿年前曾聚在一个无体积的奇点。

人择原理 宇宙为何如此符合科学的定律，科学家们对此有两种推断：一种是弱人择原理，认为我们生存于其中的这个宇宙正因为符合科学定律，才是有序的，才有生物和人的诞生和发展；另一种是强人择原理，认为宇宙远处任何一个质子的跃迁，都会让宇宙分裂为两个，在无数平行的、互不相干的、分裂的宇宙中，有一个宇宙的运转恰好符合科学定律，它就是我们生存在其中的这个。

还原论 是将高层次的系统归结为低层次的系统，用低层次的系统的本质和规律来代替高层次的系统的本质和规律的错误认识和方法。高层次系统是所有组成它的低层次系统协同组合的飞跃。组成它的任何低层次的系统（如基因），不仅不能代替高层次的系统，而且一旦被分离出来，就不可能再拼合为活的高层次系统（如生物）。

非我亦我 是对象的定义。何谓对象？凡是不同于己的就是对象，这只是说"非我"即对象，但是是何种对象呢，尚未说明。同一存在物可能是另一存在物的多维相的对象，只有两者相互的联系，才能确定是何对象。"亦我"即是指两者的相互联系。拿石头来说，它与地球的确相异，所以两者互为对象，但两者的对象性关系却是多维相的，例如，从大小这一维相来看，地球是比石头大许多倍的对象，石头是比地球小许多倍的对象；从相互吸引的关系来看，地球是吸引住石头的对象，石头是被地球吸引住的对象……只有从两者的联系出发，才能确定两者是何种对象。拿人的对象来说，凡是不同于我的，均是我的对象，这便是"非我"。说它是"亦我"，因为我和对象发生的关系，都是和对象的对象——我分不开的，是我的对象化。我所看到的、认识到的、创造的，只能是我所能看到的、认识到的、创造的。见仁见智都是对象性的，我的对象只能是我的表现和确证。不仅自知的方面如此，而且非知的方面也如此。所以对象定义为：非我亦我。当我们认识到非我的存在物即对象，则能使眼界无限地打开；当我们知道对象亦我时，我们就能认识到自己的局限性。有限和无限的最佳结合，则能使我们突破对象性的怪圈，不断地前进。

对象性 "对象"是指与此存在物有联系的此之外的彼存在物，"对象性"是指此存在物具有对彼存在物的一种指向。对象是指他物，对象性是指自己——自己对他物的倾向性、指向性。凡是存在物都是有对象性的，与其对象具有指向性的联系。例如，信息是主体的对象，但主体只会输入其对象性的信息，对其对象性的信息具有一种自发的指向性。

宇宙度　在人看来一个面包，只不过拳头大小，吃两个左右才能饱，而在蚂蚁看来，一个面包却像一座大山，够吃一年半载的；人只能看见可见光，而蚂蚁却能见到紫外线……人的对象世界不同于蚂蚁的对象世界。同一事物对不同的对象来说并不都一样，而是按不同的对象性呈现于不同的对象的面前。宇宙度即事物在宇宙间不同的对象性生存和活动的尺度，天地万物都以其不同的对象性的宇宙度，包括大小、快慢、层次等时空质等各个方面，存在于不同的对象性的世界。特别是微观量子世界，其宇宙度完全不同于人所见的世界，而是波粒二象的。

多维相　是当代认识事物的一种最新的方法。人类认识事物，开始是静止的、孤立的、片面的，后来逐步走向动态的、联系的、全面的。人类的科学也是这样，以牛顿的力学为代表的经典科学对事物的认识是线性的，把事物分为零维——点，一维——线，三维——立体，四维——时空，如，牛顿力学的基本方程是：$f=ma$。但，事实上事物并非线性的，而是非线性的，是多维的，我们要按事物的本来面貌来认识事物，就应当掌握多维相的方法，从多维相去认识事物。全方位的认识方法，只是在同一空间从不同的角度去认识事物。而多维相的认识事物，却是要打破时间、空间、性质的局限。打破时空质局限的多维相交叉认识方法，可更准确地把握对象，以利于控制、改变、创造、发展。

时空质连续统　这个概念引自物理学中的一种理论：事物是其时间、空间、质量三者相互联系、相互作用的连续过程。这个理论在社会科学上也具有普遍性意义，尽管社会科学所指的质与物理学是有区别的。举个例子：用斧劈柴，快斧子虽然质量好，若轻轻劈下，也劈不开柴；钝斧子虽然质量差，飞快地劈下，也能将柴劈开；若将斧子与柴之间的空间缩小到一定的程度，则不论是钝斧子还是快斧子都是劈不开柴的。在不停运动发展的世界，时间、空间、质量三者是相互转换制约的一体化连续统。物与物之间的对象性关系也是时空质连续统的对象性关系。

信息　无对象则无信息，信息是相对于具体的对象而存在的。维纳说："信息是消除不定性的因素。这句话缺少一个对象。对象均是对象性地存在着，具有对象性的动序质。所以说，信息可定义为对象性交流的动序质。这包括几层意思：一是，信息都是对象性的，同一事物对不同的对象则有不同的信息；二是，信息是动态的，同一事物对同一对象，此时具有此种对象性信息，彼时又具有另一种对象性信息；三是，这种对象性的交流，并非来自一方，而是来自两者的对象性关系，是随对象性关系的变化而变化。

递序　由低一层次的有序不断进化为高一层次的有序，一层比一层更有序。

递佳　世界上的事物没有最佳的，事物都是时空质连续统。处于进化中的事物，只能是递佳，即越来越佳。递佳体现了事物是一个过程的认识，人类的对象性创造是永无止境的，只能递佳地发展。"递大""递高"等，亦同此理。

已知对象、未知对象　某对象的某层面人已认识，则泛称已知对象，已知并非全知；某对象的任何层面人都未认识，叫未知对象。万物都是人的对象，但人只能逐步认识种种对象，这是一个从无到有、从少到多、从低到高的过程。原始人不知道何为自己的食物对象，只有通过逐步地试探才渐渐知道。但直到今天人类未知的对象仍是不计其数。

人类－地球系统　简称人球系统。人控制一台机器，人和机器于是形成了一个系统，即大家熟悉的"人机系统"，它是一个人类创造的具有超越人的能力和机器能力相加之和的能力的自知自组织系统。人球系统也是这样，是人类与地球结合成的一个大的自知自组织系统。它不仅和混沌初开的地球不一样，也和今天人类和地球尚未形成一个系统不一样。当人球系统真正建成时，宇宙史将翻开新的一页——在太空出现以星球为单位的自知自组织系统，它是一个能进行自知调控的整体，具有超越单纯人类或地球的对象和能力，能认识、控制、利用、改变和创造以人球系统为主体的对象。

思维　思维的本质是将两个以上的信息碰击加工为一个新的信息。它的具体过程可描述为：信息对象性输入、分类编码贮存、（±）创造性加工、目标性外化和正负反馈。思维分狭义思维和广义思维：前者是指创造性思维，即将两个以上的信息碰击加工为进化所需、世上尚无的系统化信息，外化、物化为人球所需、世上尚无的新对象；后者不仅包括（±）创造性思维，也包括应用性思维、适应性思维等脑中所有信息加工活动，梦也不例外。

超动物欲望　简称超物欲。动物有本能的欲望，如性欲、食欲等，而人类却具有动物所不具有的超本能的欲望，如求知欲、求美欲、创造欲、竞争欲、贡献欲等，它们是在人类漫长历史过程中逐渐形成和发展起来的，是与生俱来的天性，到一定年龄，一般是在婴儿后期、幼儿初期和中期或同时或相继萌动显现出来。早期超物欲的健康发展，对形成一生的思场流的宏观目标工程具有非常重要的指向和动力作用。

内语言　语言是显意识的一种重要的工具、符号、外衣。思维时常是用语言来表述的，但它与口头语言和书面语言不同，无声无形，用耳和眼无法感觉到。它是在脑内进行的，只具有无声的声、无形的形，只是主体自己能感觉到，故称内语言。学习某种外语，思维时也用它来作内语言，就会快得多。

思维场　人脑是一个物、能、信息三者一体的场。场是从物理学中引入的一个概念。它具有两个特点：一是，场内具有力的作用，例如，磁场，它具有正负极的磁力；二是，场具有共时性，场内的力是共时性地产生作用，而不是先后产生作用，例如，在磁场中撒下一把铁针，它们都共时性地受磁力的作用，而排列起来。思维场也正是具有场的这两个特点：思维时脑中的信息、物、能都围绕同一目标共时性地起作用。例如，我们肚子饿了，看到食品店里的食物又多又好，为什么我们不去拿来吃呢？因为脑中贮存的道德观念、美丑观念、法律观念等等信息通过深层的非语言符号的传递，都在共时性地起作用。当贮存的信息（观念、知识、方法……）支持具体的思维时，它具有向心力；当具体的因素干扰思维时，则具有离心力。具有不同程度的离心力和向心力的各种因素共时性作用的结果，则形成了主体对这一事情的态度、判断、认识……简单思维是这样，复杂思维也是这样，脑中任何一项思维活动都是思维场中种种因素共时性地围绕思维的目标相互作用的过程和结果。

场效应　思维场中的种种因素不是各自为政，而是统一于一个思维目标共同作用。健康的脑的任何思维活动都是思维场中种种因素整体场效应的过程和结果。场效应的特征是：（1）不是思维场中各因素相加之和而是系统组合的整体场功效；（2）各因素是同时起作用，具有共时性的特点，从而具有突破既知、创造新知的功能；（3）各组因不是通过主体能感知的内语言和内形象，而是通过深层信息的直接传递。思维场场效应的过程与结果便是统一的单线的思场流。

思场流 从字面来看，思场流是思维、场、流三词的组合，但在实际中它们是一个不可分割的动态的整体：脑中各种信息因素在思维时均按一个目标相互作用，故称思维场；这个场又是遵循统一的目标线索不停地发展变化，进行场效应，形成生生不息的流。所以它不是思维、场、流三个词的拼凑，而是个完整的概念，用一句话来概括则是：思维的场不断进行场效应过程所形成的流，简称思场流。流，是已经过去、正在进行、即将到来的不可逆的过程，它是具有空间结构的思维场场效应的结果，体现了思维所具有的质。思场流体现了质、空、时，但并非三者的相加，而是三者相互影响制约的无限而自由结合的时空质连续统，是人思维活动的普遍的现实。

显意识与潜意识 显意识如果作为名词是指主体意识到的显露于思维场的信息；如果作为动词，是主体显控制下所进行的思维场中的显效应，即主体自知的显信息的输入、贮存、加工和外化等。同样，潜意识如果作为名词则是未显露于思维场的信息；如果作为动词，它是主体未意识到的思维场中进行的潜效应，是指靠主体非知的潜控制来进行的。显意识与潜意识并非截然分开的两个部分，任何显意识均受全部潜意识的制约，它们有着许多结构形态，思维场中种种信息轮流坐庄，随着主体思场流目标性的需要，彼时是显意识，此时又成了潜意识。人的任何一瞬间的思场流，都是显控制下的显效应与潜效应协同的过程和结果。

人类性 指宇宙的第四代、万物之灵的人类不同于万物的类性。它不同于人性，人性的对立面是兽性，属于伦理的范畴。而人类性是一个科学的概念，它包括以下内涵：（1）具有自知的类性。能把自己分为两个：一个施控的我，一个受控的我，能按自知的需要、方法、步骤去认识、塑造内对象，指令内对象去从事自知的活动；（2）具有自知创造新信息系统的智能性。能将两个以上的信息创造性地加工为世上尚无、进化所需的新信息系统；（3）具有不断发展着的物化类性。能将创造的新信息通过思维指令实践外化为人类所需、世上尚无的新事物；（4）具有不断进化的群体化的类性。自知自系统的人类不仅能创造自己，而且能创造递佳、递大的自组织系统——群体、社会、国家、人球等，群体将个体的智慧对象性地、递佳地组织起来，个体递佳地、对象性地利用群体的智慧和力量；（5）具有不断升华的个性化的类性。个体千差万别地发展自我的欲望、感情、意志、兴趣专长等超动物的个性。

AB 原理　思维和生理谁带领谁发展的原理。思场流是物能流和信息流的一体化。但人们往往只注意到物能流，忽视了信息流对开发人脑的重要作用。物能流是人思场流得以运转的保证，但信息流却是带动大脑物能流（即通常所说的生理）发展的关键因素。物能流大多是按照生理的非知规律运转的，虽然我们可通过加强营养来促进大脑的生理发展，但却不能时时刻刻按自知的需要去支配物能流的运转和发展；而信息流却是人能时时刻刻都加以自知控制的因素，通过信息流的最佳控制，则能有力地促进物能流的发展。如果用 A 代表人脑中的物能流，用 B 代表信息流，那么就可表述为：A 和 B 是思场流中不可分割的两个子系统。A 是为了 B 而运转的，是传递和加工 B 的载体和工具；B 是靠 A 的运转而流动的，是 A 传载和运转的内容和本质。B 若离开 A 就无法流动和加工，A 若离开 B 就失去了价值和目标。由于信息流是主体随时都可以加以控制的，所以主动权在 B。和经济领域一样，在人脑中也是信息流带动物能流。最佳思场流则能最佳地促进脑物能流的发展。狼孩、猪孩的实例也证明，脑中如果只流动兽类的信息流，其物能流则会相应地向兽类的脑退化，本是人脑也会退化为兽类的脑：不仅大脑不能正常地发育，整个脑量也比正常人的脑小得多。

大智慧的新人类　由于过去人类把主要精力用于研究和创造外对象，来解放自己的体力，而忽视了对自己内对象的研究和开发，所以人类的智慧，仍然基本上处于自发、自流的状态，每天 24 小时思场流所流过的约 20 万字的内语言，大多是忽东忽西、重复啰唆、低效无控，智慧的巨人仍在沉睡。人类的第二次飞跃，需要人类不仅能递佳地创造和运用脑力工具，而且能最佳地控制自己的思场流。应当大力改革教育，经过几代人的努力，普遍地培养最佳自控的人，唤醒沉睡的智慧，使每天 20 万字的内语言流大多是有序有价值的，那么，在不远的将来现代人类便将成为大智慧的新人类。大智慧人类的诞生的第二种途径是，通过生物工程，按目标需要创造既智慧又强壮的新人类。

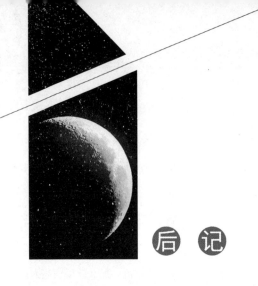

后 记

　　人类的科学，从开始的浑然一体逐渐分化出繁杂的分支，在近二三百年里仅自然科学便从六大类，即数、理、化、天、地、生，分化为四千多个学科。人们日益感受到分割的弊病，又开始从分而合，希望能形成一种大统一理论。

　　宇宙进化论便是科学走向交叉、一统时代的产物，几乎涉及万事万物。笔者深感这是在向自己智慧的极限挑战：一是，在源头进行求索，没有可取之用之的江河；二是，要突破科学上长期以来的许多难题，它们像是难以逾越的高山；三是，涉及种种前沿科学，需要加以识别和运用；四是，要反思和剖析既有的流行的某些有关进化、宇宙的理论，它们像是前进道路上一道道的鸿沟。

　　问题还不止于此，当代科学日新月异，几乎每天都有新的发现和创造。在我写这本书的期间，就不断传来许多关于宇宙的创生、生命的遗传、人类的进化以及物理、化学等方面的重大研究成果，有的足以推翻过去的认识。例如，宇宙是在加速而不是减速膨胀；霍金又提出宇宙有始无终的新说，等等，必须及时地去了解、研究。但有时也给我一些惊喜，新发的消息常常印证了我的想法，例如，2000 年 4 月 19 日报载，中国科学院南京地质古生物所在贵州发现了 5.8 亿年前数以万计的动物胚胎和成体化石，证实了我的想法：生物大爆炸是在大气已达到可以出现多细胞生物后，由渐进到突变的结果。又如，我推测生物的本能可能在 DNA 上有编码，所以能遗传给后代，夫人是研究医学的，问我："你有何依据吗？"值此，恰巧人类基因组公布 1999 年破译了 DNA 上有母爱等本能基因。

近 20 年，我研究、思索、撰写、出版前几本书，似为这本书打下了基础。

北京青年张健横游渤海，一路众人呐喊助威，迎接他的是鲜花和掌声，而科学研究只能是以寂寞为伴。创造就是我的需要和需要的满足。面屏五载，我真实地感到自己是在无垠的宇宙中徜徉前进，不知不觉已老了许多。

夜阑抚卷，情不自禁写一小诗：

浩瀚宇宙行，白发换红颜；
求索进化谜，其乐何盈盈！

情犹未尽，又续四句：

全书探真言，科学永向前；
进化复进化，风光当无限。

陶 同